L'AVENTURE DES FORÊTS EN OCCIDENT

Du même auteur

L'Homme dans les bois (1976), Stock.
La Magie des plantes (1979), 2e édition, Albin Michel, 1990.
Les Arbres de France. Histoire et légendes (1987), 2e édition,
    Christian de Bartillat, 1991.
Mythologie des arbres (1989), 2e édition, Payot, 1993.
Le Chant du loriot, ou l'Éternel Instant, Plon, 1990.
Les Fruits, Bibliothèque de l'Image, 1995.
L'Arbre et l'Éveil. Entretiens avec Jean Biès, Albin Michel,
    1997.
Larousse des Arbres et des Arbustes, Larousse-Bordas, 2000.

Jacques Brosse

L'AVENTURE DES FORÊTS EN OCCIDENT

De la préhistoire à nos jours

JC Lattès

Infographie : Alain Béthune
Cartographie : Françoise Monestier
Illustrations : Hélène Crochemore
avec la collaboration de Micheline Jérôme

*À mon amie, Laura Rival,
professeur d'Anthropologie
sociale à l'université d'Oxford*

Avant-propos

On détruit chaque année dans le monde quinze millions d'hectares de forêt, soit l'équivalent de la superficie totale de la forêt française. On ne peut cependant ignorer aujourd'hui les conséquences désastreuses de la déforestation, non seulement sur place, mais pour la planète entière dont elle compromet l'existence même.

Jusqu'à présent, cela se passait au loin, sous les tropiques. Soudain, nos forêts elles-mêmes ont été gravement menacées par les tempêtes de la fin du millénaire. Cette fois, il semblait que l'homme n'y fût pour rien. On peut en douter, car chacun a pu découvrir, non sans étonnement, que nos forêts étaient fragiles et en voie de dépérissement.

Les forestiers eux-mêmes en conviennent. Il serait temps que la sylviculture devienne ce qu'elle devrait être, mais n'est pas encore : « la science qui étudiera les phénomènes relatifs à la végétation naturelle et l'art d'exploiter celle-ci sans entraver son fonctionnement[1] ». Cette science existe, c'est l'écologie dont je rappelle ici les principes. Parce que je vis dans les bois et plante des arbres, j'étudie la forêt avec laquelle je vis en symbiose. J'ai donc tenté de la présenter sous tous ses aspects, parfois imprévus, car il est nécessaire et urgent qu'elle soit mieux connue et mieux comprise, afin d'être plus efficacement aimée.

INTRODUCTION

Vivant beaucoup plus longtemps que l'homme, l'arbre pourrait être son ancêtre. Bien avant sa naissance, les forêts couvraient la terre entière. Ce sont elles qui la rendirent habitable. Elles sont encore aujourd'hui la condition première de son existence, de sa survie, ce que trop souvent on oublie. C'est pourquoi il faut, au seuil de ce livre, évoquer les longs méandres d'une laborieuse genèse qui inventa les plantes et, à leur apogée, l'arbre, ce géant bienfaisant, et la forêt d'où naquit la prolifération de la vie animale.

Tous les animaux, y compris l'homme, dépendent des plantes, directement ou indirectement, les carnivores se nourrissant d'herbivores. Aussi, l'évolution animale ne peut-elle que suivre celle des végétaux. En même temps que les Conifères apparurent les premiers Reptiles, l'œuf et le cône sont homologues. À l'ère secondaire, les arbres étaient les plus grands de tous les êtres vivants, dépassant de beaucoup en taille et en poids les Dinosaures. Les premiers Mammifères sont contemporains des arbres à fleurs productrices de nectar que viennent butiner abeilles et papillons, les nouveaux agents de leur fécondation. S'était déjà tissé le réseau subtil des interactions réciproques qui font des animaux de la forêt et des arbres des partenaires indispensables les uns aux autres. La terre, changeant de visage, prit celui que nous lui connaissons, l'homme à son tour y apparut.

Fut-il un Primate descendu des arbres ? Même si ce n'est là qu'une fable, au moins est-elle universelle, comme le mythe du Paradis que dominent deux arbres, celui de la Vie et celui de la Connaissance.

Nous pouvons maintenant considérer la forêt d'aujourd'hui et le rôle qu'elle joue dans le paysage. Si elle dépend du sol, elle le transforme, du climat, elle crée le sien propre. Elle règle le régime des eaux, émet l'air que l'homme respire, produit l'humus qu'il cultive, un champ est une forêt défrichée.

Sans cesse, la forêt change d'aspect, elle annonce les saisons et les exprime. Nulle part, non plus, la forêt n'est la même. Entre la toundra et le désert, l'humide et le sec, le froid et le chaud, le littoral et la montagne, elle se diversifie en de multiples aspects. Avec elle, vit, à son ombre ou sur ses cimes, un monde furtif qui, à notre approche, se tapit et regarde de loin cet être, debout comme un arbre, mais qui marche.

L'initiation à la forêt passe par la connaissance précise de ceux qui y vivent, du cerf à l'écureuil, de la mésange à l'épervier, mais d'abord de ceux qui la constituent, les arbres en la diversité des essences forestières, une hêtraie ne ressemble pas à une sapinière.

La forêt a aussi son histoire, celle des hommes, celle de leurs rapports changeants. Bien avant de l'exploiter, l'homme, pendant des centaines de milliers d'années, en a vécu, du bois qu'il prélevait et des fruits, des feuilles, des racines qu'il récoltait et qui étaient pour lui nourriture et remèdes. Un homme, ou plutôt une femme, un jour, dans une clairière vit pousser les graines qu'il avait laissées tomber, ainsi naquit le premier jardin, celui que commémore le Jardin d'Éden du temps mythique, dont l'homme conservera à jamais la nostalgie et qu'il dénommera l'âge d'or.

Chassé, dit-on, de ce Paradis, l'homme dut travailler la terre, « à la sueur de son front », et y semer des céréales, son « pain quotidien », mais le champ avait été gagné sur la forêt brûlée. La déforestation venait de commencer et, avec elle, l'âge de fer, l'homme était parti à la conquête de la terre. Le sauvage, l'homme des bois, se transforma en civilisé, l'homme de la cité. Désormais, la forêt fut l'ennemi qu'il fallait vaincre, dominer, exploiter.

Pour le chrétien, s'y étaient réfugiées les divinités païennes. Tout autant que prise de possession de nouvelles terres cultivables, les défrichements médiévaux étaient des exorcismes. Ce qu'était aussi la chasse en forêt. En massacrant les bêtes sauvages, les chasseurs les empêchaient de se répandre dans les cultures. Les chasses royales engendrèrent la création des forêts domaniales, de la juridiction et de l'administration forestières.

Désormais, la forêt vécut au rythme des vicissitudes de l'histoire, tantôt dévastée, tantôt reboisée. Cependant, elle n'en demeura pas moins, de tout temps, le lieu privilégié des enchantements et des maléfices, la source inépuisable des mythes, des légendes et des contes de fées.

Enfin, à l'orée des temps modernes, fut instituée la sylviculture, la culture de la forêt. Pour les forestiers, il était temps de mettre de l'ordre dans ce chaos. À l'archaïque forêt naturelle, il fallait substituer la forêt moderne, faite de main d'homme et plus productive. La forêt protectrice était condamnée. De cette politique, nous venons de constater les effets. Mais, déjà, se prépare et se dessine la sylviculture de demain, elle sera nécessairement écologique.

Au terme de ce parcours, le lecteur trouvera les indications nécessaires pour aller visiter les plus belles forêts de France et d'Europe, ici décrites en leur particularité, ainsi qu'un glossaire définissant et expliquant les mots de la forêt, son vocabulaire propre et le langage imagé des forestiers, qui termine cette encyclopédie écologique et pittoresque de la forêt.

I

GENÈSE ET ÉVOLUTION DES ARBRES
ET DES FORÊTS

On ne peut guère parler de véritables forêts avant l'apparition sur terre des premiers Conifères (porteurs de cônes), qui sont des Gymnospermes, c'est-à-dire des végétaux à « graine nue », les ovules se trouvant directement accessibles au pollen fécondant, entre les écailles des cônes. Les arbres avec lesquels commença ce *phylum*, ou lignée évolutive, étaient d'ailleurs très différents des Conifères actuels, ils semblent avoir eu un aspect assez proche de ceux des Araucarias, qui, eux, n'apparaissent que beaucoup plus tard, au Jurassique. On pense généralement que ce *phylum* a probablement pris son départ à la fin du Dévonien (vers 350 millions d'années) et que les premiers Conifères connus par leurs fossiles seraient les Lébachiales du Carbonifère supérieur (environ 300 millions d'années), puis les *Walchia* et les *Voltzia* de la fin du Carbonifère supérieur et du Permien. Le *Walchia piniformis*, par exemple, avait un port qui ressemblait à celui de l'actuel *Araucaria excelsa* de l'île Norfolk en Océanie ; en revanche, ses fleurs rappelaient celles de Cordaïtales, ordre connu seulement à l'état fossile et que l'on considère comme des Préspermatophytes (ou Prégymnospermes), car ils ne portent encore que des « prégraines ».

Ce qu'il importe de souligner ici, c'est que très tôt se manifesta le caractère social, et même grégaire, des Conifères. Les forêts de *Lebachia* qui, il y a 300 millions d'années, s'élevaient sur les pentes de la chaîne hercynienne, ou les *Voltzia* du Permien et du Trias, ressemblaient déjà aux pinèdes xérophiles de notre temps.

DES FORÊTS ENGLOUTIES

Bien auparavant, il y avait eu des tentatives et même des ébauches réalisées dans ce sens, suivant le cours nouveau qu'avait pris l'évolution, la dynamique de la vie, depuis que les végétaux, d'abord marins, avaient gagné la terre ferme. Dans l'eau, non seulement les plantes flottaient, mais elles trouvaient leur subsistance qu'elles absorbaient par toute leur surface. Leur appareil végétatif était un thalle (du grec *thallos* : jeune pousse) indifférencié. Tout autre était le milieu qu'affrontaient les plantes devenues terrestres, les éléments y étaient séparés, il y avait le sol et l'air ; dans le sol, se trouvaient les substances nutritives, les sels minéraux en solution dans l'eau ; l'air ne constituait plus, comme l'eau de mer, un écran pour la lumière solaire qui baignait directement l'organisme végétal, ce qui avait pour résultat de développer et d'accélérer le processus de la photosynthèse. Grâce à celle-ci, la plante peut se nourrir directement du gaz carbonique présent dans l'air, et de l'eau puisée dans le sol, ce qui la rend autonome. Les naturalistes disent *autotrophe* (du grec *auto-* et *trophè* : nourriture), « qui se nourrit par soi-même », tandis que l'animal, qui, lui, dépend entièrement de la plante est dit *hétérotrophe*, « qui est nourri par l'autre ».

L'organisme végétal en vint alors à se différencier en plusieurs parties distinctes, mais étroitement complémentaires, à se remodeler en fonction des nécessités imposées par ce nouveau milieu. Les plantes se séparèrent en deux grands groupes : les Thallophytes (de thalle et *phyton* : plante en grec), qui comprennent les Algues et les Champignons, et les Trachéophytes (du grec *trakheia*, sous-entendu, *arteria* : [conduit respiratoire], raboteux ou plantes vasculaires, c'est-à-dire munies de vaisseaux, la circulation des fluides vitaux étant désormais le plus important chez elles. Si, dans le temps, les Thallophytes demeurèrent relativement stationnaires, les Trachéophytes ne cessèrent de se transformer, représentant le courant évolutif de l'avenir.

Les plantes dites supérieures sont des Cormophytes (du grec *kormos* : tronc, tige, et *phyton* : plante). Elles possèdent une tige distincte, solidifiée par un matériau résistant, apparu au Dévonien inférieur (environ 380 millions d'années), la lignine (du latin *lignum* : bois). Grâce à cette tige rigide, les Cormophytes purent vaincre la pesanteur terrestre, se tenir debout et se développer en hauteur. Le monde végétal, jusqu'alors horizontal, était devenu vertical.

Un second progrès fut acquis avec la formation des vaisseaux, rendue elle aussi possible par la lignine qui durcit les parois des cellules disposées en lignes, vidées de leur protoplasme et communiquant entre elles, les trachées, trachéides ou vaisseaux. Cependant, toutes les Cormophytes ne sont pas pour autant des Trachéophytes, les Briophytes (les Mousses) ont bien une tige distincte, mais point de vaisseaux et de ce fait ne peuvent guère croître en hauteur. Les autres Cormophytes, elles vascularisées, sont les Ptéridophytes, plantes affines aux Fougères (du grec *pteris* : fougère) et les Spermaphytes ou Spermatophytes, plantes à graines (du grec *sperma-spermaton* : semence, graine) qui se diviseront en Gymnospermes (du grec *gymnos* : nu), ou plantes à graine nue et en Angiospermes (du grec *angeion* : récipient), les plantes à fleurs, chez lesquelles la graine est enclose dans un fruit.

Antérieures aux Spermatophytes et apparues dès le Dévonien inférieur (vers 390 millions d'années), les Ptéridophytes réalisent déjà le type de la plante telle que nous la connaissons. Elles possèdent une racine, organe souterrain qui assure l'assise de la plante et a pour fonction de drainer l'eau du sol et de la faire pénétrer dans les vaisseaux. Mais si les racines nourrissent la plante, elles doivent être nourries par la tige et les feuilles, car, vivant dans l'obscurité, elles ne disposent pas du pouvoir photosynthétique. Ainsi s'établit dans toute la plante un double courant, celui ascendant de la sève brute, l'eau chargée de sels minéraux, qui monte des racines aux feuilles, et celui de la sève élaborée, enrichie par les produits de l'assimilation chlorophylienne, qui redescend des feuilles aux racines.

Pour que ce système fonctionne, faut-il encore qu'il soit clos. La surface de la tige et des feuilles est protégée par une pellicule mince, la cuticule, qui est étanche, mais perforée de trous minuscules laissant passer le gaz carbonique et l'oxygène ; ces trous, les stomates, peuvent s'ouvrir, mais aussi se fermer. On peut donc dire que les Trachéophytes se distinguent des Thallophytes, en ce que chez elles s'intériorise le milieu extérieur.

Les Ptéridophytes, qui remontent au Dévonien (de 395 à 345 millions d'années), sont les plus primitives des Trachéophytes. Chez elles, on ne peut encore parler de feuilles, les « frondes » des Fougères ne sont en fait que des rameaux très subdivisés, très découpés et ordinairement enroulés en crosse dans leur jeune âge. Certaines Ptéridophytes, les Ptéridospermales ou Ptéridospermaphytes (Fougères à graines), connues seulement par leurs fossiles, se distinguent des autres par le fait que la reproduction n'est plus assurée par un sporange, mais directement par des ovules qui ne deviendront des graines qu'une fois séparés de la plante mère. Pour cette raison, on les appelle des « prégraines ». Ce caractère rapproche les Ptéridospermales des Spermatophytes (plantes à graines), en particulier des Gymnospermes (plantes à graines nues).

Une des principales divisions des Ptéridophytes est l'ordre des Lycopodiales, qui s'est surtout développé au cours de l'ère primaire, au Dévonien, au Carbonifère et au Permien, pendant plus de 100 millions d'années, période qui vit l'apparition des premiers Vertébrés, les Poissons, les Reptiles et les Amphibiens. Dans cet ordre, la famille des Lépidodendracées compte les premières formes arborescentes apparues sur notre planète. Les Lépidodendrons étaient des arbres imposants, de 30 et même 45 m de haut avec 1 à 2 m de diamètre à la base. Leur aspect était surprenant : tronc divisé sur le mode dichotomique, les ramifications se divisant par bifurcation en deux parties égales, cime formant un bouquet de branches en parasol, feuilles rigides et étroites, laissant après leur chute des coussinets foliaires losangiques, en forme d'écailles de poissons, d'où le nom du genre, venu du grec *lepis* : écaille, et *dendron* : arbre ; ces écailles qui recouvraient le tronc et les branches leur donnaient un aspect tout à fait singulier. À l'extrémité de chaque rameau pendait une sorte de cône ou strobile, contenant les sporanges.

Dans les forêts carbonifériennes, on trouvait aussi des Sigillaires (de *sigillaria*, sceau, à cause de la forme des cicatrices foliaires) qui pouvaient atteindre 30 m de haut avec un diamètre de 1 m à la base, leur tronc colonnaire ne se ramifiait qu'à la cime formant un énorme plumet de feuilles longues, étroites et pointues, et des Calamites, Équisétales géantes, ordre qui n'est plus représenté que par un genre unique, *Equisetum*, les Prêles, de petite taille, qui poussent dans les lieux humides. Les Calamites étaient des arbres de 20 à 30 m de haut, articulés comme les Prêles, avec un tronc très épais et une ramification verticillée comme celle des Araucarias, qui leur donnait un aspect très différent des Lépiodendrons et des Sagittaires. On y trouvait enfin des Cordaïtales qui sont, elles, des Prégymnospermes, grands arbres de 30-40 m de haut, ramifiés seulement à la partie supérieure du tronc, où les feuilles rubannées, fibreuses, longues et étroites formaient des gerbes assez denses.

Quelles qu'aient été ces différentes variantes, l'aspect général de ces forêts ne correspondait pas du tout à celles que nous connaissons, un spectateur humain eût été décontenancé par l'étrangeté des structures mécaniquement dichotomisées, par les cimes qui ressemblaient à des plumeaux dépenaillés, par ce feuillage comme métallisé et aussi par le monde paludéen et silencieux que ces arbres dominaient.

De ces immenses forêts tropicales qui, au Carbonifère, s'étendaient jusqu'à la pointe nord du Spitzberg, nous ne saurions rien si leurs vestiges n'avaient été remis au jour lors du forage des mines de charbon. Les marécages dans lesquels elles croissaient furent envahis par la mer, qui, tous les mille ans environ, y faisait mourir les arbres et ensevelissait leurs restes à demi décomposés sous une couche d'eau salée et de boue. Sous cette carapace qui se durcissait, ils se transformaient en carbone. Il s'est agi là d'un phénomène répétitif, extrêmement lent, où intervenaient plusieurs facteurs, et qui s'est déroulé pendant de nombreux millions d'années. Le gisement d'Essen en Rhénanie, par exemple, a révélé, grâce à une coupe géologique, l'existence de cent quarante-cinq forêts superposées.

L'ÂGE DES CONIFÈRES

Si les Coniférales apparurent dès le commencement des temps carbonifères, sous un climat humide et chaud, elles n'atteignirent leur apogée et leur plus grande extension que vers le milieu de l'ère secondaire, au Jurassique (entre 195 et 136 millions d'années). Pour les botanistes actuels, cet ordre immense se divise en trois groupes d'importance très inégale : les Pinoïdes, les Podocarpines et les Taxines.

Les Pinoïdes (en forme de pin) comprennent les familles des Abiétacées ou Pinacées, des Taxodiacées, des Cupressacées et des Araucariacées. Les Abiétacées, famille très étendue, regroupent les genres *Abies* (Sapins), *Picea* (Épicéas), *Larix* (Mélèzes), *Pinus* (Pins), répandus en Europe, le genre *Cedrus* (Cèdres) méditerranéen et himalayen, les genres *Tsuga* d'Amérique et d'Asie du Nord, et *Pseudotsuga* (les Douglas) d'Amérique du Nord, enfin le genre chinois, *Keteleeria*. Tous ces genres ont un feuillage persistant, à l'exception des *Larix*. Les Taxodiacées ne sont pas indigènes en Europe, mais certaines de leurs espèces y sont plantées, les Séquoias par exemple. Les Cupressacées, dont le type est le Cyprès méditerranéen (*Cupressus sempervirens*), sont aussi représentées dans notre flore par plusieurs espèces du genre *Juniperus* (Genévriers) ; enfin les Araucariacées, après avoir connu depuis le Jurassique une très vaste expansion, du Spitzberg au Cap, du Groenland à la Patagonie, ne vivent plus que dans l'hémisphère Sud, surtout en Amérique du Sud, mais également en Australie et dans les îles de l'Océanie.

Le deuxième groupe, les Podocarpines, avec la famille des Podocarpacées est lui aussi limité à l'hémisphère austral. Le troisième, les Taxines, avec une seule famille, les Taxacées, dont le type est l'If (*Taxus baccata*) est en revanche propre à l'hémisphère boréal.

De tous les Conifères actuels, les plus anciens seraient les Taxacées apparues au début de l'ère secondaire, au Trias (vers 200 millions d'années). Les Abiétacées, dont les formes les plus primitives, remontant au Jurassique, ont été trouvées dans les contrées nordiques, ne seraient descendues plus au sud, dans les régions tempérées, qu'au Crétacé moyen (100 millions d'années environ), époque où apparaissent les Cupressacées.

Les Conifères en général, mais principalement les Abiétacées abondent surtout en climat froid et sec, dans les pays nordiques et, plus au sud, en montagne, ce à quoi les prédisposent leurs feuilles aciculaires, les aiguilles, dont la surface très limitée raréfie la transpiration, ce qui limite leur besoin en eau ; leur épiderme épais, fortement cutinisé et souvent recouvert d'une cire protectrice est pratiquement imperméable. Ces aiguilles peuvent rester sur l'arbre pendant plusieurs années, jusqu'à six ou sept ans, et même dix-sept chez *Pinus aristata*, espèce nord-américaine de haute altitude.

C'est à leur remarquable capacité de résistance et à leur plasticité adaptative que les Conifères durent leur succès. Ils peuvent en effet coloniser les terrains les plus secs, les plus pauvres et supporter de grands froids prolongés. On trouve des Conifères aussi bien en très haute montagne que dans les contrées très arides. Les *Pinus aristata* croissent à plus de 3 000 m dans les montagnes Rocheuses, à l'ouest de l'Amérique du Nord, en climat très froid, dans une sécheresse extrême et persistante. S'ils peuvent survivre dans de telles conditions, c'est que ces pins ont adopté un mode de vie particulièrement ralenti, en réduisant au strict minimum leurs échanges avec l'extérieur. Grâce à cette économie, en quelque sorte ascétique, les *Pinus aristata* vivent très vieux, jusqu'à près de cinq mille ans.

Comme de telles espèces de Conifères ont adopté des biotopes à peu près inaccessibles où l'on ne s'attendrait pas à trouver des arbres, elles n'ont été découvertes que très tard : vers 1950, *Pinus aristata* et, à peu près à la même époque, les *Metasequoia glyptostroboides* des montagnes de Chine occidentale, que l'on ne connaissait jusqu'alors qu'à l'état fossile, ou le Cyprès de Duprez (*Cupressus dupreziana*) qui survit dans les monts du Tassili, en plein Sahara, dernier vestige d'une flore forestière étendue, à l'époque où le désert recevait encore des pluies suffisantes.

Au Jurassique (190-136 millions d'années), donc au milieu de l'ère secondaire, les Gymnospermes connurent leur plus grande diversification. Tandis que l'on en dénombre aujourd'hui six cents espèces, les botanistes leur en attribuent quarante-deux mille du Dévonien au Crétacé inférieur, dont vingt mille pour le seul Jurassique. Alors apparaît et se développe la grande famille des Abiétacées et, un peu plus tard, celle des Taxodiacées dont certaines espèces sont les géantes du règne végétal. Ces Conifères appartiennent seulement à l'hémisphère Nord ; dès la fin du Primaire, une centaine de millions d'années auparavant, les genres de l'hémisphère Nord s'étaient séparés, pour une raison inconnue, de ceux de l'hémisphère Sud. Dans le Sud, genres et espèces sont plus rares et moins représentatifs que dans le Nord.

LA « POMME DE PIN »

L'apogée des Conifères correspond à ce que certains ont appelé leur « modernisation », la formation, chez les Abiétacées, du cône qui, malgré quelques variantes, demeurera inchangé quant à sa structure. Le cône femelle est à la fois une inflorescence — mais non une fleur — et une fructification, sinon un fruit. Si les deux sexes sont présents sur le même pied, ils n'en sont pas moins nettement séparés et, en principe, ne s'y unissent pas. Chez le Pin, par exemple, les gamétophytes mâles sont portées par des feuilles transformées, groupées en « chatons ». Ce sont de petits cônes jaunes ponctués de brun, formés d'étamines pressées les unes contre les autres et disposées en spirale autour d'un axe central. Ces étamines sont en fait des feuilles devenues des écailles, portant deux renflements, les sacs polliniques qui, s'ouvrant, libèrent une abondante poussière jaune, le pollen (du latin *pollen-pollinis* : farine, poudre très fine). Ses grains innombrables sont des cellules isolées, munies de deux ballonnets remplis d'air qui faciliteront leur dissémination par le vent. Les Conifères sont, en effet, des plantes typiquement anémophiles (du grec *anemos* : vent et *philos* : ami). Les chatons mâles se développent à la base des rameaux de l'année et, s'épanouissant au printemps, sont alors bien visibles. Au sommet de l'épi jaunâtre pointe une touffe de jeunes aiguilles, rougeâtres encore, l'extrémité libre du rameau qui poursuivra sa croissance, dès que le chaton aura accompli sa mission fécondante. À l'extrémité des jeunes pousses, apparaît le cônelet, plus petit que le chaton mâle et d'un beau rouge violacé, porteur des gamétophytes femelles. Le cônelet est, lui aussi, formé d'écailles insérées en spirale autour d'un axe, mais deux par deux ; l'une est une bractée stérile, l'autre une sorte de fleur, très rudimentaire, constituée seulement d'un ovaire unique qui contient, sous forme de petits renflements ovoïdes, deux ovules. Ceux-ci seront fécondés par des grains de pollen provenant d'un autre arbre, car le cônelet est situé de telle sorte qu'il ne peut être atteint par le pollen du même arbre ; ce pollen n'étant d'ailleurs pas mûr au même moment. Seule est ainsi rendue possible la fécondation croisée, donc le fructueux mélange des cellules sexuelles provenant de deux individus différents. Passant entre deux écailles du cônelet, les grains de pollen inséreront jusqu'aux ovules leurs tubes polliniques qui viennent de se former. Toutefois, les ovules ne deviendront des graines prêtes à germer que longtemps après la fécondation. Entre-temps, le cônelet grossit et devient un cône protecteur. Les écailles fécondées, durcies, se resserrent les unes contre les autres de façon à recouvrir la graine nue qui pourra ainsi se développer à l'abri, se prolongeant par une longue aile membraneuse qui facilitera sa dispersion par le vent. Celle-ci n'aura lieu le plus souvent qu'au printemps de la troisième année après la fécondation, lorsque la sécheresse de l'air fera s'écarter les écailles ; mais le cône, vidé de ses graines, demeurera longtemps, toutes écailles ouvertes, sur l'arbre qui l'a vu naître.

Un signe de la réussite des Conifères est l'élévation, parfois vertigineuse, de leur taille, qui s'accompagne souvent d'une très grande longévité. La découverte dans la première moitié du xixe siècle des Conifères géants qui s'élèvent sur les pentes des montagnes Rocheuses et de la Sierra Nevada, près de la côte Pacifique des États-Unis, provoqua l'étonnement du public aussi bien que celui du monde savant. On n'imaginait pas auparavant que des arbres puissent atteindre de telles dimensions. Les Pins jaunes (*Pinus ponderosa*), les Pins de Jeffrey (*Pinus Jeffreyi*), les Sapins rouges de Californie (*Abies magnifica*) y dépassent 60 m, les Pins de Lambert (*Pinus Lambertiana*) montent à 80 m, les Douglas (*Pseudotsuga Douglasii*) à 90 m, enfin les Épicéas de Sitka (*Picea sitchensis*) et les Sapins de Vancouver (*Abies grandis*) culminent à 100 m, alors que les Conifères d'Europe dépassent rarement 50 m.

La surprise fut à son comble, lorsqu'au milieu du xixe siècle les botanistes-collecteurs anglais trouvèrent les Séquoias, qui ne sont pas, comme les espèces précédentes, des Abiétacées, mais des Taxodiacées. Le Séquoia toujours vert (*Sequoia sempervirens*), le *Redwood* des Américains, forme encore des forêts sur les chaînes humides qui longent la côte de la Californie où ils sont aujourd'hui protégés, le Séquoia géant (*Sequoiadendron giganteum*), le *Big Tree* des Américains, occupe une aire plus restreinte sur le versant Pacifique de la Sierra Nevada, où lui sont consacrées deux importantes réserves : Yosemite et Sequoia National Parks. Ces deux espèces dépassent 100 m de haut, la première est

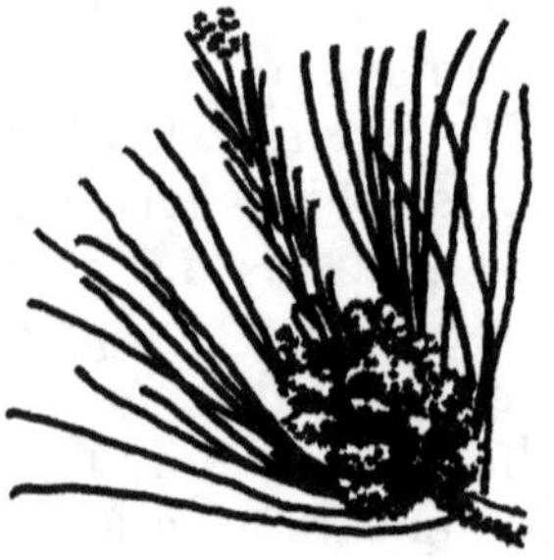

Fleurs de Pin laricio

Les chatons mâles jaunâtres sont groupés à la base du rameau de l'année, les chatons femelles rougeâtres et très petits se trouvent à l'extrémité supérieure du même rameau.

Cône de Pin parasol   **Cône de Pin Laricio**

même parfois plus haute, mais aussi plus mince (pas plus de 5 m de diamètre à la base) ; dans la seconde, le tronc est beaucoup plus massif (jusqu'à une vingtaine de mètres à la base). Un exemplaire de *Sequoiadendron*, tombé à terre dans les années 20, détiendrait le record absolu avec 132 m de haut, 36 m de tour à la base et un poids dépassant 2 000 tonnes. Son âge a été estimé à deux mille trois cents ans. Le tronc de ces géants est parfois si large que, dans l'un d'entre eux, on a pu faire passer une route, sans trop l'endommager. Certains *Sequoiadendron* auraient atteint trois mille cinq cents ans. Mais si l'on protège soigneusement ces géants californiens, c'est qu'ils ne sont que les survivants d'espèces en voie de disparition. Au Jurassique supérieur, au Crétacé et au Tertiaire, jusqu'au Miocène (26 millions d'années), les Séquoias, avec de nombreuses espèces, étaient répandus dans toute l'Europe jusqu'en Islande, en Sibérie et dans toute l'Amérique du Nord. Les Séquoias détiennent-ils encore aujourd'hui le record de hauteur ? Probablement pas. On a découvert depuis lors certains Eucalyptus, de l'espèce *Eucalyptus amygdalina*, originaires du sud-est de l'Australie et de Tasmanie, qui dépasseraient 150 m.

Lorsqu'il parcourt le parc national de Yosemite, marchant entre les fûts énormes de *Séquoiadendron* dont la cime se perd dans le ciel, le promeneur éprouve spontanément l'impression d'arpenter une forêt de la préhistoire et s'attend à se trouver face à face avec un monstre, l'un de ces Reptiles géants qui hantent son imagination. Il se trouve que c'est en effet au Jurassique que ces derniers atteignirent leur taille maximale, comme si une même poussée de gigantisme s'emparait aussi du règne animal. Les Sauropodes, tels que les Diplodocus, les Brontosaures et les Brachiosaures dépassaient 20 m de long et pesaient plus de 30 tonnes, ce qui représente six ou sept fois la masse d'un éléphant adulte. Mais il semble que le plus grand nombre d'entre eux vivaient la plupart du temps à demi immergés dans l'eau des marécages, comme de nos jours les hippopotames. Il en allait de même des Euscuchiens, les ancêtres des Crododiliens actuels. On sait que ces monstres de cauchemar ont disparu au Crétacé terminal, donc à la fin de l'ère Secondaire.

Dans l'évolution des Vertébrés, une étape décisive avait été franchie lorsque la reproduction eut cessé de dépendre du milieu aquatique, avec le passage des Amphibiens aux Reptiles. L'« invention » de l'œuf marque une importante progression évolutive. Désormais, tout stade larvaire libre est supprimé, parce que devenu inutile. Le développement embryonnaire se passera tout entier dans l'œuf, c'est-à-dire dans un milieu aquatique intériorisé et clos, le liquide amniotique.

Il existe donc ici encore un parallélisme évolutif dans les deux règnes. On peut comparer le passage des Amphibiens aux Reptiles à celui qui, à partir des Ptéridophytes, a donné naissance aux Spermatophytes. En effet, chez les Fougères, la reproduction se déroule en deux stades successifs, comparables aux étapes larvaires des animaux : le gamétophyte (les spores), détaché de la plante mère (le sporophyte) engendrant un prothalle qui, à son tour, émet des spermatozoïdes et des archégones, dont la fusion formera l'embryon qui donnera naissance à une nouvelle fougère. Un tel mode de reproduction ne peut se produire qu'en milieu humide. Avec l'apparition des Spermatophytes, la situation change radicalement. Le gamétophyte, réduit, cesse d'être indépendant, il est incorporé à la plante, le sporophyte, au sein d'un organe protecteur, la fleur. Tout le cycle reproducteur s'effectue sur la plante mère. La future nouvelle plante ne la quittera que toute formée, comme le poussin sortant de la coque, et le plus souvent munie de réserves. Celles-ci lui permettront non seulement de survivre mais de se développer avant même que fonctionnent les racines, la tige et les feuilles, et l'on sait que les Conifères supportent fort bien la sécheresse. Cette homologie n'est-elle pas, au moins symboliquement, manifestée par la forme généralement ovoïde du cône ?

Dès l'ère Secondaire, les arbres étaient, et de beaucoup, les plus grands et les plus longévits de tous les êtres vivants, ils le sont encore de nos jours. Aucun animal ne peut leur être comparé, ni les Sauropodes ni celui qui est actuellement encore plus grand qu'eux, le Rorqual ou Grande Baleine bleue, qui mesure 33 m de long contre 27 m chez le Diplodocus, et pèse 130 tonnes. Mais il s'agit d'un Cétacé, donc d'un Mammifère marin vivant dans un milieu qui, par sa densité, permet un tel développement de la taille et du poids lequel serait impossible sur la terre ferme. Là, le record est détenu par l'éléphant d'Afrique, de beaucoup le plus grand et le plus lourd de tous les Mammifères terrestres, avec 4 m de hauteur au garrot et un poids de 7 tonnes et les éléphants ne vivent guère plus de soixante-dix ans.

Sur ce plan aussi, l'animal est nettement surpassé par le végétal : pour le premier, on compte par dizaines d'années, pour le second par centaines. Une conséquence de la longévité végétale est la perpétuation de types très anciens qui ont survécu inchangés depuis des millénaires. Certains arbres ne se reproduisent qu'à un âge avancé : un chêne, un hêtre n'atteignent leur maturité sexuelle qu'après la quarantaine, un sapin pectiné ne porte de fleurs femelles qu'à plus de soixante-dix ans. Dans ce dernier cas, le renouvellement du stock génétique est soixante-dix fois plus long que pour une plante annuelle ; en conséquence, les possibilités de transformation de l'espèce sont réduites d'autant. D'où l'existence d'arbres reliques conservés intacts depuis la préhistoire. La différence entre la longévité des végétaux autotrophes, capables de produire des types extrêmement durables, et celle considérablement plus brève des animaux hétérotrophes, où les types plus instables se multiplient, au contraire, presque à l'infini, explique peut-être l'énorme écart qui existe entre le nombre des espèces dans l'un et dans l'autre règne. Alors que l'on a recensé environ trois cent mille espèces végétales dont deux cent mille plantes vasculaires, celui des espèces animales dépasse certainement le million, parmi lesquelles sept cent mille insectes, mais seulement quarante-cinq mille Vertébrés.

UN « FOSSILE VIVANT »

Apparut au Jurassique, si riche en inventions, le *Gingko* ou *Ginkyo biloba*, un arbre à ce point différent de tous les autres que les botanistes ont dû créer pour cette seule espèce un ordre ou même un embranchement. Mais, au Jurassique, quand les Gingkoales atteignirent leur apogée, il en existait de vingt à soixante genres avec une centaine d'espèces attestées par des fossiles. Si les toutes premières Gingkoales, d'ailleurs douteuses, remontent peut-être au Dévonien moyen, la lignée devient indubitable avec celles qui sont bien attestées au Permien.

Tout, chez le Gingko, semble paradoxal. Si son port élégant fait penser à celui de certains arbres actuels, en particulier aux Mélèzes, si son bois est formé de fibres aréolées comme chez les Gymnospermes, le Gingko ne porte pas d'aiguilles, mais des feuilles caduques avec un pétiole et un limbe bien développé. Leur structure est cependant tout à fait inhabituelle, en forme d'éventail aux bords arrondis avec souvent deux lobes bien marqués, d'où le nom de l'espèce, et à la nervation dichotomisée, rayonnant à partir de la base du pétiole. Plus ambigu encore est le mode de reproduction des ginkgos qui sont dioïques ; il existe donc des pieds mâles produisant des étamines et des pieds femelles porteurs d'ovules. Ces appareils reproducteurs poussent au milieu des feuilles. Les étamines sont groupées en chatons lâches qui mûrissent en avril, libérant alors la poussière de pollen que le vent dissémine au loin. Après quoi, les étamines sèchent et tombent à terre. L'appareil reproducteur femelle est réduit à un rameau dichotomiquement divisé ; chacune de ces divisions porte un ovule plus nu encore que celui des Gymnospermes et qui n'est pas protégé par les écailles d'un cône. Chaque ovule est porté par un pédicelle de 2 cm de long. À son sommet exsudent des gouttelettes visqueuses qui captent au passage les grains de pollen. Ceux-ci se trouvent entraînés jusqu'à la chambre pollinique qui s'est creusée dans le nucelle, au centre de l'ovule, et germent en formant un tube producteur de spermatozoïdes ciliés qui, au début de septembre, nagent dans un liquide sécrété par le nucelle et rencontrent les archégones (gamétophytes femelles) qui se sont formés au sein du nucelle. Les noyaux qui résultent de cette union prolifèrent alors à l'état libre jusqu'à la septième génération, et la germination n'a lieu qu'au printemps suivant.

L'ensemble de ce processus complexe comporte nombre de traits archaïques : par exemple, on ne trouve des gamètes mâles ciliés que chez les Algues vertes, les Mousses et les Ptéridophytes alors qu'ils ont disparu chez les Spermatophytes ; ils correspondaient à une dépendance du milieu aquatique dont se sont libérés ces derniers ; le gamétophylle femelle, appelé « prothalle » chez le Ginkgo, est chlorophyllien et entouré d'une membrane comme chez les Ptéridophytes. Cet ensemble de dispositions permet à la fécondation et au développement ultérieur de s'effectuer dans des ovules séparés de la plante mère. Il s'agit donc d'un système qui, à l'époque de l'apparition du Ginkgo, était devenu archaïque, ce qui laisse supposer un *phylum* séparé et une origine très ancienne, au moins le Permien (280 millions d'années), à la fin de l'ère Primaire. Voici donc un arbre vieux de plus cent cinquante millions d'années qui survit probablement inchangé — Darwin l'appelait un « fossile vivant », il est vrai qu'à son époque on ne connaissait pas les Coelacanthes. Lorsqu'en 1690 le médecin et botaniste allemand Engelbert Kaempfer découvrit le Ginkgo au Japon, il remarqua qu'on ne le rencontrait que dans les bois entourant les temples. On a su par la suite qu'il en allait de même en Chine. Le Ginkgo se trouvait auprès des temples bouddhistes depuis au moins le Xe siècle. Il est donc vraisemblable que le Ginkgo était depuis longtemps considéré comme un arbre sacré. Toutefois, cela n'explique sa conservation que pendant un millénaire ou deux. Malgré son antiquité, l'espèce fait preuve d'une vitalité intacte, elle supporte même la pollution urbaine, ainsi qu'on peut le voir au Japon, par exemple à Tokyo, où d'innombrables Ginkgos bordent de longues avenues.

L'ARBRE À FLEURS ET À FRUITS

Les progrès décisifs réalisés par les Gymnospermes avaient eu pour résultat une réussite à ce point éclatante que l'évolution aurait fort bien pu en rester là. Mais l'évolution, ou, si l'on préfère, la dynamique de la vie, ne s'arrête jamais ; elle ne cesse d'aller de l'avant, quitte à détruire ses aberrations et à gommer ses réussites mêmes pour faire mieux encore. Peu après l'apogée des Gymnospermes, à la fin du Jurassique, apparurent d'autres Spermatophytes tout à fait différentes non seulement d'aspect, mais par leur structure et leur fonctionnement. Le cône était à la fois une inflorescence et presque un fruit ; chez les Angiospermes, fleur et fruit se dissocient et se distinguent nettement l'un et l'autre, même s'ils ne représentent que deux étapes successives d'un processus par ailleurs ininterrompu.

Le nom des Angiospermes vient du grec *angios* : vase, récipient. Ce vase, c'est le carpelle (du grec *karpos* : fruit), récipient clos au fond duquel va s'opérer la fécondation qui n'a donc plus lieu à l'air libre. Le carpelle a la forme d'une minuscule bouteille dont la partie basse et renflée renferme l'ovaire contenant les ovules ; au sein de ces derniers, se développent les gamétophylles femelles que l'on appelle « sacs embryonnaires ». Le goulot de cette bouteille est le style (du latin *stylus* : stylet), effilé, cylindrique, souvent creux, mais toujours poreux ; il est formé d'un tissu assez lâche au travers duquel passent, pour atteindre les ovules, les tubes polliniques, sortes de hernies formées sur le grain de pollen, qui,

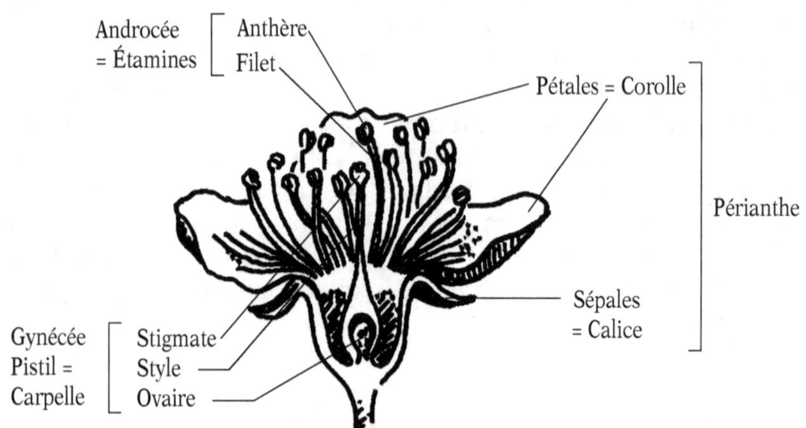

Coupe d'une fleur de prunellier

une fois parvenus à destination, se gonflent. L'extrémité renflée du style forme le stigmate (du grec *stigma* : piqûre), dont les papilles rugueuses émettant souvent un liquide visqueux retiennent au passage les grains de pollen. La réunion de plusieurs carpelles accolés forme le pistil (du latin *pistillus* : pilon, en raison de sa forme), ou gynécée (mot qui désigne en grec l'appartement réservé aux femmes dans la maison) ; de la même manière on nomme androcée (appartement des hommes) la réunion des étamines.

Ainsi se passent les choses chez la fleur femelle des plantes dioïques de type parfois très simple, celle du Noyer, par exemple, qui se formant sur la pousse feuillée de l'année, est réduite à un ovaire double, formant un flacon renflé et court surmonté de deux stigmates épais et frangés. Plus bas et plus tôt, a crû sur le bois de l'année précédente le chaton mâle, long épi composé de fleurs elles aussi extrêmement simplifiées, pratiquement réduites aux seules étamines. Ce mode élémentaire de reproduction est très répandu chez les arbres dont les inflorescences sont des chatons, donc des épis de fleurs unisexuées, que l'on appelle pour cette raison Amentifères ou Amentales (du latin *amentum* : chaton) telles les Salicales (Saules et Peupliers), les Juglandales (Noyers), les Fagales (Bouleaux, Charmes, Noisetiers, Châtaigniers,

Hêtres et Chênes). Chez les Chênes, l'ovaire est entouré de minuscules bractées en forme d'écailles qui le protègent ; poussant ensuite avec le fruit, elles se réuniront pour former la cupule qui, à maturité, entoure la base du gland.

À l'extrémité opposée, triomphe la fleur hermaphrodite, de structure bien plus complexe, puisqu'elle ne se compose plus seulement d'éléments fertiles, mais s'entoure d'enveloppes stériles, généralement colorées et brillantes de façon à attirer les agents de la pollinisation, à qui elle offre de surcroît du nectar, mot grec qui désignait le breuvage des dieux. Ces plantes sont dites entomophiles (du grec *entomon* : insecte, et *philos* : ami).

Cette fleur ostensible qui, pour le profane, mérite seule le nom de fleur est, chez les arbres, celle des Ormes, des Érables, des Frênes, celle surtout des Rosacées qui comptent nos arbres fruitiers. L'organe reproducteur est constitué de l'androcée dont les étamines sont en nombre très variable — une chez les Platanes, vingt chez les Charmes et le Poirier et jusqu'à trente-six chez le Noyer — parfois vivement colorées, chez le Poirier, par exemple, et du gynécée ou pistil aux carpelles plus ou moins nombreux, protégé par les couches superposées du périanthe (du grec *peri* : autour et *anthos* : fleur), à l'extrémité élargie du pédoncule floral, le réceptacle. Ces éléments, groupés en verticilles concentriques, sont, du dedans au dehors, la corolle et le calice. La corolle (du latin *corolla* : petite couronne) est formée d'un verticille de pétales en nombre variable (pétale vient du grec *petalon* : feuille) qui ont en effet la même structure que la feuille, mais dont l'épiderme est très mince et presque toujours coloré. Entoure la base de la corolle, le calice dont les sépales ne forment le plus souvent qu'un seul verticille ; les sépales sont, eux, nettement foliacés et presque toujours verts. Il arrive qu'ils soient colorés et ressemblent alors aux pétales dont il joue le rôle chez les fleurs qui en sont dépourvues, on les appelle alors sépales pétaloïdes.

Toutefois, même certaines fleurs hermaphrodites ne comportent pas tous ces éléments. Chez les Apétales, c'est la corolle qui manque : ainsi, les Ormes aux fleurs réduites à un calice aux sépales soudés, sont des Apétales périanthées ; chez d'autres espèces, même le calice fait défaut, ce sont des Apétales apérianthées, tel est le cas des fleurs hermaphrodites du Frêne commun *(Fraxinus excelsior)* qui se composent seulement de deux étamines d'un pourpre noirâtre et d'un ovaire minuscule.

En revanche, il arrive que des fleurs portent des pièces annexes dont quelques-unes jouent un rôle dans la fécondation, telles les nectaires, glandes qui sécrètent un suc mielleux, le nectar. D'autres pièces, les bractées (du latin *bractea* : feuille de métal), petites feuilles modifiées, ressemblent parfois à des sépales, mais s'insèrent sous la fleur, à la base du pédoncule. Dans certaines espèces, les bractées servent à la propagation de la graine : ainsi chez les Charmes, une grande bractée foliacée à trois lobes croît en même temps que le fruit et lui sert d'aile lors de la dissémination ; chez les Tilleuls, à la fleur est accrochée une longue bractée membraneuse d'un vert pâle qui permet au fruit de voler.

Ce qui caractérise les Angiospermes, ce n'est pas seulement la fleur, mais le fruit. L'histoire du fruit commence au moment précis où les gamétophytes mâles rencontrent les gamétophytes femelles et s'unissent à eux. Dès cet instant, commence à se constituer un nouvel individu végétal, une future plante enclose dans cet œuf qu'est la graine, c'est-à-dire l'ovule fécondé qui se divise, se subdivise et se transforme, devenant un embryon, tandis que se durcissent les téguments de l'ovule qui assurent la protection de la graine ; en même temps, se développe l'albumen qui résulte de la double fécondation propre aux Angiospermes. Albumen désigne d'abord « le blanc » d'œuf, la réserve alimentaire qui, dans l'œuf de l'animal comme dans la graine du végétal, nourrit l'embryon. Ici encore, il y a analogie.

Le fruit n'a pas toujours la chair juteuse et sucrée que nous mangeons, elle n'est le plus souvent que le résultat d'une longue sélection arboricole qui a considérablement accru une pulpe qui, à l'état naturel, était généralement mince, âpre, immangeable. Les grains de blé, ceux des Graminées sont aussi des fruits que l'on appelle des caryopses (du grec *karyon* : noix, et *opsis* : aspect) ; ici, le péricarpe très mince se confond avec les téguments de la graine.

Chez les arbres, il existe des fruits très simples, les akènes (du grec *a-* privatif et *khainein* : ouvrir) que l'on qualifie d'indéhiscents (du latin *dehiscere* : s'ouvrir), parce qu'ils ne s'ouvrent pas à maturité. L'akène, formé d'un seul car-

Différents fruits de types akènes

De haut en bas et de gauche à droite : chaton de Bouleau formés de petits fruits secs ailés – noix du Noyer dans son enveloppe charnue verte – gland du Chêne vert inséré dans sa cupule formée d'écailles – fruit du Charme auquel est attaché un large involucre foliacé trilobé – Châtaignes dans leurs bogues – faînes du Hêtre dans leurs involucres coriaces et épineux.

Autres types de fruits

En haut, à gauche, samares du Frêne à fleurs ; à droite, disamares de l'Érable sycomore. En bas, fruit de l'Orme de montagne entouré d'une large aile arrondie. À droite, faux cône de l'Aulne glutineux.

pelle, ne contient par conséquent qu'une graine, ainsi le gland d'un Chêne où le fruit est pratiquement égal à la graine qui occupe tout l'espace délimité par une paroi mince, qui n'est autre que le péricarpe. Sont aussi des akènes les faînes des Hêtres, les Châtaignes groupées par deux ou trois dans un involucre coriace hérissé d'épines piquantes, la bogue, les Noisettes, les fruits des Bouleaux et des Aulnes. Parfois, les akènes sont accompagnés d'une membrane plane en forme d'aile qui facilite leur transport par le vent, ce sont les samares des Ormes, et les disamares, formées de deux graines et de deux ailes, des Érables et des Frênes.

Le type du fruit déhiscent, donc qui s'ouvre à maturité, est la capsule qui provient de plusieurs carpelles soudés et contient par conséquent plusieurs graines, telles les capsules des Peupliers enrobées de poils blancs, le « coton », et des Saules, qui portent des aigrettes de poils soyeux. D'autres fruits déhiscents sont les gousses ou légumes (du latin *legere* : cueillir), caractéristiques de la famille des Légumineuses qui compte aussi des arbres, indigènes comme le Cytise et le Caroubier, ou introduits comme le Robinier et les Acacias que nous appelons Mimosas.

Pour l'homme, le fruit est essentiellement constitué par le péricarpe (du grec *peri* : autour et *karpos* : fruit) charnu, quand il s'agit de baies ou de drupes. Dans les baies, le « grain » de raisin, la groseille, la myrtille ou l'arbouse, tout le péricarpe est pulpeux, sauf une mince enveloppe, l'épicarpe, la « peau » du fruit ; les graines, les pépins, y sont comme immergés. La cerise, la prune, la pêche, l'abricot, l'olive, l'amande, la noix sont des drupes, fruits plus complexes ; les parois de l'ovaire en s'épaississant engendrent trois formations distinctes : la couche externe, le mésocarpe (du grec *mesos* : situé au milieu) entouré d'un épiderme coloré, l'épicarpe, demeure molle et devient sucrée, tandis que la couche interne, en se lignifiant, se durcit, c'est l'endocarpe (du grec *endon* : intérieur), autrement dit le noyau contenant une amande, la graine. Le pépin, lui, est la graine elle-même. L'amande et la noix sont des noyaux dont nous consommons la graine, qui chez la noix s'accompagne de deux gros cotylédons charnus et oléagineux, tandis que la partie, charnue chez les autres fruits, le mésocarpe entouré du péricarpe, vert et velouté dans l'amande, épais et riche en tanin dans la noix — c'est le brou — est dans les deux cas incomestible.

En étudiant la fleur et le fruit des Angiospermes, on évalue mieux l'importance qu'elles ont dans notre alimentation, mais aussi l'extrême diversité de leurs formes et de leurs tailles qui vont des Eucalyptus géants d'Australie aux lentilles d'eau qui ne mesurent que quelques millimètres. On trouve parmi elles des arbres énormes, des arbrisseaux buissonnants, des lianes, des plantes annuelles ou bisannuelles, d'autres vivaces grâce à leurs organes souterrains de réserve : bulbes, rhizomes ou tubercules. Les Angiospermes se trouvent dans les milieux les plus divers de la planète, jusque dans les déserts (les Cactacées), dans les eaux douces (les Sagittaires) et jusque dans la mer (les Posidonies). Leur extension se reflète dans le nombre de leurs espèces. On compte plus de deux cent mille Angiospermes — cinq mille rien que pour la France —, contre cinq cents espèces seulement de Gymnospermes. Les Angiospermes sont plus nombreuses que toutes les autres espèces végétales prises ensemble, y compris les Algues et les Bactéries.

À l'ère Tertiaire, les Angiospermes supplantèrent les Gymnospermes qui avaient commencé de décliner au Crétacé. La faculté d'adaptation sans égale qui permit aux Angiospermes de conquérir la presque totalité de la terre, est due certainement à leur structure où se réalise enfin et s'épanouit un idéal resté latent chez les plantes vasculaires qui les ont précédées, mais plus encore à l'extrême spécialisation de leurs cellules qui n'a cessé de croître tout au long de l'évolution. Si certaines Algues filamenteuses ne comptent qu'un, ou au plus deux types de cellules différenciés, on peut en dénombrer de vingt à vingt-cinq chez les Ptéridophytes, de quarante à cinquante chez les premières Spermatophytes et jusqu'à soixante-quinze chez les Angiospermes les plus évoluées.

À l'apparition des premières plantes à fleurs et à fruits correspond dans le monde des Insectes celle des Diptères et surtout des Lépidoptères buveurs de nectar. Du nectar, nous connaissons un peu le goût, le miel n'est en effet que du nectar transformé par le tube digestif de l'abeille. Avant d'atteindre la source du plaisir, l'insecte pénétrant dans la fleur heurte du front le rostellum, sorte de poche membraneuse qui libère alors deux petites massues visqueuses, les pollinies, contenant la semence mâle ; celles-ci adhèrent immédiatement à leur front. Lorsque l'insecte pénètre dans une nouvelle fleur, les pollinies, s'abaissant de 90 degrés, ont pris une position horizontale qui leur fera heurter les stigmates du style de l'ovaire lequel se trouvera automatiquement fécondé. La fleur nectarifère, devenue objet de séduction, se pare des couleurs les plus chatoyantes et répand dans l'air son parfum. L'insecte pris par ces enchantements ne se doute nullement du rôle, pour elle vital, que la fleur lui fait jouer. L'apparition des Angiospermes coïncide aussi avec le développement d'un embranchement jusqu'à présent presque furtif, celui des Mammifères qui dès lors se diversifie en ordres de plus en plus nombreux. La prédominance des Mammifères au Tertiaire qui, avec le Quaternaire, forme le Cénozoïque (du grec *kainos* : nouveau et *zon*, être vivant, animal) est la conséquence de l'accroissement et de l'enrichissement de nourriture que représentent pour eux les fruits et plus encore les Céréales.

Les Céréales sont des Graminées (du latin *gramen-graminis*, qui a d'abord signifié : nourriture du bétail, avant de désigner les herbes en général), donc des Monocotylédones, une des deux sous-classes en lesquelles se divisent les Angiospermes. Ce qui a conduit les botanistes à les séparer est l'existence sur la plantule de un ou deux cotylédons (du grec *kotuledôn* : cavité), ses réserves nutritives. Ce critère peut sembler en soi dérisoire, mais il correspond à une nette différence de structure. Les Monocotylédones sont essentiellement des plantes herbacées, souvent annuelles, non ou peu lignifiées, donc sans formations secondaires, tandis que, chez les Dicotylédones, la tige possédant d'importantes formations secondaires peut s'épaissir beaucoup, accumuler des réserves et acquérir des tissus lignifiés résistants. Ces tiges, s'élevant très haut et se ramifiant beaucoup, sont capables de vivre très longtemps. Seules les Dicotylédones réalisent véritablement la forme classique de l'arbre, type qui n'existe pas chez les Monocotylédones, contrairement à ce que pourraient laisser supposer les apparences de certaines d'entre elles. Si des Bambous du Sud-Est de l'Asie peuvent monter jusqu'à 40 m, leurs fleurs sont des caryposes comme celles des Graminées et leurs tiges ne sont que des chaumes, mais caractérisés chez eux par la prodigieuse rapidité de leur croissance, jusqu'à 60 cm par jour. Même les Palmiers, Monocotylédones géantes, ne peuvent être considérés comme des arbres. Ne possédant pas de formations secondaires, ils ne possèdent ni branches, ni cercles de croissance et ne se développent en hauteur qu'une fois acquise leur plus grande circonférence qui ensuite ne change plus, quelle que puisse être l'élévation de la tige. À celle-ci, dont le cœur est constitué par une moelle formée de fibres molles alimentées par les vaisseaux du bois périphérique, on ne donne pas le nom de tronc, mais de stipe. À son extrémité supérieure, le stipe se termine par un gros bourgeon apical en forme de chou (le chou-palmiste), qui donne naissance aux feuilles, puis aux fleurs et aux fruits.

Si les premières Angiospermes qui aient laissé des traces fossiles remontent au Jurassique supérieur (vers 180 millions d'années), on trouve déjà parmi elles des arbres reconnaissables, des Platanes et des Saules, des Lauriers et des Figuiers, puis, au Crétacé moyen, des Palmales, les premières Monocotylédones apparues sur le globe. Au Crétacé supérieur (100 millions d'années environ) se multiplie le nombre des Angiospermes arborescentes : Chênes, Hêtres, Bouleaux, Noyers, Érables, Eucalyptus ; elles occupent alors la première place dans les flores, tandis que disparaissent les types anciens. Le climat étant à cette époque partout chaud et humide, l'aire d'expansion des Angiospermes paraît avoir été presque illimitée. Il semble même que les toutes premières Angiospermes se soient développées d'abord dans les régions circumpolaires, avant de migrer vers l'Amérique, l'Europe et l'Asie.

Lorsque s'ouvre l'ère Tertiaire, de beaucoup la plus courte de toutes les ères géologiques, environ 63 millions d'années, en y incluant le très bref Quaternaire (2 à 3 millions d'années), la terre a déjà pris une apparence très proche de celle qu'elle a aujourd'hui. L'Atlantique nord s'est complètement ouvert, l'Atlantique sud continue de s'élargir ; en se rétrécissant les aires continentales se sont plissées. Si le cycle alpin a connu une première phase orogénique, dite andine ou nevadienne, car elle a fait surgir, à l'ouest de l'Amérique, la Cordillère des Andes et la Sierra Nevada, dès la fin du Jurassique inférieur, en Europe, les Pyrénées et les Alpes que prolongent les Carpates ne se sont élevées qu'au Tertiaire, de l'Oligocène au Miocène (vers les 37 millions d'années), avec, en conséquence, la formation d'une flore adaptée à ce nouvel habitat. Au Pliocène, la dernière période du Tertiaire, la terre prend à peu près l'aspect que nous lui connaissons avec la flore et la faune qui nous sont familières. À l'ère Tertiaire, avec l'explosion des Monocotylédones, en particulier des Graminées, se forment de vastes et grasses prairies que broutent les Mammifères, et l'Europe se couvre de forêts d'une opulence et d'une luxuriance sans commune mesure avec celles des époques antérieures. Jusqu'au Miocène (26 millions d'années), prospéraient un peu partout en Europe Séquoias, Cyprès chauves, Tulipiers, Magnolias, Camphriers, Canneliers, Mimosas, Eucalyptus, et même l'Arbre à pain *(Artocarpus)*, qui en disparaîtront au Quaternaire. Mais déjà se manifeste un refroidissement général ; au Miocène, la température moyenne devait être de l'ordre de 18 à 20 °C, ce qui correspond à un climat subtropical ; au Pliocène, elle baisse de 4 à 5 °C, tandis que s'accroît la sécheresse. On assiste déjà à l'élimination progressive des éléments tropicaux les plus caractéristiques (Palmiers, Camphriers, Canneliers, Lauriers) et à la prédominance des arbres à feuilles caduques, en particulier les Chênes.

L'ARBRE, SA STRUCTURE ET SON FONCTIONNEMENT

Au terme d'une très longue évolution dont nous venons de parcourir les étapes, s'élève l'arbre, le plus grand, le plus vertical de tous les êtres vivants, unissant les profondeurs de la terre à celles symétriques de l'empyrée. La nature réalise enfin ce qui, pendant des centaines de millions d'années, n'avait été qu'un projet. Elle le fait en deux temps, d'abord les Gymnospermes, puis les Angiospermes qui culminent glorieusement avec l'arbre porteur de fleurs et de fruits, l'arbre à la fois protecteur et nourricier.

La définition botanique la plus simple de l'arbre est : un végétal ligneux et longévif, que caractérise sa tige, devenue un tronc, dénudé à la base et muni à sa cime de branches et de feuillage, image assurément simpliste, mais qui est celle du forestier comme du profane. Biologiquement, l'arbre a une forme particulière déterminée par son mode de croissance, sa manière de vivre, pérenne et saisonnière, car l'arbre le plus évolué, celui qui porte des fleurs et des fruits, non seulement vit au rythme des saisons, mais en manifeste de façon éclatante l'alternance.

En hiver, lorsqu'il a perdu ses feuilles, ce n'est plus qu'une grande charpente qui semble morte, un squelette. En fait, la vie ne l'a pas quitté, elle s'est seulement retirée au centre, au plus bas du tronc. L'arbre s'est refermé sur lui-même, à l'abri sous son écorce imperméabilisée par le liège, dont il a pris soin, dès l'automne, de clore et de calfeutrer les issues, les blessures laissées par la chute des feuilles et qui se sont cicatrisées, tandis que des cals ont obstrué les tubes criblés du liber, où la sève a cessé de circuler. Mais, juste au-dessus des cicatrices foliaires, a pointé hors de l'écorce un bourgeon dans lequel repose sous un duvet cotonneux pro-tecteur, lui-même enveloppé d'une superposition étanche d'écailles feutrées, la future pousse, promesse de renaissance.

L'ouverture des bourgeons marque le départ d'un nou-veau cycle de vie active, donc d'échanges multiples avec le milieu, la terre et l'eau, l'air et le soleil. Alors des profondeurs remonte la sève, elle recommence à circuler depuis le chevelu des radicelles jusqu'aux jeunes feuilles qui, sous sa poussée, se déplissent. Les réserves accumulées durant l'été précédent s'insèrent de nouveau dans le circuit. La grande charpente reverdit, quelques semaines après, elle fleurit, ensuite elle fructifiera. Dès juin-juillet, à la Saint-Jean d'été, alors que le soleil est au zénith, l'arbre s'épanouit dans son opulence retrouvée et déjà il prépare son avenir, les bourgeons.

Tout en haut de la tige, dans son axe, un bourgeon se différencie de tous les autres, le bourgeon apical sécrétant une hormone, l'auxine, qui assure sa dominance. De lui dépend la croissance en hauteur, car l'arbre ne cesse de s'éle-ver pour conquérir sa place au soleil, ce qui est particulière-ment difficile en forêt, où la concurrence est sévère. Dans la futaie, la lumière ne vient que d'en haut et l'arbre s'étire. Les branches latérales situées à l'ombre dépérissent et tombent, c'est ce que l'on appelle l'élagage naturel, qui nous apparaît comme un énorme gaspillage. On a calculé que, si un Bou-leau conservait à chacune de ses branches seulement deux bourgeons latéraux par an, en dix ans il en porterait 19 683, alors qu'en fait il n'en subsistera que 238, tous les autres placés à l'ombre étant morts.

Afin de comprendre comment fonctionne l'arbre, comment il peut se tenir si droit, devenir tellement massif et vivre si longtemps, il faut passer du dehors au dedans, exami-ner ce que sont les « formations secondaires », les tissus nés des zones internes de croissance que sont les cambiums (du mot latin signifiant : change). Le plus important est le cam-bium interne, ou assise libéro-ligneuse, mince couche de cellules très actives qui produisent la plupart des tissus de l'arbre, vers l'intérieur, le bois et vers l'extérieur, le liber. Chaque année, les couches ainsi engendrées se superposent en zones concentriques. Ces structures secondaires forment le bois essentiellement constitué de cellulose et de lignine, qui lui permettent de résister, la première à la traction, la seconde à la pression qui peut être énorme, la couronne de feuillage d'un grand arbre pouvant peser plusieurs tonnes. Du dedans vers le dehors, on distingue le bois parfait, l'aubier et enfin l'écorce contenant elle-même le liber et le liège. Certains de ces tissus ont cessé de vivre : le bois parfait, d'une part, et d'autre part le liège qui, s'épaississant, forme un revêtement fissuré, le rhytidome (du grec *rhytidoma* : ce qui est craquelé)

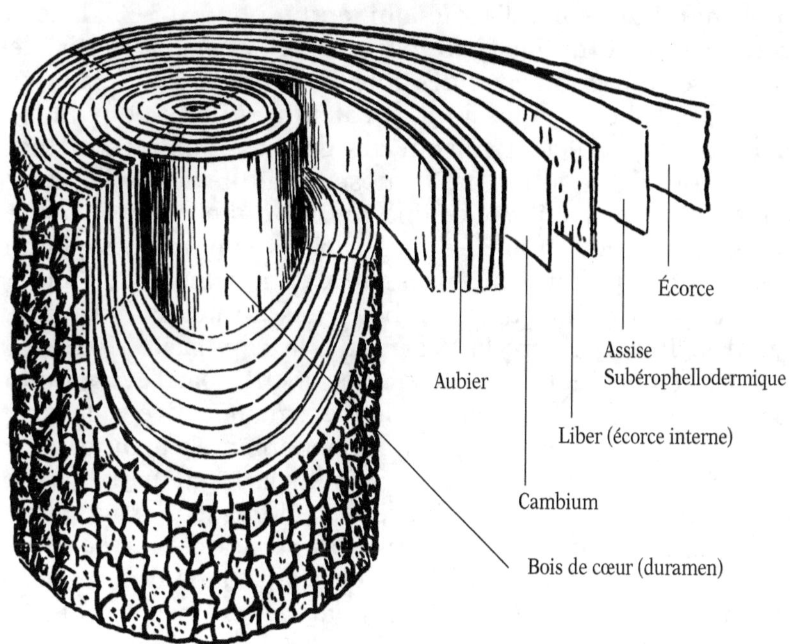

Anatomie d'un tronc d'arbre

La tige est donc formée de deux cylindres emboîtés l'un dans l'autre : le cylindre central ligneux, la partie la plus volumineuse de l'arbre et, tout autour, un manchon d'écorce.

Chaque année, le bois s'épaississant repousse vers le dehors l'écorce dont la circonférence s'accroît à son tour, grâce à sa propre zone génératrice, l'autre cambium, lui externe, ou assise subéro-phellodermique, le phelloderme étant formé des tissus qui sont situés entre le liège et le liber (du latin *suber* : liège et du grec *phellos* : liège et *derma* : peau).

Immédiatement sous l'écorce se trouve la sève (du latin *sapa* : vin cuit), le sang de l'arbre, dans le liber, la mince pellicule verdâtre et poisseuse qui apparaît lorsqu'on arrache l'écorce. Ce sont ses fibres qui assurent la conduction des feuilles aux racines de la sève élaborée, enrichie des produits de la photosynthèse, les glucides ou hydrates de carbone, fabriqués à partir du dioxyde de carbone de l'air et d'eau, ainsi que les autres substances de réserve. La sève brute est très aqueuse, mais porte en suspension les éléments nutritifs provenant du sol : l'azote qui entre pour 0,5 % dans la composition chimique du bois et se forme à partir des composés ammoniacaux des sols forestiers, et les sels minéraux, phosphore, potassium et calcium utilisés pour la formation des feuilles et surtout des graines. Dans les racines, le pouvoir d'absorption par osmose est limité aux poils absorbants très longs, à paroi cellulaire fine, qui entourent l'extrémité des jeunes radicelles ; les racines sont reliées par un réseau de capillaires aux vaisseaux conducteurs de l'aubier qui les convoient jusqu'au bout des rameaux, jusqu'aux feuilles. Pour vaincre la pesanteur, la capillarité doit avoir une force considérable, elle est déclenchée par l'évaporation permanente des feuilles, particulièrement active à la cime bien éventée. C'est donc d'un phénomène d'aspiration et même de succion qu'il s'agit. Suivant la hauteur de l'arbre, cette puissance peut atteindre dix et jusqu'à vingt atmosphères, ce qui correspond à une évaporation énorme.

Si les Conifères, sauf les Mélèzes et dans une moindre mesure les Épicéas, transpirent relativement peu, un Pin, un Sapin ne consomment que 10 à 12 kg d'eau par jour, ce qui fait qu'ils peuvent s'accommoder de climats et de terrains secs, les feuillus, chez lesquels l'évaporation est beaucoup plus intense, ont en général besoin d'un air ambiant suffisamment humide et de sols bien arrosés ; à moins qu'ils ne possèdent eux aussi un système de protection épidermique qui limite l'expulsion de vapeur d'eau, telle la cuticule des

Les organes de la feuille

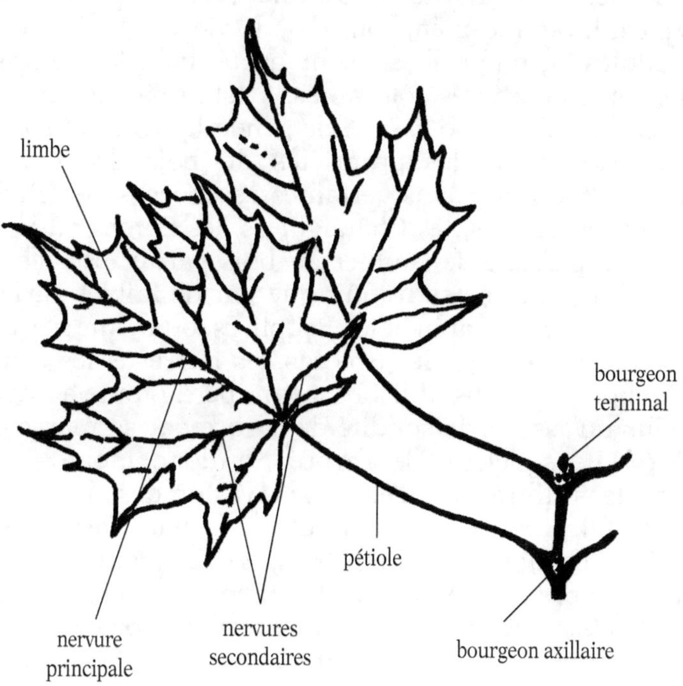

feuilles chez les espèces xérophiles. Un Chêne vert, par exemple, absorbe dix fois moins d'eau qu'un Chêne rouvre. D'une espèce à l'autre, la consommation d'eau varie beaucoup, d'où des exigences très différentes en ce qui concerne l'humidité de l'air et du sol. En moyenne, un Hêtre d'une centaine d'années évapore 50 kg d'eau par jour pendant la saison de végétation, tandis qu'à poids égal un Bouleau en évapore 30 % de plus et un Frêne le double, soit près de 100 kg. Pour l'ensemble de la période végétative, cela donne des chiffres très élevés : par exemple, un Chêne rouvre isolé dégage, d'avril à septembre, plus de 100 tonnes d'eau, deux cent vingt-cinq fois son propre poids ; dans le même temps, un Érable aura diffusé dans l'air l'équivalent de quatre cent cinquante-cinq fois de son poids.

La partie vivante, jeune et externe du bois, celle où passe la sève brute ascendante, est appelée aubier, parce qu'elle est presque blanche ou tout au moins de couleur très claire. Vers le centre, le bois forme un cylindre de couleur généralement plus foncée, il résulte de la transformation progressive des couches les plus internes de l'aubier ; c'est le bois de cœur, bois parfait ou duramen, zone d'où la vie s'est retirée et dans les cellules de laquelle se sont accumulés les tanins, les résines et les matières colorantes. C'est la partie dure, résistante et durable du bois, la seule généralement qui soit utilisée. Si l'aspect et les propriétés du bois de cœur sont fortement modifiés dans certaines essences — les Pins, les Mélèzes, les Chênes, les Châtaigniers, les Ormes ou le Robinier —, le passage de l'aubier au bois parfait est beaucoup moins marqué et ne se traduit que par de faibles variations de couleur chez le Sapin et les Peupliers, ou même n'est point du tout apparent chez les Épicéas, les Hêtres et les Érables.

Le bois que nous utilisons, ayant perdu toute activité, ne fait plus qu'assurer la solidité de l'arbre par sa masse dense et dure. Le squelette de l'arbre est donc mort. Avec les années, les infiltrations d'eau ou l'invasion des champignons peuvent faire pourrir le bois de cœur, mais l'arbre devenu creux est capable de rester prospère pendant de longues années encore ; néanmoins, il aura beaucoup perdu de sa force de résistance et, un jour, une forte tempête l'abattra, le couchera au sol, rompant d'un coup ses vaisseaux. Ainsi meurt l'arbre.

Si, chez les Conifères, la structure du bois est simple, relativement homogène (cellules très allongées mortes et vidées, régulièrement traversées par les vaisseaux de circulation de la sève et d'évacuation des cellules mortes), elle est plus complexe chez les Feuillus, car elle comprend trois éléments distincts, ayant chacun une fonction définie : cellules vivantes de réserve, fibres assurant la solidité, vaisseaux qui conduisent la sève brute. Cette spécialisation peut être assurément considérée comme un progrès, mais la longueur des cellules des vaisseaux qui permet une meilleure irrigation des tissus détermine un besoin d'eau accru et surtout rend le Feuillu plus sensible au gel. Quand, au cours des hivers très froids, la sève gèle, l'eau qui y est contenue forme des bulles d'air ; dans les petites cellules des Conifères, ces bulles se résorbent aisément quand survient le dégel ; au contraire elles peuvent persister dans les grandes cellules des vaisseaux des Feuillus et la colonne d'eau ainsi interrompue peut n'être jamais rétablie. Chez les Feuillus, la plus grande partie de la sève passe dans l'anneau de bois de l'année précédente. Le cambium est chez eux si efficace qu'il engendre une nouvelle couche de bois avant même que les feuilles aient commencé à faire monter la sève. Cette prodigieuse efficacité joue ici encore au détriment de la sécurité ; il suffira que des champignons bloquent les cellules de la couche annuelle pour que l'arbre dépérisse. C'est ce qui a causé la quasi-disparition du Châtaignier américain *(Castanea dentata)* et des Ormes champêtres *(Ulmus procera)* en Europe.

Les trois catégories distinctes de cellules constituant le bois sont parfois confusément mêlées chez les Hêtres et les Peupliers, mais souvent elles sont groupées d'une manière déterminée, vaisseaux et fibres alternés formant des dessins caractéristiques selon les espèces. De plus, les rayons médullaires, parfois visibles à l'œil nu, forment des maillures chez les Hêtres et les Chênes, par exemple. Enfin, le bois de printemps, qui s'élabore au début de la période de végétation, est constitué de tissus lâches, riches en vaisseaux de fort diamètre, manifestant la puissante activité de la sève printanière ; dans le bois d'été les vaisseaux sont plus petits et prédominent les fibres ligneuses, ce qui le rend plus dur et plus résistant. Il en résulte une double zonation qui dessine les cernes que l'on observe sur le bois coupé et qui, en principe, permet d'en déterminer l'âge. Mais, si les cernes sont aisément lisibles dans les bois dits hétérogènes, où la couche printanière forme une zone poreuse bien distincte, par exemple chez les Chênes, les Châtaigniers et les Frênes, ainsi que chez les Conifères, ils apparaissent beaucoup moins nettement dans les bois homogènes, ceux des Hêtres, des Peupliers, des Bouleaux, des Érables et des Fruitiers, où les vaisseaux ne sont pas visibles à l'œil nu.

De toutes ces matières que l'arbre élabore à partir du sol et du ciel, une partie seulement est utilisée immédiatement. De la fin du printemps à l'automne, l'arbre constitue d'importantes réserves. Celles-ci s'accumulent surtout pendant l'été, lorsque l'accroissement est presque terminé ; la chaleur et la forte luminosité entraînant des synthèses chimiques encore très actives, il se produit un fort excédent de glucides, qui, sous forme de grains d'amidon, viennent se déposer dans la moelle des jeunes rameaux, dans le parenchyme du liber et surtout dans les cellules encore vivantes du bois. Lorsque viendra l'hiver, toutes les cellules actives seront remplies de matières de réserve sur lesquelles l'arbre pourra vivre pendant la mauvaise saison, refermé sur lui-même, limitant au maximum ses échanges avec le monde extérieur. Ainsi organisé, l'arbre peut devenir le plus majestueux et le plus durable de tous les êtres vivants qui existent ou ont existé.

LE DÉSASTRE DES GLACIATIONS

L'ère Quaternaire qui n'a duré jusqu'à présent que trois millions d'années est de loin la plus courte, mais elle n'est certainement pas terminée. Elle se définit par deux événements somme toute mineurs dans la vie de la terre : l'apparition de l'homme et les pulsations glaciaires. L'histoire du Quaternaire est essentiellement climatique. Des climats alors bien définis s'établissent et se localisent, avec pour conséquence l'existence de flore et de faune géographiquement distinctes, mais qui ont considérablement différé suivant les phases des glaciations au cours desquelles des « inlandsis » (mot d'origine scandinave : *is* : glace, *in* : à l'intérieur, *land* : du pays) recouvrirent une grande partie des terres émergées de l'hémisphère boréal, et des interglaciaires marqués par le retrait des glaces et le réchauffement climatique qui en résultait.

Actuellement, on compte quatre glaciations en Europe du nord et six dans les Alpes, en Europe occidentale, mais aussi en Russie et en Sibérie, séparées par autant d'interglaciaires. Le stockage de quantités énormes d'eau formant les glaces, puis la fonte de celles-ci eut évidemment d'importantes conséquences sur le niveau des mers et se succédèrent régressions et transgressions. Jusqu'à présent, on ne connaît pas vraiment les causes de ces oscillations thermiques. On en a invoqué plusieurs : les unes astronomiques, cycles solaires, déviations de l'orbite terrestre ; les autres terrestres, déplacement de l'axe des pôles et dérive des continents, surrection des grandes chaînes de montagnes, mais aucune de ces théories n'a entraîné une adhésion unanime.

En Europe, en tout cas, les glaciations ont eu sur la flore des conséquences catastrophiques. À l'opulence qui régnait au Tertiaire, où la forêt européenne connut un apogée par son étendue et le nombre de ses espèces, succéda un progressif appauvrissement. Sur ce point, l'Amérique du Nord et l'Europe connurent des sorts très différents ; cela est dû à l'orientation des grandes chaînes de montagnes, longitudinales, du nord au sud en Amérique, mais transversales d'ouest en est en Europe. Tandis qu'en Amérique du Nord, les espèces végétales descendaient sans rencontrer d'obstacles vers le sud, lors de l'avancée des inlandsis, et reprenaient leurs places après leurs retraits, en Europe, ces migrations se heurtèrent aux Alpes, aux Carpates et aux Pyrénées, qui jouèrent le rôle de barrières infranchissables pour les éléments chauds de la flore qui furent alors exterminés. La progression des inlandsis entraîna la propagation dans la plus grande partie de l'Europe de la flore des toundras (Bouleaux nains et Saules polaires), tandis que plus au sud les analyses polliniques attestent la présence de la steppe à Graminées et de petits arbustes. Si, pendant les interglaciaires, Figuiers Lauriers et Arbres de Judée remontèrent vers le nord, associés aux Frênes et aux Sureaux, par exemple dans le Bassin parisien, le nombre d'espèces définitivement perdues fut considérable.

Vers – 10000 ou – 8000, commence le dernier interglaciaire, celui qui dure encore. Le climat resta encore boréal, mais les flores de la toundra et de la steppe furent remplacées par une flore plus tempérée, sur laquelle nous renseignent les débris de plantes trouvés dans les tourbières. Ils attestent que si dans les montagnes s'est formée une flore d'une grande richesse dans laquelle jouent un rôle de premier plan des espèces descendues du nord et que pour cette raison on appelle arctico-alpines, il existait à cette époque dans le reste de l'Europe d'immenses forêts de Conifères (Pin sylvestre), mais aussi de Feuillus, Chênes, Ormes, Tilleuls, Noisetiers. En Europe centrale, on a pu déterminer quatre périodes successives dans la formation de la forêt post-glaciaire : l'âge du Bouleau, l'âge du Pin, celui du Noisetier, enfin celui où prédomine la chênaie mixte, association du Chêne, du Tilleul et de l'Orme. L'apparition de la chênaie mixte paraît avoir eu lieu autour de ce que les géologues appellent un « optimum climatique », soit vers 5500 avant notre ère. Le climat semble alors avoir été plus sec et plus chaud que de nos jours. Il devint ensuite plus humide, comparable à l'actuel climat atlantique. Cette phase correspondrait au Néolithique qui vit la sédentarisation des hommes en Europe. Les débris végétaux retrouvés dans des dépôts autour des palafittes indiquent la prédominance des Chênes, des Érables et des Frênes que commencent toutefois à concurrencer les essences d'ombre et d'humidité, le Hêtre et le Sapin qui colonisèrent les Alpes.

La dernière phase climatique, un peu plus humide — c'est la nôtre — qui commence au cours du second millénaire avant notre ère voit la dominance du Hêtre, du Chêne et du Sapin et, en terrain calcaire, du Charme et du Noyer. Tard venu, l'Épicéa progresse rapidement dans les Alpes et les Carpates.

Néanmoins, la forêt européenne avait subi de tels dégâts qu'elle ne comprenait plus qu'une trentaine d'essences de Feuillus et seulement sept espèces de Conifères, contre cent dix espèces de Feuillus et treize de Conifères en Amérique du Nord, et cent cinquante espèces de Feuillus et vingt-six de Conifères en Asie boréale extrême-orientale (Chine et Japon). Il n'est dès lors pas étonnant que lorsque les voyages des botanistes firent connaître, à partir du XVIIe siècle, mais surtout aux XVIIIe et XIXe, la richesse de ces flores tempérées comparées à la nôtre, on se soit empressé d'introduire les espèces manquantes. On ne faisait en somme que replanter là où dans les profondeurs du sol reposaient leurs restes, Magnolias, Tulipiers, Cyprès chauves, Séquoias, Rhododendrons et Catalpas, et même les Eucalyptus et les Mimosas, là où, quelques dizaines de millions d'années auparavant, ils avaient prospéré.

LA FORÊT PRIMAIRE

La forêt vierge, qui n'en a rêvé, au moins en sa jeunesse ? Peut-être n'est-ce qu'un jeu de l'imaginaire, un souvenir archaïque qui traînerait dans l'inconscient collectif, mais que raniment périodiquement les mythes et les contes, les romans de chevalerie et même les grands romanciers d'aventures, Jules Verne, dans *Le Voyage au centre de la Terre* (1864), ou Conan Doyle dans *Le Monde perdu* (1913) et aussi le cinéma,

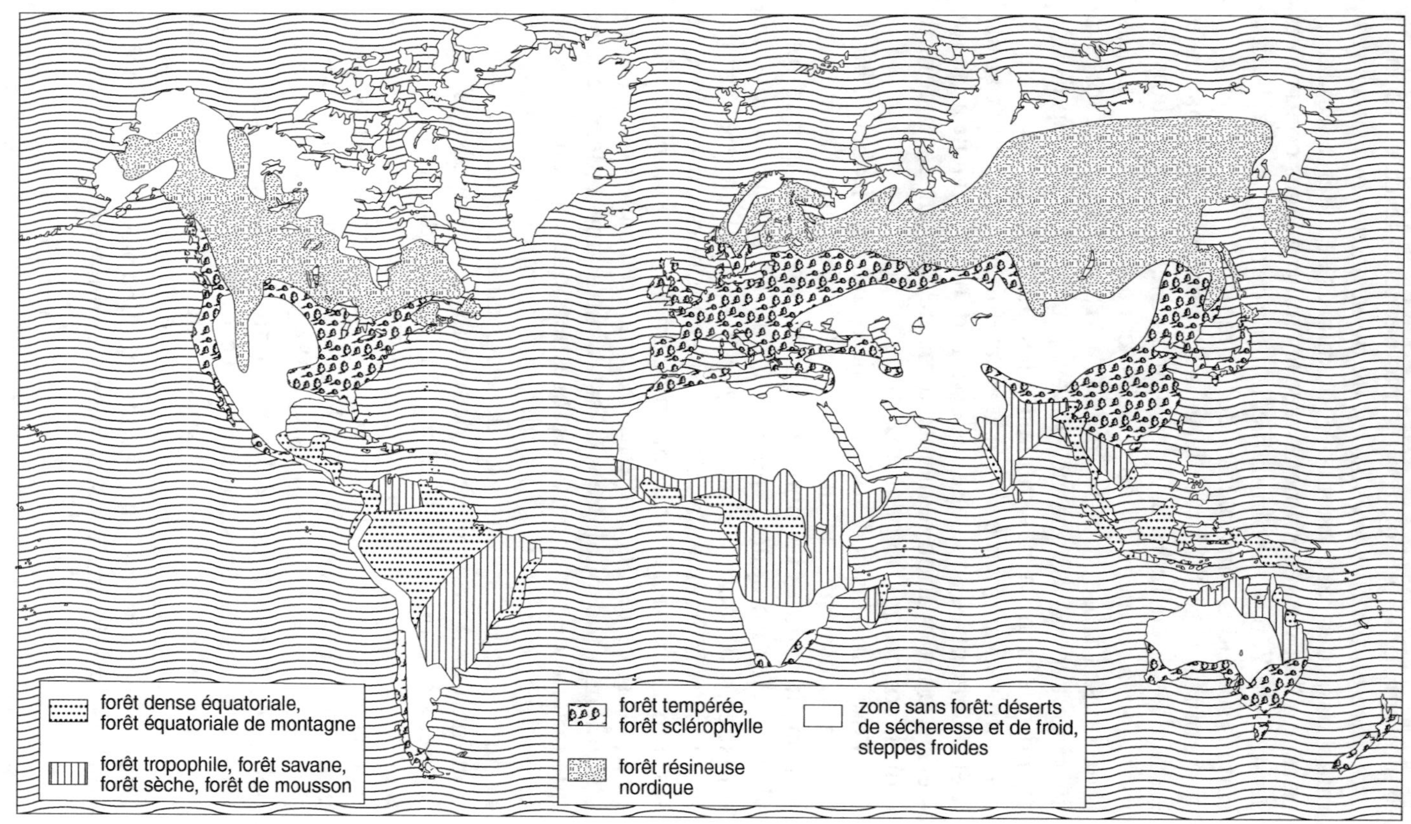

Carte mondiale des forêts
forêt dense équatoriale, forêt équatoriale de montagne
forêt tropophile, forêt savane, forêt sèche, forêt de mousson
forêt tempérée, forêt sclérophylle
forêt résineuse nordique
zone sans forêt: déserts de sécheresse et de froid, steppes froides

par exemple dans le film *La Forêt d'émeraude* (1985), qui exploitent, plus ou moins ingénieusement, le riche filon, la croyance en un état préhistorique de la nature qui survivrait intact dans des recoins encore inexplorés de la terre. On l'a vu encore à l'œuvre récemment avec les témoignages controuvés au sujet du Yéti, « l'abominable homme des neiges » qui hanterait les solitudes « inviolées » de l'Himalaya.

Pourtant, cette forêt vierge existe encore, en Amazonie, en Malaisie, en Indonésie, en Papouasie, et même dans les montagnes reculées du nord-ouest canadien, où l'on dit qu'il faut « tuer l'arbre pour faire de la terre ». C'est cette forêt-là sur laquelle on s'acharne encore aujourd'hui. Depuis les grands défrichements monastiques du Moyen Âge jusqu'à ceux qui veulent percer la forêt amazonienne et dont l'inanité a été démontrée, puisque le terrain dénudé devient aussitôt stérile, la motivation demeure la même, la peur de l'inconnu, d'un inconnu qui ne peut être que menaçant.

Pour l'inconscient occidental, remarque Robert Harrison, la forêt reste « la frontière extérieure entre l'humain et le non humain ». Le non humain inquiète. Dans une forêt vierge, « le promeneur ne ferait que se perdre », note un forestier, « il y éprouverait l'angoisse de la solitude et le sentiment d'avoir irrémédiablement basculé hors du monde, de ses représentations anthropomorphiques habituelles, dans une nature cette fois authentique, mais devenue pour lui foncièrement inhospitalière ». C'est contre une telle angoisse que tentent de lutter certains forestiers qui écrivent : « Gérer la nature, c'est aussi prendre en compte les désirs des hommes, leur volonté de développement, mais aussi de domination. » Convoitise et peur vont de pair, puisque, dans les deux cas, on est conduit à attenter à l'ordre naturel, donc à la seule réalité. R. Harrison écrit encore : « La pulsion destructrice envers la nature a trop souvent des causes psychologiques qui dépassent l'envie de biens matériels ou le besoin de domestiquer l'environnement. Il y a trop souvent une rage délibérée et vengeresse à l'œuvre dans l'agressivité contre la nature et ses espèces, comme si l'on projetait sur le monde naturel les intolérables angoisses de finitude qui rendent l'humanité otage de la mort. » Le même auteur remarque aussi plus loin : « Nous savons aujourd'hui que [les forêts] sont de prodigieux écosystèmes, des milieux où se nichent des espèces variées qui coexistent par un système complexe d'échanges, au sein d'un réseau cohérent, mais fragile, auquel chacun participe et dont chacun dépend. Cette science empirique qu'est l'écologie étudie la mosaïque de ces systèmes et détermine leurs conditions de survie. Comme nous apprenions à connaître de mieux en mieux les nombreuses interdépendances structurant ces écosystèmes, les forêts ont fini par acquérir un puissant statut symbolique dans notre imaginaire culturel : elles convoquent le paradigme d'une terre vue comme un seul écosystème intégré et complexe. Les forêts suscitent un intérêt écologique qui les dépasse, dans la mesure où elles sont devenues les métonymies de la terre entière[1]. »

Cette nécessité nouvellement ressentie, ou retrouvée, d'un ressourcement a engendré la notion novatrice de protection de la nature (contre l'homme) et le mouvement qui en a résulté de la création de parcs nationaux et régionaux, de réserves naturelles et, depuis peu, de réserves « biogénétiques » (il en existe actuellement plus de cinq cents), destinées à préserver sur place et à étudier les espèces, tant végétales qu'animales, menacées de disparition ; est apparue également ment une législation européenne applicable à tous les États membres de la communauté. De leur côté, les Nations unies, par l'intermédiaire de l'Unesco, ont désigné dans le monde entier des « réserves de la biosphère » et des « sites naturels du patrimoine mondial ».

C'est évidemment dans ces zones protégées contre les méfaits des humains que l'on peut espérer trouver encore, sinon des forêts vierges, du moins ce qu'en écologie on appelle des forêts « primaires », celles qui, n'ayant pas subi de dégradation du fait de l'homme, possèdent encore leur peuplement naturel, sinon originel, tandis que les forêts « secondaires », qui résultent de la destruction des forêts primaires, sont toujours d'un type très différent. En Europe, la progression générale des surfaces boisées dissimule le fait que presque toutes les forêts européennes sont aujourd'hui secondaires et en conséquence ne protège plus l'indispensable biodiversité.

Il y a heureusement encore quelques exceptions, mais il faut les chercher et souvent fort loin, dans les lieux les plus écartés, ce qui les a d'ailleurs préservées. Une des plus impor-

LA FORÊT DANS LE MONDE

SURFACE DES TERRES ÉMERGÉES :	130 millions de km^2	
TERRES AGRICOLES :	35 millions de km^2	24 %
TERRES INCULTES	55 millions de km^2	42 %
FORÊTS	38 millions de km^2	34 %
dont Conifères : (essentiellement dans les zones froides et tempérées)	12,8 millions de km^2	33 %
dont Feuillus : (surtout dans les forêts tropicales et équatoriales)	25,5 millions de km^2	67 %

RÉPARTITION DE LA FORÊT PAR CONTINENT		
	Surface boisée en millions d'ha	taux de boisement
AMÉRIQUE DU NORD	750	40 %
AMÉRIQUE DU SUD	872	44 %
FÉDÉRATION DE RUSSIE	763	45,20 %
EUROPE	136	28,30 %
AFRIQUE	708	25 %
ASIE	459	20 %
OCÉANIE	91	10 %

LES PLUS GRANDS PAYS FORESTIERS DU MONDE		
	Surface boisée en millions d'ha	Taux de boisement
FÉDÉRATION DE RUSSIE	763,5	45,2 %
BRÉSIL	551,1	65,2 %
CANADA	244,5	26,5 %
U.S.A.	212,5	23,2 %
CHINE	133,3	14,3 %
INDONÉSIE	109,7	60,6 %
RÉPUBLIQUE DÉMOCRATIQUE DU CONGO	109,2	48,2 %

DÉFORESTATION MONDIALE ANNUELLE	
DEPUIS 1990 : TAUX MOYEN	11,3 millions d'ha
EN 1999 ENVIRON :	15 millions d'ha

tantes des forêts primaires d'Europe se trouve dans l'immense massif de Bialowieza qui couvre 125 000 ha, dont 58 000 en Pologne et le reste en Russie. La forêt de Bialowieza doit sa survie au fait qu'elle fut constituée en réserve d'animaux sauvages en voie de disparition, le bison d'Europe, l'aurochs et le tarpan, ou cheval sauvage, dès le XIVe siècle par le roi de Pologne, Jagellon. Dans la partie la plus intacte, où la flore se régénère d'elle-même, a été créé un parc national, dont 4 750 ha forment une réserve intégrale. Le parc a été reconnu en 1977 comme réserve de la biosphère par l'Unesco qui l'a inscrit en 1979 sur la liste des sites du patrimoine mondial.

La végétation y est d'une extraordinaire richesse : neuf cents plantes vasculaires, plus de deux cent cinquante espèces de mousses et trois cents de lichens et plus de mille espèces de champignons. On y trouve cinquante-cinq espèces d'arbustes et vingt-six essences arborescentes, parmi lesquelles l'Épicéa, le Pin sylvestre, le Chêne pédonculé, le Charme, l'Aulne et des espèces diverses d'Ormes, de Peupliers de Bouleaux et de Saules. Le plus impressionnant est la taille de ces arbres : l'Épicéa y dépasse 50 m, le Pin sylvestre, le Tilleul à petites feuilles, le Frêne commun, l'Aulne glutineux montent à plus de 40 m. Mais les visiteurs sont surtout attirés ici par la faune, une des plus riches d'Europe et qui compte des espèces très rares. Si le dernier aurochs est mort en 1627 en Pologne et si le tarpan sylvestre s'est éteint à la fin du XVIIIe siècle, lui aussi en Pologne, on est parvenu à reconstituer l'espèce à partir de chevaux voisins de la souche primitive. On peut en voir à Bialowieza, on y trouve aussi le Bison d'Europe (Bison Bonasus) en plus de deux cents exemplaires, vivant à l'état sauvage ou en enclos.

Plus facile d'accès, le parc national yougoslave de Durmitor, situé en Monténégro dans un site admirable que dominent le mont Durmitor, le plus haut pic des Dinarides (2 522 m) et quinze autres sommets de plus de 2 000 m, avec à leurs pieds une vingtaine de très beaux lacs alpins. Le parc est sillonné par la rivière Tara qui s'enfonce dans un canyon profond de plus de 1 000 m. D'immenses forêts de Hêtre, d'Érable sycomore, de Pin, de Sapin et d'Épicéa couvrent les flancs des montagnes jusqu'à près de 2 000 m, au-dessus desquels ne croît plus que le Pin mugo (*Pinus mugo*) qui, rampant, ne dépasse pas 2-3 m de haut. Dans ce parc, se trouve l'une des dernières forêts primaires de Pin noir (*Pinus nigra*) de l'Europe. On peut y rencontrer quelques ours.

Plus modeste assurément, mais plus proche et plus accessible, le parc national suisse réserve à l'écologiste d'agréables surprises. Situé dans le canton des Grisons, près de la frontière italienne, il couvre 16 900 ha entre 1 500 et 3 173 m. La forêt, inexploitée depuis 1850, s'y est reconstituée d'elle-même et présente des peuplements exceptionnels de Pin mugo, d'Arolle (*Pinus cembra*) et de Mélèze (*Larix decidua*). En Valais, deux petites réserves naturelles en haute altitude offrent non seulement des vues grandioses, mais de magnifiques peuplements d'Arolles et de Mélèzes, au pied du glacier d'Aletsch, dans la réserve de ce nom. La seconde, la forêt de Derborence (53 ha), présente la très rare particularité de n'avoir jamais été exploitée ; elle le doit à un glissement de terrain qui l'a complètement isolée. C'est donc une véritable forêt primaire.

Celles qui existent encore de par le monde présentent pour le visiteur un aspect déconcertant. Il y rencontre plus de troncs écroulés en tout sens et pourrissants, entassés les uns sur les autres au milieu d'un enchevêtrement de taillis et de fourrés impénétrables, que d'arbres vifs. Dans les forêts boréales pluvieuses qui subsistent encore près des côtes du nord-ouest du Canada et du sud de l'Alaska, une humidité constante entretient au sol un tapis de hautes mousses d'un vert phosphorescent, tandis que du tronc des arbres géants se détachent de grandes plaques de lichen qui ressemblent à du cuir et que des fûts effondrés les branches deviennent de nouveaux arbres qui s'étirent à la verticale vers la lumière. En parcourant ces forêts, je me souvenais des impressions qu'avait notées le naturaliste François Peron, lorsque, participant à l'expédition Baudin, il avait découvert en 1802 les vastes forêts vierges de la Tasmanie : « Là, règnent habituellement une ombre mystérieuse, une grande fraîcheur, une humidité pénétrante ; là, croulent de vétusté ces arbres puissants d'où naquirent tant de rejetons vigoureux ; leurs vieux troncs, décomposés maintenant par l'action réunie du temps et de l'humidité, sont couverts de mousses et de lichens parasites ; leur intérieur recèle de froids reptiles, de nombreuses légions d'insectes ; ils obstruent toutes les avenues des forêts, ils se croisent en mille sens divers ; partout, comme autant de termes protecteurs, ils s'opposent à la marche, et multiplient autour du voyageur les obstacles et les dangers. »

Le visiteur est en effet saisi d'une peur ancestrale, viscérale, celles que les Grecs appelaient la panique, l'effroi que suscitait l'invisible présence de Pan, le dieu sauvage, dont le nom signifie : Tout.

II

ÉCOLOGIE DE LA FORÊT

« Dès que les arbres sont groupés en peuplements, on les voit perdre leur individualité pour concourir à la formation de cet être nouveau, unique que l'on appelle la forêt. Celle-ci... fonctionne comme un organisme complexe... »

Boppe, *Traité de sylviculture* (1889).

Si l'on veut comprendre ce qu'est la forêt, comment elle vit, comment elle fonctionne, on ne peut la considérer qu'en tant qu'être vivant, entité biologique propre, organisme géant à la fois un et multiple. Pour s'en persuader, il suffit d'y pénétrer, d'y demeurer silencieux et attentif, en oubliant tout ce que d'elle nous croyons savoir. Alors seulement, la forêt se révèle, elle s'exprime.

Entrer dans la forêt, c'est se trouver soudain dans un monde tout autre que celui que nous venons de quitter. Nos repères habituels nous manquent. L'espace et le temps ne sont plus les mêmes. Le ciel, on ne l'aperçoit que par quelques trouées à travers les frondaisons. La lumière du soleil divisée fuse dans le sous-bois en d'étroits rayons au sein desquels dansent les moucherons. Sous le tapis épais des feuilles mortes, des mousses, des lichens, des fougères, le sol demeure invisible. En tout sens, la vue bute, les perspectives s'effacent et avec elles les notions de proche et de lointain. Le silence en forêt n'est qu'apparent, on y perçoit le bruissement indistinct de centaines, de milliers de vies. Ces grands êtres énigmatiques qui entourent le promeneur ont plusieurs centaines d'années, ce sont des ancêtres, mais en vie. La forêt vit dans un autre temps, qui n'est plus linéaire, mais cyclique avec l'éternel retour des saisons, et à un autre rythme, beaucoup plus lent que le nôtre. Ce temps, ce rythme sont ceux des mythes et des contes.

À d'aussi simples évidences, ne peuvent échapper même ceux qui étudient scientifiquement, méthodiquement la forêt. Ils reconnaissent en elle un être immense, collectif, « une communauté vivante, constituée par un certain nombre de populations végétales et animales liées par des inter-actions intra et interspécifiques [1] ».

Ces interactions, cette interdépendance, c'est ce que les écologistes dénomment un *écosystème*, lequel comprend un *biotope* donné (biotope vient du grec et signifie « lieu de vie », c'est ce qu'on appelait naguère le milieu, mais considéré ici comme animé) et la *biocénose* qui y correspond (biocénose vient aussi du grec, *koinos* « ce qui est commun », ce qui vit « en communauté », ce qui est « mutuel », réciproque) ; la notion même de biocénose implique des échanges continuels, étroitement imbriqués les uns dans les autres. Biotope et biocénose ne sont pas des notions statiques, mais dynamiques. Ils évoluent et se modifient sans cesse, puisqu'il s'agit de la vie *(bios)*, du flux de la vie, de l'énergie vitale.

Ces notions écologiques nouvelles constituent une grille de lecture particulièrement appropriée à la forêt, elles en font mieux comprendre le fonctionnement, elles permettent aussi nombre de découvertes et orientent les recherches futures.

Seule, l'écologie, cette science empirique et pluridisciplinaire nous permet de découvrir la forêt dans son essence même, indépendamment de l'utilisation que l'homme peut en faire. En ce sens, elle rejoint, sans le vouloir, sans même le plus souvent le savoir, l'appréhension directe et originelle de la forêt qui est celle du sauvage — au sens propre, celui qui vit dans la forêt et de la forêt — telle qu'elle survit dans les mythes et les contes, appréhension qui redonne sens, un sens que, nous civilisés avions perdu. La forêt considérée comme le type même de l'écosystème naturel devient l'image condensée de l'écosystème le plus général auquel nous puissions nous référer, la biosphère.

C'est pourquoi, même si le langage spécifique que, cédant au vertige de la spécialisation, l'écologie a savamment créé à coup de néologismes empruntés au grec, se référant d'ailleurs ainsi à l'origine de la formulation de la pensée occidentale, même si un tel langage peut nous paraître abstrus et abstrait, du moins est-il plus précis, plus exact — biotope est moins vague que milieu, et biocénose que communauté vivante — et finalement indispensable, puisqu'il vise à cerner au plus près la réalité, tout en l'apprivoisant à notre usage. Nous nous servirons donc ici, mais non sans les définir à l'usage des non-spécialistes, des mots qu'elle emploie.

Ecosystème de la forêt

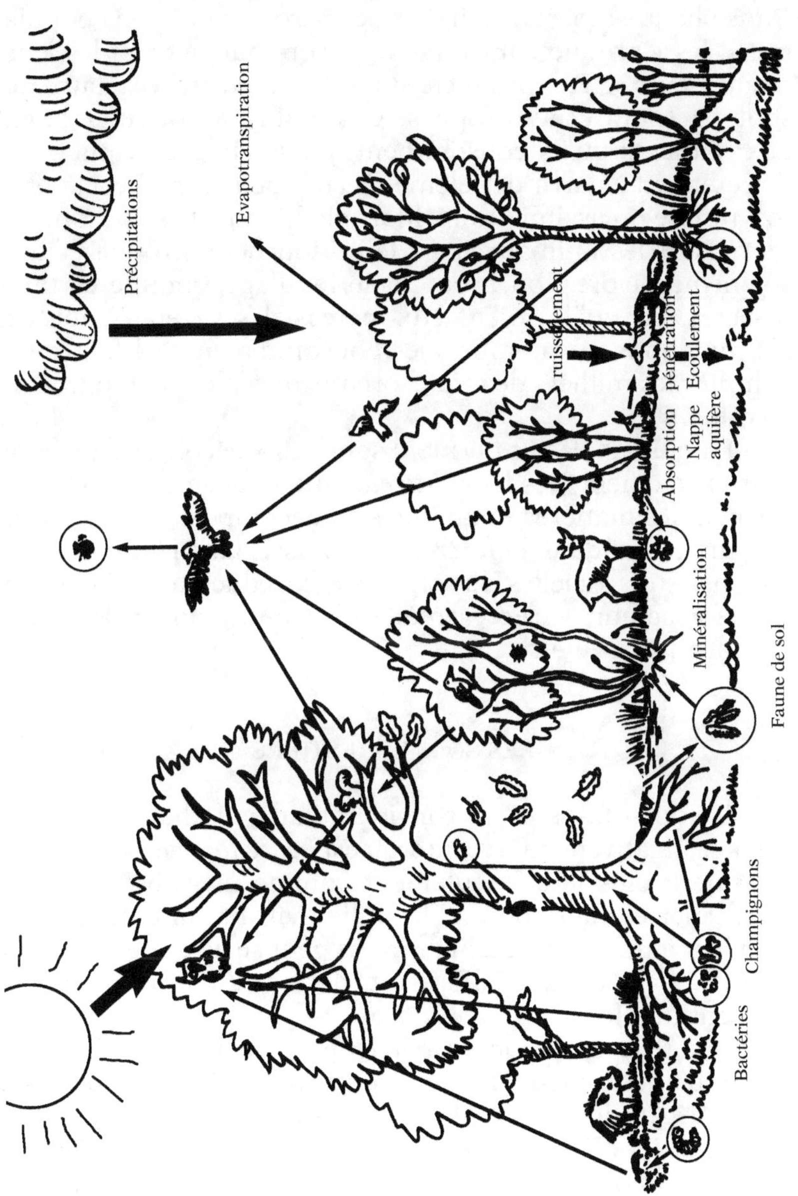

Pour l'écologiste, chaque biotope est déterminé par un certain nombre de facteurs, dont, à la base, le sol et le climat, mais ces éléments eux-mêmes sont changeants et complexes. Dans chaque biocénose, il distingue trois couches de populations, les « producteurs », les « consommateurs » et les « décomposeurs ». Par producteurs, on entend les végétaux qui sont par nature autotrophes, c'est-à-dire autonomes quant aux aliments qu'ils consomment, puisqu'ils les synthétisent directement à partir des éléments eux-mêmes, grâce à la photosynthèse ou assimilation chlorophyllienne. Les consommateurs sont les animaux, par définition hétérotrophes, qu'ils soient herbivores, ou broutent le feuillage, comme certains insectes, ou qu'ils soient eux-mêmes des végétaux, tels les champignons. Au nombre des consommateurs, il faut aussi compter les milliers de micro-organismes plus ou moins souterrains.

La plupart de ces derniers sont des « décomposeurs » ou plus exactement, des *bioréducteurs* qui consomment et transforment les matières organiques en décomposition. Ils vivent en particulier dans la *litière*, mais aussi dans l'*humus* et les couches superficielles du sol. Ces « bioréducteurs », ou « biotransformateurs », représentent jusqu'à un million de micro-organismes au mètre carré.

LES SOLS FORESTIERS

L'étude des sols a considérablement changé avec la science relativement récente qu'est la *pédologie*. Celle-ci ne considère plus le sol seulement comme un substrat géologique inerte, mais comme un milieu vivant qui donc évolue, parvient à un état d'équilibre, mais peut se dégrader et même mourir. Cet état d'équilibre est, dans nos contrées, le plus souvent une forêt.

Une telle évolution est particulièrement observable dans le cas d'une roche-mère mise à nu, nouvellement colonisée par la végétation. Il y a alors évolution parallèle du sol et de la végétation. Tout d'abord le gel, les chaleurs de l'été, la pluie, le ruissellement et le vent désagrègent la surface de la roche-mère, donnant naissance à des argiles de structure plus ou moins fine, selon que le milieu est riche en calcium ou en silice. Une rocaille se forme, une partie de l'eau de ruissellement s'accumule dans les interstices, où les matières organiques peuvent s'entasser, tandis que le reste de l'eau, migrant vers l'intérieur, modifie par « lessivage » la composition du sous-sol. Les lichens, capables de vivre sur les sols stériles, sont les premiers colonisateurs de la roche, leurs débris permettent ensuite aux mousses de s'installer, puis se développent quelques plantes pionnières dont les racines, s'enfonçant dans le sol, en modifient à leur tour la structure et la composition. Le processus biochimique, ainsi entamé, crée l'humus.

Il y a, par conséquent, interaction constante entre le sol et la végétation. Tout groupement végétal impose au sol un équilibre hydrologique et biologique déterminé, en établissant un cycle de l'azote, des bases et de l'eau par le jeu des phénomènes d'entraînement, d'absorption par les racines, de remontée par brassage biologique, dans lequel jouent un rôle prédominant les lombrics, enfin par l'accumulation de la matière organique décomposée. La végétation fabrique son sol.

L'HUMUS

Tout commence avec la *litière* ou *couverture morte*, formée en particulier des feuilles mortes et des brindilles qui tombent sur le sol. Dans une forêt de Feuillus en bon état, le poids total de la litière est de 8 à 10 tonnes par hectare. Cette litière se décompose plus ou moins vite, suivant les cas, formant d'une part des produits solubles ou gazeux, comme le gaz carbonique, qui sera d'ailleurs réemployé, et les composés ammoniacaux qui procurent la nutrition azotée des plantes, c'est la minéralisation de la matière organique. Se forment d'autre part des produits colloïdaux[2] nouveaux, de couleur noirâtre, résultant de l'activité synthétique microbienne. L'ensemble constitue l'humus, lequel se minéralise à son tour, mais très lentement. L'humus, sans lequel il ne saurait exister de vie végétale, résulte de la décomposition de celle-ci, donc de sa mort. Ainsi, perpétuellement, la vie renaît de la mort.

Les agents de cette transformation, les micro-organismes du sol, sont déjà en action au stade de la litière, ce que sait le merle qui retourne feuille à feuille la couverture morte pour y trouver sa nourriture. Les divers débris qui la composent sont en effet attaqués par une multitude d'insectes qui, sous forme de larves ou de chrysalides, hivernent dans la litière, car il n'y gèle jamais, même pendant les hivers rigoureux. On y trouve aussi des lombrics ou vers de terre qui représentent au total 20 % des bioréducteurs. Dans un hectare de sol riche en débris organiques, comme celui des forêts, environ 800 kg de lombrics digèrent plus de 30 tonnes de terre en une année.

Toutefois, le travail de décomposition le plus important est fourni par les algues et les champignons (40 %) et les bactéries et protozoaires (40 %), dont la masse totale est de 1 000 à 2 000 kg à l'hectare. Les mycéliums des champignons forment dans le sol un réseau beaucoup plus fin et plus étendu que le système radiculaire des arbres. Mais ils vivent tous deux en symbiose grâce au mycorhize (du grec *mykès*, champignon et *rhiza*, racine) par l'intermédiaire duquel les champignons fournissent aux arbres l'azote, le potassium et le phosphore qui leur sont indispensables, tandis que ces derniers leur procurent les substances énergétiques — les sucres et les constituants de base des protéines —, élaborées grâce à la photosynthèse qui fait défaut aux champignons.

Dans les sols où l'activité microbiologique est faible, la minéralisation est lente et la formation d'acides humiques réduite ; à l'inverse, lorsque l'activité microbiologique est importante, la matière organique fraîche disparaît très vite, la minéralisation est intense et il se forme une grande quantité d'humus d'origine microbienne. C'est sur cette base que la pédologie distingue :

L'humus doux forestier, ou *mull*, biologiquement très actif. La décomposition de la litière y est rapide. L'humus, transformé par voie microbienne, est bien incorporé à la matière minérale à laquelle il donne une structure grumeleuse, donc bien aérée et contenant des réserves d'eau suffisante. Dans ce genre d'humus, les lombrics, très abondants, jouent un rôle important dans la formation du mélange homogène de la matière minérale et de la matière organique. Ce genre d'humus est peu acide, moyennement pourvu en bases échangeables et riche en azote assimilable. Le *mull* doux est celui que l'on trouve dans les forêts de Feuillus non dégradées par l'homme. Le *mull* calcique est un humus beaucoup plus riche en bases échangeables, à réaction légèrement alcaline. Les matières organiques résultant de l'activité microbienne y abondent. Il donne au sol une structure très stable en gros grumeaux.

Le *moder*, humus souvent acide, est, lui, peu actif sur le plan biologique. En conséquence, la décomposition plus lente de la litière aboutit à un mélange insatisfaisant entre matière minérale et matière organique. Le *moder* est l'humus des forêts de Résineux en montagne ou de certaines forêts de Feuillus en plaine en voie de dégradation.

L'humus brut, ou *mor*, est généralement très acide, son activité biologique est réduite, limitée à celle de certains champignons. La litière se décompose lentement et forme une couche organique fibreuse, brune ou noirâtre, non mélangée au sol minéral. Cet humus ou « terre de bruyère » se forme lorsque les conditions sont défavorables : climat froid et humide de la haute montagne, roche-mère ne contenant pas de bases, aération insuffisante, matières végétales se décomposant difficilement : aiguilles de Résineux en forêt, débris provenant des bruyères dans les landes. Non seulement, le *mor* ne constitue pas un sol nutritif pour la plupart des arbres — seuls les Résineux les plus frugaux peuvent y vivre —, mais il entraîne une évolution négative du sol luimême, la *podzolisation*, du mot russe *podzol*, sol cendreux.

Entre les *mull* et les *mor* se situent les *humus de transition*, assez acides, pauvres en bases, mais relativement riches en azote. La décomposition organique y est assez rapide, mais son incorporation à la matière minérale y est moins intime que dans le cas des *mull* et il n'y a pas formation de grumeaux ; l'aération y est donc moindre, d'autant plus que les lombrics sont absents.

Enfin, l'*humus tourbeux* se forme en milieu mal aéré, par suite, faute de drainage, de la présence de nappes d'eau temporaires. Les humus tourbeux ont des propriétés voisines de celles des *mor*, sauf en saison humide, où ils deviennent asphyxiants. Lorsque la nappe d'eau est permanente, on a affaire à la tourbe proprement dite, milieu constamment asphyxiant.

En résumé, la forêt résineuse, surtout en climat humide et froid, fabrique un humus très acide, à décomposition très lente et qui ne s'incorpore pas à la matière minérale, c'est l'humus brut, ou *mor*, tandis que la forêt feuillue donne un humus à décomposition rapide, bien mélangé au sol et bien aéré par la présence des grumeaux. C'est le *sol brun forestier*, le plus favorable au développement de la forêt. Le type le plus achevé se trouve sous la hêtraie, où la litière est très abondante — sept couches de feuilles superposées contre trois seulement dans la chênaie — tandis que du ruissellement de la pluie, qui n'est pas arrêté par l'écorce lisse, résulte une forte humidité au collet, favorable à la multiplication des micro-transformateurs.

Le sylviculteur doit donc veiller au bon état de l'humus et à l'activité biologique du sol. Seuls y sont favorables les peuplements mélangés, pas trop denses, afin que le sol bénéficie d'un bon éclairage, mais tamisé. Aussi, les peuplements de Résineux doivent-ils abriter un sous-étage de Feuillus, particulièrement d'essences à feuilles riches en azote et peu lignifiées, essences dites « améliorantes », comme les Aulnes, les Tilleuls, le Robinier, le Charme. Tout cela, les forestiers le savent, mais bien peu l'appliquent.

LE CLIMAT ET LA FORÊT

Les conditions d'existence et de croissance des arbres dépendent étroitement de quatre facteurs que régit le climat : la lumière, la chaleur, l'eau et le vent.

La lumière est la condition primordiale de la photosynthèse. Dans une forêt, l'éclairement est très variable, maximum au niveau des cimes des arbres les plus élevés, il décroît de haut en bas, jusqu'à devenir extrêmement faible et diffus dans le sous-bois. Aussi, les forestiers distinguent-ils les *essences de lumière*, comme les Chênes et le Pin sylvestre, dont les semis ne poussent que sous un certain découvert et qui ne peuvent se développer convenablement qu'en massifs peu serrés. À l'inverse, les *essences d'ombre*, dont les semis se contentent d'un éclairement tamisé, peuvent prospérer en massifs denses. Il en va de même de toutes les plantes : certaines recherchent l'ombre, d'autres ne peuvent pousser que dans les clairières. Il s'ensuit qu'après une coupe la végétation du sol change brusquement d'aspect, les espèces d'ombre sont remplacées par des espèces de lumière, par exemple des Graminées.

L'action de la lumière sur la végétation ne dépend pas seulement de son intensité, mais de sa durée. Certaines plantes poussent au mieux pendant les jours longs, d'autres pendant les jours courts. C'est ce qu'on appelle leur photopériodisme. Ainsi, le Pin sylvestre en provenance des régions nordiques, une fois transplanté sous notre climat, n'a qu'une croissance médiocre, parce qu'il lui a manqué les longues journées ensoleillées de l'été boréal. Avant la foliaison, le sol reçoit de 50 à 80 % de la lumière et de l'énergie solaires. Dès mars-avril, le réchauffement devient suffisant pour que fleurissent les espèces prévernales : anémones, narcisses, primevères, jacinthes... Mais, dès la fin d'avril, la poussée du feuillage diminuant peu à peu la luminosité, de nouvelles espèces croissent sur le sous-sol, comme les digitales, les verges d'or, tandis qu'entrent en repos les plantes prévernales.

C'est la lumière qui façonne la forme de l'arbre, son port. En forêt dense, la cime recherchant la lumière entre les cimes concurrentes entraîne l'allongement du fût, et le peu d'éclairement des basses branches les fait dépérir et tomber, il y a élagage naturel.

La température et ses variations exercent aussi une influence puissante sur la vie des arbres qui, ou bien s'ouvrent et s'épanouissent, ou bien se referment sur eux-mêmes. Respiration, absorption et assimilation ne peuvent s'exercer qu'à partir d'une température minimale ; elles n'atteignent toute leur intensité qu'avec une température optimale Ainsi, la maturation des fruits demande beaucoup plus de chaleur que le développement des feuilles.

Ce ne sont pas les hautes températures qui sont en soi nocives, mais la sécheresse qui généralement les accompagne. Si le froid de l'hiver est nécessaire pour la phase de repos de la végétation, la résistance aux gelées varie considérablement selon les essences. Un Épicéa ou un Mélèze peuvent tolérer – 30 °C, un Pin d'Alep ne résiste pas à – 15 °C. Ce sont les hivers trop froids qui empêchent les espèces méditerranéennes, le Chêne vert ou le Pin d'Alep, de remonter vers le nord, ou le Châtaignier de croître dans l'Est de la France, ou encore le Pin maritime de réussir dans le Bassin parisien. En fait, les températures maximales et minimales commandent la répartition géographique des espèces.

Toute la vie de l'arbre est conditionnée par la présence de l'eau. Elle est le véhicule grâce auquel il peut absorber les composés azotés et les sels minéraux contenus dans le sol, ce qui constitue la sève brute. Cette eau est ensuite en majeure partie rejetée sous forme de vapeur par la transpiration, intense durant le jour, très ralentie la nuit.

Elle varie dans des proportions importantes suivant les essences. En règle générale, les espèces à feuilles caduques ont une transpiration bien plus abondante que les espèces à feuillage persistant. Le Mélèze consomme beaucoup plus d'eau que le Sapin et les Pins. Le Chêne rouvre dix fois plus que le Chêne vert. Mais même parmi les espèces caducifoliées, les différences restent notables : le Frêne et le Bouleau transpirent environ 30 % de plus que le Chêne rouvre. Il en résulte que certaines essences s'accommodent de terrains et de climats secs, tandis que d'autres ne peuvent croître qu'en climat humide et en sol bien arrosé. Les premières sont dites *xérophiles*, leurs feuilles sont assez petites, de consistance coriace, souvent cireuse, et persistantes, leur transpiration est réduite. Chez les essences *hygrophiles*, les feuilles sont grandes, peu épaisses, de consistance plus ou moins molle et la transpiration y est intense. Si c'est la chaleur qui régit la répartition des essences, c'est l'eau qui impose à chacune sa physionomie. Une essence typiquement hygrophile, le Hêtre, rejette dans l'atmosphère des quantités d'eau considérables. Un Hêtre d'une centaine d'années évapore 50 kg d'eau par jour ; un hectare de futaie de Hêtres peut rejeter en un an de 3 500 à 5 000 tonnes d'eau.

De toute manière, les tissus d'un arbre, quel qu'il soit, renferment beaucoup d'eau. On a calculé que la teneur en eau du bois correspond à au moins 40 % du poids du bois sec, elle peut monter jusqu'à 60 % et même davantage chez les essences à bois tendre comme le Bouleau. Dans les feuilles, la teneur en eau varie de 50 à 75 %.

Du régime des pluies, dépend l'approvisionnement en eau des arbres. Mais la pluviosité totale est moins importante que sa répartition saisonnière, que l'existence ou non d'une saison sèche plus ou moins prolongée pendant la période de végétation. La neige a l'avantage de constituer une réserve d'eau qui n'est cédée que progressivement au fur et à mesure de sa fonte et, d'autre part, elle constitue une couche protectrice efficace contre le froid, puisqu'il ne gèle pas sous la neige ; les racines peuvent donc continuer à fonctionner, cependant, l'enneigement réduit d'autant la période de végétation et la neige peut sous son poids briser des branches.

Tout aussi importante que l'humidité du sol est celle de l'air. L'humidité atmosphérique — celle des climats océaniques — ralentit la transpiration et diminue d'autant la consommation d'eau. Il y a compensation entre la pluviosité et l'état hygrométrique de l'air.

Enfin, est loin d'être négligeable l'action du vent. Non seulement, il assèche l'atmosphère, mais, s'il est constant et orienté dans la même direction, comme en haute montagne ou près des côtes, il déforme les arbres, incline leur tronc et déjette les branches dans le sens opposé. Un vent violent peut déraciner les arbres ou les briser formant ce que les forestiers appellent des *chablis*. Le vent modifie la température et l'humidité d'un milieu, mais là il faut faire la différence entre les vents froids et secs, comme le *mistral* en Provence, la *bise* dans l'Est et les vents chauds, tel l'*autan* dans la vallée de la Garonne ; il y a les vents d'ouest porteurs de pluie, les vents du sud qui amène la chaleur, ceux du nord et de l'est qui convoient le froid sec.

LES FORÊTS EUROPÉENNES

Ces coordonnées climatiques déterminent les différents types de forêts et même leur existence ou non. Une carte des zones forestières d'Europe est à cet égard fort instructive. On y distingue aisément du nord au sud quatre zones principales : la *toundra*, la *taïga* ou forêt résineuse nordique, les forêts tempérées de l'Europe moyenne et la forêt méditerranéenne. Mais du point de vue climatique, l'Europe ne peut être détachée qu'arbitrairement de l'Eurasie dont elle n'est que la péninsule occidentale. Si l'on définit communément le climat général de l'Europe comme tempéré et océanique, il ne faut pas oublier qu'il subit deux influences importantes,

Paysages et végétation originels de l'Europe

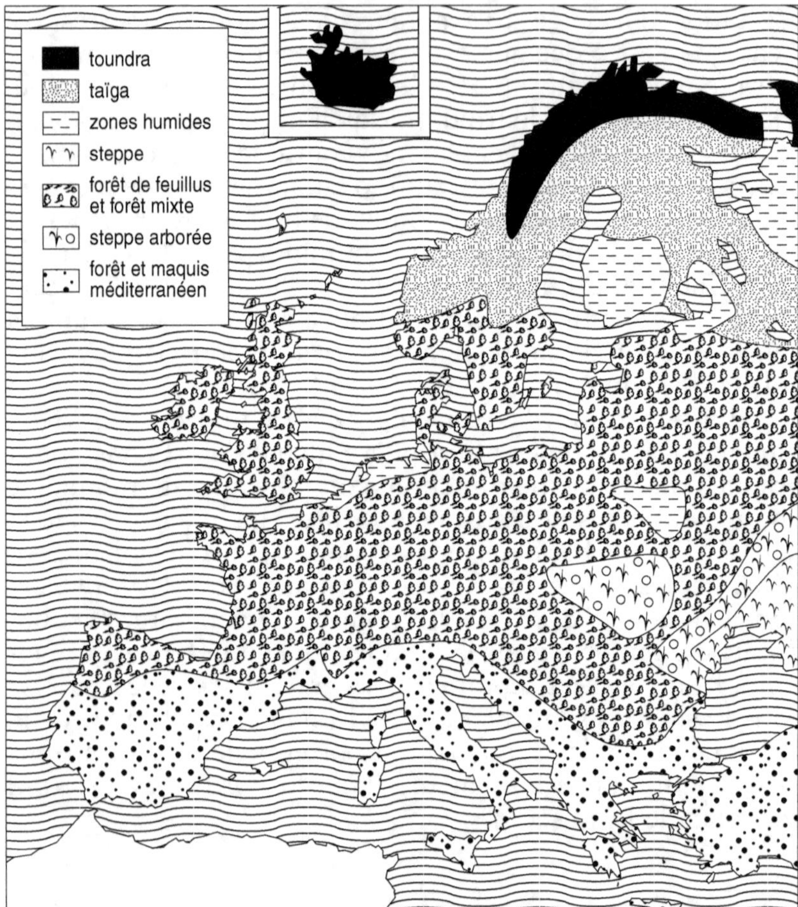

celle du climat de l'Asie, terre de contrastes thermiques, tantôt soumise aux hautes pressions stables et envahissantes en hiver, tantôt aux basses pressions de l'été. Elles ont leur répercussion surtout sur le climat continental de la Russie et de l'Europe centrale et orientale. L'autre influence est celle de la mer fermée qu'est la Méditerranée, dont le climat particulier s'étend sur toute l'Europe du sud, mais aussi sur l'Afrique du Nord.

À partir du littoral de l'océan Arctique, l'extrême nord de la Russie et des pays scandinaves est le domaine de la *toundra*. Dans cette immensité plus ou moins plate, parcourue par des vents violents soufflant en tempête, au sol marécageux ou caillouteux et gelé en permanence *(perma-frost)*, aux hivers longs, froids et sombres, aux étés brefs, également froids, mais très lumineux, ne peuvent subsister, disséminés, que quelques Saules et Bouleaux nains, tordus et très ramifiés qui s'élèvent à peine du sol (une trentaine de centimètres environ). La toundra couvre une superficie de 3 millions de km² du territoire de l'ex-URSS (soit près de 15 %) ; en Suède, c'est — ou plutôt c'était — le pays des Lapons nomades et de leurs troupeaux de rennes.

Au sud de la toundra, de la Scandinavie à la Sibérie, s'étend la *taïga*, la forêt boréale clairsemée, essentiellement composée de Résineux : Sapins, Épicéas et Mélèzes, et, dans les clairières et le long des cours d'eau, de Bouleaux et de Trembles. Dans la taïga, le sous-sol est gelé toute l'année (la température moyenne de janvier est de − 15 °C), seule la couche superficielle, dans laquelle s'étendent les racines, est par moments dégelée et quelque peu vivante. La pluviométrie y est faible (400 à 600 mm par an). Aussi, la décomposition végétale se fait mal et l'humus très acide tend vers la podzolisation, avec pour conséquences l'épuisement de la couche minérale de surface et la désintégration des argiles qui contiennent les bases fertilisantes, donc un très net appauvrissement du sol.

Dans ces conditions, les arbres ne peuvent avoir qu'un accroissement très faible, de l'ordre de 2 m³ par hectare et par an, ce qui n'a pas que des inconvénients. Ce bois très homogène et d'excellente qualité peut être utilisé pour la construction des isbas et même des églises, dont certaines survivent depuis de longs siècles, par exemple en Norvège et dans le grand nord de la Russie. Mais cette forêt est constamment menacée par les incendies, au cours desquels les Résineux flambent comme des torches.

Du nord au sud, cependant, le paysage change graduellement avec le climat. La forêt claire de Résineux devient plus dense et plus sombre, c'est la *tcherni*, la forêt noire. Puis vient la *belniki*, la forêt blanche de Feuillus : Hêtre, Chênes, Charme, Tilleuls et Érables.

En Russie, la *taïga* couvre à peu près 33 % du territoire national, en Norvège, pays de montagne, 24 %, mais en Suède 56 % et en Finlande 71 %.

Si l'on en revient à la carte des zones forestières d'Europe, on voit que sous la taïga s'étend la forêt tempérée de l'Europe moyenne ; on remarque aussi que la bande qui la représente varie considérablement en épaisseur de l'est à l'ouest. En Russie, elle est fort étroite, la forêt décidue étant prise entre la taïga au nord et la région des steppes qui couvre toute la Russie du sud ; on la retrouve cependant sur les pentes du Caucase. Vers l'ouest, la bande qui marque la forêt tempérée s'élargit brusquement et progressivement, elle couvre au nord la Pologne et l'Allemagne, puis toute l'Europe occidentale jusqu'aux bords de la Méditerranée, mais il en faut en soustraire les forêts de montagne des Carpates, des Alpes et des Pyrénées.

Beaucoup plus riche en essences que la forêt résineuse, la forêt décidue ou caducifoliée varie beaucoup selon les régions et les climats, continental en Europe centrale, océanique en Europe occidentale. Le climat continental se caractérise par une amplitude thermique très élevée (dans la région de Moscou, elle peut aller de – 40 °C à + 35 °C) ; en hiver, la neige n'est pas très épaisse, mais le sol et les cours d'eau sont gelés ; le printemps survient brusquement, entraînant la débâcle des rivières, l'inondation et la boue, c'est la *raspoutitsa* ; peu après, vient une longue période de pluie, de la fin du printemps au milieu de l'été. Ces écarts s'atténuent beaucoup d'est en ouest : en Alsace, l'amplitude thermique n'est plus que d'une vingtaine de degrés et les pluies peu abondantes (500 mm par an) tombent pour un tiers pendant l'été. Si les températures hivernales se réchauffent d'est en ouest, les températures estivales tendent à s'accroître du nord au sud.

Le climat océanique est, lui, tempéré et très doux, surtout près des côtes qui s'étendent de la péninsule scandinave au sud du Portugal. Quant au climat océanique dit « pur », c'est celui des îles et des presqu'îles : ouest de l'Irlande, Cornouailles, Bretagne. L'amplitude thermique est généralement faible — moins de 8 °C sur la côte ouest de l'Irlande, environ 11 °C à Brest —, en raison de la proximité de la masse marine qui se réchauffe et se refroidit plus lentement que la terre. Si

LES FORÊTS EN EUROPE

SUPERFICIE FORESTIÈRE TOTALE : 138 millions d'ha

Soit 28,3 % de la superficie de l'Europe, sans compter la partie européenne de la Fédération de Russie : 166,6 millions d'ha

PAYS	SUPERFICIE TOTALE (en millions d'ha)	FORÊTS (en millions d'ha)	POURCENTAGES DES FORÊTS	SURFACE BOISÉE PAR HABITANT EN HA
Allemagne	35,70	10,74	29 %	0,2
Autriche	8,39	3,88	38,80 %	0,5
Belgique et Luxembourg	3,31	0,71	20 %	0,06
Bulgarie	11,08	3,9	33 %	0,5
Danemark	4,31	0,42	10 %	0,1
Espagne	50,60	8,38	13 %	0,35
Finlande	33,82	23,2	71 %	5,3
France	54,40	14,64	25 %	0,28
Grande-Bretagne	24,41	2,39	10 %	0,04
Grèce	13,20	3,3	19 %	0,25
Hongrie	9,30	1,7	14 %	0,1
Irlande	7,03	0,97	6 %	0,09
Italie	30,13	6,5	21 %	0,12
Norvège	32,40	6,7	24,40 %	2,3
Pays-Bas	4,15	0,33	8 %	0,02
Pologne	31,17	8,8	29 %	0,31
Portugal	9,19	3,1	34 %	0,31
Roumanie	23,73	6,7	26,60 %	0,4
Suède	44,92	24,43	56 %	3,2
Suisse	4,13	1,3	23,30 %	0,2
Tchécoslovaquie	12,64	4,6	32,10 %	0,3
Yougoslavie	25,68	8,39	33 %	0,5

PAYS	CONIFÈRES	FEUILLUS
Allemagne	70 %	30 %
Autriche	76 %	24 %
Belgique et Luxembourg	48 %	52 %
Bulgarie	35 %	65 %
Danemark	71 %	29 %
Espagne	15 %	85 %
Finlande	92 %	8 %
France	37 %	63 %
Grande-Bretagne	66 %	34 %
Grèce	17 %	83 %
Hongrie	14 %	86 %
Irlande	88 %	12 %
Italie	25 %	75 %
Norvège	66 %	34 %
Pays-Bas	60 %	40 %
Pologne	82 %	18 %
Portugal	44 %	56 %
Roumanie	31 %	69 %
Suède	93 %	7 %
Suisse	70 %	30 %
Tchécoslovaquie	63 %	37 %
Yougoslavie	21 %	79 %

la quantité des pluies n'y est pas considérable (820 mm par an à Brest), elles tombent pendant presque toute l'année, souvent sous forme d'une petite pluie fine, le « crachin » breton et les brouillards sont très fréquents. Les vents de forte intensité soufflant la plupart du temps de l'ouest poussent devant eux des nuages presque incessants et le temps est constamment instable. Ces vents couchent la végétation, les arbres sont tordus et disséminés. Sur les collines s'étendent des landes, en Bretagne, en Cornouailles, au pays de Galles et dans les Highlands d'Écosse ; n'y croissent que des ajoncs, des genêts et des bruyères.

Au fur et à mesure que l'on s'éloigne des côtes de l'Atlantique, le climat océanique se dégrade. Les hivers deviennent plus froids et les étés plus chauds. La pluviosité diminue d'ouest en est. Cependant, lorsque les vents océaniques encore chargés d'humidité rencontrent un relief, le refroidissement qui s'ensuit provoque d'abondantes chutes de pluie ; ainsi, il tombe près de 3 m par an sur les hautes pentes des Pyrénées occidentales.

LES FORÊTS DE MONTAGNE

Elles ne constituent pas en soi un type particulier, ne serait-ce que parce que l'on y retrouve approximativement l'équivalent des formations végétales biogéographiques, variant suivant la latitude, disposées non plus horizontalement, mais verticalement.

On prend généralement comme référence et comme modèle des montagnes européennes l'énorme massif alpin qui couvre environ 220 000 km² (330 000 avec les Préalpes), formant un arc de cercle de 1 200 km de long sur une largeur très variable, de 100 à 300 km, et dont l'altitude moyenne est de 1 400 m, avec des sommets dépassant 4 000 m. Du massif alpin, se détachent au sud-ouest l'Apennin, au sud-est le massif des Balkans. Les géographes considèrent comme le prolongement oriental des Alpes les Carpates, qui dessinent un autre arc de cercle de 1 500 km de long, culminant à près de 2 700 m dans les Hautes Tatras, à la frontière de la Pologne et de la Slovaquie, mais dont l'altitude moyenne n'est que de

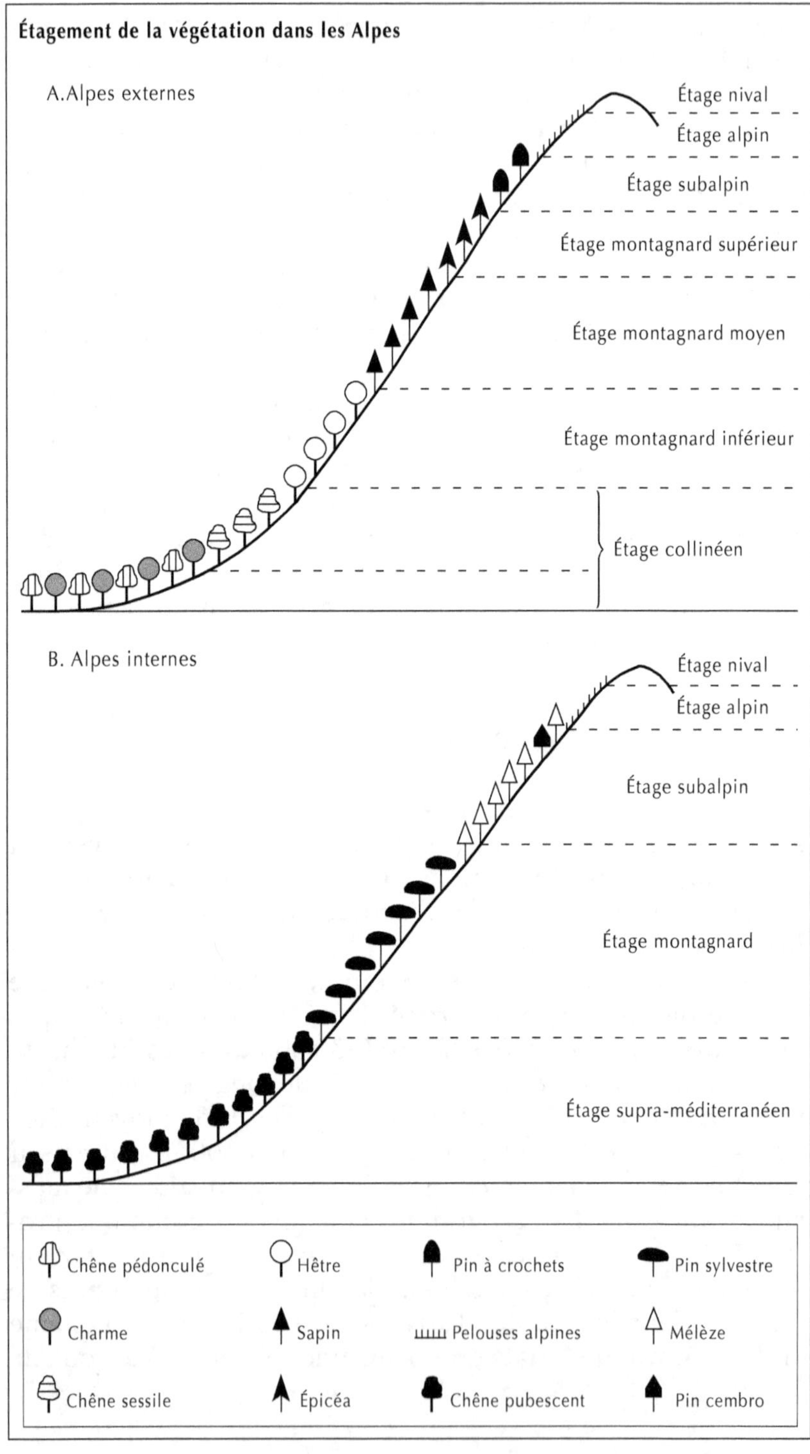
Étagement de la végétation dans les Alpes
A. Alpes externes
Étage nival
Étage alpin
Étage subalpin
Étage montagnard supérieur
Étage montagnard moyen
Étage montagnard inférieur
Étage collinéen
B. Alpes internes
Étage nival
Étage alpin
Étage subalpin
Étage montagnard
Étage supra-méditerranéen
Chêne pédonculé
Hêtre
Pin à crochets
Pin sylvestre
Charme
Sapin
Pelouses alpines
Mélèze
Chêne sessile
Épicéa
Chêne pubescent
Pin cembro

1 000 m. Les Carpates traversent cinq États, de la Pologne à la Roumanie.

Sans doute, sur pareille étendue ne peuvent manquer des variantes locales, mais on peut cependant esquisser un schéma structural commun. Au fur et à mesure qu'on s'élève en montagne, les conditions climatiques se modifient graduellement. La baisse de la pression atmosphérique entraîne le refroidissement de l'air (la température moyenne descend d'environ 0,5 °C par 100 m d'élévation) avec, en conséquence, une augmentation de l'état hygrométrique : nébulosité de plus en plus forte et précipitations de plus en plus abondantes. Mais, aux altitudes les plus élevées, l'air devient plus sec, la luminosité s'accroît beaucoup et s'enrichit en rayons ultraviolets. À de telles conditions, les plantes doivent s'adapter et la végétation s'en trouve profondément modifiée, ce qui permet de définir cinq *étages de végétation* :

1. *L'étage collinéen*, ou *des collines et des basses montagnes*. C'est celui qui règne au pied de la montagne jusqu'à 600 m en moyenne, altitude qui peut varier localement entre 500 et 800 m, selon l'orientation des pentes, et peut aussi s'élever plus haut encore dans certaines vallées protégées des vents humides sur les versants ensoleillés. Ici dominent encore les végétaux des plaines dont, parmi les arbres, les Chênes à feuilles caduques, et principalement le Chêne pubescent ; sur les sols siliceux, le Châtaignier, jadis planté, occupe souvent une place prépondérante. Mais, au fur et à mesure qu'on s'élève, se mêlent à cette végétation de plaine les premières plantes de montagne.

2. *L'étage montagnard* s'étend en principe de 600-800 m à 1 600 m. Le climat y est nettement plus froid, la pluviosité très abondante (environ 2 m par an) ; l'air est constamment brumeux et très humide, mais l'enneigement n'est encore que sporadique et de peu de durée. L'essence dominante est ici le Hêtre, abondant dans les Vosges, le Jura, le Massif central, les Pyrénées occidentales et centrales, plus rare et localisé dans les Alpes du sud. Le Hêtre est souvent associé au Sapin qui peut le supplanter complètement, par exemple, dans le Jura et les Préalpes, ainsi qu'à l'Épicéa, essence de mi-ombre, qui envahit cependant facilement clairières et pâturages. Sur les versants les plus secs, Hêtre et Sapin laissent la place au

Pin sylvestre, beaucoup moins exigeant en eau, et dont l'aire originelle a été très étendue par des reboisements intensifs.

3. L'*étage subalpin*, de 1 600 à 2 000-2 400 m suivant les stations. Avec l'étage précédent, le contraste est saisissant. Le climat devient brusquement plus froid, beaucoup plus lumineux et beaucoup plus sec, sauf en période d'enneigement. Celle-ci y dure plusieurs mois, ce qui ralentit d'autant la saison de végétation. Dans cette zone, le Hêtre ne pénètre pas et le Sapin à peine. Les essences caractéristiques sont : le Mélèze, abondant surtout dans les Carpates (Sudètes et Tatras) et dans les Alpes, des Alpes-Maritimes au massif du Mont-Blanc, et le Pin à crochets, principalement dans les Pyrénées, surtout orientales et dans les Alpes, en particulier sur les adrets les plus secs qu'il colonise. On retrouve à cet étage l'Épicéa, fréquemment associé au Mélèze, moins souvent au Pin à crochets.

4. À l'*étage alpin*, de 2 000-2 400 m à 3 000-3 200 m, le froid devient intense, l'enneigement peut durer cinq ou six mois, la durée de la saison de végétation est de ce fait limitée à une centaine de jours, mais, même alors, les écarts de température diurne et nocturne sont très grands. De plus, la vitesse du vent, qui ne trouve plus d'obstacles, est très accrue à cet étage et peut déraciner les plantes. En revanche, par temps clair, la luminosité intense est très favorable à l'activité photosynthétique.

C'est la région des pelouses et des landes, les « alpages ». Les arbres ne peuvent y survivre, mais on y trouve des arbrisseaux, des Saules, tels le Saule à feuilles obtuses *(Salix retusa)*, le Saule réticulé *(Salix reticulata)*, ainsi que la Camarine *(Empetrum nigrum)*, qui ont souvent adopté une forme « en espalier », dans laquelle le tronc et les rameaux s'appliquent au sol et se moulent sur ses aspérités, se mettant ainsi à l'abri des différences de température. Dans les landes, prédominent les Bruyères, telles la Callune *(Calluna vulgaris)* et la Bruyère des neiges *(Erica carnea)* et parfois les Rhodendrons, le Rhododendron ferrugineux *(Rhododendron ferrugineum)* et, en sol calcaire, le Rhododendron cilié *(Rhododendron hirsutum)*, ainsi que l'Azalée naine *(Loiselauria procumbens)*. Quant aux plantes herbacées, elles se présentent souvent « en coussinets » le meilleur moyen d'atténuer les effets du froid, grâce à leurs feuilles mortes, qui leur servent aussi d'aliments. La végétation de l'étage alpin compte aussi des espèces à bulbes ou à rhizome (gentianes, iris, crocus) qui végètent à l'abri de la couverture de neige, sous laquelle il ne gèle pas, ainsi que les plantes qui ont préparé dès l'automne leurs bourgeons floraux. Au printemps, on assiste à une véritable explosion de la végétation qui dans certains cas, grâce à la chaleur interne emmagasinée, perce la couche superficielle de neige, ainsi les soldanelles, les anémones pulsatilles, les gagées qui fleurissent toutes ensemble.

5. L'*étage nival*, à partir de 3 000-3 200 m, est, comme son nom l'indique le domaine des neiges. Elles y persistent plus de huit mois et y sont parfois permanentes. La végétation se réduit à de rares touffes de plantes herbacées, de mousses et de lichens. Cet étage nival n'existe pratiquement que dans les Alpes.

Dans la partie française des Alpes, on distingue, quant au climat et à la végétation, trois régions principales. Les Préalpes, qui comprennent le massif de la Grande Chartreuse et le Vercors, sont abondamment arrosées (1 200 à 1 500 mm), avec un ciel souvent brumeux, qui s'éclaircit dans les hautes vallées, où la pluviosité descend à 600 mm. Les Alpes du nord, ou Alpes vertes sont très boisées, avec des forêts étendues de Sapin, d'Épicéa et de Hêtre, mais entrecoupées de prairies et de pâturages florissants. Dans les Alpes du sud, ou Alpes sèches, le Hêtre est plus rare et le Sapin ne croît que sur les ubacs, tandis que le Pin sylvestre couvre les pentes des adrets. À haute altitude, on trouve encore le Pin sylvestre, mais surtout le Pin à crochets et le Mélèze, et, à basse altitude, le Chêne pubescent et l'Érable de Montpellier, ainsi que d'autres essences méditerranéennes qui remontent par place dans les vallées.

Dans le massif plus ancien des Pyrénées, qui s'étend sur 435 km entre l'Atlantique et la Méditerranée, l'étagement de la végétation n'est plus tout à fait le même. De plus, il varie considérablement d'ouest en est, des Pyrénées-Atlantiques, où les pluies sont très abondantes (jusqu'à 3 m par an) aux Pyrénées-Orientales, qui sont méditerranéennes, donc sèches.

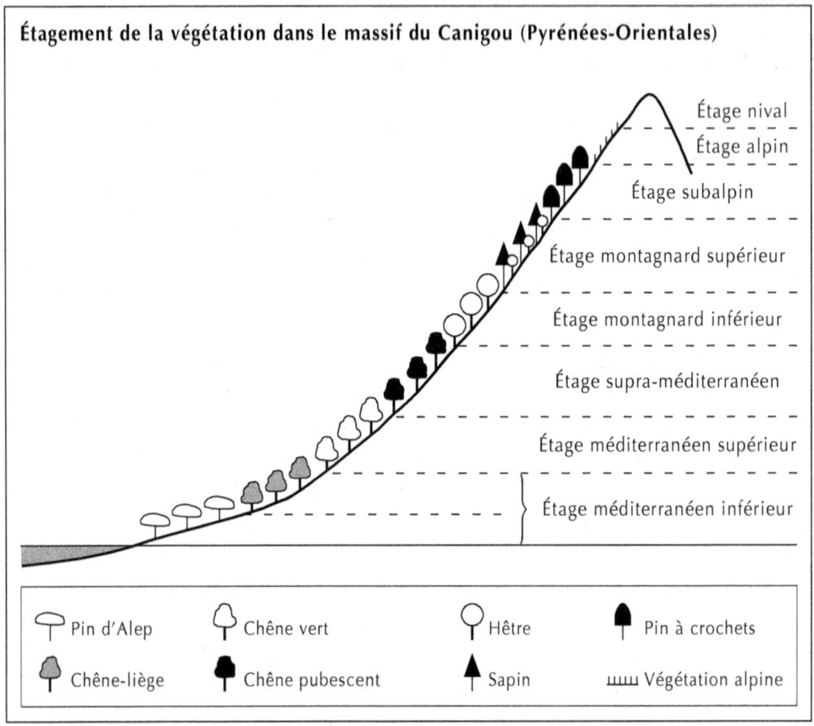

Sur les pentes du Canigou, dans les Pyrénées-Orientales, la succession des étages forestiers est relativement simple. Au pied de la montagne, la flore est encore méditerranéenne. On y trouve d'abord la forêt de Chêne-liège, souvent dégradée en maquis, puis celle de Chêne vert et, plus haut, les Pins laricio et de Salzmann. À l'étage *collinéen* (vers 600-800 m), dominent le Chêne pubescent et le Châtaignier. Entre 800 et 1 600 m, à l'étage *montagnard*, règne, sur les pentes nord, une sombre forêt de Sapins, accompagnés du Hêtre et du Tilleul à grandes feuilles. L'humidité atmosphérique y est telle que pendent aux branches les draperies gris jaunâtre des lichens (l'Usnée barbue), tandis que, sur les pentes sud beaucoup plus sèches, prévaut le Pin sylvestre. Enfin, à l'étage subalpin (entre 1 600 et 2 200 m), se développe une importante forêt de Pins à crochets.

Pendant fort longtemps, n'étaient exploitées par l'homme que les forêts des étages montagnards et subalpins ; les alpages n'étaient fréquentés qu'en été par les troupeaux de transhumance, composés presque uniquement de moutons. Désormais, au déboisement qui avait déjà dénudé les pentes, s'ajoutent les perturbations que cause la multiplication des barrages hydro-électriques et des routes qui montent toujours plus haut et, plus récemment, le succès immense des sports d'hiver qui créent un peu partout des pistes de ski, trouées rectilignes, presque verticales, qui sont autant de couloirs d'avalanches et de glissements de terrain, catastrophes naturelles, certes, mais dont l'homme est le seul responsable, même s'il s'en étonne et s'en indigne chaque hiver. Le paysage alpestre en est bouleversé, et la végétation se trouve refoulée de plus en plus haut, ou dans quelques zones encore inaccessibles.

La forêt constituait cependant la meilleure protection contre de tels incidents. Sans doute, en France, 192 000 ha de forêts de montagne ont-ils été déclarés « périmètre de restauration », mais ce ne sont là que des directives théoriques dont l'application reste incertaine. La France a, sur ce plan, un énorme retard par rapport à l'Allemagne où de telles « forêts de protection » existent depuis fort longtemps. Le reboisement en haute montagne est non seulement difficile et aléatoire, mais très lent, du fait de la croissance très ralentie des arbres. De toute manière, la reconstitution d'un rempart protecteur ne pourra être efficace que si l'on cesse d'y ouvrir des brèches.

LA FORÊT MÉDITERRANÉENNE

Les premiers défrichements auraient commencé sur tout le pourtour de la Méditerranée avec l'expansion des cultivateurs néolithiques, dès le début du cinquième millénaire av. J.-C. Ils s'attaquèrent aux épais massifs de Chêne vert et de Chêne pubescent. Depuis lors, ces défrichements furent ininterrompus. Grecs et Romains demandèrent à la forêt méditerranéenne plus qu'elle ne pouvait fournir : du bois de chauffage, de construction et les quantités énormes de bois qu'exigeait le développement de leurs flottes. Ils y faisaient pâturer leurs troupeaux de moutons et de chèvres. Si le mouton broute au ras du sol, la chèvre grappille et aux herbages préfère les feuilles et les pousses tendres détruisant ainsi les jeunes arbres. Peu à peu l'antique *silva* se transforma en *saltus*, une garrigue ou un maquis. De la forêt, on ne trouve aujourd'hui que des lambeaux menacés. Ici, la civilisation a exercé son action destructrice, et pendant si longtemps que la dégradation est devenue irrémédiable.

Mer fermée, entourée de trois continents, la Méditerranée possède son climat propre, mais influencé par deux climats extrêmes, ceux de ses rives tantôt montagneuses, tantôt désertiques, entre lesquels il fait transition. Le ciel est souvent pur, très lumineux, la température moyenne y est élevée (13°-14 °C), les hivers sont cléments et courts, la moyenne mensuelle n'est jamais inférieure à 0 °C, les étés sont longs, chauds (21-22 °C) et très secs. La pluviosité serait suffisante (500 à 750 mm par an), mais très inégalement répartie, elle tombe surtout en hiver et au printemps en averses torrentielles qui ravinent le sol au lieu de le rafraîchir et de l'alimenter. De plus, le climat est très irrégulier d'une année à l'autre. De grands froids soudains et des sécheresses exceptionnelles éprouvent la flore qui, de toute manière, ne trouve pas ici la longue période humide et chaude qui permet ailleurs un vigoureux développement.

De telles conditions imposent aux plantes un rythme de végétation particulier, avec une longue période de repos estival suivie d'une phase active à l'automne qui ne fait que se ralentir en hiver pour redevenir intense au printemps. Afin de s'adapter à l'aridité de l'été, arbres et arbustes ont des feuilles assez petites, coriaces, charnues, cireuses ou duveteuses, ou très petites et appliquées aux rameaux qui sont parfois chlorophylliens et peuvent donc les remplacer ; leurs tissus à pression osmotique élevée sont riches en réserves et en huiles aromatiques. Cependant, quels que soient ses moyens de défense, une telle flore est fragile et éminemment combustible.

Les arbres dits « mésogéens » (de la Mésogée, mer d'une beaucoup plus vaste étendue dont la Méditerranée n'est qu'un vestige), le Laurier *(Laurus nobilis)*, l'Olivier *(Olea europea)*, les Filarias *(Phillyrea)*, le Nerprun alaterne *(Rhamnus alaternus)* le Chêne vert *(Quercus ilex)* et le Chêne-liège *(Quercus suber)* forment rarement des massifs importants et sont le plus souvent disséminés. Seuls les Pins présentent un aspect forestier : Pin d'Alep *(Pinus halepensis)*, en Méditerranée occidentale, et l'espèce voisine, *Pinus brutia* qui le remplace en Méditerranée orientale, Pin maritime de Méditerranée *(Pinus Pinaster mesoggensis)*, Pins laricio de Corse et de Calabre.

En revanche, le Pin pinier, Pin pignon ou Pin parasol *(Pinus pinea)*, qui n'est probablement que subspontané et dont on ne connaît pas exactement l'origine, vraisemblablement l'Asie Mineure, est généralement planté par bouquets. Il n'en occupe pas moins tout le pourtour de la Méditerranée, du Portugal à la Syrie, mais abonde surtout en Italie et en Espagne. Les Romains qui en appréciaient la forme élégante et aussi les graines comestibles et très grosses (2 cm de long et 1 cm de diamètre), les pignons, l'ont répandu dans tous les lieux qu'ils ont occupés. En France, on trouve le Pin parasol, principalement en Provence cristalline, sur les bords des massifs des Maures et de l'Esterel. Il peut atteindre 30 m de haut, sa cime très dense, d'un vert profond, s'étale largement sur un tronc qui s'est dénudé en croissant.

Si les arbres y sont rares, la flore méditerranéenne est très riche en arbustes et en arbrisseaux, dont l'ensemble constitue ce qu'en Espagne on appelle *materral* et qui forme des paysages variés, nommés localement maquis, garrigues ou phryganes, en Grèce.

Les géobotanistes distinguent ici trois étages de végétation :

1. L'étage *semi-aride*, ou *méditerranéen inférieur*, limité aux parties les plus sèches et les plus chaudes, qui, à l'abri des vents froids, ne connaissent pas de gelées hivernales. C'est l'étage de l'Olivier-Caroubier, qu'accompagne le Lentisque. Mais seul le Lentisque *(Pistacia Lentiscus)* y est indigène, ce que ne sont ni l'Olivier ni le Caroubier. L'Olivier *(Olea europea)* fut répandu autour de la Méditerranée orientale par les Grecs qui l'avaient fait venir de la côte d'Asie Mineure. Son aire d'origine s'étendait de l'Arabie méridionale et, par la péninsule du Sinaï, vers la Palestine, la Syrie, la côte méridionale de l'Asie Mineure, jusqu'au pied du Caucase, toutes régions où l'Olivier forme encore de véritables forêts. Il semble que ce soient les colons phocéens qui l'introduisirent d'Ionie en Gaule, lors de la fondation de Marseille. Si, à côté de l'Olivier cultivé, on trouve, dispersé, l'Olivier

sauvage ou Oléastre, il s'agit vraisemblablement d'un retour à l'état sauvage. Dans les garrigues, l'Oléastre forme avec le Pistachier Lentisque une association végétale, l'*Oleo-Lentiscetum* que l'on trouve sur les rocailles schisteuses et qui comprend aussi le Caroubier, le Myrte, l'Euphorbe arborescente et la Camélée *(Cneorum tricoccum)*, petit arbrisseau (30-80 cm de haut), aux rameaux dressés et aux feuilles persistantes, vertes et luisantes.

Le Caroubier *(Ceratonia siliqua)* serait originaire d'Anatolie et de Syrie, mais il fut lui aussi très répandu par la culture dans l'Antiquité car ses fruits comestibles, les caroubes, étaient utilisés dans l'alimentation humaine aussi bien que pour celle du bétail. À ce même étage, on rencontre également l'Euphorbe arborescente *(Euphorbia dendroïdes)*, à l'allure tropicale, le Myrte *(Myrtus communis)* aromatique, le Laurier-rose *(Nerium oleander)* à la magnifique floraison et parfois le Frêne à fleurs ou Orne *(Fraxinus Ornus)*, originaire d'Asie occidentale, mais cultivé en raison de son opulente floraison. En France, on ne le trouve que localisé dans les stations assez fraîches des Alpes-Maritimes et de Corse mais l'espèce est répandue dans toute l'Europe méditerranéenne, de l'Espagne et de l'Italie du sud aux Balkans. Quant au Charme-Houblon *(Ostrya carpinifolia)*, Charme par ses feuilles, mais Houblon par ses inflorescences, espèce originaire de Grèce et d'Asie Mineure, il se trouve à sa limite occidentale au sud des Alpes et en Corse, en sols calcaires, riches et profonds, dans les vallons et sur les versants nord. Dans cette zone, on cultive souvent le Jujubier *(Zizyphus jujuba)*, implanté en Provence par les Romains qui avaient importé de Syrie cet arbre venu de Chine.

En somme, depuis des temps immémoriaux, à la flore indigène, s'est ajouté, et parfois substitué, nombre d'espèces exotiques. C'est devenu la vocation traditionnelle de cette région, où l'on a planté au XIXe siècle des Eucalyptus et des Mimosas (du genre *Acacia*), venus d'Australie, des Palmiers originaires de toutes les contrées tropicales du monde et, dans les jardins, une grande quantité de plantes ornementales exotiques.

2. Beaucoup plus large que cette frange littorale, l'étage *sub-humide*, ou *méditerranéen supérieur*, dit encore *euméditerranéen*, s'en distingue par des conditions climatiques beau-

coup plus favorables, les étés y sont un peu moins chauds et les hivers plus humides. Cette zone est propice à la culture des agrumes venus d'Asie orientale, et en particulier de l'Oranger, introduit par les Arabes en Sicile, puis en Andalousie, à la fin du xe siècle et au xie, où il fut intensément cultivé et d'où il se répandit en Afrique du Nord et en Ligurie. On a de nos jours oublié que les orangeraies de la région de Nice étaient prospères au xvie siècle.

L'étage euméditerranéen, celui de la forêt de Chêne vert avec le riche cortège floristique qui l'accompagne, forme l'association dite *Quercetum ilicis* (de *Quercus Ilex*, le Chêne vert) très importante pour les géobotanistes qui la considèrent, quand elle est complète, comme le véritable critère de la zone méditerranéenne proprement dite, plus sûr que celui, naguère adopté, de la limite de l'Olivier, sujette à variations du fait de sa culture. Le *Quercetum ilicis* peut monter jusqu'à 900 m dans les Pyrénées orientales et les Cévennes, il atteint 500 m au mont Ventoux, 600 m dans les Alpes-Maritimes, 800 m à la Sainte-Baume et 1 000 m au Lubéron ; en revanche, il ne dépasse pas 160 m dans la vallée du Rhône. Les espèces les plus caractéristiques associées au Chêne vert sont : le Chèvrefeuille à feuilles persistantes *(Lonicera implexa)*, le Fragon Petit-Houx *(Ruscus aculeatus)*, le Filaria à feuilles étroites *(Phillyrea augustifolia)*, l'Asparagus à feuilles piquantes *(Asparagus acutifolius)*, le Nerprun alaterne *(Rhamnus alaternus)*, le Daphné garou *(Daphne gnidium)*, le Jasmin jaune *(Jasminum fruticans)* la Clématite flammule *(Clematis flammula)* et la Salsepareille *(Smilax aspera)*.

Mais la forêt de Chêne vert est presque partout dégradée au bénéfice du Pin d'Alep *(Pinus halepensis)* et du minuscule Chêne kermès *(Quercus coccifera)* et, en Grèce, de *Quercus aegilops*. En terrain siliceux, croît le Chêne-liège, abondant surtout au Portugal et au Maroc. Cet étage est aussi celui des formations végétales les plus dégradées par l'homme, la garrigue et le maquis.

Circumméditerranéenne, la garrigue occupe en France, en Provence maritime et surtout en Languedoc, environ 360 000 ha. Le mot vient de l'ancien provençal *garric*, désignant le Chêne kermès. La garrigue s'établit en formation buissonnante et ouverte sur les sols calcaires filtrants et secs.

Sur les calcaires les plus durs, pousse le Chêne kermès ; ces zones très arides sont les plus difficiles à reboiser ; sur sol calcaire marneux, croît le Romarin, on peut plus facilement y implanter le Pin d'Alep. En fait, la garrigue est formée par les reliquats les plus xérophiles du *Quercetum ilicis* : Filarias, Nerprun alaterne, Pistachier Lentisque, etc. Cette association est très menacée par les incendies. Le Chêne kermès aux rameaux secs et entrelacés, bien protégé des herbivores par les dents acérées de ses feuilles, flambe comme un fagot et de proche en proche communique le feu aux arbustes qui lui sont associés, puis aux arbres voisins, dont le Pin d'Alep, lui-même très inflammable et excellent propagateur des incendies. Sur les cendres, renaît le Chêne kermès à la souche très vivace, pratiquement ininflammable et très drageonnante, et, réalimentés par les cendres les Cistes, du genre *Cistus* (famille des Cistacées) typiquement méditerranéens. Bien qu'ils soient eux-mêmes combustibles, les souches des Cistes résistent bien au feu et ils repoussent en abondance après un incendie. Ce sont des arbrisseaux buissonnants qui ne dépassent pas, en général, 1 m de haut, au feuillage aromatique et aux fleurs magnifiques, blanches ou rosées, qui, si elles ne durent que quelques heures, se renouvellent constamment. Leur enracinement superficiel, mais très résistant, constitue un obstacle pour les reboiseurs qui ont tendance à les éliminer.

Si le Ciste cotonneux *(Cistus albidus)*, aux grandes et belles fleurs roses, se plaît en terrain calcaire compact, les autres Cistes ne croissent qu'en sol siliceux, donc dans le maquis, où les plus répandus sont : le Ciste de Montpellier *(Cistus monspeliensis)*, à fleurs blanc vif, qui forme dans le maquis des fourrés bas très étendus, le Ciste à feuilles de Laurier *(Cistus laurifolius)*, aux grandes fleurs blanches en ombelles, qui, dans les Pyrénées-Orientales, peut monter jusqu'à 1 300-1 500 m, et le Ciste à feuilles de Sauge *(Cistus salviaefolius)*, à fleurs blanches mais aux pétales tachetés de jaune à la base, l'espèce la plus répandue du genre que l'on retrouve sur les dunes de Gascogne.

Très rare en France, où il est cantonné dans les stations sèches sur sol siliceux, dans les Alpes-Maritimes, le Gard et l'Hérault, le Ciste ladanifère *(Cistus ladaniferus)* est une espèce circumméditerranéenne, très abondante au Portugal et en Espagne, dans les îles (Sicile et surtout Crète), ainsi qu'en Algérie. C'est le plus haut des Cistes, il peut monter jusqu'à 1,5-2 m ; ses fleurs sont très grandes (7-10 cm de diamètre) et très belles, blanches avec une macule pourpre cramoisi à la base des pétales. De toute la plante exsude une gomme résine, le *ladanum* que l'on récolte en Crète et en Espagne, en promenant sur l'arbrisseau des lanières de cuir que l'on racle ensuite au couteau. Le *ladanum* est un stimulant, employé surtout en parfumerie.

Dans les garrigues très dégradées et dans le maquis, se trouvent aussi deux espèces de Genévriers, le Genévrier oxycèdre ou Cade *(Juniperus oxycedrus)*, arbrisseau touffu de 2-3 m de haut, aux aiguilles étroites et aiguës, que l'on rencontre par pieds isolés dans toute la région méditerranéenne, de Madère à la Syrie, en Asie Mineure, dans le Caucase, l'Arménie et l'Iran du nord. Il fournit, par distillation du bois âgé et surtout des racines, l'huile de cade, connue depuis la plus haute Antiquité, à partir de laquelle on fabrique des shampooings. Le Genévrier de Phénicie *(Juniperus phoenicea)*, dont les feuilles ont la forme d'écailles appliquées sur les rameaux, est répandu depuis les îles Canaries, où certains exemplaires aux proportions énormes auraient plus de 1 000 ans, les côtes d'Espagne, d'Italie et de Grèce, jusqu'à l'Asie occidentale et en Afrique du Nord, particulièrement en Algérie, où il constitue, parfois même en altitude, la seule végétation arborescente. Moins répandu en France que le Cade ; le Genévrier de Phénicie y occupe deux types de stations : d'une part, les dunes sableuses du littoral corse et de la Camargue (le bois relique des Rièges), où il atteint, mais à plusieurs centaines d'années, la forme d'un petit arbre (jusqu'à 10 m de haut, environ), qui domine un maquis dense de Lentisque et de Romarin ; d'autre part, on le trouve beaucoup plus souvent dans les Alpes du sud jusqu'en Dauphiné, Languedoc et Roussillon et même dans les Causses des Cévennes, où il n'est qu'un arbrisseau dressé et dense des collines très sèches et ensoleillées.

Le mot maquis vient du corse *macchia*, mot lui-même issu du latin *macula*, « tache », le maquis formant des sortes de taches au flanc des collines. Le maquis croît sur terrain siliceux dans les Maures et l'Esterel, dans les îles d'Hyères et en Corse, mais n'atteint toute sa puissance et sa beauté qu'en

Sardaigne. Généralement, le maquis résulte de la destruction de la chênaie de Chêne-liège, qui a elle-même remplacé l'ancien peuplement de Chêne vert ; c'est, contrairement à la garrigue une formation très dense, sensiblement plus haute (environ la taille humaine) et souvent rendue impénétrable par l'intrication des arbustes et la présence fréquente d'espèces très épineuses, tel le Calycotome *(Calycotom spinosa)*, arbrisseau de moins de 2 m de haut, dont les rameaux se terminent par une épine longue et vulnérante et dont les feuilles composées, à trois folioles, tombent très tôt, l'assimilation étant alors relayée par les rameaux chlorophylliens. Si, dans le maquis, on retrouve certaines plantes du *Quercetum ilicis*, d'autres espèces y sont caractéristiques, ainsi l'Arbousier et la Bruyère arborescente. L'Arbousier *(Arbutus Unedo)*, qui peut monter à 5-6 m de haut, se reconnaît de loin grâce à ses grandes feuilles coriaces (5-10 cm de long), d'un vert foncé luisant et, durant l'automne et l'hiver, par sa floraison urcéolée (en grelots) d'un blanc verdâtre ou rosé et surtout par ses baies globuleuses (15-20 mm de diamètre), d'un beau rouge orangé, hérissées de petits tubercules, les arbouses qui sont comestibles, mais que l'on consomme surtout en confitures ; en Italie et en Espagne, on en tire une eau-de-vie et une liqueur. La Bruyère arborescente *(Erica arborea)* peut atteindre 3-4 m de haut dans le vieux maquis et se remarque par ses pousses de l'année couvertes d'une forte pubescence blanchâtre et, entre février et avril, par ses fleurs à la corolle en clochettes, rosées d'abord, puis blanches. Font aussi partie de l'association dite *Quercetum suberetosum* (de *Quercus suber*, le Chêne-liège), le Daphné garou *(Daphne gnidium)*, aux fleurs blanches et parfumées, deux Cytises aux fleurs d'un jaune plus ou moins clair, le Cytise de Montpellier *(Cytisus monspessulanus)* et le Cytise à trois fleurs *(Cytisus triflorus)*, le Genêt à feuilles de lin *(Genista linifolia)* et l'Adénocarpe à grandes fleurs *(Adenocarpus grandiflorus)*.

3. L'étage *humide* ou *des basses montagnes méditerranéennes*, moins chaud et plus arrosé, est une zone de transition, mais où l'influence méditerranéenne reste encore très sensible. L'essence dominante y est le Chêne pubescent *(Quercus pubescens)*, qui succède au Chêne vert et couvre de vastes surfaces en sol calcaire et en situation ensoleillée dans tout l'arrière-pays méditerranéen. L'association du Chêne

pubescent *(Quercetum pubescentis)* est caractérisée par l'abondance de l'Érable de Montpellier *(Acer monspessulanu)*, arbuste de 5-6 m de haut, mais qui, dans les stations les plus chaudes, n'est qu'un arbrisseau, aux feuilles caduques, petites, à trois lobes obtus et entiers, glabres, coriaces et luisantes dessus. Avec le Chêne pubescent, on rencontre aussi, mais plus au nord, le Buis et le Sumac fustet ou Arbre à perruque *(Rhus cotinus)*, arbrisseau rameux et touffu de 2-3 m de haut, qui forme des buissons étalés ; ses feuilles vert clair sont arrondies, ses inflorescences en grappes jaunâtres se transforment ensuite en panicules d'un blanc rougeâtre, d'où le nom de l'espèce.

LES FORÊTS FRANÇAISES

Nous pouvons maintenant réduire le champ de notre vision pour examiner, au sein du vaste ensemble européen, les caractéristiques de la forêt française. Elle occupe actuellement environ quatorze millions d'hectares, ce qui représente à peu près 25 % du territoire national, taux moyen en Europe entre les limites extrêmes : 71 % en Finlande, 7 % en Grande-Bretagne, la France venant au sixième rang après la Finlande, la Suède (51 %), l'Autriche (43 %), l'Allemagne (29 %) et la Russie (26 %).

En citant ces chiffres, l'ONF (Office national des forêts) fait valoir qu'ils représentent une importante progression, par rapport au XIXe siècle, où le taux de boisement était de 17,6 %, et même au début du XXe siècle, où il ne s'élevait encore qu'à 19,2 %. Tels seraient les résultats obtenus par l'action des forestiers qui reboisent par an de 50 000 à 60 000 ha. Mais il n'est pas précisé que, depuis le début du siècle, ces boisements se composent à 80 % de Résineux ; quant aux 20 % restants, ils correspondent pour les trois quarts à des peupleraies de rapport, plantées hors forêt.

Au début du XXe siècle, les Feuillus formaient les trois quarts des essences forestières, ils n'en représentent plus que les deux tiers (64 %). Les essences se répartissent ainsi : Feuillus : Chênes 35 %, Hêtre 10 %, Charme 6 %, Châtaignier 4 %, autres Feuillus divers 9 % — Résineux : Pin maritime

12 %, Pin sylvestre 6 %, Sapin 5 %, Épicéa 3 %, Mélèze 1 %, autres Résineux 9 %.

En fait la politique officielle n'a cessé de favoriser, même dans les forêts privées par le jeu des aides financières du Fonds forestier national, la plantation des Résineux, Pins, Sapin, Épicéa et surtout Douglas (30 %) ; actuellement, 30 000 ha de forêts artificielles sont implantées en Douglas, l'objectif obsessionnel étant une production de bois non seulement accrue, mais facile à exploiter et à un rythme toujours plus rapide. Sous ce rapport, ce Conifère d'Amérique du Nord bat tous les records, sa croissance est de 18 à 20 m en vingt ans, contre 10 m de moyenne pour les Chênes, le Hêtre et le Sapin, et se poursuit jusqu'à plus de quatre-vingts ans, âge auquel il est d'ordinaire exploité. De plus, le Douglas se reproduit dès l'âge de quinze ans et les Chênes pas avant soixante ans. Quant à l'utilisation principale de son bois, c'est la pâte à papier dont la demande ne cesse de croître de façon inquiétante. Comment l'exemple officiel ne serait-il pas suivi par les propriétaires fonciers qui, pour la plupart, n'ont d'autre souci qu'une rentabilité assurée et rapide, quand on fait valoir qu'un Chêne n'est exploitable qu'à cent cinquante ans et un Résineux à quarante ?

La création de forêts artificielles se fait soit par l'introduction d'essences étrangères, soit par l'élimination partielle ou totale des essences secondaires, considérées comme économiquement peu intéressantes, au profit de peuplements équiennes. Dans ceux-ci les arbres, souvent des Résineux, ont à peu près le même âge et sont implantés en alignements, afin de faciliter l'exploitation au moyen d'une machinerie de plus en plus lourde, ce qui a sur le milieu forestier, sur la formation de l'humus en particulier, et même sur le climat local, des conséquences dont on commence seulement à mesurer l'importance. La litière d'aiguilles de Résineux diminue sensiblement les capacités productives du sol, elle élimine pratiquement les vers de terre et réduit, jusqu'à 99 %, le nombre des bactéries indispensables au recyclage de la matière organique, ainsi qu'au mélange des matières minérales et organiques. La substitution à une forêt de Hêtre d'un peuplement d'Épicéas, par exemple, « soustrait au cycle nutritif de la forêt environ 200 kg d'azote, 140 kg d'acide phosphorique et 95 kg de potasse par hectare, soit l'équiva-

LA FORÊT FRANÇAISE

SUPERFICIE TOTALE :   14 647 600 hectares
Soit 25,39 % du territoire
national

Forêts de production :   13 988 899 ha
Autres formations boisées :   708 701 ha

Forêts de Feuillus :   8 588 759 ha = 63,3 %
Forêts de Résineux :   4 990 174 ha = 36,7 %

En 1900, la proportion était :
Feuillus :   75 %
Résineux :   25 %

À QUI APPARTIENT LA FORÊT

	NOMBRE DE FORÊTS	SUPERFICIE en hectares	POURCENTA-GES
Forêts domaniales	1 514	1 471 849	12 %
Forêts communales	14 200	2 372 653	18 %
Forêts privées	3 260 000	10 803 098	70 %

LES PROPRIÉTAIRES DE FORÊTS PRIVÉES

2 800 000 propriétaires (86,4 %)	possèdent moins de 4 ha surface moyenne : 0,8 ha au total 2 200 000 ha, soit 23,20 %
400 000 propriétaires (12 %)	possèdent entre 4 et 25 ha surface moyenne : 8,5 ha au total 3 300 000 ha, soit 35 %
60 000 propriétaires (1,6 %)	possèdent plus de 25 ha surface moyenne : 80 ha au total 4 000 000 ha, soit 42 %

Taux de boisement en France

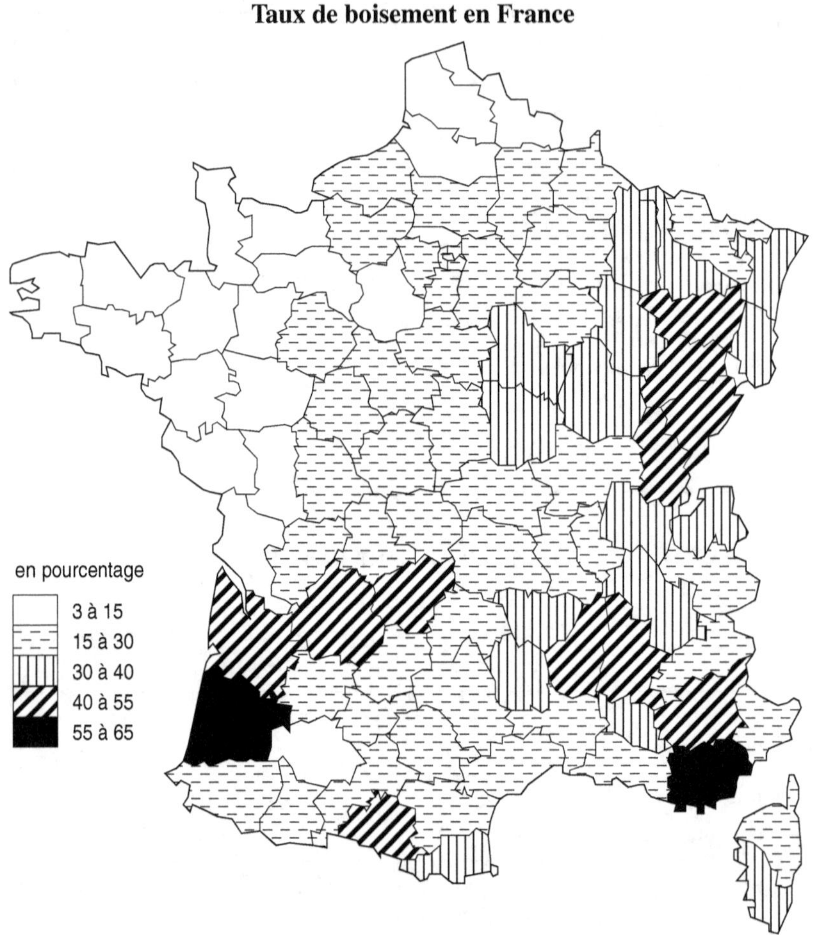

lent d'une forte fumure agricole ». Finalement, cet appauvrissement du sol conduit à un processus irréversible de podzolisation[3].

Selon les mêmes forestiers, la forêt française se répartirait pour un tiers en futaies, un tiers en taillis et en taillis sous futaie et un tiers de forêts dégradées. Mais les statistiques officielles pour 1994 précisent que 44 % des forêts sont constituées par des futaies régulières, et seulement 5 % par des futaies irrégulières, contre 35 % de taillis sous futaie et 16 % de taillis simples. La conséquence immédiate de la création de futaies régulières est la coupe rase. En 1994, elle affectait 136 654 ha de forêts, soit 1 % de la surface forestière, alors que, dix ans auparavant, elle ne concernait que 80 617 ha, soit 0,6 % de la même surface[4]. Or, la coupe rase est pour la forêt une blessure dont elle se remet difficilement.

Les forêts françaises sont très diversement réparties selon les régions. Les taux de boisement les plus faibles (moins de 10 %) se situent au nord et à l'ouest (Bretagne et Normandie), les plus élevés (de 30 à 50 %) dans l'est et le sud-est. Si le département le plus boisé est celui des Landes (plus de 50 %), il s'agit d'un reboisement intensif en Pin maritime. Tout aussi grande est la diversité des peuplements dans ces forêts. En fait, il n'existe pas une, mais des forêts françaises, chacune d'elles ayant ses particularités propres. On peut toutefois les répertorier selon un petit nombre de types en dépendance étroite du climat local.

LES CLIMATS ET LES ARBRES

La Bretagne étant baignée sur trois côtés par l'Océan, le climat *armoricain* est le type le plus accusé de climat océanique, avec de faibles écarts de la température saisonnière. Les hivers sont doux, avec peu de gelées, et les étés tièdes. La pluviosité moyenne (800 mm) est remarquablement répartie sur toute l'année et l'atmosphère est constamment humide. De telles conditions sont tout à fait favorables au Hêtre, qui forme avec les Chênes rouvre et pédonculé l'essentiel des forêts bretonnes, le plus souvent très dégradées, comme la forêt légendaire de Brocéliande, ou de Paimpont (Ille-et-Vilaine), plusieurs fois incendiée, ou la forêt de Huelgoat (Finistère), très endommagée depuis le XVIIIe siècle par l'exploitation de mines de plomb argentifère.

Dans la basse vallée de la Loire, en Anjou, en Touraine, en Orléanais, dans le Poitou et le Berry, règne le climat *ligérien* (de *Liger*, nom latin de la Loire). Les hivers sont moins doux, mais les étés plus chauds et plus ensoleillés, l'humidité atmosphérique y est bien moindre. Au fur et à mesure que l'on s'éloigne des côtes, commence à se faire sentir l'influence du climat continental. Dans cette région, le Hêtre se fait plus rare au bénéfice des Chênes rouvre et pédonculé. En Poitou et en Berry, le Chêne pubescent fait son apparition. Les forêts les plus caractéristiques de cette région sont la forêt domaniale (5 400 ha) de Bercé (Sarthe), vestige de l'immense *Carnuta silva* des Gaulois, une des plus belles futaies régulières de l'Ouest, où domine le Chêne rouvre avec une faible proportion de Hêtre, et la forêt d'Orléans, séparée de la Sologne par la Loire, qui est l'une des plus grandes forêts domaniales de France (34 200 ha), peuplée de Chêne rouvre et pédonculé, mais riche aussi en Pin sylvestre, Charme, Bouleau, Tremble et Fruitiers.

Le climat *aquitain* s'étend à tout le Sud-Ouest, des Charentes aux Pyrénées et couvre le bassin de la Garonne. La température moyenne y est sensiblement plus élevée (12,5 °C environ), avec des étés très chauds (30 °C), mais des hivers moins doux qu'en Bretagne. La pluviosité augmente du Nord au Sud : 800 mm à Bordeaux, 1 000 au pied des Pyrénées, l'humidité atmosphérique est généralement forte. Le Chêne pédonculé est l'essence caractéristique des plaines. Il est remplacé par le Chêne pubescent sur les coteaux secs en lisière du Massif central. Les Landes constituent un domaine à part, dominé par le Pin maritime qui a été planté, avec quelques îlots de Chêne vert, et, au sud, de Chêne-liège.

Dans le bassin de la Seine et dans les plaines du Nord, le climat *parisien* fait transition entre les climats océanique et continental. Au bord de la Manche, il reste relativement doux avec une forte humidité de l'air, tandis qu'à l'Est, par exemple en Champagne, l'écart est beaucoup plus marqué entre l'été et l'hiver et la sécheresse plus grande.

Les forêts sont des chênaies de Rouvre ou de Pédonculé, auxquels sont associés, suivant les stations, le Hêtre ou le Charme. Par endroits, le Châtaignier est abondant. Le Pin sylvestre et le Pin noir d'Autriche sont couramment plantés, à l'exclusion du Pin maritime trop frileux. Anciennes forêts de chasses royales, les forêts domaniales de Compiègne (Oise), de Fontainebleau (Seine-et-Marne) et de Rambouillet (Yvelines) ont pu de ce fait protéger leurs caractéristiques essentielles. La forêt de Compiègne est une hêtraie-chênaie, celle de Rambouillet une chênaie de Chêne rouvre, mais entrecoupée d'étangs, de tourbières et de landes, la forêt de Fontainebleau, qui n'est plus qu'un massif de 25 000 ha, relique de l'ancienne forêt de Bière, est bien connue pour la diversité de sa flore, mais aussi en raison des menaces qui pèsent sur elle.

Tout l'Est de la France est soumis au climat continental, avec de forts écarts de température et une faible humidité atmosphérique. Y soufflent souvent les vents d'est froids et secs.

Le type de ces climats continentaux est le climat *lorrain* des plateaux. La température moyenne ne dépasse pas 8,5°-9,5 °C, les hivers sont froids (6,5°-1,5 °C), avec près de cent jours de gelée, mais les étés restent assez chauds (17,5 °C). La pluviosité est assez forte (800-1 000 mm) et les chutes de neige sont fréquentes.

Domine encore ici la chênaie de Rouvre et de Pédonculé, mais le Hêtre y est plus fréquent et, plus encore, le Charme. Sur les collines, on trouve des essences qui sont déjà montagnardes : l'Érable sycomore, l'Orme de montagne, le Tilleul à grandes feuilles, l'Alisier blanc. Représentant assez bien le type des forêts lorraines, la forêt de Hayne (Meurthe-et-Moselle) couvre 12 000 ha sur le plateau nancéen. Si elle est dominée par le Hêtre, on y trouve d'autres essences caractéristiques des forêts continentales : Tilleul, Érables, Merisier, Orme, Frêne et Aulne.

Le climat *alsacien* ne diffère du climat lorrain que par les plus grands écarts de la température, les étés y sont plus chauds (18°-19 °C), plus ensoleillés et la pluviosité est moindre (500-700 mm). Les essences forestières sont aussi analogues, avec cependant l'apparition dans le sud du Chêne pubescent assez abondant et du Châtaignier. Les Pins sylvestres au port élancé et très longévifs qui forment la race de Hagenau ont fait la réputation de la forêt de ce nom dans le Bas-Rhin, mais aussi les Myrtilles qu'on y récolte en abondance et enfin son régime très particulier d'indivision entre la commune et l'État. On n'y trouve pas que des Pins, mais les Chênes rouvre et pédonculé, le Hêtre et le Charme. La petite forêt de Daubensand est un des derniers vestiges de la vaste forêt alluviale du Rhin ; elle n'a pu être sauvegardée que par l'action énergique des sociétés de protection de la nature. Ses parties hautes sont peuplées de Chêne, d'Orme, de Frêne et de Fruitiers, mais aussi de Cornouiller mâle, de Viorne lantane, de Camérisier à balai, de Clématite, de Houblon et de Buis qui forment un enchevêtrement fort pittoresque. Dans ses parties basses, souvent inondées, on trouve des Saules, des Aulnes et des Peupliers. Mais surtout, Daubensand et les autres forêts ripariales rhénanes comptent au nombre des sites les plus fréquentés par les oiseaux en hivernage qui s'installent dans les roselières.

Le sillon rhodanien creusé par les vallées de la Saône et du Rhône a, au nord, un climat de type encore continental, mais qui vers le sud subit l'influence du climat méditerranéen. Les écarts de température y sont encore très marqués, la pluviosité est assez forte (700-800 mm), mais le ciel est généralement très lumineux. La chaleur relative des étés permet à la flore méditerranéenne de remonter assez haut au nord, où le Chêne pubescent forme des peuplements sur les côtés de la Bourgogne et jusque sur les premières pentes du Jura surtout méridional. Une des forêts les plus caractéristiques et les plus pittoresques de la région est celle de Saou dans la Drôme, encadrée par une falaise qui culmine à 1 589 m.

Le climat méditerranéen et sa végétation ont été étudiés plus haut en détail. Par contre, il convient de mentionner plus précisément la végétation des montagnes autres que les Alpes et les Pyrénées car elle présente d'importantes variations.

Dans les Vosges, dès 300-400 m, le climat se refroidit progressivement avec l'altitude, la pluviosité est très abondante, allant jusqu'à 2 000 mm au voisinage des crêtes. À ce climat froid et humide répond la sombre forêt vosgienne de Hêtre et de Sapin, avec des Épicéas dans les parties les plus élevées, telle la forêt domaniale de Gérardmer, entrecoupée de lacs et de tourbières à Sphaigne.

À partir de 500 m, le Jura a aussi un climat froid et humide, mais plus neigeux. Entre 700 et 850 m, s'étendent des forêts de Hêtre et surtout de Sapin. Les sapinières franc-comtoises couvrent environ 115 000 ha dans le Jura et le Doubs. Au-dessus de 850 m, l'Épicéa commence à se mêler au Sapin et, en altitude, devient dominant. Au-dessus de 1 000 m, le Mélèze naît sur les versants ensoleillés. La région, très boisée, compte plusieurs forêts réputées, celle de Chaux, la troisième plus grande forêt de Feuillus de France, chênaie-hêtraie fort dégradée lorsqu'en fut entreprise la restauration en 1825, dont on peut voir aujourd'hui les beaux résultats, et

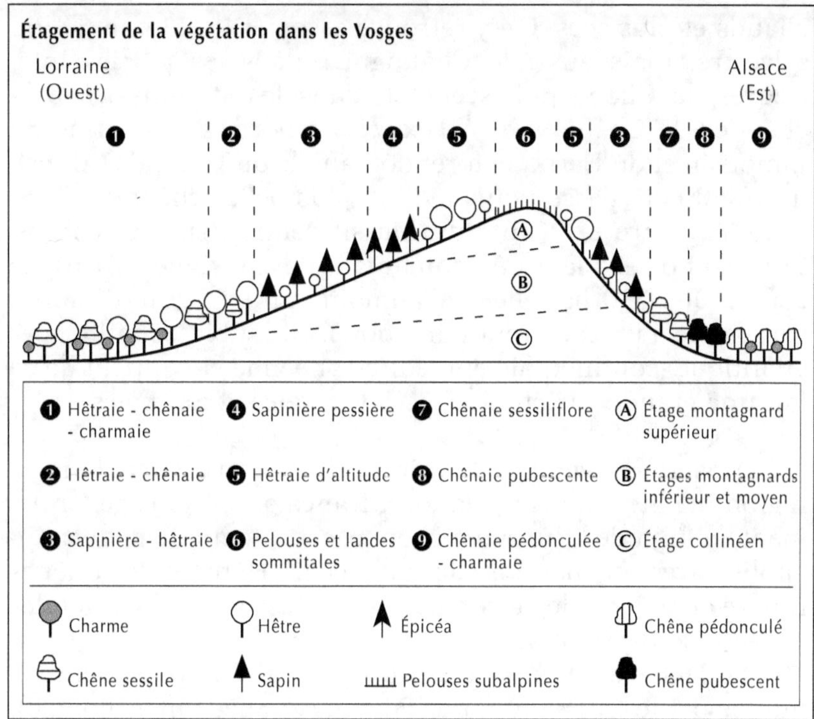

les forêts de la Joux et de Russey, magnifiques Sapinières, célèbres par leurs Sapins « Présidents », qui atteignent ou dépassent 50 m de haut.

Le vaste Massif central est soumis, à partir de 500 m environ, à un climat typiquement montagnard. La température moyenne ne dépasse pas 8 °C, les hivers sont froids avec jusqu'à trois mois de gelées, la pluviosité peut atteindre 1 500 mm par an avec d'abondantes chutes de neige. Mais ces conditions varient sensiblement selon les régions. À l'ouest, en Limousin, se manifeste encore l'influence océanique qui adoucit les hivers ; on y trouve le Chêne rouvre et le Châtaignier et, plus haut, le Hêtre. Au centre, en Auvergne, le climat devient continental avec des hivers très rigoureux, un enneigement fort et prolongé, mais des étés assez chauds ; le Hêtre est ici dominant, par exemple au Mont-Dore et en Margeride, mais associé au Pin sylvestre ; en altitude, les remplace le Sapin. Vers le sud, dans les Cévennes et les Causses, l'influence méditerranéenne donne des étés plus chauds et plus secs. On y retrouve associés le Hêtre et le Pin sylvestre, mais aussi le Châtaignier dans les parties inférieures, le Chêne pubescent et, dans les stations les plus chaudes, le Chêne vert. À l'extrémité nord, aux confins du Limousin et du Berry, la forêt domaniale de Tronçais (Allier), de 10 500 ha, passe pour une des plus belles chênaies d'Europe. À l'autre extrémité du Massif central, sur ses contreforts sud-ouest, la forêt domaniale de Grésigne (Tarn) ne couvre que 230 ha, elle a néanmoins un très grand intérêt, car, située à un carrefour climatique, elle subit les influences atlantique, continentale et méditerranéenne et contient de ce fait une grande variété d'espèces végétales et animales.

Ainsi qu'on vient de le voir, sauf en montagne et dans la région méditerranéenne, la forêt française, et, plus généralement, la forêt de l'Europe moyenne, est essentiellement caducifoliée avec une nette prédominance du Hêtre et des Chênes rouvre et pédonculé, accompagnés des associations végétales qui leur sont propres.

Le Hêtre est l'essence qui occupe l'aire la plus étendue, limitée par le climat au nord (Pologne et Suède méridionale), et remplacé à l'est de la Grèce par le Hêtre d'Orient *(Fagus orientalis)* qui forme des forêts étendues depuis la Bulgarie jusqu'à l'Elbrouz.

Espèce éminemment sociale, le Hêtre forme souvent des peuplements purs *(Fagetum)*, qui, à cent cinquante ans, atteignent 40 m de haut, par exemple dans les forêts de Compiègne et de Fontainebleau, où il se trouve dans sa forme optimale. Dans les hêtraies sèches, le sol est souvent presque nu, mais, si le couvert n'est pas trop épais et le sol assez humide, y fleurissent au début du printemps narcisses, primevères et anémones. Sur calcaire, le Hêtre est accompagné du Tilleul à grandes feuilles et la strate herbacée comporte le Brachypode des bois et la grande Fougère mâle. En montagne, le Hêtre occupe des sols très variés à l'étage montagnard, la strate herbacée présente quelques plantes typiques, comme l'Aspérule odorante, le Lamier jaune, la Pulmonaire et la Mercuriale. Mais le Hêtre y entre très vite en concurrence avec le Sapin et l'Épicéa, ou, dans une zone qui s'étend des Alpes-Maritimes aux Balkans, avec le

Charme-Houblon *(Ostrya carpinifolia)*, à la limite inférieure de cet étage.

Une autre formation, plus répandue encore dans toute l'Europe moyenne, surtout occidentale, est la chênaie *(Quercetum)*, ou plutôt les chênaies, car il en existe presque autant que d'espèces de Chênes : ainsi, en France, le Chêne rouvre ou sessiliflore *(Quercus sessiliflora)* domine le *Quercetum sessiliflorae*, le Chêne vert, comme nous l'avons vu, le *Quercetum ilicis*, le Chêne pubescent (le *Quercetum pubescentis*), chacune de ces essences étant accompagnée de l'association végétale qui lui est propre.

La *chênaie sessiliflore* est dite « atlantique », car elle prédomine en Europe occidentale. En France, elle couvre environ 700 000 ha de futaies, beaucoup plus si l'on compte les taillis. Elle est silicicole, établie sur des sols non calcaires et bien drainés, anciennes alluvions décalcifiées, par exemple, ou même terrains sableux. Dans ce type de chênaie claire, l'intensité lumineuse est assez forte, environ 15 % de la lumière solaire parvient à la strate herbacée du sous-bois. On y trouve parfois quelques Chênes pédonculés, des Châtaigniers et des Bouleaux et, dans le sous-étage, le Néflier *(Mespilus germanica)*, le Houx *(Ilex aquifolium)*, le Chèvrefeuille des bois *(Lonicera periclymenum)*, la Bourdaine *(Rhamnus frangula)* et parfois le Sorbier des oiseleurs *(Sorbus aucuparia)* ; dans la strate herbacée poussent la Canche flexueuse, le Millepertuis élégant, la Véronique officinale, le Muguet, la Fougère Grand Aigle, des Mousses abondantes, et aussi le Cèpe et la Girolle.

La chênaie de Chêne pédonculé *(Quercetum peduncalatae)* préfère les sols humides et frais, comme ceux des fonds de vallées ; mais, au nord de la Seine, on la trouve sur les terrains les plus variés. Elle est presque toujours mélangée de Hêtre, de Frêne ou de Charme. La *chênaie-charmaie* est commune sur sol brun, frais, sablo-argileux en Île-de-France et dans l'Ouest. Ses principales essences sont le Chêne pédonculé, le Charme très abondant et le Hêtre. Parfois, le Hêtre manque, ainsi dans le Nord-Est. Dans la *chênaie-charmaie*, les âges des arbres diffèrent largement, ne serait-ce que parce que le Chêne vit beaucoup plus longtemps que le Charme. On y trouve en sous-étage Merisiers, Noisetiers, Aubépines, Prunelliers, Viornes et Cornouillers.

La *chênaie-frênaie* est, au contraire, calcicole, avec un peuplement très dense. Le Charme y est plus dispersé. Outre le Frêne, on y trouve le Tilleul à grandes feuilles *(Tilia platyphillos)*, l'Érable champêtre *(Acer campestre)*, l'Orme de montagne *(Ulmus montana)* et le Camérisier à balai *(Lonicera xylosteum)*, ainsi que des Lianes, Clématites et Tamiers ; la strate herbacée comporte souvent la Mercuriale, l'Ancolie et l'Hellébore fétide. Ce type de forêt se rencontre dans le Nord-Est de la France, mais aussi en Normandie et en basse montagne.

Dans la *chênaie-hêtraie*, typique des sols sableux, donc peu fertiles, par exemple dans la forêt de Fontainebleau, se rencontrent aussi les Bouleaux et le Tremble ; quant à la strate herbacée, elle ne contient que des espèces acidophiles.

La *chênaie pubescente (Quercetum pubescentis)*, nettement méridionale, est à peu près indifférente au sol dans le Midi ; par contre, quand elle remonte au Nord, elle se localise sur les sols secs et calcaires. Cette chênaie forme des forêts très claires, entrecoupées de clairières herbeuses, les « prés-bois ». Dans le sous-étage, croissent le Bois de Sainte-Lucie *(Prunus Mahaleb)*, le Troëne commun *(Ligustrum vulgare)*, localement, l'Alisier de Fontainebleau *(Sorbus latifolia)*, l'Églantier *(Rosa canina)*, l'Épine-vinette *(Berberis vulgaris)*, le Baguenaudier *(Colutea arborescens)* et, mais seulement dans le Midi, l'Amélanchier *(Amelanchier vulgaris)*.

L'ÉVOLUTION DES FORÊTS

La forêt étant un organisme vivant, elle ne peut qu'évoluer. Mais son évolution est conditionnée par l'action des êtres vivants qui l'habitent, en particulier, les micro-organismes du sol. Il y a toujours interaction. La présence d'une importante masse d'arbres détermine une modification du climat local : lumière, température et humidité ne sont pas les mêmes en forêt et à découvert. La composition du sol superficiel se modifie grâce à l'apport d'humus par les feuilles tombées, mais cette litière ne devient humus que parce que la microfaune la décompose. D'elle-même, la forêt tend vers un état d'équilibre stable, par suite de l'évolution du sol auquel répond l'évolution de la végétation caractéristique du climat local, lui-même progressivement modifié. Au terme de l'*évolution progressive* qui aboutit à l'harmonisation de ces trois facteurs, la forêt atteint ce que l'on appelle son *climax*, lequel diffère suivant le type de forêt. Cependant, de nombreuses causes peuvent le perturber. Si la végétation primaire est détruite, par exemple par l'homme, une végétation secondaire bien différente prend sa place. Il s'agit alors d'une *évolution régressive* qui s'éloigne de plus en plus du climax, on parle alors de *dégradation*.

L'interaction des essences forestières modifie à la longue la composition des peuplements. Parfois, cette évolution se produit spontanément. Dans une chênaie-hêtraie, le développement progressif du Hêtre restreint l'éclairage et modifie la nature de l'humus, ce qui défavorise le Chêne, qui est une essence de lumière ; ainsi, l'association évolue vers la hêtraie. Par un processus analogue, une pineraie envahie par le Sapin passe à la sapinière.

L'évolution est dite cyclique, si elle aboutit à la reconstitution du peuplement initial. Lorsque, dans une forêt, s'est produite une importante trouée accidentelle : arbres abattus par le vent (chablis), ou ayant succombé à une infestation de parasites, insectes ou champignons, dès le printemps de l'année suivante, se développe dans la strate herbacée quantité de plantes dont les semences étaient restées en dormance sous le couvert ; sortent aussi du sol les pousses issues des graines d'arbres du peuplement qui reçoivent alors la lumière nécessaire à leur croissance, mais également des essences secondaires, précédemment rares ou même inexistantes, par exemple, dans une forêt de plaine, des Bouleaux, des Trembles, des Saules marsault et, dans une forêt de montagne, des Sorbiers des oiseleurs, des Érables sycomores et des Sureaux rouges. Au bout de quelques années, ces nouveaux venus mêlés aux essences d'origine forment des fourrés denses qui avec le temps s'éclaircissent, soit spontanément, soit par suite de l'intervention du forestier. Enfin, l'élimination de la plupart des sujets conduit normalement à la reconstitution du peuplement primitif. Tel est le principe de l'évolution cyclique, phénomène spontané qui comprend par conséquent une phase d'évolution régressive destructrice — sol dénudé et développement de la strate herbacée —, suivie d'une phase d'évolution progressive de reconstitution. En réalité, les choses ne se passent jamais aussi simplement, le retour à l'état initial est en fait exceptionnel, car le biotope a été gravement perturbé au niveau du microclimat et de l'humus.

Tout dépend d'abord de l'importance et de l'étendue des dégâts, mais aussi du climat local et de l'état du substrat. La réinstallation peut passer par plusieurs stades différents. Par exemple, sur sol calcaire, la strate herbacée est envahie par des buissons, au milieu desquels croîtront des Chênes pubescents, d'abord plus ou moins disséminés (prébois), puis formant un peuplement dense, une chênaie pubescente, mais au fur et à mesure de la transformation de l'humus, celle-ci peut finalement être supplantée par une hêtraie calcicole.

Le responsable de la destruction du peuplement primitif est presque toujours l'homme, soit directement, par l'exploitation ou l'incendie, soit indirectement par le pâturage. L'évolution peut être à court terme et, dans ce cas, au bout de quelques années, le peuplement initial se reconstitue. En revanche, lorsque les conditions sont moins favorables, il se produit une évolution à long terme dont les résultats sont loin d'être toujours favorables. Ainsi, dans une sapinière-hêtraie de montagne, l'exploitation du taillis pour en tirer du bois de chauffage entraîne à la longue l'installation d'une hêtraie accompagnée d'essences secondaires. Des exploitations rapprochées, répétées pendant des siècles dans une hêtraie-chênaie sur sol siliceux, comme on en trouve dans l'Ouest ou le Centre, conduisent, en raison des modifications qui en résultent sur le climat et le sol, à la disparition des Hêtres et à la raréfaction du Chêne rouvre, tandis que s'étend le Bouleau dispersé et accompagné de Fougères et de Bruyères. La chênaie-hêtraie est devenue une lande. Dans une chênaie-hêtraie sur sol calcaire, comme il en existe dans l'Est, où le pâturage séculaire a amené la disparition des arbres, la forêt de plus en plus clairsemée en arrive à se transformer en pelouse à Brome et autres Graminées, parsemée de buissons épars, le plus souvent épineux : Prunelliers, Aubépines et Genévriers, c'est la « friche » de Lorraine et de Bourgogne. De même, la chênaie de Chêne pubescent des plateaux des Causses évolue vers une pelouse parsemée de Buis et de Genévriers. Dans certains cas, cette évolution peut être réversible, le plus souvent elle ne l'est pas. La forêt est à ce point dégradée qu'elle ne peut plus être reconstituée qu'artificiellement.

Porter atteinte à l'équilibre biologique d'une forêt a toujours des conséquences graves. Un peuplement dégradé ne peut se défendre des attaques des parasites, ce que fait fort bien une forêt en pleine vitalité. L'écosystème restaure de lui-même son équilibre perturbé, cette restabilisation est ce que les biologistes appellent *homéostasie* (du latin, *homeo*, « semblable » et *stasis*, « position »). Tel est le processus que l'on peut observer, lorsque s'est produite une explosion démographique parmi les populations parasitaires. Normalement, le nombre de chenilles de papillons qui se nourrissent de feuilles atteint de 200 000 à 1 million d'individus à l'hectare, mais des fluctuations peuvent le porter à plusieurs millions. Ainsi, dans une vieille chênaie, où, à la suite d'une année particulièrement chaude et sèche, les chenilles du Bombyx disparate *(Lymantria dispar)* avaient atteint soudain le nombre de deux à quatre millions d'individus, en mai-juin, la forêt avait été entièrement défeuillée et le sol recouvert d'une véritable pluie excrémentielle (de 400 à 1 000 kg à l'hectare) créant une pullulation de bactéries. Néanmoins, les Chênes qui étaient sains purent, grâce à leurs réserves, débourrer à nouveau. Au cours de l'hiver suivant, une gelée forte et prolongée détruisit en très grand nombre les larves d'insectes dans leur retraite. En quelques années, toute trace de ce qui aurait pu être un désastre avait disparu. En règle générale, une forêt en bon état se défend fort bien d'elle-même et les écosystèmes forestiers riches en niches écologiques sont les mieux protégés, ils sont homéostatiques.

LA VIE ANIMALE DANS LA FORÊT

La forêt constitue le milieu naturel le plus riche qui soit, de lui dépendent tous les autres milieux. Les hêtraies de l'Europe moyenne hébergent près de 20 % de la flore et de la faune de nos latitudes. On a pu y recenser quatre mille espèces végétales, dont deux cents Phanérogames, trois mille Champignons, deux cent quatre-vingts Lichens, cent soixante Algues, cent quatre-vingt-dix Mousses, quinze Fougères, cent trente bactéries. Le nombre des espèces animales s'y élèverait à environ sept mille, dont cinq mille deux cents Insectes, cinq cent soixante Arachnides, soixante-dix Mollusques terrestres, trois cent quatre-vingts Vers et environ trois cent cinquante Protistes dont l'inventaire est loin d'être terminé, enfin cent neuf espèces de Vertébrés.

Ces espèces se trouvent réparties en forêt selon les niches écologiques que celle-ci contient. Plus elles sont nombreuses, plus la flore et la faune le sont. Ces niches sont distribuées suivant les strates de la forêt.

La *canopée* (de l'anglais *canopy*, « ciel de lit ») est la strate des cimes les plus élevées qui reçoivent directement la lumière solaire, deux tiers des feuilles y sont exposées au soleil, un tiers seulement se trouve à l'ombre. C'est là que la photosynthèse atteint sa plus grande intensité. Souvent, en dessous, les cimes des essences secondaires, moins hautes, tels les Merisiers, les Sorbiers, les Alisiers forment une seconde strate de feuillage. Ce milieu est particulièrement propice à l'avifaune ; de nombreux oiseaux y établissent leurs nids, mieux protégés du vent et du soleil que dans la canopée et, en saison, ils se nourrissent des fruits qui y mûrissent.

Plus bas, dans la strate arbustive, entre 1 et 4 m de haut, croissent les Aubépines, le Prunellier, le Houx, le Fusain, l'Alisier torminal, les Cornouillers, les Chèvrefeuilles. Leurs graines sont disséminées par les oiseaux qui mangent leurs baies, tandis que les fleurs sont pollinisées par les insectes, ne pouvant l'être par le vent. C'est dans cette strate que vivent et se reproduisent le plus grand nombre d'insectes, en particulier les Lépidoptères dont les chenilles se nourrissent de feuilles d'arbustes.

Dans une forêt dense de Conifères, surtout en montagne, cette strate est très basse. On n'y trouve que des arbrisseaux, comme la Myrtille *(Vaccinium Myrtillus)*, l'Airelle rouge *(Vaccinium Vitis-Idaea)*, la Bruyère commune ou Brande *(Calluna vulgaris)* et la Bousserole ou Raisin d'ours *(Arctostaphylos Uva-ursi)*. De plus, la strate intermédiaire est presque toujours inexistante. Aussi, l'avifaune y est-elle moins nombreuse moins diversifiée, mais plus spécialisée (Bec-croisé des Sapins, Casse-noix).

La strate herbacée se développe juste au-dessus du sol, dans la pénombre, elle est néanmoins riche en espèces végétales, mais nombre d'entre elles fleurissent sur leurs réserves,

dès le début du printemps ; ce sont les espèces dites prévernales qui fleurissent avant que la foliaison ait diminué la
luminosité. Dans la forêt, et surtout les chênaies, abondent
les fourmilières qui tirent profit des plantes dites myrméco-
phytes (plantes à fourmis), car leurs graines sont prolongées
par des appendices nutritifs, les élaiosomes, dont sont
friandes les fourmis qui disséminent ces graines.

Enfin, la litière, épaisse dans les forêts caducifoliées, est
la strate où vit le plus grand nombre des micro-organismes
réducteurs et transformateurs des substances végétales
mortes, en particulier les bactéries et les champignons. De
plus, les mousses y accumulant l'eau comme des éponges
rendent l'humidité permanente à ce niveau.

Toute rencontre en forêt se mérite. Le silence, l'immobilité, l'attention en sont les conditions premières. Ces rencontres aussi se préparent. Il est nécessaire de savoir à
l'avance quelles espèces on peut, ou non, trouver dans un
biotope donné, connaître ces espèces et leurs habitudes,
même leurs horaires, comme le chasseur qui sait où et quand
il doit se tenir à l'affût. Il ne faut pas oublier que le promeneur le plus pacifique provoque une panique générale.
L'homme est pour la presque totalité des bêtes l'animal
bipède le plus redouté. Il le doit à son comportement ordinaire qui, même quand il n'est pas agressif, est bruyant,
indiscret, voire brutal et grossier. Les sens de l'homme civilisé sont obstrués, il ne sait ni sentir ni écouter, sa distraction
est constante, ce qui est à l'exact opposé de l'attitude de l'animal dont le promeneur en forêt a tout intérêt à comprendre
les réflexes, au demeurant simples et prévisibles. Tout animal
dérangé réagit par la fuite, ou, si le danger ne lui semble pas
imminent, par l'immobilité absolue, qui lui permet de passer
inaperçu. La fuite, en région de chasse, se déclenche à des
distances qui correspondent à la portée des armes à feu.
Cette « distance d'approche » diffère non seulement suivant
les espèces, mais selon le sexe et la situation de l'animal ; elle
n'est pas la même pour un grand Cerf solitaire ou pour une
Biche suivie de son faon. Lorsque l'animal, étant pourchassé,
cette limite est franchie, son comportement change. Il y a
« réaction de défense », avertissement à l'agresseur. Si celui-
ci n'en tient pas compte et dépasse la « distance critique »,
l'animal acculé contre-attaque. Toutefois, il n'en vient à cette

extrémité que lorsque pour lui tout est perdu. Éviter l'ennemi et se mettre en sécurité, telle est la préoccupation majeure de tout animal.

En sécurité, il ne l'est jamais plus que dans son gîte : une tanière (le blaireau), un terrier (le lapin), un trou dans un arbre ou même la fourche des branches (l'écureuil, les oiseaux). C'est dans son gîte que l'animal dort, se repose et digère, ce qui est particulièrement important pour le ruminant qui régurgite et remâche ce qu'il vient de brouter ; c'est là aussi qu'il met au monde et élève ses petits. Ce gîte peut n'être que provisoire, telle la « reposée » d'un cerf, la « forme » d'un lièvre qui ne sont que des creux sommairement aménagés dans l'herbe haute ou dans un fourré. Mais le poids du cerf écrase l'herbe ou brise les branches basses, ce qui permet de repérer les places de coucher récentes qui restent foulées et où souvent l'animal a laissé ses « fumées », c'est-à-dire ses excréments, ce qui facilite son identification.

C'est de son gîte que l'animal s'éloigne pour aller à la recherche de sa nourriture, non au hasard, mais méthodiquement, prudemment. Tout animal est par nature routinier, mais, s'il s'en tient à ses habitudes, c'est qu'elles sont efficaces et conditionnent sa sécurité. Chacun a son territoire. S'il y tolère l'intrusion d'un individu d'une autre espèce, il le défend énergiquement contre ses congénères et le plus souvent les amène à se retirer, car ils se sentent automatiquement en position d'infériorité. L'instinct de propriété est loin d'être spécifique aux humains. Son territoire, l'animal le marque. Ainsi le cerf ou le chevreuil frottent avec vigueur leurs bois contre le tronc d'un arbre qu'ils blessent plus ou moins, ces « frottis » souvent répétés sont facilement repérables en forêt. Souvent, les excréments ou l'urine sont utilisés à cette fin, par exemple par le renard et le lapin. Ce sont aussi des marques sexuelles, particulièrement odorantes lors du rut, car une sécrétion provenant d'une glande à odeurs située au niveau de l'anus est déversée sur les excréments au moment de leur expulsion. La martre, par exemple, utilise la sécrétion de cette glande anale qu'elle répand sur certaines branches pour définir son territoire. Souvent aussi, l'urine, elle aussi très odorante lors du rut, sert, par exemple au renard, à en signaler les limites.

Les déjections, quelles qu'elles soient, sont précieuses pour déterminer la nature de ce qu'a ingéré l'animal, puisqu'on y trouve ce qui n'a pu être assimilé : débris de plantes, noyaux de fruits, pièces chitineuses des insectes avalés, plumes, poils et petits os, dans les « laissés » des Carnivores ou les « pelotes de rejection » des Rapaces. Ces déjections diffèrent assez quant à leurs formes, leurs dimensions, leur consistance et leur couleur pour renseigner sur les espèces présentes. Il existe encore bien d'autres indices, ne seraient-ce que les reliefs d'un repas : depuis les trous forés par les pics dans les écorces et les pommes de pin décortiquées par l'écureuil et tombées au pied de l'arbre jusqu'au tas de noisettes vidées par le campagnol, aux coquilles d'œufs gobés par le putois, aux restes de petits Mammifères et d'Oiseaux à demi dévorés par les Carnivores et les Rapaces. On connaît, par ailleurs, les réserves de noix, de noisettes et de glands accumulées pour l'hiver par l'écureuil. Lire les empreintes laissées par les pieds dans la terre molle est tout un art, mais plus facile à exercer après une chute de neige.

La quantité de ces indices en forêt constitue autant d'aubaines pour le naturaliste amateur et même pour le promeneur un tant soit peu attentif. « Si l'on fait attention à ces détails et qu'on essaye de les interpréter, on s'aperçoit qu'ils peuvent nous apprendre énormément de choses sur la vie et le comportement des animaux. Du même coup, se trouvent décuplés la joie et le profit que nous retirons d'une simple promenade. »

Entre eux, les animaux communiquent de la voix. Le brame du cerf, au temps du rut, est un signal d'avertissement destiné à ses congénères qui ne s'y trompent pas. Le cri d'effroi d'un animal surpris peut constituer une menace contre celui qui l'a dérangé. Caractéristiques sont par exemple l'aboi rauque du chevreuil ou le lourd grognement bas du sanglier, après quoi d'ailleurs, l'animal détale.

Les cris et les chants des oiseaux sont assurément des signaux, par lesquels ils définissent et défendent les limites de leur territoire, surtout aux temps des amours et des nichées, mais on serait un piètre observateur, si on les prenait pour seulement utilitaires. L'oiseau chante aussi pour son seul plaisir, il chante la saison, il chante l'univers, mais aussi pour la joie de se faire entendre et de recevoir une réponse, y compris de l'homme. Ces chants, ces cris, si différents les uns des autres peuvent permettre d'identifier à l'audition les espèces que l'on n'a pu voir.

La distinction que l'on fait habituellement entre animaux diurnes et nocturnes est trop simpliste. Le plus souvent, l'activité de l'animal se prolonge pendant la plus grande partie de la journée et elle est suivie d'une longue période de sommeil. Mais ce cycle peut varier et dans les deux sens, qu'un animal ne se sente pas en sécurité et il regagne son gîte, en sens inverse, le rut rend certaines bêtes moins prudentes. Cependant, ces rythmes naturels ont été gravement perturbés par les conditions de vie créées par l'homme. Beaucoup d'espèces qui étaient diurnes sont devenues crépusculaires, voire nocturnes.

Tout aussi artificielle est la classification que font les manuels des Mammifères en herbivores et carnivores, la plupart d'entre eux sont beaucoup plus omnivores qu'on le croit d'ordinaire.

Le renard, qui est donné comme le type même du carnivore, mange en fait ce qu'il trouve : des œufs, des poissons, des grenouilles, des sauterelles, des guêpes, des coléoptères, mais aussi des fruits, des baies, des champignons.

Si le cerf broute de préférence l'herbe et les feuillages, il mange aussi des écorces, des glands et des châtaignes, des fruits de toutes sortes, de la bruyère, des mousses, des lichens, des champignons. On a même vu des cerfs dévorer des grenouilles.

Le blaireau, par exemple, est un omnivore caractéristique. S'il dévore de préférence vers de terre, insectes de tout acabit, escargots et mollusques, grenouilles, crapauds et lézards et à l'occasion les nids de guêpe qu'il déterre, et même les serpents, y compris les vipères, il ne dédaigne ni les champignons, les glands, les faînes, les fruits tombés, ni non plus les carottes, les pommes de terre et autres légumes du potager, et, à l'automne, il se gorge de raisin, ce qui est le plus grand grief que l'on ait contre lui.

Le hérisson est assurément un insectivore, pourtant il mange des racines, des fruits, des grenouilles, des crapauds, des lézards, des mulots, des œufs et des oiselets au nid.

Si la forêt constitue l'habitat normal d'un certain nombre d'espèces de Mammifères : le cerf, le sanglier, le blaireau, l'écureuil, le lynx, le chat sauvage, elle est pour d'autres un refuge, l'homme les ayant exclues du milieu où sans lui elles vivraient encore, ainsi le lièvre, qui est un animal de steppe, le chevreuil qui broute les herbes et les graminées dans les prairies, ou même le renard qui, toujours pourchassé, se retire dans les bois afin d'y élever ses petits, empruntant d'ailleurs très souvent les terriers des blaireaux, quitte d'ailleurs à aller chercher ses proies au loin.

Chaque animal a besoin d'un espace où il puisse se nourrir, se reproduire et vivre dans une relative sécurité. Cet espace varie beaucoup en fonction de la taille et des besoins alimentaires. La zone de pâture d'un Herbivore est beaucoup moins étendue que le terrain de chasse d'un Carnivore. Sur un hectare, un Cervidé trouvera 4,5 kg d'herbes et de feuillage, un Lynx seulement 10 g de proies vives. Il en va de même pour les grands Rapaces : un Grand duc ne peut survivre que s'il dispose d'un terrain de chasse de 5 à 10 km de rayon. Un cerf de grande taille ne pourra satisfaire son appétit que s'il peut brouter sur une quarantaine d'hectares, un chevreuil sur une dizaine d'hectares. Tout dépend évidemment des ressources que peut procurer le milieu ; une forêt caducifoliée, surtout si elle est mélangée, est toujours plus riche en espèces qu'une forêt de Résineux. Si, en Écosse par exemple, on peut trouver un cerf pour 10-12 hectares, le même cerf, en Prusse orientale, occupe un périmètre deux fois plus étendu.

Il faut aussi tenir compte des conséquences de la chasse. Après avoir fait disparaître les principaux prédateurs, l'homme prétend les remplacer. Mais un vrai prédateur ménage ses proies, afin de n'en pas manquer, ce que ne font point toujours les chasseurs. Afin de trouver encore du gibier ils l'élèvent et le relâchent en forêt, mais le comportement de ces animaux en est perturbé. Un sanglier d'élevage n'a plus la méfiance de ses congénères sauvages, il rôde à découvert et fréquente même champs et prairies, au grand dam des agriculteurs qui sont aussi des chasseurs. Pire encore est le sort des faisans d'élevage, lesquels ne quittent l'enclos où ils ont été nourris que pour être relâchés en forêt où ils sont aussitôt abattus. Si les chasseurs constituent une menace pour le « gibier », quel qu'il soit, du cerf, du chevreuil et du sanglier à la bécasse des bois ou à la gélinotte, du moins la chasse est-elle, au moins en principe, réglementée et contrôlée par les sociétés de chasse. Il ne peut en aller de même pour les clandestins, les braconniers et ces pillards que l'on appelle communément des « viandards » qui tuent du gibier pour le vendre à des commerçants qui l'écouleront en ville. Ceux-ci échappent à toute surveillance, ils œuvrent de nuit et sont armés, dangereux, surtout quand ils travaillent en équipes. Leurs victimes préférées, source des plus gros profits, sont les Cervidés dont la chasse est strictement réglementée, surtout les cerfs que l'on verra pendus par les pieds, la tête en bas à la devanture des marchands de gibier, particulièrement à l'approche des fêtes de fin d'année.

LES MAMMIFÈRES FORESTIERS

Le Cerf

Le Cerf élaphe ou cerf rouge (*Cervus elaphus*, d'*elaphos*, le cerf en grec) est le plus grand et le plus majestueux des hôtes de la forêt, dans presque toute l'Europe, jusqu'en Scandinavie centrale ; il manque par contre en Italie. Sa taille et son poids varient beaucoup selon les ressources de son habitat. Si, en moyenne, un mâle mesure de 2 à 2,50 m de longueur totale, de 1,20 à 1,50 m de hauteur au garrot, et pèse environ 150 kg, la femelle étant d'un quart ou d'un tiers plus légère, un cerf français peut atteindre 200 kg, tandis que les cerfs allemands ou anglais sont en général moins lourds, de 100 à 150 kg selon les régions, de 60 à 85 kg pour la biche. Au contraire, dans l'Europe de l'Est, les cerfs deviennent plus grands et surtout plus lourds, jusqu'à 300 et même 350 kg. Cerf reproduit le latin *Cervus*, dont le féminin *Cerva* a été supplanté en français par biche (*bistia* : bête en latin populaire). Faon dérive du latin *fetus* : enfantement, portée des animaux.

Exagérément chassé, le cerf a failli disparaître de bien des régions d'Europe. Ainsi, en Suisse, on n'en signalait plus aucun vers 1850, puis, dans les Grisons, en réapparurent quelques-uns venus du Voralberg, en Autriche. Ils furent préservés lors de la création du Parc national suisse. Il y eut ensuite des réintroductions, par exemple dans le Valais. Ce fut une réussite telle qu'il fallut organiser des battues afin de rétablir l'équilibre. De toute façon, le cerf a besoin pour subsister de très vastes étendues boisées, même s'il en sort parfois pour pâturer dans les prairies ou les champs. En Écosse, par exemple, les cerfs se sont bien adaptés à vivre hors des forêts et à paître dans les landes. Il en va de même en haute montagne où le cerf s'élève jusqu'à 2 000 m. Dans un hectare de forêt, un cerf trouve environ 4,4 kg de nourriture par jour ; pour se nourrir convenablement, un grand cerf a besoin de 41 ha de forêt.

Le pelage du cerf varie avec les saisons, il est brun rougeâtre en été, et gris-brun en hiver. Mais, dans son aspect, ce qui change davantage ce sont ses bois, formations osseuses plus ou moins ramifiées. Les mâles les perdent chaque année entre février et avril, lorsqu'ils sont épuisés par les privations de l'hiver. Dès que les andouillers sont tombés, une peau se développe par-dessus les moignons, irrigués par des vaisseaux sanguins et des nerfs. Lorsqu'ils repoussent, les bois sont complètement recouverts par une peau veloutée, on dit que le cerf est « en velours ». Mais, lorsque les bois ont atteint leur taille maximale, cette peau dont le sang s'est retiré se dessèche et se détache en longs lambeaux pendants. Afin de s'en débarrasser, le cerf frotte énergiquement ses bois, jusqu'à ce qu'ils deviennent nets et polis, contre le tronc souple d'un jeune arbre qui en portera durablement la marque. Les jeunes mâles nés de l'année précédente ne portent que deux bois non ramifiés en forme de dagues, on les appelle alors des « daguets ». Le bois principal (le merrain) n'apparaît qu'au bout de deux ou trois ans, il portera désormais chaque année un andouiller supplémentaire, cela pendant dix ans. Le cerf se nomme alors « dix cors », il a douze ou treize ans. Le cerf est adulte à dix-huit mois, il vit environ trente ans, la biche seulement vingt ans. Les ramures, qui pèsent jusqu'à 15 kg, sont si nettement individualisées qu'un observateur peut reconnaître un cerf d'année en année.

En juillet, le cou et les épaules de l'animal sont couverts d'une épaisse crinière de longs poils. L'été lui fournit une nourriture abondante. À la fin de l'été, au mieux de sa condition physique, le cerf entre en rut. Soudain, dans l'air vif d'un petit matin de septembre, retentit un appel rauque impressionnant, intermédiaire entre le rugissement du lion et le beuglement de la vache. Un cerf vient de reprendre possession de la place de rut qu'il occupe chaque année et où l'attendent les biches ; il prévient ainsi les autres cerfs des environs qui lui répondent. Ensuite, pendant plusieurs semaines, de vallée en vallée, s'échangent les brames (mot issu de l'ancien gotique), surtout le soir, la nuit et à l'aube ; mais, quand le rut atteint son point culminant, on entend fréquemment le brame en plein jour. Le comportement du cerf change alors du tout au tout, il ne se cache plus, se montre à découvert, devient bruyant et belliqueux. C'est le moment où le mâle constitue son harem, la harde, composée de plusieurs femelles et de quelques jeunes qu'il défend contre ses congénères. Se déroulent alors des batailles, bois contre bois, et le choc brutal des bois s'entend de loin ; il arrive qu'une branche de la ramure se casse en plein combat, lequel ne se termine que lorsque le vaincu se retire. Au terme de la période de rut, environ un mois, les mâles épuisés quittent leurs hardes et se retirent au cœur de la forêt, où ils reprennent pour un temps leur vie de solitaires. Mais, lorsque survient l'hiver, le cerf rejoint et rassemble sa harde dont il est à la fois le chef et le protecteur.

La gestation des biches dure de deux cent vingt-cinq à deux cent soixante-dix jours, elles mettent bas durant les mois de juin et de juillet. Lorsqu'elle se sent près d'accoucher, la biche se retire au plus profond de la forêt et cherche un endroit dissimulé par des fougères pour y mettre bas son faon presque toujours unique, les doubles naissances sont rares. À sa naissance, le faon pèse 3-4 kg et porte un pelage brun-roux moucheté de taches blanches qui ne disparaîtront qu'à la fin de l'été. Bien qu'il puisse se dresser sur ses pattes dès sa naissance, gambader et courir quelques heures après et soit d'un caractère joueur et espiègle, le faon reste longtemps très vulnérable. C'est alors une proie facile pour les lynx, les chats sauvages, les renards et les aigles. Aussi sa mère ne le quitte-t-elle que le moins possible ; lorsqu'il reste seul, le faon s'aplatit au sol au moindre bruit et demeure parfaitement immobile. Mais, dès qu'il en est capable, le faon suit sa mère dans tous ses déplacements, au moins jusqu'au sevrage, à cinq ou six mois. C'est alors que la tête du jeune mâle s'orne de deux protubérances osseuses, les bases de la ramure future. Le faon est devenu un « hère ».

Le cerf n'a pas très bonne vue, il ne distingue les objets qu'en mouvement ; en revanche, son ouïe et son odorat sont d'une extrême finesse. Malgré son poids, il est très agile ; son allure ordinaire est le pas ou un trot léger et balancé ; il ne prend le galop que s'il est poursuivi ou effrayé, il couche alors ses bois sur son encolure afin de ne pas se heurter aux branches, il peut alors sauter très loin (10 m) et très haut (2 m). Sa nourriture se compose d'herbes, de feuilles, de bourgeons, de glands, de faînes, de baies, de champignons ; en hiver, il doit se contenter d'herbes sèches, de bruyères, d'écorces, de lichens, et a peine à survivre. À la bonne saison, quand le cerf trouve facilement sa nourriture, il ne broute que quelques heures à l'aube et au crépuscule, après quoi, il reste couché à ruminer et à somnoler.

Le Daim

Le Daim *(Dana dana)* ressemble au cerf, mais est sensiblement plus petit et plus trapu (1,60 à 1,80 m de long, 85-110 cm au garrot, de 60 à 85 kg), il s'en distingue par sa robe brun rougeâtre et tachetée de blanc en été, mais d'un gris presque uniforme en hiver, par le « miroir » blanc souligné de noir qu'il porte sur les fesses, enfin par ses bois dont l'extrémité, l'empaumure, s'élargit en palette qui, avec l'âge, peut devenir très large. Le daim n'est pas vraiment forestier, c'est surtout un animal de parc ; en France, il n'est pas indigène, mais a été introduit des régions méditerranéennes, surtout d'Espagne. On l'élève pour l'ornement et on ne le chasse pas.

Le Chevreuil

À l'origine, le Chevreuil *(Capreolus capreolus)* ne paissait pas en forêt, mais dans les prairies et les steppes en lisière des forêts, où il ne s'est réfugié que pourchassé par l'homme. N'y trouvant pas assez de graminées et d'herbes, sa nourriture habituelle, il s'attaque aux pousses et aux bourgeons des jeunes arbres et fait ainsi de grands dégâts que l'homme, toujours inconséquent, lui reproche ; s'il vit dans dans les forêts de Feuillus ou mixtes, il ne se fait pas faute, quand il se sent en sécurité, de revenir brouter dans son ancien milieu, la prairie.

Le chevreuil est l'un des plus petits Cervidés, un mâle, un « brocart », dépasse rarement 1,20 m de long, 0,75 m de hauteur au garrot et 30 kg, la femelle, la « chevrette », ne pèse pas plus de 20 kg. Adulte à quatorze mois environ, le brocart vit seize ans au moins, la chevrette douze ans et plus. Le chevreuil est un animal, élégant et gracieux, aux pattes très minces et très longues qui le font paraître plus grand qu'il est. Son pelage, en été d'un roux parfois vif, devient en hiver gris-brun. Le chevreuil n'a pas de queue comme le cerf, mais porte à l'arrière-train un grand « miroir » blanc en forme de cœur qui, s'élargissant sous l'effet de la peur, sert de signal d'alarme pour les bêtes placées à quelque distance les unes des autres. Le chevreuil possède en effet une assez mauvaise vue, il se fit plutôt à son ouïe et à son odorat qui sont excellents. Aussi le mâle indique-t-il les limites de son territoire en frottant vigoureusement sa tête contre les arbres, ce qui déclenche une sécrétion liquide, à l'odeur persistante, provenant d'une glande située dans la région de l'os frontal. Dès qu'il a repéré le moindre bruit ou flairé une présence étrangère, le chevreuil détale, en poussant une sorte d'aboi très fort, heurté et profond qui résonne au loin.

Les bois du chevreuil ne ressemblent pas du tout à ceux du cerf. Ce sont des dagues très rugueuses à la base qui portent des excroissances arrondies, les « perlures ». En octobre, les jeunes nés au printemps perdent les taches blanches de leur pelage, tandis que poussent leurs premiers bois. De « chevrillards », ils deviennent alors des brocarts, dont les bois ne se développeront qu'à l'âge de trois ans. Les bois du chevreuil tombent durant la deuxième quinzaine d'octobre et en novembre, ils repoussent à partir du mois de mars. Le plus souvent, deux branches s'ajoutent au bois principal, mais certains individus en portent parfois jusqu'à cinq. En tout état de cause, les dagues sont des armes redoutables dont, se trouvant acculé, le chevreuil n'hésite pas à se servir. Tombant au cours de l'automne et repoussant au printemps, les bois portent alors une peau poilue, le « velours » qui peu à peu se dessèche, formant des lambeaux dont le chevreuil, comme le cerf, se débarrasse, en frottant sa tête contre le tronc des arbres. De timide qu'il était, le brocart devient alors de plus en plus combatif jusqu'au rut qui a lieu dans la première quinzaine du mois d'août. Contrairement au cerf, le chevreuil, de tempérament solitaire, se contente d'une seule chevrette qu'il poursuit obstinément et non sans brutalité jusqu'à ce qu'elle cède. L'accouplement est très bref, mais renouvelé jusqu'à l'épuisement. La durée du rut est variable ; en général, elle n'excède pas un mois. Après quoi, le brocart reprend sa vie de solitaire, tandis que la chevrette rejoint ses petits nés au printemps qu'elle avait pour un temps abandonnés. Si la femelle a une gestation très longue : deux cent quatre-vingts jours, c'est que celle-ci ne commence réellement qu'en décembre, ce qui évite la naissance des petits en plein hiver, phénomène unique chez les Cervidés. Lorsqu'elle redevient active, la gestation se développe rapidement pour aboutir à la mise bas entre la mi-mai et la mi-juin. La première portée d'une jeune chevrette ne compte presque toujours qu'un seul faon ; par la suite, la chevrette en a généralement deux et jusqu'à trois chez les vieilles femelles. À sa naissance, le petit ne pèse qu'1 kg et porte un pelage roux marqué de blanc. Deux heures après, il commence à se dresser sur ses pattes et à téter. La chevrette a envers ses petits un comportement très attentif, très affectueux. Elle allaite pendant trois mois. Le faon passe ses premiers jours dans les hautes herbes où il échappe au regard des prédateurs : renards, martres, fouines, chiens errants et Rapaces. Le protège aussi son odeur corporelle alors si atténuée que seule sa mère peut la repérer. Quand elle s'éloigne, ce n'est point du tout dans l'intention d'abandonner son petit, mais, tout au contraire, pour ne point attirer l'attention sur lui. Il arrive parfois qu'un promeneur trouve un faon tout seul dans les hautes herbes, il le croit perdu ou délaissé. S'il s'en approche et le caresse, ou s'il le recueille, il ne peut que le mettre en danger, car la chevrette en ne trouvant plus sur son petit son odeur, recouverte par celle plus forte de l'homme, peut l'abandonner définitivement. Élever un faon est une entreprise risquée, car il lui manquera l'essentiel, la présence de sa mère ; de plus, une fois relâché, le petit chevreuil ayant perdu toute méfiance, ses chances de survie seront très faibles. Normalement, le faon se développe rapidement. À deux semaines, pesant alors 5 à 6 kg, il suit sa mère partout.

Le Sanglier

La forêt feuillue ou mixte, avec des zones humides lui permettant de se souiller, est l'habitat favori du Sanglier d'Europe *(Sus scrofa)*, souche des porcs domestiques. Sanglier vient du latin *singularis (porcus)* : (porc) solitaire ; le nom de femelle, la laie, vient du francique *léha*, de même sens. Le sanglier appartient à la famille des Suidés qui sont, comme les Cervidés, des Ongulés artiodactyles (du grec *artios* : pair, et *dactulos*, doigt), qui ont 2 ou 4 sabots, dont 2 rudimentaires, à chaque patte. Le sanglier d'Europe mesure entre 1,10 m et 1,55 m de long, sans la queue de 20 à 40 cm de long, sa hauteur au garrot varie de 0,80 à 1 m, le mâle pèse entre 80 et 185 kg et la femelle entre 35 et 160 kg. Jusqu'à quatre ans, la laie a le même poids que le mâle, mais elle n'atteint jamais sa taille. Telles sont les mensurations du sanglier français, mais vers l'Est, les individus deviennent plus grands et plus lourds, atteignant jusqu'à 250-300 kg, tandis que dans le Sud vivent des races plus petites et plus légères. Cependant le sanglier est toujours un animal massif, au pelage hirsute d'un noir plus ou moins grisâtre ou roussâtre, composé de soies très grosses, noires à pointe rousse, dépassant une bourre épaisse et crépue. Sur le dos, à partir du front, s'étend une crinière qui se hérisse dans la colère. La tête, grosse (la « hure »), s'achève en un groin plus ou moins pointu, terminé par un « boutoir » très dur ; il permet à la laie, qui n'a pas de défense, de fouiller aussi le sol.

Chez le mâle, les cabines supérieures très développées saillent hors de la bouche, ce sont des « défenses » ; les canines inférieures, appelées « grès », viennent s'aiguiser contre les supérieures. Les défenses, qui peuvent atteindre 20 cm de long, sont à la fois des armes redoutables capables d'éventrer l'adversaire et les outils avec lesquels le sanglier fouille le sol et déterre bulbes, tubercules et racines, y compris celles de la Fougère que consomment peu d'autres animaux. Le sanglier se nourrit aussi de glands, de faînes, de châtaignes, de fruits, de champignons, de truffes, de vers, d'escargots, de souris, de lapereaux et de levrauts, d'œufs et de couvées. Ce sont donc des omnivores, toujours affamés, capables de couvrir en une nuit de grandes distances, dévastant les champs au passage. Mais les sangliers ne quittent la forêt qu'à la nuit et au matin regagnent leur bauge, un creux allongé, peu profond, au sol lisse, où ils se couchent en compagnie pour des siestes qui durent des heures. Afin de se débarrasser de ses parasites, nombreux dans son épaisse toison, le sanglier se « souille », c'est-à-dire se vautre dans la boue d'une dépression humide, la « souille » ou « souillard ».

Les sangliers vivent généralement en famille mais, à l'automne, se rassemblent en compagnies qui peuvent compter jusqu'à une cinquantaine de femelles et de marcassins, à l'écart desquels se tiennent les vieux mâles solitaires. Le rut principal a lieu de novembre à janvier, cependant la laie étant en chaleur toutes les trois semaines, il naît des marcassins toute l'année, surtout pourtant de mars à mai. La gestation dure cent douze, cent quinze jours. Une jeune laie met bas de deux à quatre petits, plus âgée, six ou huit, parfois jusqu'à douze. Les petits naissent les yeux ouverts et suivent leur mère presque aussitôt. Ils portent alors un pelage rayé longitudinalement de roux clair et de brun doré. Ces stries sont les marques qui leur ont valu leur nom de marcassins. À quinze jours, sans cesser de téter, ils commencent à brouter. Vers six mois, les raies s'effacent et les poils du nouveau pelage sont plus longs, plus rudes et roux ; ce sont alors des « bêtes rousses ». À un an, plus foncés, ils prennent le nom de « bêtes de compagnie ». L'année suivante, les défenses commencent à sortir de la bouche du mâle qui devient un « ragot ». Le jeune sanglier commence à aller seul avec quelques compagnons. Après cinq ans, il s'isole, c'est un « solitaire ». Il vit jusqu'à l'âge de vingt-sept ans.

Trois Carnivores vivent en forêt, le Lynx et le Chat sauvage qui sont des Félidés, et le Renard qui est un Canidé, comme le Loup et le Chien.

Le Lynx

Le Lynx boréal *(Lynx lynx)* vivait naguère au fond des forêts. S'attaquant aux cerfs et aux chevreuils et surtout aux faons et aux marcassins, il maintenait ces espèces dans de justes proportions. Mais celui que l'on appelait le Loup-cervier faisait l'objet d'une terreur superstitieuse, on l'accusait de tous les méfaits, souvent imaginaires. Telle fut la cause principale de sa destruction, à quoi s'ajoutèrent le morcellement des grands massifs forestiers et la progressive raréfaction des Ongulés sauvages exagérément chassés. Sa persécution par l'homme a conduit le lynx à se réfugier dans les forêts de montagne ; mais, pourchassé là aussi, il a peu à peu disparu. On ne le trouve plus aujourd'hui que dans les grandes forêts de montagne en Scandinavie, dans les Carpates, les Balkans et les Alpes dinariques en Yougoslavie.

Le lynx est un des plus beaux Félins. Grand, assez court, très haut sur pattes, il mesure de 1 à 1,30 m de long, y compris la queue (20-25 cm) et de 0,60 à 0,75 m de hauteur au garrot, il pèse de 18 à 38 kg. Son pelage est long, doux, très moelleux, d'un roux fauve clair en été, d'un brun jaunâtre clair en hiver, marqué de taches plus foncées de grandeur variable et inégalement réparties. La tête est petite avec des oreilles grandes, pointues et terminées par des pinceaux de poils noirâtres ; des favoris, plus longs en hiver, encadrent la face. Les yeux sont clairs, d'un jaune plus ou moins doré.

Même quand il l'habite, on voit très rarement le lynx en forêt, car il vit dans les fourrés impénétrables, les chaos rocheux, au sein desquels il s'abrite. Très circonspect, doté d'une ouïe très fine, il sait fort bien échapper aux recherches. Il ne se déplace généralement qu'après la tombée du jour, marchant d'un pas souple et silencieux. Il grimpe, mais pas très haut, saute loin et nage bien, mais seulement quand il ne peut faire autrement. Le lynx chasse le plus souvent à l'embûche ; outre les jeunes Cervidés, il capture des renards, des chats sauvages, des lièvres, des lapins, des faisans, des perdrix, des gélinottes, et en montagne, des marmottes, des tétras, plus rarement des chamois. Son cri est un hurlement sonore, qui ressemble à celui du loup, mais attaqué très haut et finissant en un murmure grave. Ce cri, le lynx ne le pousse que lors du rut, quand il cherche à attirer une femelle. Le rut a lieu en décembre ou janvier. En avril-mai, la femelle met bas, dans un trou de rocher bien abrité, ou dans une tanière de renard ou de blaireau, deux, trois ou quatre petits, au pelage moucheté, qui naissent aveugles. En dehors de la saison des amours, le mâle vit en solitaire.

Depuis les années 80, le lynx est enfin de retour. Au début des années 70, des lâchers, officiels ou clandestins, ont été réalisés en Slovénie, en Autriche, en Bavière, en Italie et en Suisse, dans les Alpes et le Jura, enfin, en France, dans le massif des Vosges. Les lynx se sont depuis normalement reproduits et les populations sont en nette croissance. Adulte à trois ans, le lynx vit de douze à quatorze ans.

Le lynx pardelle *(Lynx pardina)* vit en Espagne dans les forêts de montagne, surtout dans la moitié sud du pays et aussi dans le delta du Guadalquivir, dans le parc national de Doñana. Il est un peu plus petit : 0,85 à 1,10 m de long, avec 0,60-0,70 m de hauteur au garrot et un poids de 15 à 25 kg et se distingue surtout par son pelage aux taches plus nombreuses et plus sombres que chez le lynx boréal. Autant qu'on le sache, les mœurs des deux espèces seraient à peu près identiques.

Le Chat sauvage

Le Chat sauvage d'Europe *(Felis sylvestris)* n'a jamais tout à fait disparu des grands massifs forestiers. Beaucoup plus grand et plus fort que le chat haret, chat domestique retourné à l'état sauvage, il mesure 1 à 1,15 m, dont 30-35 cm pour la queue très différente de celle du chat domestique, épaisse, très touffue, portant de 3 à 5 anneaux foncés, et noire à l'extrémité en forme de massue. Il pèse aussi beaucoup plus lourd, de 6 à 9 kg, parfois jusqu'à 14 chez le mâle adulte. Son pelage, toujours rayé, est plus long, plus doux et plus épais que celui du chat domestique. Généralement solitaire et vagabond, le chat sauvage chasse surtout en fin de soirée ou au petit matin, souvent à l'affût sur une branche d'où il saute sur sa victime. Il se repose au milieu de la nuit. Ses proies les plus fréquentes sont les lapereaux et les levrauts, les écureuils, toutes sortes de petits Rongeurs, mais aussi des oiseaux de toutes tailles, des grenouilles, des lézards, en bref, tout ce qu'il peut trouver.

L'accouplement a lieu en février-mars, la chatte met bas en avril ou mai, dans un trou de rocher, un arbre creux ou un ancien terrier, au sein d'un taillis impénétrable, de trois à six petits qui restent aveugles pendant dix à douze jours. Il semble que le mâle se désintéresse de sa progéniture, mais les petits restent longtemps avec leur mère. La voix du chat sauvage ressemble à celle du chat domestique, mais est plus grave et plus puissante.

Le Renard

Le Renard n'a pas de pire ennemi que l'homme. Il est peu d'animaux sur lesquels on ait tant écrit, à commencer par la célèbre épopée satirique du XIIe siècle, *Le Roman de Renart*, qui lui a donné son nom, à l'origine une déformation du prénom germanique Reinhart, car auparavant il s'appelait le Goupil. Ce que l'homme, qui le persécute avec obstination, lui reproche, c'est en somme son intelligence qui lui permet d'éventer les pièges et de s'adapter aux situations les plus difficiles, réussissant à vivre en ville quand il est pourchassé dans les campagnes.

Le renard *(Vulpes vulpes)* mesure en moyenne 1,30 m, dont 40 cm pour la queue en panache, longue et très touffue, et de 35 à 40 cm de hauteur au garrot, il pèse de 7 à 10 kg, parfois jusqu'à 13 chez un grand mâle adulte. Le pelage varie beaucoup, il est généralement roux ou beige-roux, plus clair, souvent blanc, dessous. La tête est fine, effilée, d'un roux plus vif, avec une petite truffe noire sur le fond blanc du museau et de grandes oreilles triangulaires, sans cesse en mouvement. Les commissures des lèvres légèrement incurvées dessineraient un « rictus » malin, mais en vérité le renard sait rire. De même ses yeux bridés, couleur d'ambre, lui donneraient un « air matois », il faudrait dire plutôt vif, mystérieux et parfois tendre. Chez le renard, tout est expressif, le regard, le mouvement des oreilles, ceux surtout de la queue qui exprime à merveille ses réactions, ses humeurs.

Ce que l'on ne peut dénier au renard, c'est sa souplesse, son agilité ; son allure est si alerte, si dégagée que l'on dirait qu'il touche à peine le sol et sa chasse ressemble à un jeu. Si les souris et les petits Rongeurs forment le fond de sa nourriture, il aime aussi les oisillons et les œufs, il attrape des grenouilles, des lézards, des Insectes, des Mollusques, il est friand de limaces, il mange même des Poissons quand il arrive à en prendre. Les végétaux tiennent une grande place dans son régime, il raffole des fruits, en particulier, comme on le sait, des raisins. Le plus souvent, le renard se contente de peu, sauf au moment de l'élevage des petits ; la renarde devient alors très hardie et va se servir au poulailler voisin, encore que les ravages qu'on lui reproche doivent être bien plus souvent attribués à la belette et à l'hermine qui, plus minces, peuvent se faufiler partout et, de surcroît, sont bien plus sanguinaires. Le renard a un territoire de chasse bien délimité qu'il marque de son urine à la forte senteur musquée et de ses crottes imprégnées par les sécrétions de sa glande anale.

À l'époque du rut, le renard multiplie ses signaux odoriférants ; c'est surtout alors que l'on entend, la nuit, son aboiement bref, rauque et sec, c'est aussi le moment où il se met en quête d'un terrier. Le renard a des griffes assez fortes pour creuser la terre, mais il préfère s'en remettre au fouisseur spécialisé qu'est le blaireau et s'installer dans son vaste domicile. C'est en mars, peu avant les mises bas, que la renarde s'établit dans la tanière. Elle dégage ses mamelles en s'arrachant les poils du ventre qui tapisseront le berceau où elle déposera ses petits, de quatre à six en moyenne. Ils naissent les yeux soudés qui ne s'ouvrent qu'au bout d'une dizaine de jours. La mère les allaite, puis complète le régime en dégurgitant devant eux de la viande à demi digérée. Méfiante, la renarde tient d'abord le mâle à distance, par la suite elle l'admet et souvent le mâle participe à l'approvisionnement de la famille. Les renardeaux commencent à sortir de la tanière dans la première quinzaine d'avril, encore vacillants, recouverts d'un pelage laineux brun grisâtre, leurs yeux gris-bleu ont un regard vague et étonné. Très joueurs, ils se roulent les uns sur les autres, se mordillent et se poursuivent sur l'aire de jeu bien dégagée devant le terrier, où, turbulents, ils entrent et sortent et dont ils prennent entièrement possession, ce qui conduit parfois à déménager le blaireau qui n'aime pas être dérangé. Dès la fin de mai, les renardeaux deviennent plus indépendants. À un an, ils sont adultes et vivent une dizaine d'années.

Le Blaireau

Si renards et blaireaux cohabitent souvent, ils diffèrent du tout au tout d'aspect comme de tempérament. Le Blaireau d'Europe *(Meles meles)* est un Mustélidé, parent, non du renard, mais de l'hermine, de la martre, de la fouine et de la loutre. C'est une bête trapue, puissamment musclée, au corps épais, bas sur pattes, qui se déplace assez lentement, car il est semi-plantigrade ; s'il force l'allure, il se met à tanguer et à rouler. Sa longueur totale atteint 1 m, y compris les 15-20 cm de queue, mais sa hauteur au garrot ne dépasse pas 30 cm. Il peut peser jusqu'à 20 kg et parfois plus. Son pelage très caractéristique permet de le reconnaître même de loin. Gris, très épais, formé de longues soies blanches à la racine, noires au milieu et claires au bout, il est vivement contrasté sur la tête, formant deux grandes bandes noires qui vont du museau aux yeux qu'elles couvrent et aux oreilles, sur fond blanc. La tête allongée se termine par un museau assez large, les oreilles sont petites et arrondies, les yeux petits, ronds et foncés.

L'habitat normal du blaireau est la forêt de Feuillus ou mixte, avec sous-bois dense et de préférence non loin de l'eau. Au flanc d'un ravin ou d'un coteau boisé, le blaireau creuse son terrier, véritable monument d'architecture souterraine qu'il ne cesse d'agrandir et d'aménager, sortant à reculons la terre qui s'amoncelle au-dehors et qu'il aplanit au fur et à mesure. Utilisé et réaménagé par plusieurs générations, le terrier du blaireau en arrive à former un réseau labyrinthique de galeries qui débouchent sur des sorties multiples, les « gueules », très espacées les unes des autres ; vers l'intérieur, elles conduisent à la salle de séjour, spacieuse, appelée « donjon », au centre du terrier, à 2 ou 3 m de profondeur. Là, se tient pendant la journée la famille qui somnole sur une épaisse couche d'herbes sèches, de feuilles mortes et de mousse que le blaireau va découper en bandes régulières en forêt et qu'il transporte roulées sous son menton.

De son confortable domicile, le blaireau ne sort qu'au crépuscule et avec une extrême prudence. Il cherche sa nourriture à terre, où il creuse des sillons profonds, comparables mais en moins grands à ceux du sanglier. On dit qu'il « vermine ». Il cherche des larves et des vers dont il est friand et déterre les nids de bourdons et des guêpes. Il mange des escargots, des limaces, des Insectes de toutes espèces, des grenouilles, des crapauds, des lézards et mêmes des vipères, des petits Rongeurs, des levrauts et des lapereaux. L'alimentation du blaireau est aussi, pour une grande part, végétale ; il recherche les racines, les tubercules, les champignons, les faînes, les glands, les fruits tombés. Malheureusement pour lui, le blaireau raffole du raisin et des épis de maïs encore laiteux dont il brise les tiges, et cela le cultivateur ne le lui pardonne pas. Ce carnivore est en fait un omnivore.

Le blaireau est si discret qu'on ne peut savoir l'époque de son rut. À ce sujet, les estimations des observateurs divergent et on parle même de gestation différée. C'est seulement en mars que l'on voit les jeunes sortir du terrier, ils ont déjà six ou sept semaines, ce qui les fait naître en janvier. En mars-avril, on peut les observer qui s'amusent à se prendre aux mâchoires pour se faire basculer sur leur aire de jeu, près du terrier.

La Martre

Un autre Mustélidé est tout à fait forestier, la Martre (*Martes martes*) proche parente de la fouine à qui elle ressemble. Mais elle est plus svelte, plus haute sur pattes et s'en distingue par la large tache claire appelée « bavette » qu'elle porte au cou, blanche chez la fouine, elle est chez elle jaune orangé. La martre mesure environ 80 cm de long, dont 25 pour la queue, avec 15 cm de hauteur de garrot, son poids varie entre 1 et 2,5 kg. Le pelage brun-beige plus au moins foncé, plus sombre en hiver, est fait de soies à la fois fermes et souples qui font les meilleurs pinceaux de peintre et sont à ce titre très recherchées.

Le biotope préféré de la martre est la grande forêt, surtout de Conifères, ou mixte, avec des vieux arbres et des rochers. En montagne, on la trouve jusqu'à la limite des arbres. Elle loge et se reproduit dans des trous d'arbres, des crevasses rocheuses, mais aussi dans des trous de pics et des nids d'écureuils. La martre chasse la nuit et surtout au crépuscule. Elle prend toutes sortes d'oiseaux, même de grande taille comme les pigeons et les coqs de bruyère, et pille les nids. Elle attrape des Rongeurs, mange aussi des fruits et des baies, mais sa proie d'élection est l'écureuil qu'elle poursuit dans les branches où elle se déplace en faisant des bonds.

Animal très farouche, nerveux, agité, la martre échappe généralement aux regards. Le rut a lieu en juillet-août, mais la gestation prolongée dure jusqu'à neuf mois. Les mises bas, de deux à quatre petits qui naissent aveugles et blanchâtres, ont lieu en avril-mai.

Le Lapin de garenne et le Lièvre

Si l'on trouve en forêt des terriers de Lapin de garenne *(Oryctogalus cuniculus)*, ce n'est qu'un hôte occasionnel des bois clairs, les garennes, mais qui fréquente également les parcs, les landes, les prairies et les champs. Le Lièvre *(Lepus europeus)*, plus grand que le lapin, est lui un animal des steppes qui ne s'est réfugié dans la forêt que depuis la destruction de son milieu naturel par le lourd outillage agricole et la pulvérisation de biocides.

L'Écureuil

La forêt abrite un nombre très considérable de Rongeurs qui, s'ils ne sont pas toujours visibles, constitue la grande majorité de la population de Mammifères. On y trouve en abondance des espèces de petite ou de très petite taille, comme le Muscardin *(Muscardinus avellanarius)*, le Lérot *(Eliomys quercinus)* et le Loir *(Glis glis)*, qui sont des Gliridés, les Mulots sylvestre et à collier *(Apodemus sylvaticus* et *flavicollis)*, de la famille des Muridés, comme les Rats et les Souris, les Campagnols roussâtre *(Clethrionomys glareolus)* et agreste *(Microtus agrestis)*, classés dans la famille des Mucrotidés, enfin le plus connu et le plus beau de tous, l'Écureuil roux *(Sciurus vulgaris)* qui est un Sciuridé comme la Marmotte.

Par sa grâce, son agilité, sa gaieté, l'écureuil qui n'hésite pas à s'approcher des habitations, fréquente les parcs dans les villes et devient vite familier, s'est acquis une sympathie que pourraient lui envier les autres Rongeurs. Si l'on peut trouver des écureuils partout où il y a assez d'arbres, c'était à l'origine l'hôte des vieilles forêts de Conifères dont il décortique très adroitement les cônes ; mais il s'est étendu partout où il trouve des glands, des faînes, des noix, des noisettes dont il est particulièrement friand, des graines, des fruits, des baies, des champignons, ainsi que des insectes, des œufs et des oisillons qu'il prend au nid.

L'écureuil roux mesure de 20 à 25 cm de long, mais sa queue touffue et distique en mesure presque autant et souvent il s'abrite sous son arbre. Son nom latin *Sciurus* vient du grec *skiouros*, de *skia*, ombre et *ouros*, queue. Son œil noir, saillant et brillant, ses oreilles triangulaires, terminées par un long pinceau de poils, lui donnent une physionomie très expressive. Son pelage est le plus souvent d'un beau roux vif, avec la poitrine et le ventre blancs, mais il peut être aussi d'un brun foncé presque noirâtre, parfois dans la même portée. Les écureuils sombres sont les plus habituels dans les Alpes et le Sud-Est de l'Europe.

Très léger — il ne pèse que de 230 à 480 g — l'écureuil peut faire de branche en branche des bonds spectaculaires, et, s'il tombe, sa queue amortit sa chute. Grâce à ses ongles aigus et vigoureux, il peut escalader les troncs d'arbre d'où il redescend la tête en bas. Strictement diurne, l'écureuil se lève très tôt, avant l'aube, mais se repose à plusieurs reprises dans la journée. Il se couche aussi très tôt, bien avant le crépuscule, dans son nid sphérique fait de rameaux effeuillés, d'herbes sèches, de lanières d'écorce, de mousse, de laine et de crin, placé le plus souvent dans la frondaison d'un Conifère ou dans l'enfourchure d'une grosse branche et du tronc d'un Feuillu. L'écureuil construit toujours plusieurs nids, non loin les uns des autres, qui sont des lieux de repos et de jeu. Les écureuils s'accouplent à la fin de janvier ou en février, parfois plus tôt ou plus tard, en mars-avril. La gestation ne dure qu'environ trente-huit jours. La femelle met bas dans le nid principal de trois à sept petits — il y a souvent une deuxième portée. Ils ne pèsent qu'une dizaine de grammes, naissent nus et ne se couvrent de fourrure qu'au bout de trois semaines. Pendant la période de l'allaitement, le mâle veille sans relâche près du nid, sifflant, claquant des mâchoires et tapant des pieds avec colère à la moindre alerte. Après quoi, les jeunes quittent le nid. Adulte à onze-douze mois, l'écureuil vit une dizaine d'années.

L'écureuil a un langage très varié, des *tchouk-tchouk* longuement répétés qui sont des appels, des cris d'alarme, en *khrou-rou-rou*, des caquetages, des grognements, des ronflements aigus, des sons flûtés. Il aime dialoguer avec l'homme qui imite son langage, il le reconnaît et descend à sa rencontre. On connaît l'habitude qu'a l'écureuil d'accumuler en automne des provisions de noix vertes, de noisettes, de glands et de graines diverses, manifestation de prévoyance souvent inutile, car tant qu'il peut se procurer des produits frais, il ne touche pas à ses réserves ; il n'est donc pas sûr qu'il les oublie, ainsi qu'on le dit d'ordinaire.

Après une grave épidémie qui avait mis à mal les populations d'écureuils roux des îles Britanniques, on crut avisé d'y introduire d'Amérique du Nord l'écureuil gris *(Neosciurus carolinensis)*, mais l'espèce américaine plus grande et plus forte a réussi à éliminer de bien des régions l'écureuil roux.

Le Loir

La famille des Gliridés est renommée par son long sommeil hivernal. À l'automne, alors qu'ils atteignent le maximum de leur poids, ayant accumulé des réserves adipeuses, les Gliridés, dès que la température descend au-dessous de 10 °C, entrent dans une sorte de léthargie qui durera plusieurs mois jusqu'au retour des beaux jours. La vie du Loir gris *(Glis glis)* est à cet égard exemplaire, ne dit-on pas « dormir comme un loir » ? Il dort en effet sept mois d'affilée, d'octobre à avril, dans un terrier qu'il a creusé lui-même, à 60 cm de profondeur. On trouve aussi le loir endormi dans les caves ou les greniers, enroulé sur lui-même, le menton sur le ventre, les pattes postérieures repliées sur le museau, la queue rabattue entre les pattes sur la tête. Le rythme biologique a changé alors radicalement : ralentissement très marqué de la circulation sanguine, et des battements du cœur, ce qui entraîne un abaissement de la température tel qu'à la palpation l'animal semble glacé. Il est complètement inerte, sans réaction si on le manipule. Parfois, un brusque changement de température le réveille, il grignote quelques provisions qu'il a soigneusement accumulées, puis se rendort. Au printemps, le métabolisme repart rapidement dans les dernières heures du sommeil. Sitôt sorti de l'hivernage, en avril, le loir s'accouple, et la femelle met bas en juin ou juillet de trois à sept petits nus et aveugles qui n'ouvrent les yeux qu'à vingt et un jours. Le reste du temps, le loir vit dans les arbres où il se construit un nid de mousse, d'herbes et de feuilles sèches, où il reste volontiers en petite compagnie. Son activité est exclusivement nocturne, il est alors très remuant, fait des bonds considérables et grimpe facilement même sur des surfaces presque lisses. Vorace, il se nourrit de glands, de faînes, de châtaignes, de noix et de noisettes, de baies, de la chair et du noyau des fruits juteux et même d'écorce ; il mange également des insectes, des œufs et des oisillons au nid. Le loir vit environ huit ans.

Le loir gris qui mesure 18 cm de long, plus une queue très touffue, aux poils très longs de 13 cm, et pèse de 100 à 180 g et jusqu'à 210 g en automne, a un pelage uniformément gris argenté dessus et blanc dessous ; ses yeux sombres, grands et brillants sont entourés d'un cercle foncé. Il habite les forêts de Feuillus à sous-bois dense, mais aussi le maquis, les jardins, les vergers, dans l'Est et le Sud de la France ; il est absent de l'Ouest et du Nord. L'espèce est très répandue en Europe méridionale et centrale.

LES OISEAUX DANS LA FORÊT

Les espèces que le promeneur peut espérer rencontrer en forêt sont à la fois nombreuses et très diverses. Elles s'identifient non seulement à leurs plumages, à leurs chants et à leurs cris, mais aussi par l'espace qu'elles occupent et par leurs activités, donc par le rôle que chacune d'elles joue dans l'équilibre de l'écosystème. Enfin, ce ne sont pas toujours les mêmes, selon qu'il s'agit d'une forêt de Feuillus, d'une forêt de Résineux ou d'une forêt méditerranéenne.

Dans la forêt de Feuillus

À l'étage le plus bas, sur la litière de feuilles mortes, riche en menues proies de toutes sortes, s'affairent le merle, la grive musicienne, le rouge-gorge, l'accenteur mouchet, le pipit des arbres, les mésanges charbonnière, bleue et non-nette, qui capturent insectes et larves, araignées, myriapodes, vers et mollusques, et, en automne des fruits et des graines. À cet étage, on rencontre aussi le geai des chênes *(Garrulus glandatius)*, grand amateur de glands (50 % de sa nourriture), mais aussi de faînes, de châtaignes, de noisettes et de noix.

Quelques espèces font leurs nids à même le sol. La bécasse des bois *(Scolopax rusticola)*, au plumage couleur de feuilles mortes, dépose ses œufs au pied d'un arbre dans une petite dépression qu'elle garnit d'herbes et de feuilles ; le mystérieux engoulevent *(Caprimulgus europaeus)*, dont le plumage moucheté simule l'écorce sur laquelle il se tient pendant la journée et avec laquelle il se confond, ne part en chasse qu'au crépuscule, le bec grand ouvert, engoulant en effet le vent, mais aussi les papillons de nuit dont il est friand. C'est alors seulement que l'on entend l'étrange vrombissement qu'il émet. Son nid est aussi une simple dépression parmi les broussailles et les branches mortes, le plus souvent dans une clairière. Posé aussi sur le sol, le nid du pipit des arbres *(Anthus trivialis)*, que sa tenue striée de brun rend peu visible, est plus soigné, fait d'une coupe profonde de mousses et de tiges d'herbes sèches, et soigneusement dissimulé, souvent en lisière de forêt, ou même dans les prairies.

Encore très près du sol, sous un surplomb, ou un amas de branches mortes, sur une souche pourrie, mais aussi dans les endroits les plus imprévus, quand il se rapproche des habitations, le rouge-gorge *(Erithacus rubecula)* construit un nid toujours bien caché, formé de brindilles, de feuilles sèches, de brins d'herbe et de lichens et entouré de mousses et de fibres grossières. À peine plus haut, entre 0,30 et 1 m, se trouve le nid de l'accenteur mouchet *(Prunella modularis)*, si bien surnommé « traîne-buisson ». C'est en effet au sol, où l'on ne le remarque guère avec son plumage couleur de feuilles mortes, que l'accenteur cherche sa nourriture : araignées, fourmis, petits coléoptères, graines tombées. Sous un buisson de préférence épineux, bien à couvert, la femelle tisse un nid de ramilles et de mousse, où elle dépose quatre ou cinq œufs d'une rare couleur bleu turquoise. Le pouillot véloce *(Phylloscopus colybita)*, le premier arrivé des migrateurs, fait lui aussi son nid en forme de boule près du sol, mais cherche sa nourriture, insectes et araignées, en voletant, beaucoup plus haut dans le feuillage. Il y est peu visible avec sa tenue jaune verdâtre, en revanche on entend souvent son cri indéfiniment répété.

À la strate arbustive, entre 1 et 4 m, loge dans les buissons épineux ou les jeunes Conifères le bouvreuil *(Pyrrhula pyrrhula)* au plumage magnifique et contrasté, rouge vif, noir et gris bleuté. Il se nourrit de baies et de graines, mais aussi, en saison, de bourgeons qu'il cisaille de son bec robuste et très coupant. Très gros et plus fort encore, celui du gros bec *(Coccothraustes coccothraustes)* lui sert à ouvrir les noyaux. C'est le plus gros des Fringillidés (17 cm de long) au plumage moins vif mais fort délicat : brun relevé de noir, de blanc et de bleu. Il fait son nid de brindilles dans les fourrés. À peu près à la même hauteur, loge le minuscule troglodyte *(Troglo-dytes troglodytes)* (9-10 cm de long), à la queue courte et dres-sée. Dans cette espèce, c'est le mâle qui construit le nid en forme de boule, ou plutôt les nids, car il en bâtit plusieurs dans l'espoir d'y attirer une femelle qui rembourrera le nid choisi avant d'y pondre de deux à six œufs. Très actif, le tro-glodyte se faufile dans les taillis où il furète, en quête de petits insectes et d'araignées. Au même étage sont établis les nids de deux Turdidés, la grive musicienne et le merle. Ainsi nommée en raison de la beauté de son chant aux motifs trois fois répétés qu'elle émet du matin au soir au printemps, haut dans les arbres et qui porte loin, la grive musicienne *(Turdus ericetorum)* fait un nid de ramilles mais garni intérieurement d'un torchis, mélange de terre et de bois pourri, dans la pénombre, contre le tronc d'un jeune Conifère ou dans un lierre touffu. Même s'il a adopté la ville, ses parcs et ses jar-dins, le merle noir *(Turdus merula)* est à l'origine un sylvi-cole, amateur de forêts sombres et de taillis épais. C'est au sol, dans les feuilles mortes qu'il soulève d'un coup de bec rapide, qu'il cherche sa nourriture : les baies et les fruits qu'il va parfois cueillir sur les rameaux en voletant, mais aussi chenilles et larves, myriapodes, escargots et limaces et les lombrics dont il fait son régal. Le nid du merle est une coupe de menues brindilles et de feuilles, consolidée au-dedans avec de la terre boueuse ; il est situé entre 1 et 3 m à la fourche d'un arbuste ou dans un lierre.

La strate arborescente, de 4 m aux cimes, la canopée, est encore plus fréquentée ; c'est l'étage où nichent les mésanges et surtout ceux qui explorent les écorces, les pics, la sittelle, le grimpereau. Nul oiseau n'est mieux adapté à la vie arbori-cole que le pic. Ses ongles puissants lui permettent d'escala-der sans difficulté les troncs verticaux et de s'y accrocher solidement, tandis que sa queue aux rectrices très résistantes lui sert de point d'appui et agit comme un ressort. Le pic débarrasse l'arbre de sa vermine, grâce à son bec très dur au bout d'une tête vigoureuse et d'un cou fortement musclé. Il lui sert de ciseau à bois avec lequel il taraude les écorces pour en faire sortir les insectes, qu'il capture avec sa langue très effilée, qui peut sortir très loin hors du bec et qu'une glande salivaire enduit d'un liquide visqueux. Son vol ondu-leux, tantôt en montée, tantôt en descente lui permet de circuler aisément entre les arbres qu'il ne quitte guère, et dans les troncs desquels il creuse à grands coups de bec la loge profonde où il dort et élève ses petits. Au moment des amours, le tronc de l'arbre sert au pic de caisse de résonance. Il le frappe alors d'un mouvement de va-et-vient extrêmement rapide dont le son se répercute au loin. Ce bruyant tambourinage est le son le plus singulier et le plus caractéristique de la forêt au printemps.

On y rencontre plusieurs espèces différentes par leur taille, leur livrée et le milieu qu'elles occupent, mais toutes ont, à quelques nuances près, la même physiologie, le même comportement. Le géant des Picidés est le pic noir *(Dryocopus martius)*, aussi gros qu'une corneille (3 cm de long) au plumage tout noir, mais agrémenté d'une calotte rouge vif et d'un bec couleur d'ivoire. L'espèce niche dans les forêts étendues, surtout en montagne, où il monte jusqu'à 2 000 m ; présentement elle est en expansion jusque dans les grandes forêts de plaine. Comme son territoire compte 300 ou 400 ha et qu'il est très farouche, on le voit peu, mais on l'entend, car son tambourinage très bruyant porte à près d'un km et l'on voit aussi les trous énormes qu'il fait dans les troncs des arbres morts. Le pic noir se nourrit principalement de larves de Coléoptères, mais il aime également les fruits, par exemple les merises.

Beaucoup plus fréquent en forêt — où son territoire s'étend sur 40-60 ha —, et jusque dans les parcs, le pic épeiche *(Dendrocopos major)*, beaucoup plus petit (22 cm de long), est facilement reconnaissable à son plumage bigarré, noir et blanc et à la tache rouge que porte sur la nuque le mâle, mais non la femelle. Son tambourinage est moins sonore que celui du pic noir, mais encore plus rapide. Lui aussi se nourrit de larves de Coléoptères et de Lépidoptères qu'il trouve sous les écorces, mais aussi des nombreux insectes qu'il capture en vol et des graines de Conifères, dont il coince les cônes dans les sillons de l'écorce, avant de les marteler du bec. Le pic épeichette, le plus petit pic de nos régions, à peine plus grand qu'un moineau (16 cm de long), est comme un épeiche en réduction. Sa taille réduite lui permet de se faufiler dans les cimes, son domaine propre. Plus exclusivement insectivore que ses congénères, il y capture larves et chenilles, fourmis et pucerons.

Très différent de tous les autres est le pic vert *(Picus viridus)*, de grande taille (31 cm de long), au plumage vert jaunâtre et à la calotte rouge qui descend sur la nuque, et dont on entend souvent le cri précipité qui ressemble à un rire strident. C'est le spécialiste du pillage des fourmilières qu'il explore de sa langue exceptionnellement longue — elle peut saillir de 10 cm hors du bec — sur laquelle s'engluent les fourmis. C'est donc surtout au sol qu'il cherche sa nourriture qui comprend également toutes sortes de larves d'insectes xylophages.

Tout aussi adaptés à la vie dans les arbres sont la sittelle et les grimpereaux. La première, très hardie, se voit bien grâce aux couleurs vives et contrastées de son plumage, bleu-gris dessus et roux orangé dessous ; on remarque aussi son bec redoutable, couleur d'acier, qui, prolongé par un trait noir au-dessus de la joue blanche, semble plus long qu'il n'est ; en son milieu brille l'œil vif de l'oiseau. Mesurant 14 cm de long, la sittelle torchepot *(Sitta europea)* est, de tous les oiseaux arboricoles, le meilleur grimpeur, car elle est capable non seulement d'escalader les troncs, mais aussi de redescendre la tête en bas. Dans les écorces qu'elle perce de son dard, elle capture toutes sortes de larves et d'insectes, Coléoptères et Forficules. À la mauvaise saison, la sittelle fait son ordinaire des graines, des faînes, des glands et des noisettes. Si on lui donne le nom de « torchepot » c'est qu'elle est un habile maçon. Elle choisit pour nicher la loge abandonnée d'un pic, et l'aménage à sa façon ; en particulier, elle en réduit l'ouverture jusqu'à sa taille, se servant pour ce faire de boulettes de mortier confectionnées de terre argileuse et de boue grasse pétries et humectées de salive. Finalement, l'orifice ainsi rétréci ne laissera plus passer que l'oiseau lui-même.

Plus petits (12 cm), les grimpereaux sont beaucoup moins visibles, leur plumage brun et moucheté étant homochrome avec l'écorce. Contrairement à celui des autres espèces arboricoles, le bec des grimpereaux est très fin et arqué, ce qui lui permet de s'insérer dans les plus petites fissures que l'oiseau, circulant en spirale, explore minutieusement afin d'y trouver ses proies : insectes et araignées. Il en existe dans nos bois deux espèces, le grimpereau des jardins *(Certhia brachydactylus)* fréquente les forêts de Feuillus, tandis que le grimpereau des bois *(Certhia familiaris)* est présent dans les forêts de résineux de montagne.

À peu près au même étage que les pics, logent généralement les mésanges, toutes de petite taille (de 11 à 14 cm de long). Il en existe chez nous six espèces, dont quatre fréquentent les forêts de Feuillus : les mésanges charbonnière, bleue, nonnette et à longue queue. Elles sont toutes très actives, assez bruyantes et bien visibles ; elles ne cessent de se déplacer, car elles doivent consommer chaque jour leur propre poids en aliments. Les quatre espèces sont d'ailleurs assez différentes pour pouvoir être aisément distinguées. La mésange charbonnière *(Parus major)* (14 cm de long) est la plus répandue dans tous les lieux boisés ; elle est hardie et devient facilement familière. On la reconnaît à sa tête noire à joue blanche, à la bande noire qui descend de la gorge au ventre jaune et à son dos gris-vert. Son régime est des plus variés, elle capture tous les insectes et leurs larves, même les chenilles processionnaires aux poils urticants ; elle est friande d'abeilles au point de marteler de son bec les ruches en hiver, afin d'en faire sortir des abeilles engourdies. Son langage est diversifié et fort expressif. La nuit, la charbonnière dort seule dans un trou d'arbre ou de muraille. C'est dans une cavité du même genre, généralement au-dessous de 6 m, qu'elle fait son nid de brindilles, tapissé intérieurement d'une couche épaisse de mousse, de flocons de laine, de poils et de crins. Elle y pond, en avril, de sept à onze œufs que couve seule la femelle à qui le mâle apporte sa nourriture.

Plus petite (11-12 cm de long), la mésange bleue *(Parus caeruleus)* vit dans les mêmes milieux, mais se reconnaît facilement à sa calotte d'un bleu de cobalt clair et à la teinte bleutée de l'ensemble du plumage. Ses cris grêles et plus aigus et son chant en trille permettent aussi de l'identifier. Vive et nerveuse, généralement plus timide, mais courageuse et intrépide quand il s'agit de défendre son nid, la mésange bleue a un régime un peu différent, mais complémentaire de celui de la charbonnière ; elle explore les endroits que celle-ci néglige, le dessous des feuilles par exemple, ce qui permet à ces deux espèces de cohabiter en paix.

Moins fréquente, vivant le plus souvent avec un seul compagnon qui peut être du même sexe, la mésange nonnette *(Parus palustris)* (11 cm de long) a la tête noire et la joue blanche, le dos uniformément brun clair. Ce modeste uniforme l'a fait comparer à une petite religieuse. Très différente d'aspect comme par ses mœurs des espèces précédentes, la mésange à longue queue *(Ægithalos caudatus)* est un tout petit oiseau au plumage blanc, noir et roussâtre teinté de rose, petite boule soyeuse dont la queue noire représente plus de la moitié de la longueur totale (14 cm). C'est un acrobate toujours en mouvement qui explore infatigablement les ramilles en quête de petits insectes. On la voit rarement seule, car l'espèce est très grégaire après la nidification. En automne et en hiver, cette mésange vagabonde en troupes comptant parfois plusieurs dizaines d'individus qui gardent entre eux le contact par de continuels *sississi* élevés et susurrés qui les font repérer. Le nid de la mésange à longue queue est le chef d'œuvre du genre, proportionnellement très gros, en forme d'œuf, fait de mousse et surtout à l'extérieur de lichen qui le camoufle, il est rempli de plumes de toutes sortes et de poils, et généralement placé à l'enfourchure des grosses branches, entre 2 et 6 m de haut.

Le pinson des arbres *(Fringilla coelebs)* est familier à tous. On le rencontre en effet un peu partout où il trouve des arbres, en forêt, mais aussi dans les parcs et les jardins des villes. Seul le mâle a des couleurs vives et bien tranchées : calotte et nuque bleu cendré, joues et dessous d'un rouge vineux, tandis que la femelle et les jeunes ont un plumage beaucoup plus terne à dominante brun olive jaunâtre, mais les deux sexes se distinguent des autres Fringillidés par une grande tache blanche sur l'épaule. C'est à terre surtout que le pinson recherche sa nourriture, pour les trois quarts végétale ; on l'y voit sautiller en petites troupes, souvent en compagnie d'autres Fringillidés, pinsons du nord et bruants jaunes. Le chant du pinson, fréquemment répété du haut d'un arbre en période de nidification est une courte strophe stéréotypée, mais joyeuse et énergique, d'où l'expression « gai comme un Pinson ». Lors des nichées, le pinson adopte une conduite strictement territoriale. Son nid, très soigné, fait de matériaux très divers, est construit dans un arbre, entre 3 et 12 m et toujours près du tronc.

La forêt de Feuillus est aussi l'habitat préféré du gobe-mouche noir *(Ficedula hypoleuca)*. Migrateur, il arrive d'Afrique tropicale en avril et y repart dès la fin du mois d'août. On le voit le plus souvent chasser à la cime des arbres d'où il s'élance pour capturer ses proies en vol, après quoi, il revient sur son perchoir. Long de 13 cm, le mâle du gobe-mouche noir en tenue nuptiale est facile à reconnaître grâce à son plumage noir dessus et blanc dessous, mais à l'automne, le mâle comme la femelle et les jeunes portent une livrée brun-gris dessus et blanc crème dessous. Le gobe-mouche noir établit son nid haut dans les arbres dans une cavité à l'orifice étroit.

S'ils sont à l'origine forestiers, les Columbidés, pigeons et tourterelles, fréquentent les milieux les plus divers, à condition qu'ils y trouvent des arbres pour se poser et y nicher. Le plus urbanisé est le pigeon ramier *(Columba palumbus)*, la palombe des chasseurs, qui est le plus grand (41 cm de long) et le plus richement coloré. L'espèce très sociable s'assemble en troupes nombreuses, souvent mêlées au pigeon colombin *(Columba oenas)*, plus petit (33 cm de long) et au plumage plus uniforme d'un gris-bleu assez sombre. Celui-ci niche dans les trous d'arbre, et monte en montagne jusqu'à 1 000 m d'altitude dans le Jura, tandis que le ramier construit son nid, une plate-forme grossière, à hauteur variable, contre un tronc, à l'enfourchure des branches. Le roucoulement rythmé et monotone du ramier qui résonne fréquemment de mars en octobre est bien connu.

Ce n'est pas dans les futaies que l'on rencontrera la tourterelle des bois *(Streptotelia turtur)*, plus petite que les pigeons (28-29 cm de long), aux couleurs délicates : poitrine vineuse, manteau de plumes fauves, marquées de noir au centre, queue noire bordée de blanc et au roucoulement très doux. Cette espèce granivore préfère les buissons épais des haies, des lisières et des sous-bois, où elle niche. C'est une migratrice qui arrive d'Afrique en avril et y repart en septembre.

Si le coucou gris *(Cuculus canorus)* ou la corneille noire *(Corvus corone)* fréquentent la forêt, ils ne lui sont pas inféodés. Le Coucou, oiseau svelte (32 cm de long) et à queue très longue, a l'allure d'un petit Rapace. Son plumage barré et rayé est gris chez le mâle, brun-roux chez la femelle. Il va chercher un peu partout les nids des petits Passereaux, où la femelle déposera son œuf. En sortira un petit beaucoup plus grand et vigoureux que les jeunes de l'espèce qu'il expulsera du nid, l'étrange est que la femelle élèvera l'assassin comme si c'était son propre petit. Le chant du coucou retentit dans nos campagnes dès la seconde semaine de mars, lorsqu'il arrive d'Afrique équatoriale ou méridionale, mais on ne l'entend plus à partir de la deuxième quinzaine de juin et il repart dès le mois de juillet.

La corneille noire au plumage de jais, lustré, avec des reflets métalliques ne se voit en forêt que parce que, aimant avoir une vue dégagée, elle bâtit très haut, à la flèche d'un Conifère ou à la cime d'un baliveau, son nid de branchettes. En dehors de la période des nids, où elle s'isole avec le même conjoint pendant toute sa vie, la corneille devient grégaire lors de la dispersion des jeunes qui, en grandes troupes (jusqu'à une centaine d'individus), se répandent là où abonde la nourriture et se réunissent pour la nuit dans des dortoirs communs. Le reste du temps, la corneille noire est presque aussi individualiste que le grand corbeau *(Corvus corax)* de beaucoup plus grande taille (61 cm de taille alors qu'elle n'en mesure que 47), qui ne fréquente pas la forêt, tandis que le corbeau freux *(Corvus frugilegus)*, un peu plus petit (45 cm de long) et qui se distingue de la corneille par la peau nue, d'un blanc grisâtre qui entoure la base de son bec, vit, lui, en colonies. La corneille noire est un omnivore typique, se nourrissant même de poussins et de petits Mammifères et faisant son profit des tas d'ordures et de détritus. Dans l'Est de l'Europe, la corneille noire est remplacée par la corneille mantelée, dont la poitrine, le ventre et le dos sont gris. Considérée comme une sous-espèce, on la trouve déjà dans l'Est de la France et en Corse.

Sont forestiers plusieurs Rapaces nocturnes, caractérisés par leur remarquable adaptation : tête ronde et volumineuse, aux très grands yeux, entourés de disques faciaux formés de petites plumes, qui cachent en général le bec robuste, court et crochu. Leurs ailes arrondies sont constituées de plumes soyeuses qui rendent leur vol silencieux. Dans les forêts de Feuillus, on trouve surtout la chouette hulotte, dans les forêts de Conifères, le hibou moyen duc, la chouette de Tengmalm et la chouette chevêchette.

La chouette hulotte *(Strix aluco)* est l'hôte des forêts caducifoliées claires aux vieux arbres, dans les cavités desquels elle construit son nid, mais on la trouve aussi dans les parcs, parfois en ville. Elle chasse à l'affût, ou en parcourant les bois à faible hauteur de son vol souple et silencieux et se nourrit principalement (70 %) de Rongeurs, en particulier de campagnols, parfois de belettes, d'hermines ou de hérissons ; elle s'attaque aussi aux petits oiseaux endormis (12 à 15 %). Son cri bien connu, en *ou-hou-ou*, que l'on entend de la fin de décembre jusqu'en juin et parfois à l'automne, lui a valu le nom de « chat-huant ».

La hulotte niche dès la fin de février dans le creux d'un arbre ou dans un trou de mur et y pond de deux à quatre œufs. L'incubation dure environ un mois et les petits séjournent au nid pendant un autre mois, nourris par les deux parents qu'ils ne quittent que lorsqu'ils deviennent capables de subvenir à leurs besoins.

Deux Rapaces diurnes sont vraiment forestiers, ils appartiennent d'ailleurs au même genre des Falconiformes et se ressemblent beaucoup : l'épervier d'Europe *(Accipiter nisus)* et l'autour des palombes *(Accipiter gentilis)*. L'épervier est le plus petit des deux, mais si le mâle ne mesure que 27 cm de long, la femelle en mesure 37 ; diffèrent aussi nettement les couleurs de leurs plumages : bleu-gris dessus, clair et barré de roux orangé dessous chez le mâle, brun-gris dessus et plus nettement barré de gris dessous chez la femelle. L'épervier vit partout où il trouve des arbres en suffisance, mais surtout dans le bocage parsemé de bois, à la lisière des grandes forêts et dans les petits massifs de Conifères. Il peut être considéré, avec l'autour, comme le modèle des prédateurs. La rapidité, l'agilité et la précision de son vol lui permettent de capturer par surprise ses proies, les petits Passereaux. Son apparition soudaine sème chez eux la terreur, ils se cachent aussitôt dans le silence le plus complet. Mais, dès qu'il paraît moins dangereux, tous les oiseaux, mais surtout les corneilles, les hirondelles et les bergeronnettes en profitent pour l'houspiller. Pour nicher, l'épervier choisit généralement un bois de Conifères plus ou moins mélangé et construit son nid, une aire de branchettes, à l'appui d'un tronc, entre 4 et 8 m de haut.

Grâce à la structure de ses ailes courtes et arrondies et de sa longue queue qui lui sert de gouvernail, caractéristiques qu'il partage d'ailleurs avec l'épervier, l'Autour des palombes se faufile entre les arbres avec une rapidité folle et fond comme un boulet sur sa proie, qui lui échappe rarement. L'autour est sensiblement plus grand que l'épervier, mais dans cette espèce aussi la taille varie beaucoup suivant le sexe, le mâle mesure 49 cm de long et la femelle 61, le mâle est plutôt brun, la femelle plutôt grise. L'autour peut donc s'attaquer à des proies beaucoup plus grosses : pigeons, geais, corneilles, chouettes, faucons et même buses, mais aussi des Mammifères : écureuils, lapins, lièvres, jeunes renards. Plus nettement forestier que l'épervier, l'autour préfère les grands massifs de Feuillus, mais il fréquente aussi les lisières et s'aventure parfois jusque dans les villes afin d'y chasser les pigeons. Il construit son aire qui, lorsqu'elle est utilisée plusieurs fois, peut atteindre 1 m de diamètre, au plus épais et au plus sombre de la forêt ; à grande hauteur, près de la cime d'un arbre.

La forêt de Feuillus, et surtout le taillis sous futaie, abondant en arbustes, est donc très riche en espèces, mais également en individus. De tous les milieux forestiers, c'est de loin le plus favorable à l'avifaune. On a pu recenser de quatre-vingts à cent espèces d'oiseaux au kilomètre carré. Une telle abondance s'explique par le fait qu'elle renferme un grand nombre de proies très diversifiées, particulièrement d'insectes et de leurs larves. Les petits Passereaux à la température élevée (40 °C) doivent absorber chaque jour l'équivalent de leur propre poids en nourriture. Leur consommation est donc énorme, surtout au moment où ils nourrissent leurs nichées, ce qui coïncide avec la prolifération des chenilles, lesquelles se comptent alors par millions. Mais, en automne et plus encore en hiver, le nombre des proies animales décroît dans de telles proportions que de nombreux insectivores, incapables de changer de régime en raison de la conformation de leur bec et de leur gésier, se trouvent obligés de migrer vers le sud. D'autres espèces peuvent s'adapter en consommant des fruits et des graines suffisamment énergétiques, mais, quand, avec les grands froids, survient la pénurie, ils se déplacent eux aussi, mais moins loin, ce sont des migrateurs partiels. D'autres enfin, plus résistants, demeurent sur place et survivent comme ils peuvent, souvent en se rapprochant des maisons en quête de vivres.

Dans la forêt de Conifères

Ses ressources étant beaucoup plus limitées, la forêt résineuse compte moins d'espèces et moins d'individus. Le remplacement des Feuillus par des Conifères, surtout lorsqu'il s'agit de monoculture, a toujours des effets néfastes ou même désastreux sur l'avifaune, en particulier pour les Rapaces qui se trouvent en fin de chaîne alimentaire. En revanche, un petit nombre d'espèces sont particulièrement adaptées aux Conifères, les plus caractéristiques d'entre elles sont le casse-noix et le bec-croisé des Sapins.

Le casse-noix moucheté *(Nucifraga caryocatactes)*, gros oiseau de la taille d'un geai (31 cm de long), au plumage brun chocolat foncé moucheté de blanc et au bec noir long et robuste, a pour nourriture préférée les graines du Pin arolle, ce qui le fait vivre et se reproduire dans les forêts de Conifères de montagne ; on l'y repère aisément, car il crie souvent d'une voix rauque et aigre, bien en vue à la cime d'un Pin. Faute d'arolles, le casse-noix recherche les noisettes dont il est friand, les glands et les faînes, les graines des autres Conifères, mais, comme tout Corvidé, c'est aussi un amateur d'insectes, de mollusques et de vers. Dès le début de mars, lorsque la neige couvre encore le sol, le casse-noix construit son nid fait de rameaux et rembourré d'une épaisse couche de lichen, près du tronc d'un Conifère, entre 4 et 10 m, parfois plus haut.

La structure singulière du bec dont les mandibules croisées se chevauchent fait du bec-croisé des Sapins *(Loxia curvirostra)* un consommateur presque exclusif de graines de Conifères, surtout d'Épicéa, son bec lui permettant d'écarter les écailles des cônes pour en extraire les graines. Son habitat est donc la forêt d'Épicéas, de Sapins et de Pins en montagne. On l'y repère assez facilement car cette espèce est peu farouche et grégaire, surtout le mâle au plumage rouge brique, tandis que celui de la femelle est vert olive. Le bec-croisé établit généralement son nid très haut, à la cime d'un Conifère ; c'est une sorte de berceau volumineux fait de ramilles et tapissé de duvet, de mousse et de lichen.

La forêt de Conifères a aussi ses propres mésanges. La mésange noire *(Parus ater)*, qui ressemble à une petite charbonnière, sans jaune ni bande ventrale, se nourrit en hiver de semences de Conifères, mais, à la bonne saison, surtout d'insectes et d'araignées qu'elle capture très adroitement en vol à la cime des arbres. Elle bâtit son nid au sol, dans une cavité, crevasse de rocher, terrier abandonné ou trou de souris. La mésange huppée *(Parus cristatus)* recherche elle aussi les anfractuosités, mais plus haut, dans les arbres, souvent une fente qu'elle élargit à coups de bec ou le trou abandonné d'un pic. Plus nettement insectivore et voltigeuse habile, elle explore sans cesse les branches et ne vit de graines qu'en hiver. Elle se distingue de toutes les autres mésanges par sa huppe dressée et tachetée de noir et de blanc qui lui donne l'allure d'un diablotin. On ne la voit pas toujours, car elle n'aime pas se montrer à découvert, mais on la repère à ses roulades vigoureuses, précédées et suivies de cris fins et aigus.

À la cime des Sapins, des susurrements ténus de fréquence très élevée indiquent la présence des roitelets, les plus petits et les plus légers des Passereaux (9 cm de long et 5 g). Ils se nourrissent principalement de petits insectes qu'ils vont chercher entre les aiguilles dans les rameaux des Conifères. Il en existe deux espèces difficiles à distinguer et qui souvent cohabitent. Le roitelet huppé *(Regulus regulus)*, hôte des Épicéas des forêts d'altitude, construit un nid sphérique, feutré et compact, accroché solidement à l'extrémité de branches bien fournies et abrité par elles. Le roitelet huppé se trouve aussi dans les forêts d'autres Conifères. L'autre espèce, le roitelet triple-bandeau *(Regulus ignicappillus)*, se distingue, comme son nom l'indique, par une calotte rouge orangé vif encadrée de noir et de blanc. Il habite aussi les forêts de Conifères, mais, plus éclectique, fréquente également les Conifères des parcs en plaine et, dans le Midi, les massifs de Chênes verts. Plus sensible au froid que le roitelet huppé, il descend au sud pour hiverner. Son nid qui ressemble à celui de son congénère se trouve souvent dans un lierre touffu.

Un pouillot, le pouillot de Bonelli *(Phylloscopus Bonellii)* fréquente les forêts de Conifères, mais on l'y voit peu, car sa tenue olivâtre se confond avec le feuillage qu'il ne quitte guère, car il y trouve sa pâture d'insectes et de larves. L'espèce recherche les endroits chauds et secs, dans les forêts de Pins ou de Mélèzes et monte très haut, jusqu'à 1 800 m. Son nid est une grosse boule ovale avec seulement une petite ouverture vers le haut, bien dissimulée au pied d'un buisson ou au flanc d'un talus, très près du sol.

Le Grimpereau des jardins a son homologue qui lui ressemble beaucoup : le grimpereau des bois *(Certhia familiaris)*, que l'on trouve dans les forêts sombres de Conifères de montagne, jusqu'à 2 000 m. Il se tient surtout dans la moitié supérieure des troncs qu'il escalade de bas en haut.

Trois Rapaces nocturnes vivent dans les forêts de Conifères, le hibou moyen duc *(Asio otus)*, la chouette de Tengmalm *(Ægolius funereus)* et la chouette chevêchette *(Glaucidium passerinum)*. Le moyen duc, qui mesure 33-35 cm de long, porte sur la tête, comme tous les hiboux dont c'est la marque distinctive, de hautes aigrettes qui ne sont pas des oreilles, ainsi qu'on le croit souvent. Son plumage brun, strié de noir lui permet de se confondre avec l'écorce contre laquelle il se tient durant le jour. Lorsqu'on le surprend, on peut voir ses grands yeux orangés qui vous fixent au milieu du disque facial formant un cercle nettement dessiné. Son habitat favori est la forêt de Conifères épaisse et sombre, qu'il suit en montagne jusqu'à son extrême limite, mais il fréquente aussi les bois de Feuillus. Son menu se compose de campagnols (82 %), de souris, de mulots et de petits oiseaux (9 %). Dans les régions où, certaines années, les campagnols pullulent, les moyen ducs se rassemblent en petites troupes pour les chasser. Ce hibou occupe presque toujours, sans l'aménager, un ancien nid de corneille, de pie ou d'écureuil, situé à bonne hauteur dans les arbres.

Forestière, elle aussi, la chouette de Tengmalm fréquente les grandes forêts denses de Sapins et d'Épicéas, coupées de clairières, en montagne, jusqu'à haute altitude dans les Alpes et les Pyrénées. Pendant la journée, cette chouette se tient dans la couronne des Conifères où elle est invisible ; la nuit, elle part à la recherche de ses proies : petits Rongeurs, campagnols, mulots, musaraignes. C'est un oiseau de taille moyenne (23-25 cm de long) qui ressemble à la chouette chevêche *(Athene noctua)*, beaucoup plus commune, mais ses disques faciaux sont plus nets autour de ses grands yeux jaunes. Son chant territorial, composé de strophes longues, coupées de brefs silences, s'entend dès la fin de février, mais bat son plein en avril et dure alors pendant des heures. La chouette de Tengmalm niche à une grande hauteur dans les arbres, dans une cavité, très souvent une ancienne loge de pic noir, où la femelle pond directement ses œufs.

S'il est difficile d'observer la chouette chevêchette, c'est en raison de sa taille (15-18 cm), qui fait d'elle le plus petit des Strigidés, et au fait qu'elle se tient dans la journée à l'affût, au sommet d'un jeune Sapin où elle est très active et ne se cache même pas ; ses proies habituelles sont les petits oiseaux et les petits Rongeurs. Elle habite les forêts étendues de Conifères en montagne jusqu'à la limite supérieure des arbres, en France, surtout dans le Jura et les Alpes. On la trouve dans le Nord et le Centre de l'Europe.

Dans la forêt méditerranéenne

Les pinèdes et les forêts de Chêne vert, la garrigue et le maquis, biotopes secs et chauds, ne sont guère propices à la prolifération des oiseaux, encore que les migrateurs partiels y trouvent refuge en hiver. Parmi les espèces méditerranéennes, les plus nombreuses et les plus remarquables par leurs chants sont les fauvettes, toutes typiquement insectivores : fauvettes mélanocéphale, Orphée, passerinette, à lunettes et pitchou.

Surtout sédentaire, la fauvette mélanocéphale *(Sylvia melanocephala)* a la tête entièrement noire, s'y détache nettement un cercle orbital rouge vif. Elle préfère la végétation basse des maquis, les bois de Chêne vert, les fourrés épineux de Chêne kermès. Ses déplacements incessants sont ponctués par des cris gutturaux, comme irrités, fréquemment répétés. Elle niche dans les buissons et les fourrés denses, entre 0,60 et 1,50-2 m. Elle aussi sédentaire, la fauvette pitchou *(Sylvia undata)* ne peut se confondre avec aucune autre en raison de son plumage vineux sombre et de sa longue queue qu'elle tient généralement levée. C'est un oiseau furtif qui se faufile dans les fourrés de la garrigue et du maquis. On le voit donc très peu, mais on entend de loin son chant grinçant et ses cris coassants. La fauvette Orphée *(Sylvia hortensis)*, de grande taille (15 cm de long), se distingue de la fauvette mélanocéphale par son œil blanc. Plus arboricole, elle hante le maquis élevé, les oliveraies et les vergers. Malgré son nom, c'est un chanteur assez médiocre ; sa voix rappelle celle du merle, mais plus assourdie et son gazouillis est beaucoup plus monotone. Elle niche entre 1 et 3,5 m, souvent à l'enfourchure d'un rameau. Migratrice, l'Orphée ne revient d'Afrique qu'à la fin d'avril ou au début de mai ; elle repart dès le mois d'août, au plus tard en septembre-octobre. Migratrice aussi, elle arrive à la fin de mars et s'en va en septembre-octobre, la fauvette passerinette *(Sylvia cantillans)* fréquente les buissons dans le maquis, les taillis et les clairières, car elle se plaît dans les lieux secs et très ensoleillés, mais elle monte souvent en altitude, jusqu'à 1 000 et parfois 1 300 m. Avec le roux rosé de sa gorge et de sa poitrine, souligné sous le bec d'une bande blanche, c'est la plus colorée de nos fauvettes. Malheureusement, on la voit peu, car elle circule à couvert, dans les buissons épais, où elle niche à faible hauteur (entre 0,15 et 1 m), mais se signale par son cri dur et sec. Est très caractéristique celui en crécelle métallique que pousse à la moindre alerte la fauvette à lunettes *(Sylvia conspicillata)* qui vit dans la végétation très basse des garrigues, mais affectionne surtout les landes à salicornes des côtes, où elle niche dans des fourrés très bas. Elle ressemble beaucoup à la fauvette grisette beaucoup plus commune et l'on distingue mal ses prétendues « lunettes », un arc très mince de plumes blanches entourant l'œil.

Proches des fauvettes, les hypolaïs s'en distinguent par la teinte jaune de leurs parties inférieures. Ce sont, elles aussi, des visiteuses d'été et d'excellentes chanteuses, en particulier l'hypolaïs polyglotte qui, comme l'indique son nom, emprunte des phrases aux chants des autres oiseaux — merle, moineau, hirondelles, fauvettes —, avant de se lancer dans un bavardage volubile, très rapide et généralement harmonieux, qui peut durer plusieurs minutes. L'espèce que l'on trouve dans la plus grande partie de la France est surtout méditerranéenne et vit dans les buissons ensoleillés et épineux, où elle niche entre 0,70 et 1,70 m.

Parent des pics, il n'a point leur allure. Son plumage gris brun, barré et tacheté, couleur d'écorce, fait passer inaperçu le torcol fourmilier *(Jynx torquilla)* dans le milieu qu'il fréquente, les troncs et les branches des arbres. Il y capture les insectes en introduisant sa langue filiforme dans les crevasses de l'écorce et sous les feuilles, mais le fond de sa nourriture, ce sont les fourmis et leurs larves qu'il récolte surtout à terre, où on le voit sautiller, le cou dressé et la queue relevée. Dès son arrivée d'Afrique, au début d'avril, le torcol se signale par son cri nasillard et monotone. Mâle et femelle recherchent alors fiévreusement une cavité où ils pourront nicher et dont, au besoin, ils expulseront les précédents occupants. Ils défendent avec énergie leur domicile, en hérissant les plumes de la tête, tandis que le cou se tord sur lui-même, se tendant et se détendant et que l'oiseau siffle comme une couleuvre en colère. Il n'en faut pas plus pour faire reculer l'importun. Le torcol quitte nos contrées dès le milieu du mois d'août.

Grand amateur de serpents qu'il avale en entier, tête la première, à moins qu'il ne les transporte en vol, laissant pendre la queue hors de son bec, le circaète Jean-le-Blanc (*Circaetus gallicus*) est un grand Rapace (63-67 cm de long, 1,57-1,62 m d'envergure) qui ne ressemble à aucun autre. Sa tête grosse et proéminente, aux grands yeux jaune d'or, ressemble à celle d'une chouette ; le dessous de ses ailes et de son corps est presque entièrement blanc. Est aussi caractéristique son vol plané et majestueux, brusquement interrompu quand il fond sur une proie, tête en avant et ailes repliées. Le circaète se nourrit de couleuvres, de vipères — il n'est pas immunisé contre leur venin, seule son agilité lui permet d'échapper aux morsures — de lézards, de grenouilles, mais aussi de taupes et de petits Rongeurs. C'est donc une espèce très utile que la plupart des chasseurs ont enfin appris à respecter. Très commun dans les zones accidentées qui bordent le Bas-Languedoc, où il niche à la cime des Chênes verts, ainsi que dans les piémonts pyrénéens, il remonte dans le Massif central, où il est commun, mais aussi en Bourgogne, dans les Alpes et le Jura, avec une nette préférence pour les versants boisés et les gorges. Le Circaète construit, assez haut (15-25 m) en plaine, mais dans le Midi, au milieu des rochers ou dans des buissons, assez bas ; son aire d'environ 0,60-1 m de diamètre est formée de branches sèches, avec une cuvette peu profonde tapissée de feuillage ; la femelle n'y pond qu'un seul œuf couvé alternativement par les deux sexes pendant cinq semaines, le petit ne quitte le nid qu'à l'âge de neuf à onze semaines. Migrateur, le circaète arrive dès la fin de février dans le Midi, mais à la fin de mars plus au nord. Il repart de la fin d'août à la mi-octobre.

Menaces sur les oiseaux

Sur les deux cent soixante-six espèces nidificatrices recensées en France, cent trente-deux, soit la moitié, se trouvent actuellement en situation inquiétante ; elle est critique pour cinquante-trois espèces, presque désespérée pour vingt-sept autres. La situation n'est pas meilleure dans le reste de l'Europe ; sur quatre cent sept espèces nidificatrices, deux cent seize sont menacées, soit 53 %. L'homme seul en est responsable. Tout le monde connaît le lourd tribut prélevé annuellement sur les oiseaux par les chasseurs, en particulier sur les migrateurs venus de toute l'Europe, à leur passage dans le Sud-Ouest de la France, en dépit des mesures de protection prises par les instances européennes, mais qui ne sont pas respectées en France. À quoi s'ajoute l'impact anarchique des tireurs isolés et surtout des braconniers dans les bois, principale cause de la régression, voire de la quasi-disparition de nombreuses espèces, notamment parmi les Rapaces, tant diurnes que nocturnes, capturés par des pièges à poteaux ou empoisonnés à la strychnine. L'utilité des Rapaces est cependant unanimement reconnue aujourd'hui, en particulier contre la prolifération des Rongeurs et des Corvidés. Ainsi, l'autour des palombes *(Accipiter gentilis)*, actuellement en voie de disparition, était capable de maintenir dans de justes limites les populations de Corvidés et de Colombins, maintenant en surnombre. Objet de la vindicte paysanne, l'épervier *(Accipiter nisus)* n'empêche pas moins la pullulation des mulots et des campagnols, celle aussi des bandes d'étourneaux sansonnets *(Sturnus vulgaris)* qui s'abattent par milliers dans les champs de céréales fraîchement semés, ou dans les cerisiers et autres arbres fruitiers.

Moins reconnue, moins « médiatisée », mais plus grave encore est la détérioration de plus en plus rapide des habitats. Le remembrement a entraîné la destruction de milieux où nichait un nombre considérable d'espèces. Sa conséquence — qui fut aussi sa cause —, l'extension de la monoculture, avec ses engins destructeurs et l'emploi massif d'engrais chimiques accompagné d'épandages massifs de désherbants et d'insecticides organochlorés, a des effets catastrophiques sur les populations d'oiseaux. En pâtissent en premier lieu les petits Insectivores, les hirondelles, par exemple, mais aussi par la suite les Rapaces dont ils sont les proies. Si tous n'en meurent pas, beaucoup deviennent stériles, ou leurs œufs dans lesquels s'accumule le poison qui perturbe le métabolisme du calcaire se brisent. Le passage des lignes à haute tension sur lesquelles s'électrisent les oiseaux, et d'autoroutes qui transpercent les grands massifs forestiers a aussi entraîné l'inquiétante raréfaction de nombreuses espèces, celles, en particulier, qui ont besoin de vastes étendues forestières ininterrompues, tel le grand duc *(Bubo bubo)*.

Les montagnes elles-mêmes ne sont plus à l'abri des prédations. Les anciens biotopes y sont de plus en plus morcelés par les routes toujours plus nombreuses en haute montagne, et aussi par les pistes de ski. Le lagopède alpin *(Lagopus mutus)* et le tétra lyre, ou petit coq de bruyère *(Lyrurus tetrix)*, perpétuellement dérangés par le ski hors piste, ne trouvent plus assez de temps pour se nourrir normalement et dépérissent.

III

LES ESSENCES FORESTIÈRES

Le mot *essence* employé par les forestiers est en principe synonyme du mot *espèce* en botanique, mais il arrive que ce qui, pour les botanistes, ne constitue que les variantes géographiques d'un type unique, forme en sylviculture des essences distinctes, du fait de leurs exigences propres dues à leur biotope d'origine. Ainsi Le Pin laricio de Corse, le Pin de Salzmann et le Pin noir d'Autriche.

À l'état naturel, les forêts sont peuplées d'essences dites *indigènes*, *autochtones* ou *spontanées*, mais l'homme y a souvent ajouté des espèces *introduites* d'autres pays, essences dites *exotiques* ou *étrangères*. Il arrive qu'avec le temps ces dernières s'adaptent si bien qu'elles se reproduisent et se régénèrent d'elles-mêmes, on les dit alors *naturalisées*. Tels sont les cas, par exemple, du Robinier, du Pin Weymouth, du Douglas.

Chaque essence a des exigences déterminées et parfois impératives, concernant le sol et le climat ; c'est ce que les forestiers appellent son *tempérament*, dont ils sont obligés de tenir compte quand il s'agit d'un reboisement.

On distingue ainsi des *essences de lumière* (Chênes et Pins) et des essences d'ombre (Hêtre et Sapin). Il existe aussi des *essences de demi-lumière*, comme le Charme, l'Épicéa, le Douglas, et d'autres qui ont besoin de couvert durant leur jeunesse, mais de lumière une fois devenues adultes (Charme, Érables).

Selon leur comportement lors des gelées hivernales et printanières, les essences sont qualifiées de *rustiques* ou *non-rustiques*. Enfin, pour définir leurs exigences en humidité atmosphérique, on emploie les termes opposés d'*hygrophile* et de *xérophile* : le Hêtre et le Sapin sont les plus hygrophiles le Chêne vert est strictement xérophile.

En combinant les trois facteurs précédents, les forestiers parlent d'essences à *tempérament délicat* (Hêtre, Sapin) ou à *tempérament robuste* (Chênes, Pin sylvestre).

Quant à la nature du sol, les demandes sont très différentes, ou même opposées : essences *calcifuges* (Châtaignier, Pin maritime, Chêne-liège) et *calcicoles* (Chêne pubescent, Pin d'Alep). Certaines essences ne prospèrent qu'en sol acide, elles sont *acidiphiles*, d'autres préfèrent un sol ni acide ni basique, elles sont *neutrophiles*.

On dit qu'une espèce est *plastique* lorsqu'elle possède la faculté de s'adapter à des conditions différentes de son biotope d'origine, l'Épicéa, par exemple.

Bien d'autres facteurs doivent guider le choix des forestiers, à commencer par l'enracinement, très différent selon les espèces, *pivotant* chez les Chênes qui réclament des sols profonds, *traçant* ou *superficiel* pour le Hêtre ou le Tremble qui, en revanche, étendent beaucoup leurs racines. Entre ces deux extrêmes, existent toutes sortes d'intermédiaires : enracinements *obliques*.

Il faut encore tenir compte de l'ombre plus ou moins grande que répandent les arbres et qui dépend de la densité de leur ramification et de leur feuillage, ce qui a la plus grande importance non seulement pour les espèces qu'ils abritent, mais sur la constitution de l'humus et du sol superficiel. On distingue en conséquence les essences à *couvert épais* (Sapin, Hêtre) et celles à *couvert léger* (Bouleau, Tremble, Mélèze). Un autre élément peut être déterminant : la *longévité* des espèces qui varie dans de très fortes proportions. Les essences *longévives* peuvent se maintenir sur place, encore vigoureuses, pendant deux cent cinquante ou trois cents ans. La durée de vie *utile* des essences *de longévité moyenne*, l'Hêtre ou l'Épicéa, par exemple, ne dépasse guère cent cinquante ans. Quant aux essences *peu longévives*, elles subsistent beaucoup moins longtemps : un Bouleau ou un Tremble moins de cent ans. Seulement, il se trouve que les forestiers calculent la longévité en fonction de l'exploitabilité des essences, c'est-à-dire du maximum de leur croissance et non de leur durée de vie réelle qui est dans la nature beaucoup plus grande. Il est des Chênes qui ont atteint ou même dépassé le millénaire, des Épicéas de cinq cents ou même sept cents ans, des Mélèzes, des Hêtres et des Châtaigniers de plus de cinq cents ans. Tous ces arbres peuvent donc atteindre un très grand âge, à condition évidemment qu'on les laisse vivre.

Certaines essences, du fait de leur adaptabilité, de leur *plasticité*, peuvent s'accommoder de conditions climatiques ou de sol très diverses, elles sont dites *dominantes*, ou, parce qu'elles peuvent occuper seules de vastes espaces, *sociales*, ainsi les Chênes, le Hêtre, le Sapin, l'Épicéa, le Pin sylvestre. En revanche, d'autres, de *tempérament délicat*, sont incapables de les concurrencer et ne croissent que par pieds isolés ou en petits bouquets, ce sont les essences dites *disséminées*, comme le Frêne, les Érables, les Ormes, le Charme, le Merisier et les autres Fruitiers. Tout dépend d'ailleurs des conditions de milieu et de concurrence ; ainsi, les Bouleaux qui sont chez nous disséminés deviennent des espèces sociales dans les pays nordiques. Aux essences *dominantes* correspondent des essences *subordonnées*, c'est là ce qu'on appelle *association végétale*.

Mais, dans cet ordre somme toute naturel, l'action de l'homme peut être décisive. Par exemple, le traitement en futaie élimine toute concurrence, tandis que le traitement en taillis favorise les espèces qui rejettent bien de souche, tels le Charme et le Châtaignier, au détriment de celles qui rejettent médiocrement comme le Hêtre, ou pas du tout comme les Conifères qui de ce fait se trouvent exclus. En règle générale, on peut dire que les forestiers actuels ne prennent pas assez en considération les interactions des espèces entre elles, complémentarité ou incompatibilité, autrement dit leur interdépendance.

Les essences forestières se divisent naturellement en espèces à feuillage caduc, qui sont des Angiospermes, que les forestiers appellent des *Feuillus*, et en espèces à feuillage persistant, les Gymnospermes de l'ordre des Conifères, que les forestiers dénomment *Résineux*, au sein desquels d'ailleurs le Mélèze constitue une exception. En fait, il existe des Angiospermes à feuillage persistant, mais ils sont relativement rares, sauf en climat méditerranéen, le Chêne vert par exemple. La répartition naturelle entre Feuillus et Résineux a été considérablement modifiée par la sylviculture moderne qui, à des fins économiques, a introduit partout où elle le pouvait, des Résineux ; de même, les essences introduites sont pour la plupart résineuses.

ESSENCES FEUILLUES

Les Chênes

Le genre *Quercus*, de la famille des Fagacées ou Cupulifères, compte environ deux cent cinquante espèces réparties principalement dans les régions tempérées de l'hémisphère Nord. Huit d'entre elles sont spontanées en France, mais trois seulement occupent de 30 à 35 % de la superficie totale de la forêt : le Chêne pédonculé, le Chêne rouvre et le Chêne pubescent. Leur identification n'est pas toujours facile, car il existe des formes intermédiaires qui sont probablement des hybrides ; l'examen des glands est un critère plus sûr que celui du feuillage. Cette détermination est pourtant nécessaire, car l'emploi de ces trois espèces n'est pas le même. Le mot chêne, écrit autrefois *chasne*, est d'origine gauloise, il remonterait soit au celte *tann*, prononcé *chann*, mot qui par ailleurs a donné *tan* (tanin), qui est l'écorce du Chêne utilisé pour *tanner* le cuir, soit du gaulois *cassanos*, qui serait lui-même pré-celtique.

Chêne pédonculé (*Quercus pedunculata* Ehrh.)

On l'appelle aussi Chêne blanc en Gascogne et en Picardie, par opposition au Chêne noir, le Rouvre, ou Châgne en Auvergne, ce qui est une dénomination archaïque du Chêne en général.

C'est un grand arbre qui atteint 35-40 m de haut, avec un peu plus d'1 m de diamètre à la base. De croissance moyenne (10-15 m en vingt ans), il est extrêmement longévif. En France, certains exemplaires ont atteint ou dépassé mille ans. Sa fructification ne commence que vers soixante-quatre-vingts ans et est plus ou moins régulière.

Son fût droit est souvent gros et court, se divisant assez bas en branches puissantes, irrégulièrement coudées qui forment une cime étendue. Son feuillage irrégulièrement réparti par touffes laisse entre elles des trouées, son couvert est plus léger que celui du Rouvre. Foliaison et floraison sont en général plus tardives (de dix à quinze jours) que celles du Rouvre, par contre sa fructification a lieu plus tôt en saison.

Les feuilles du Chêne pédonculé, de 5-12 cm de long, à limbe élargi vers le tiers supérieur, portent 4-5 paires de lobes irréguliers, profondément échancrés, formant à la base deux petites oreillettes. Plus molles que celles du Rouvre, elles sont d'un vert plus foncé, parfois bleuté. Les glands, ovoïdes cylindriques, parfois rayés longitudinalement, sont inclus au tiers environ dans des cupules écailleuses vertes et glabres qui pendent au bout d'un long pédoncule souple (d'où le nom de l'espèce). L'écorce du Pédonculé est d'abord lisse et grisâtre, mais, vers trente ans, elle prend une teinte brun noirâtre et est sillonnée de longues fentes longitudinales. Très riche en tanin (de 10 à 20 %) et contenant une substance amère (la quercitrine), cette écorce était très employée pour le tannage des peaux. Récoltée en mars-avril, elle est utilisée, sous forme d'extrait fluide ou de décoction, en gargarismes contre les inflammations de la gorge et des muqueuses buccales, ainsi qu'en usage interne contre l'entérite chronique, les affections de la rate et la cirrhose du foie.

Le domaine de *Quercus pedunculata* couvre presque toute l'Europe tempérée, de la Finlande et de la Russie où il s'avance jusqu'à la Volga et l'Oural et, en Asie occidentale, au sud, il descend jusqu'au Maroc.

Essence de lumière, le Pédonculé est l'arbre des grandes plaines et des vallées fluviales, il y est souvent isolé dans les champs ; en montagne, il ne dépasse généralement pas 1 000 m. Le Pédonculé a besoin de sols bien approvisionnés en eau, il supporte les sols compacts et même les périodes de submersion hivernale. Peu exigeant quant à la fertilité du sol, il admet le calcaire, mais redoute l'acidité.

Beaucoup moins social que le Rouvre, le Pédonculé s'accommode mal du régime de la futaie. En France, il est fréquent dans les taillis sous futaie ; en compagnie du Charme, il y fournit d'excellentes réserves. Dans l'Ouest, le Pédonculé abonde à l'état isolé, par exemple dans les haies, tandis que les forêts voisines sont peuplées de Rouvre. Aussi les forestiers devra-t-il préparer pour le Pédonculé des coupes d'ensemencement très claires et prévoir des dégagements énergiques et des éclaircies fortes et fréquentes.

Le Chêne pédonculé en Europe

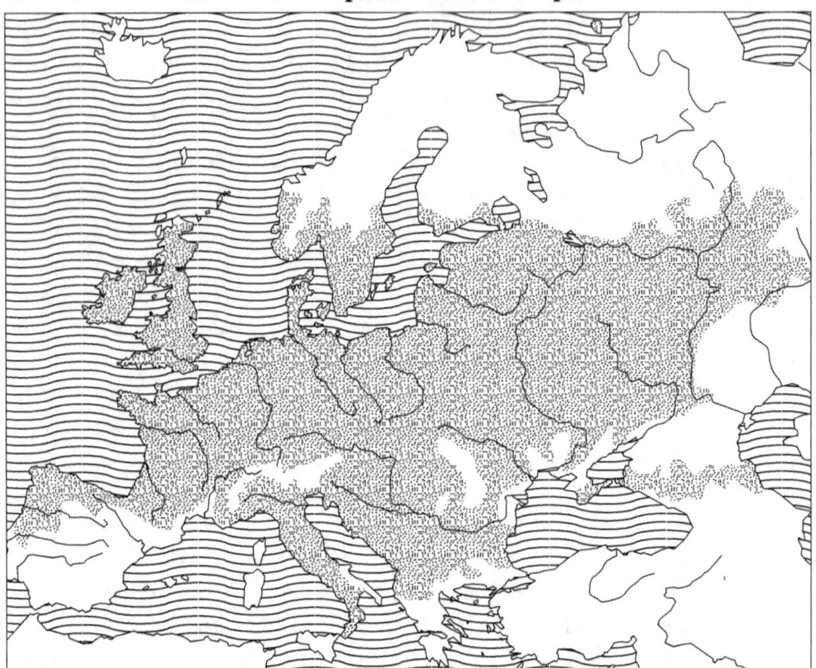

Le bois du Pédonculé est généralement dur et nerveux, utilisé pour la charpente et les traverses, mais moins pour la menuiserie que celui du Rouvre.

Chêne rouvre (*Quercus sessiliflora* Ehrh.)

Sessiliflora signifie à fleurs insérées directement sur le rameau, il ne s'applique qu'aux fleurs et aux fruits, mais non aux feuilles qui, dans cette espèce, sont au contraire rattachées aux rameaux par un long pétiole (1-3 cm) alors que chez *Quercus pedunculata*, c'est l'inverse : les glands sont munis d'un pédoncule, tandis que les feuilles ont un pétiole très court, ce qui peut entraîner quelque confusion pour les non-spécialistes.

Selon les régions, le Rouvre est aussi appelé Chêne noir, parfois Drille ou Drillard (en forêt de Compiègne).

Chêne rouvre

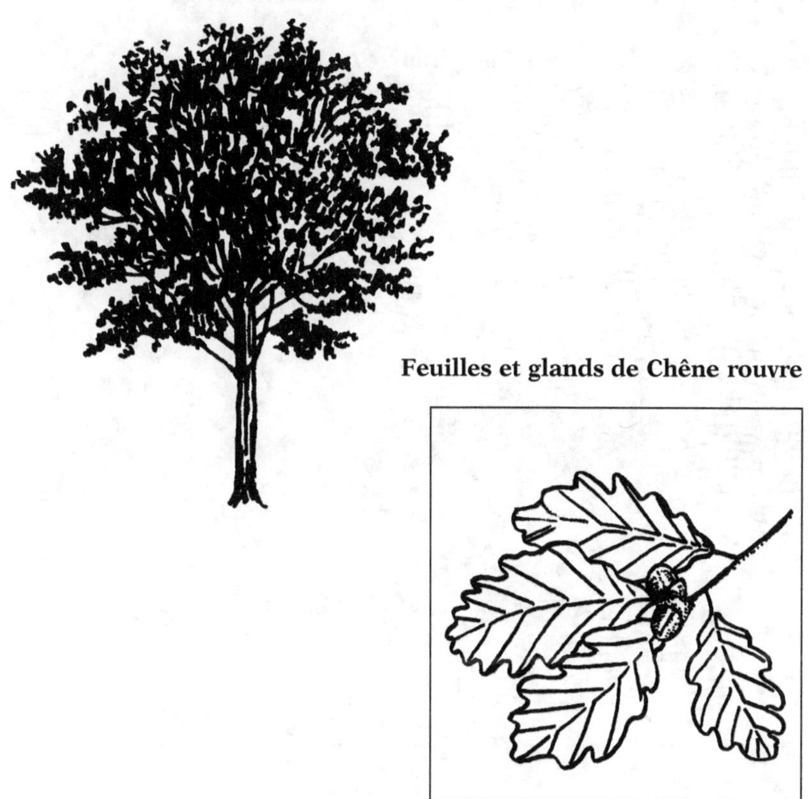

Feuilles et glands de Chêne rouvre

Le Rouvre est un arbre de grande taille, pouvant atteindre 40 m de haut avec plus de 1,50-2 m de diamètre à la base (forêts de Bellême dans l'Orne, de Perseigne dans la Sarthe). De croissance un peu plus lente que le Pédonculé, (10 m en vingt ans), il est tout aussi longévif.

Le fût du Rouvre est droit, cylindrique et, à la différence de celui du Pédonculé, se prolonge jusqu'à la cime qui est plus étroite ; son feuillage est plus régulièrement réparti. Les feuilles, longues de 8-12 cm et pétiolées, portent des lobes plus nombreux (7-8 paires), mais moins échancrés et plus arrondis, sans oreillettes à la base. D'un vert plus clair, luisant, un peu coriace, elles roussissent à l'automne, mais restent souvent sur l'arbre en hiver (feuilles dites « marcescentes »). L'écorce du Rouvre ressemble beaucoup à celle du Pédonculé et se prête aux mêmes usages.

Le Chêne rouvre en Europe

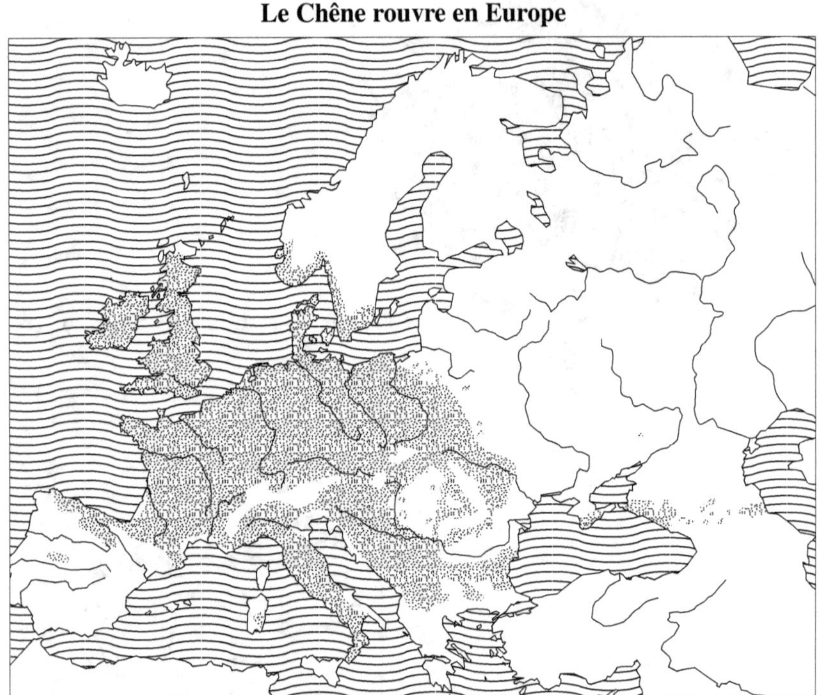

En Europe, le Chêne rouvre a à peu près la même répartition que le Pédonculé, mais il monte moins haut vers le Nord, en Suède et pénètre à peine en Russie, sauf au sud, dans le Caucase, et en Asie Mineure jusqu'à la Caspienne ; il est très rare dans les régions méditerranéennes.

En France, le Rouvre est surtout abondant dans la moitié Nord, ainsi que dans le Massif central, les Vosges et le Jura, où il s'élève jusqu'à 1 000-1 200 m, mais il manque en Aquitaine, est rare dans les Alpes du nord et absent des Alpes du sud. On le retrouve dans les Pyrénées centrales et orientales où il peut atteindre 1 500-1 600 m sur les versants bien exposés. À l'inverse du Pédonculé, le Rouvre est une essence des collines, des plateaux et des contreforts de montagne. Il ne croît bien qu'en sols assez profonds, meubles, bien drainés et siliceux, car il est calcifuge.

S'il a besoin lui aussi de lumière, il est moins exigeant à cet égard que le Pédonculé. C'est par excellence l'essence de beaucoup dominante dans les vieilles forêts domaniales de l'Île-de-France et du Val de Loire (Fontainebleau, Chantilly, Rambouillet, Saint-Germain, Orléans, Blois, Chinon), où il est souvent associé au Charme et parfois au Bouleau (Rambouillet, Orléans) et, à l'ouest (Bercé dans la Sarthe). Dans l'Ouest, il est plus souvent associé au Hêtre qui a l'avantage de mieux couvrir le sol, ainsi à Bellême (Orne) et à Perseigne (Sarthe). Les glandées du Chêne rouvre, plus tardives en saison que celles du Pédonculé, sont encore plus irrégulières, elles ne sont importantes que tous les trois ans dans l'Ouest, mais seulement tous les dix-quinze ans dans l'Est.

Le bois du Rouvre, d'un jaune-brun assez clair et à aubier distinct, se caractérise par une zone poreuse bien accentuée, il est néanmoins dur et dense. Élevé en futaie, avec une croissance lente et régulière, le Rouvre fournit un bois de grande valeur, plus tendre et moins rétractile que celui du Pédonculé, recherché pour le tranchage, l'ébénisterie, la menuiserie fine, le merrain. En taillis sous futaie, le bois est plus dur, plus résistant, mais moins homogène et plus difficile à travailler, on l'emploie comme bois de charpente et de menuiserie.

Chêne pubescent (*Quercus pubescens* Willd.)

En Provence, on le dénomme Chêne blanc, alors qu'ailleurs c'est le nom du Pédonculé, mais Chêne noir en Périgord et dans les Charentes, ce qui est, en d'autres régions, le nom du Rouvre et, dans les Landes, du Chêne tauzin, comme quoi il vaut mieux ne pas se servir de ces dénominations locales par trop changeantes.

Le Chêne pubescent est une essence méridionale, xérophile, caractéristique des collines et des basses montagnes de la région méditerranéenne, où, laissant les places les plus chaudes au Chêne vert, il colonise les sols les plus secs. Plus au nord, où le Pubescent se plaît en terrain calcaire, son domaine correspond à peu près à celui de la vigne. À l'Ouest, on le trouve depuis les Pyrénées jusqu'aux collines du bassin de la Garonne et aux plateaux du Périgord, aux Causses et jusqu'au Poitou. À l'Est, il est abondant en Côte d'Or et monte jusqu'à l'Alsace méridionale. On le trouve également en Berry, dans la vallée de la Loire et dans la basse vallée de la Seine. Au Nord, il est disséminé et souvent au contact du Chêne rouvre avec lequel il s'hybride. C'est dans les bois clairs de Chênes pubescents, en Périgord, en Quercy et en Vaucluse que l'on trouve la truffe noire *(Tuber melanosporum)*. L'aire du Pubescent s'étend en Europe centrale, dans les plaines de Hongrie et de Valachie et en Europe du sud, de l'Espagne à la Crimée. Il est particulièrement abondant en Thrace et en Macédoine, dans l'Italie du nord et en Catalogne.

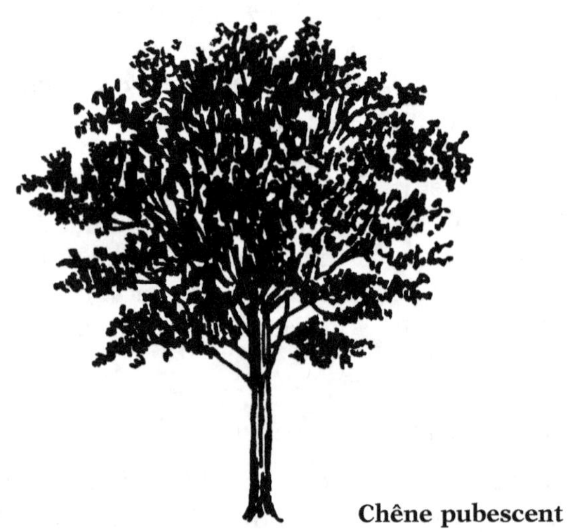

Chêne pubescent

Le Chêne pubescent n'atteint jamais la taille du Pédonculé ou du Rouvre, il dépasse rarement 15-20 m de haut, avec un assez fort diamètre à la base, un fût court, tortueux, une cime irrégulière assez claire. Ses feuilles, de 5-10 cm de long, forment des lobes irréguliers, souvent profondément échancrés, parfois subdivisés en lobules. Leur face supérieure est d'un vert assez clair, l'inférieure est couverte d'une pubescence courte, blanc grisâtre, comme les jeunes rameaux. Assez coriaces, elles se dessèchent à l'automne mais restent sur les rameaux en hiver (feuilles « marcescentes »). L'écorce du Pubescent est brun foncé mat, elle se fissure en écailles quadrangulaires noirâtres.

Très exigeant en lumière, rejetant vigoureusement de souche, le Chêne pubescent est avant tout une essence de taillis, formant des peuplements clairs de cépées, entrecoupés de petites clairières gazonnées, parsemées d'espèces buissonnantes, dont le Buis. Sa croissance est lente, sa longévité relativement faible, sa fructification remarquablement précoce a lieu vers l'âge de dix ans.

Le bois du Chêne pubescent, très dense, dur, souvent noueux et toujours difficile à travailler, est peu apprécié, sauf pour le chauffage, et pour son écorce, riche en tanin.

Chêne tauzin (Quercus toza Bosc.)

Appelé aussi Chêne brosse ou Chêne doux en Anjou et Chêne noir dans les Landes, c'est une essence océanique dont l'aire s'étend de l'embouchure de la Loire jusqu'au Portugal. En France, le Chêne tauzin n'est fréquent que dans les Charentes, le Périgord blanc, les Landes et le Pays basque, avec quelques stations éparses dans le Maine et en Sologne.

C'est un arbre de taille moyenne, au maximum 15-20 m de haut sur 1 m de diamètre, au tronc généralement tortueux, aux branches grosses, irrégulièrement ramifiées, formant une cime étalée au feuillage très léger. Sa foliaison et sa floraison sont très tardives (mai-juin), les jeunes pousses ont une teinte très particulière, un blanc argenté lavé de pourpre. Ses feuilles, grandes (10-15 cm sur 4-7 cm), ovales-oblongues, molles, très profondément lobées, sont recouvertes sur les deux faces d'un court duvet grisâtre. Les glands ovoïdes, à pédoncule robuste et court, sont inclus dans des cupules formées d'écailles tomenteuses. Son écorce brun clair est rapidement fissurée et profondément crevassée. Le bois du Tauzin, très dense, dur, difficile à travailler et qui se déforme beaucoup au séchage, est peu estimé.

Essence de lumière, très exigeante en humidité atmosphérique, le Chêne tauzin est strictement calcifuge, mais s'accommode des sols les plus médiocres. Rejetant bien de souche et drageonnant abondamment, c'est par excellence une essence de taillis. On le cultive aussi en têtard, surtout en Pays basque. Le Tauzin est très sensible au « blanc du chêne », oïdium provoqué par un champignon parasite, *Microsphaera quercina*.

Chêne chevelu (*Quercus cerris* L.)

C'est de loin la moins répandue des cinq espèces de Chênes à feuilles caduques. Originaire de l'Europe du sud-est, de l'Italie et des Balkans à l'Autriche et à la Moravie, on ne le trouve guère en France à l'état spontané que dans quelques forêts du Jura, du Doubs et des Alpes-Maritimes ; mais le Chêne chevelu a parfois été planté en mélange avec le Pédonculé et le Rouvre, en particulier dans le Maine-et-Loire, la Loire-Atlantique, la Vendée et les Deux-Sèvres.

C'est un grand arbre qui peut atteindre 30-35 m de haut, sur 1,20-2 m de diamètre à la base, dont les branches ascendantes forment une cime longue et aiguë. Ses feuilles, de 6-12 cm de long, sont très découpées, avec des lobes aigus ; rugueuses, elles sont vert mat foncé dessus, pubescentes et plus pâles dessous, munies à la base du pétiole de stipules longues et fines. Les glands ovoïdes, tronqués ou déprimés au sommet, sont inclus dans des cupules hérissées de longues lanières velues (d'où le nom de l'espèce). Son écorce noirâtre est profondément fissurée. Son bois, d'un brun rosé, à aubier épais, est lourd, dur, et sujet à se gercer en séchant ; aussi est-il peu utilisé.

Chêne vert ou Yeuse (*Quercus Ilex* L.)

Ce sont ses feuilles persistantes, coriaces, souvent épineuses et d'un vert sombre et luisant qui lui ont valu son nom spécifique, *Ilex*, qui est l'actuel nom du Houx, mais désignait, en latin classique, le Chêne vert. Yeuse est un emprunt au provençal *Euze*, provenant d'*Elex*, déformation d'*Ilex*.

Le Chêne vert est une des essences les plus caractéristiques du pourtour de la Méditerranée, de la péninsule Ibérique à l'Italie, à la Yougoslavie, aux Balkans et jusqu'à la mer Noire. En Afrique du Nord, il croît en altitude, de 600 à 2 000 m, et jusqu'à 2 500 m dans certains massifs. Il abonde en Corse, principalement sur la côte ouest, entre 400 et

700 m, et sur toute la côte méditerranéenne, des Alpes-Maritimes aux Pyrénées-Orientales, jusqu'à une certaine distance de la mer et à une faible altitude au-delà de laquelle le Chêne pubescent le remplace. Remontant vers le nord, l'espèce occupe quelques stations plus chaudes, dans les Alpes de Provence jusqu'à 800 m, dans la vallée du Rhône jusqu'au-delà de Valence et dans les vallées orientales des Pyrénées, où il s'élève exceptionnellement jusqu'à 1 700 m. On le retrouve en stations de plus en plus éparses au sud du Massif central, dans les vallées des Causses, en Périgord, en Vendée (Noirmoutier), dans les Charentes et jusqu'au Poitou, et, mais très disséminé, dans les Landes.

Le Chêne vert ne dépasse pas 15-20 m de haut sur 0,60-0,80 m de diamètre, avec un fût court qui peut devenir très épais chez les vieux exemplaires, des branches grosses, poussant à angle aigu et une ramification dense et abondante d'aspect très sombre.

Ses feuilles, de 3-7 cm de long, épaisses et coriaces, persistent deux ou trois ans. Elles sont d'un vert très foncé et luisant à la face supérieure, couvertes d'un duvet gris blanchâtre à la face inférieure, et de forme très variable, entières sur les arbres âgés, mais bordées de dents piquantes chez les jeunes sujets. Les glands, roux noirâtres, longs de 2-4 cm et terminés par une pointe raide, sont inclus pour moitié dans une cupule grise tomenteuse à pédoncule court. L'espèce fructifie très tôt, vers dix ans. L'écorce, d'abord gris-vert, puis brun-noir et finement gerçurée, est très appréciée en tannerie. Son bois, remarquablement homogène, lourd et très dur est un excellent bois de chauffe.

Le Chêne vert est le type même de l'essence xérophile, adaptée à un climat lumineux, chaud et sec, il ne peut supporter les hivers rigoureux. Plus il s'éloigne du littoral, et tout le long de la côte atlantique, il recherche des stations en sol calcaire et très exposées au soleil. On dit que c'est une essence « calcicole-thermique ». Si son enracinement est pivotant, le Chêne vert possède aussi des racines latérales traçantes et drageonnes.

Ces particularités font que cet arbre est pratiquement toujours traité en taillis. Ses peuplements sont assez clairs avec des cépées distantes, ce qui permet à un certain nombre de petites espèces ligneuses méditerranéennes de l'accompa-

Chêne vert

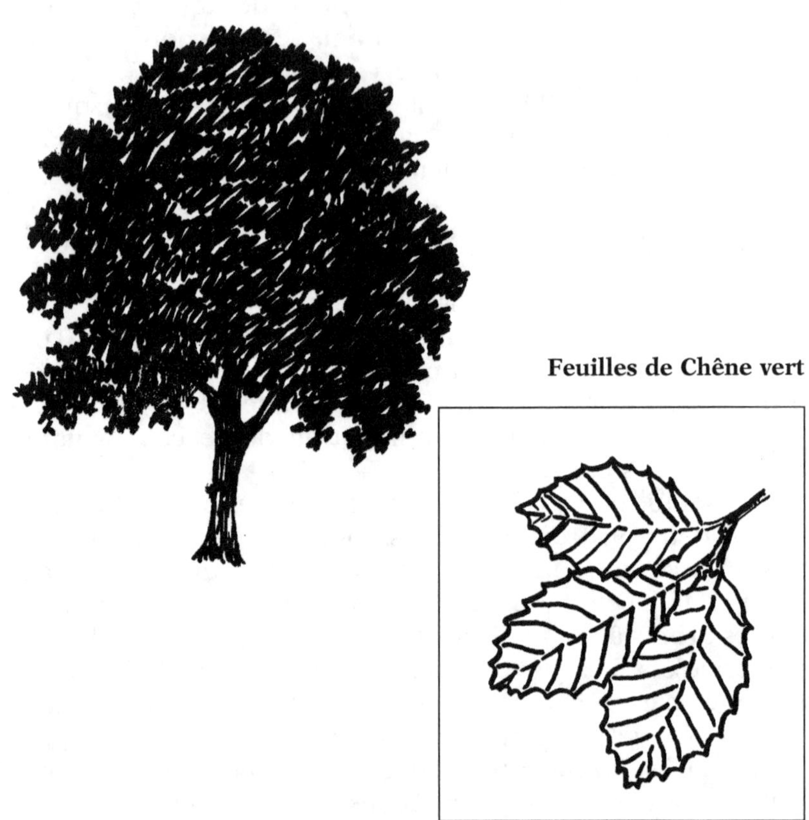

Feuilles de Chêne vert

gner, comme le Chêne kermès. Cette association végétale très caractéristique est dénommée *Quercetum-ilicis*. L'exploitation du Chêne vert se fait à révolution assez courte ; la régénération a lieu principalement par drageons.

Chêne-liège (Quercus suber L.)

Essence de pleine lumière, très exigeante en chaleur — il peut être détruit par une gelée de – 5 °C prolongée pendant quelques jours —, le Chêne-liège croît du Portugal à la côte yougoslave, ainsi qu'en Afrique du Nord, et s'écarte peu du littoral. En France, où il se trouve à la limite nord de son aire, il est étroitement localisé à l'est de la Corse, aux Maures et à l'Esterel, à l'Hérault, au Gard et à l'est des Pyrénées-Orientales. On le trouve rarement à l'état pur, mais presque toujours associé au Chêne vert et au Pin maritime. Il en existe une sous-espèce moins exigeante en lumière et en chaleur, le Chêne-liège occidental ou Corcier *(Quercus suber occidentalis)* à feuilles moins longtemps persistantes. On trouve ce dernier dans les Landes et au sud-ouest du Lot-et-Garonne, associé au Pin maritime.

Là où il bénéficie des meilleures conditions écologiques, en Afrique du Nord et surtout au Portugal, le Chêne-liège peut monter jusqu'à 22 m avec une cime très large et fortement charpentée. En France, il dépasse rarement une dizaine de mètres, avec une silhouette trapue (1,30-1,50 m de diamètre). S'il ne croît que de 4 m en vingt ans, le Chêne-liège pourrait dépasser trois cents ans, s'il n'était épuisé par le démasclage ou détruit parce que devenu insuffisamment productif.

Chêne-liège

Ses feuilles sont subpersistantes, certaines restant sur l'arbre plus d'une année, les autres tombant au cours de l'hiver ou du printemps. Elles sont alternes, entières, ou portant des dents pointues et écartées, coriaces, d'un vert sombre lustré dessus, tomenteuses et gris blanchâtre dessous. Les glands sont ovoïdes, allongés, terminés par une pointe courte et velue, inclus pour un tiers dans une cupule à écailles saillantes, grises, molles et veloutées. Sa fructification est précoce (dès quinze-vingt ans), mais intermittente.

Le bois du Chêne-liège, dur et lourd comme celui du Chêne vert, a peu d'intérêt et c'est pour son liège qu'il est exploité. Le liège qui se forme naturellement sous l'écorce de l'arbre, le liège *mâle*, est compact, sans souplesse et donc de peu de valeur. Il faut l'enlever pour que se forme une nouvelle couche de liège de qualité, le liège *femelle* qu'on prélève tous les huit à douze ans. Cette opération appelée *démasclage* ne peut se pratiquer que sur des arbres ayant au moins 10-15 cm de diamètre, d'abord sur 2 m, puis jusqu'à 1 m au-dessous de la première ramification du tronc. Le démasclage doit être exécuté avec certaines précautions ; trop répété, il affaiblit dangereusement l'arbre et réduit sa croissance.

Chêne kermès (*Quercus coccifera* L.)

Ce n'est qu'un arbrisseau buissonnant et touffu, atteignant au plus 2 m de haut, qui croît sur tout le pourtour de la Méditerranée, en lieux secs et arides, non loin des côtes, car il redoute le froid. En France, on le rencontre des Pyrénées-Orientales au Var. À l'origine, cette espèce n'existait qu'à l'état dispersé en sous-bois dans les forêts de Chêne vert et de Pin d'Alep. Elle n'a pris son extension actuelle qu'avec la dégradation de ces forêts, car le kermès n'est pas attaqué par les moutons et les chèvres que rebutent ses feuilles piquantes. La densité de ses rameaux secs et enchevêtrés favorise la propagation des incendies. Lui-même n'en souffre pas trop, car sa souche très résistante émet peu après de nombreux rejets, alors que la plupart des autres espèces ont été détruites. De plus, le kermès s'accommode des terrains les plus ingrats.

C'est un des éléments les plus caractéristiques de la garrigue qui lui doit d'ailleurs son nom, car on appelle le kermès *garric* en provençal. L'épithète spécifique *coccifera* signifie « porteur de cochenille », le kermès étant parasité par l'espèce *Coccus ilicis* ou *Kermes ilicis* dont la femelle, sous forme d'une sorte de verrue violâtre, se fixe sur ses rameaux. Autrefois récoltées et désignées sous le nom de « grains d'écarlate », ces cochenilles servaient à la fabrication d'une belle teinture rouge.

Les feuilles du Chêne kermès sont persistantes, petites (1,5-4 cm de long), à pétiole très court, coriaces, à bord ondulé, muni de 4 à 10 dents épineuses, fines et rigides, vert clair, lisses et brillantes sur les deux faces. Les glands, subglobuleux ou ovoïdes, sont relativement gros (1,5-3 cm de long), striés et inclus pour plus des deux tiers dans des cupules à écailles nombreuses, courtes et terminées par une pointe piquante.

Le Hêtre (*Fagus sylvatica* L.) (famille des Fagacées)

Il est appelé selon les régions Fau, Fou, Fouteau, Fage, Faye ou Fayard, noms qui sont des altérations de son nom latin, lequel vient du grec *phagein*, « manger », les faînes ayant servi longtemps d'aliments à l'homme. Quant à son nom français, il est issu du francique.

Le Hêtre est l'une des essences les plus importantes de la forêt française, où il occupe 10 % de la superficie totale, ce qui le met au second rang après les Chênes. Son aire s'étend à toute l'Europe occidentale. Au nord, il ne remonte guère plus haut que le sud de la Suède ; à l'est, il pénètre à peine en Russie, mais on le retrouve au sud, en Crimée et jusqu'au nord-ouest de l'Iran.

Essence d'ombre, peu exigeant en chaleur, le Hêtre ne supporte quand même pas les froids intenses prolongés, et mal les gelées printanières. Il prospère surtout en climat océanique, tempéré et pluvieux, ainsi que dans les montagnes humides (Pyrénées-Atlantiques, par exemple). Tolérant mal l'acidité, il a besoin de sols meubles, bien drainés, mais pas nécessairement profonds, car son enracinement est traçant. On le rencontre en plaine dans la moitié nord du pays, de la Bretagne et de la Normandie à la Lorraine et la Bourgogne. À l'ouest, il est rare au nord de la Loire, mais se retrouve dans les Pyrénées. Il est absent de la région méditerranéenne.

Montant jusqu'à 40 m, et parfois plus, le Hêtre a un port extrêmement majestueux dû à l'élévation de son tronc très droit, parfaitement cylindrique, à l'écorce d'un beau gris

Le Hêtre en Europe

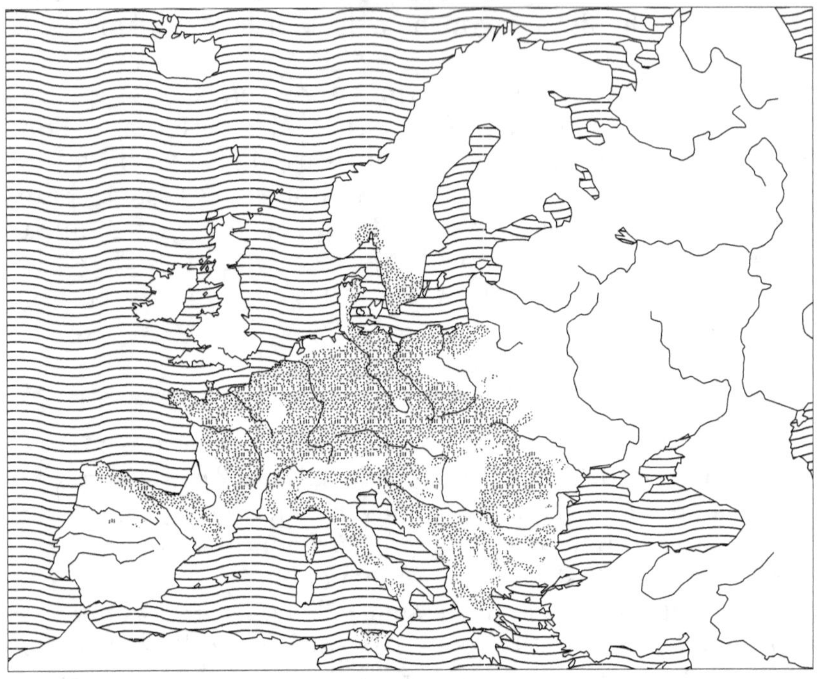

cendré clair et toujours lisse. En futaie, le tronc se dénude sur 15-20 m, ce qui donne à la hêtraie un aspect colonnaire très caractéristique. La cime du Hêtre est puissante, constituée de grosses branches dressées. Dans la hêtraie, le feuillage dense et les ramures contiguës de cette essence sociale forment un couvert presque ininterrompu, tandis que le développement des racines en surface élimine toute végétation.

Les feuilles caduques, de 5-10 cm de long, sont alternes, ovales, aiguës au sommet et arrondies à la base, entières, à bord ondulé, coriaces et brillantes, vert foncé lustré dessus, plus clair dessous. Ses fruits contenus dans une cupule hérissée de pointes mousses, s'ouvrent à maturité par quatre valves, laissant échapper deux fruits secs, brun luisant, en forme de pyramide triangulaire ; les faînes renferment une graine riche en huile et, bien qu'un peu astringentes, sont comestibles. Les porcs naguère s'en gavaient et l'on en tirait une huile alimentaire qui avait l'avantage de ne point rancir.

Le bois du Hêtre, blanchâtre à la coupe et devenant ensuite rosé, sans aubier distinct, est homogène, lourd, dur, mais peu durable à l'air, s'il n'est injecté. Ses usages sont multiples : menuiserie, tournerie, traverses ; il est par contre impropre à la charpente. C'est aussi un bon combustible.

Le Hêtre, qui croît de 10 m en vingt ans, est très longévif. S'il est généralement exploité au maximum de sa croissance, vers cent-cent cinquante ans, il peut atteindre facilement trois cents ans et dans des circonstances exceptionnelles cinq cents ans.

C'est par excellence une essence de futaie, formant souvent des peuplements purs ; mais le Hêtre est aussi fréquemment associé au Chêne rouvre et, dans l'Est, au Charme, en montagne au Sapin et parfois au Pin sylvestre. Essence d'ombre, le Hêtre peut rester toute sa vie sous le couvert d'autres essences, les Chênes par exemple.

Il existe dans la nature des Hêtres au feuillage pourpre, qui croissent isolés dans un secteur qui embrasse l'est de la France, la Suisse et la Bavière. Leur apparition causait jadis une certaine émotion, car on y voyait comme le rappel du sang versé lors d'un crime. Plus singulière encore est la présence de Hêtres dits « tortillards », au tronc court et aux branches retombantes tordues et retordues formant un amas confus et impénétrable. Ces Hêtres croissent à l'état dispersé du Danemark à l'Allemagne de l'ouest et, en France, de la Bretagne à la Champagne. Un peuplement naturel, très dense, les « Faux de Verzy » se trouve dans la montagne de Reims, maintenant protégée par la création d'un parc régional.

Le Charme (*Carpinus betulus* L. I.) (famille des Corylacées)

Le Charme est en France une essence forestière de grande importance (6 % de nos forêts). Il est surtout abondant dans les plaines et sur les plateaux du Nord-Est, moins répandu dans la région atlantique et le Centre, il s'élève peu en montagne (1 100 m) et fait défaut dans les Alpes du sud et les Pyrénées. En Europe, l'espèce habite principalement le Centre et le Sud-Est, jusqu'au Caucase et à l'Iran.

Très résistant au froid comme à la chaleur, le Charme est une essence des climats continentaux. Assez exigeant en lumière, il tolère un certain couvert dans sa jeunesse. Il redoute l'acidité du sol, admet le calcaire, mais préfère les sols argileux ou argilo-siliceux, suffisamment approvisionnés en eau, mais non nécessairement profonds, car son enracinement est superficiel.

Charme commun

Feuille de Charme commun

Le Charme dépasse rarement 20 m de haut sur 0,50 m de diamètre. Il croît d'environ 10 m en vingt ans et ne vit généralement pas plus de cent cinquante à deux cents ans. En forêt, on distingue aisément le Charme à son tronc droit et cannelé, à écorce lisse, mince, gris cendré et à sa cime ovoïde, assez étroite, formée de branches nombreuses, longues et grêles. Ses feuilles, alternes et distiques, longues de 8-10 cm sur 5-6 cm, sont ovales-lancéolées, doublement dentées en scie et fortement gaufrées entre les nervures (de

10 à 15 paires), jamais ramifiées. Les fruits, mûrs en octobre, sont de petits akènes durs et aplatis, insérés à la base d'une grande bractée verte qui facilite la dissémination de la graine.

Essence sociale de taillis, le Charme rejette abondamment de souche et forme facilement des cépées. Il est le compagnon normal du Chêne pédonculé sur les terrains d'alluvion, du Chêne rouvre et du Hêtre sur les plateaux calcaires. Sous le régime de la futaie, le Charme peut gêner le Chêne rouvre du fait de l'abondance de ses semis et de sa croissance plus rapide.

Le bois du Charme, d'un blanc d'ivoire, homogène, dur, assez lourd, sans aubier distinct, difficile à travailler est utilisé pour l'outillage, mais surtout pour le chauffage car son pouvoir calorifique est élevé.

Le Châtaignier (*Castanea sativa* Mill.) (famille des Fagacées)

Bien qu'on le trouve dans tout le pays, sauf au Nord et à l'Est, trop froids pour lui, et qu'il soit depuis très longtemps naturalisé, le Châtaignier n'est probablement pas indigène en France. Il aurait été apporté en Gaule par les Romains et très répandu par la culture, au point d'occuper actuellement 4 % de la superficie totale des forêts. En Europe son aire s'étend du Portugal au Caucase et à l'Afrique du Nord. Le nom de la châtaigne, *castanea*, viendrait de Kastania, ville grecque au Pont-Euxin, ce qui indique peut-être sinon son origine, du moins l'endroit où il fut d'abord cultivé.

Le Châtaignier peut atteindre 30 m de haut avec 1 m de diamètre, quand il est isolé et âgé de plusieurs siècles. Croissant de 10 m en vingt ans, le tronc du Châtaignier peut devenir très large et se creuser avec l'âge, car il peut vivre plus de cinq cents ans. On en connaît même quelques-uns qui auraient mille ans et peut-être davantage.

Ses feuilles, en disposition spiralée, sont très grandes (15-25 cm), oblongues-lancéolées, aux bords dentés en scie, courtement pétiolées, d'un vert clair et brillant. Sa floraison en juin-juillet est spectaculaire et très odorante, les fleurs mâles forment des chatons cylindriques étroits, jaune pâle et répandent une odeur de miel. Mûres en octobre, les châ-

Châtaignier

Feuilles de Châtaignier

taignes sont généralement groupées par trois dans une « bogue » vert clair, hérissée d'épines fines et très nombreuses, les « marrons » sont une variété améliorée de châtaignes, plus grosses et plus régulières. Le bois du Châtaignier, brun jaunâtre, possède à peu près les mêmes qualités que celui des Chênes ; comme il se fend facilement, on peut en faire des perches coupées sur les cépées tous les sept ou huit ans, pour la confection de pieux et d'échalas qui résistent bien aux intempéries.

Essence de demi-lumière, sensible aux hivers rigoureux, le Châtaignier n'entre en végétation que très tardivement (mai-juin). Calicifuge, il ne croît bien qu'en sols siliceux, moyennement fertiles, mais profonds et bien drainés. Rejetant bien de souches, il donne des cépées à croissance rapide qui conviennent au traitement en taillis, où, tendant à éliminer les autres essences, il peut devenir dominant. On le cultive en peuplements clairs d'arbres élevés pour leurs fruits, châtaigneraies de l'Ardèche, du Var, etc.

La relative mévente des châtaignes, ainsi que deux maladies cryptogamiques graves, l'endothiose, ou chancre de l'écorce et surtout l'« encre » provoquée par un champignon, *Phytophtora cambivora*, qui parasite les racines, ont entraîné une récession progressive de l'espèce à partir des années 50-60.

Les Bouleaux (famille des Bétulacées)

Le genre *Betulus* renferme une quarantaine d'espèces des régions tempérées et froides de l'hémisphère Nord, nombreuses surtout en Asie orientale et en Amérique du Nord. Ce sont des arbres légers et gracieux qui croissent généralement en lisière et dans les clairières des forêts, ou en plein découvert, car ils ont besoin de beaucoup de lumière. Les Bouleaux s'adaptent aux sols les plus pauvres, à la sécheresse comme à l'humidité extrêmes. En Europe, ce sont les plus rustiques de tous les Feuillus. Ils sont très répandus dans le Nord de l'Europe, en Russie, en Finlande et dans les Pays scandinaves et jusqu'au Grand Nord (Islande et Groenland). Sous une forme naine, ce sont les seuls arbres de la taïga.

Bouleau verruqueux (*Betula verrucosa*, Ehrh.)

Son nom vient des glandes résinifères en forme de verrues blanchâtres qui couvrent ses rameaux et la face inférieure de ses feuilles.

Cette espèce est très répandue en Europe septentrionale et centrale jusqu'au Caucase et en Asie Mineure ; au sud, elle se réfugie en montagne. En France, le Bouleau verruqueux est commun en plaine dans la moitié nord et dans toutes les montagnes, y compris celles de Corse ; dans les Vosges, il monte jusqu'à 1 300 m, dans les Pyrénées jusqu'à 2 000 m.

De croissance assez rapide (12 m en vingt ans), le Bouleau verruqueux dépasse rarement 25 m de haut, sur 0,60 m de diamètre, mais vit rarement plus de cent ans. Sa cime peu développée et ovoïde est formée de rameaux nombreux, longs et grêles, très flexibles, d'abord ascendants, puis retombants à l'extrémité. Son couvert est très léger, car, si son feuillage est abondant, les feuilles, pendant au bout d'un long pétiole, ne présentent que leur tranche à la lumière. Disposées sur trois rangs, ces feuilles sont petites (3-7 cm de long), de forme triangulaire, arrondie à la base, mais longuement pointues, au bord doublement denté. Les fruits, en juin, sont de petits cônes cylindriques à écailles minces, trilobées ; ils se désarticulent à maturité, libérant de petites samares bordées d'une aile double, membraneuse.

L'écorce du Bouleau est très caractéristique : sur l'arbre jeune, elle est d'abord très mince, d'un brun doré et s'exfolie facilement, puis elle prend progressivement une belle teinte blanc argenté, marquée de lenticelles horizontales sombres ; avec l'âge, l'écorce s'épaissit considérablement à la base du tronc et forme un rhytidome noirâtre, crevassé irrégulièrement et profondément. Le bois du Bouleau, blanchâtre, très homogène, sans aubier distinct, demi-dur, peu durable est un assez bon bois d'œuvre utilisé en tournerie et pour la fabrication de contre-plaqués. Sa combustion rapide le fait rechercher pour les fours des boulangeries.

Essence de pleine lumière, le Bouleau verruqueux a un tempérament robuste qui lui permet de très bien résister au froid. Relativement xérophile, il préfère les terrains meubles et légers, mais s'accommode des sols acides et très pauvres. Toujours disséminé, fructifiant abondamment, il peut envahir des espaces où la concurrence vitale est réduite : sols dégradés, éboulis de montagne.

Bouleau pubescent *(Betula pubescens* Ehrh.)

Cette espèce n'a été distinguée de la précédente qu'à la fin du XVIIIe siècle. Elle n'en diffère que par la pubescence qui couvre ses rameaux non verruqueux et le revers des feuilles, qui sont plus triangulaires ; ses rameaux sont plus gros, moins souples et jamais retombants ; enfin, son écorce d'un blanc un peu grisâtre ou un peu jaunâtre reste blanche et lisse plus longtemps. Le Bouleau pubescent est en général un peu plus petit (15-20 m) que son congénère, et sa croissance un peu plus lente.

Feuilles de Bouleau

L'aire du Bouleau pubescent est plus nordique que celle du Bouleau verruqueux et s'étend plus à l'Est, de l'Islande et du Groenland à la Sibérie jusqu'au Kamtchatka. En France, il recherche les zones les plus humides, marécages et même tourbières. Là où elles poussent au voisinage l'une de l'autre, les deux espèces se croisent habituellement.

Les Aulnes (famille des Bétulacées)

Les Aulnes ou Aunes comptent une trentaine d'espèces des régions froides et tempérées de l'hémisphère boréal, en Europe, Asie et Amérique. En France, le genre *Alnus* est représenté par quatre espèces : l'Aulne glutineux, l'Aulne blanc, l'Aulne de Corse et l'Aulne vert, arbrisseau de haute montagne, qui croît à la limite des arbres dans les Alpes ; là, couvrant bien le sol, il retient les avalanches et consolide les éboulis ; aussi peut-il être utilisé pour y combattre l'érosion.

Aulne glutineux (*Alnus glutionosa* Gaertn.)

On le nomme habituellement Verne ou Vergne au sud de la Loire. Glutineux fait allusion à la viscosité de ses bourgeons et de ses jeunes feuilles au printemps.

Très étendue, l'aire de l'Aulne glutineux embrasse toute l'Europe, depuis le 64e parallèle nord en Suède jusqu'à l'Afrique du Nord, et à l'est jusqu'au Caucase, à l'Asie

Mineure et à la Sibérie. En France, c'est un des rares arbres que l'on trouve en toute région, en plaine et en basse montagne (jusqu'à 1 000 m), aussi bien dans le Nord qu'au bord de la Méditerranée. Essence de lumière, l'Aulne glutineux ne croît en forêt qu'à découvert et dans les parties les plus humides, sur sol argileux. Il est beaucoup plus fréquent le long des cours d'eau et dans les dépressions humides, en compagnie des Saules et des Peupliers. Il supporte bien les terrains très mouilleux, mais non complètement inondés.

Croissant de 12 m en vingt ans, l'Aulne glutineux peut atteindre 25 ou 30 m de haut et vivre deux ou trois cents ans. Son port pyramidal jusqu'à la cime et ses branches minces et étalées lui donnent une silhouette comparable à celle d'un Conifère. Ses feuilles, disposées sur trois rangs, sont simples, assez grandes (4-10 cm de long), longuement pétiolées, ovales, élargies au sommet qui est tronqué ou échancré, et irrégulièrement dentées. Vert sombre dessus, elles se couvrent au printemps d'une sécrétion résineuse qui les rend collantes et restent vertes jusqu'à leur chute en automne. L'Aulne glutineux fleurit très tôt, en février-mars, avant la foliaison, les chatons étant formés dès l'automne précédent ; les fruits mûrs à l'automne suivant forment des petits cônes ovoïdes, de la taille d'une noisette, d'abord vert pâle, puis brun-noir ; ceux-ci s'ouvrent à maturité, libérant des akènes bordés d'une aile épaisse, emplie d'air, ce qui leur permet de se maintenir en suspension dans l'air pendant environ un mois, d'où leur dissémination très étendue.

L'écorce est longtemps lisse, brillante, brun foncé, à lenticelles gris clair ; avec l'âge, s'y creusent des fentes peu profondes qui découpent l'écorce en larges écailles irrégulières. Cette écorce est utilisée en phytopharmacie sous forme de décoction, en gargarisme contre l'angine et la pharyngite.

Le bois de l'Aulne glutineux, blanc jaunâtre à l'abattage, prend très rapidement, sous l'action de l'air, une teinte rouge orangé vif qui s'éclaircit par la suite. S'il pourrit exposé à l'air humide, ce bois est, en revanche, très durable quand il est immergé ; la moitié de Venise est édifiée sur des pilotis en bois d'Aulne glutineux.

Aulne blanc (*Alnus incana*, DC.)

C'est le dessous de ses feuilles couvertes d'une pubescence gris blanchâtre et d'un vert clair dessus qui lui ont valu son qualificatif. Plus petit que l'Aulne glutineux (10-15 m de haut), ce n'est souvent qu'un arbuste à la ramification plus serrée et au feuillage plus touffu que ceux de l'espèce précédente.

L'Aulne blanc est une espèce boréale et montagnarde de l'hémisphère Nord : Amérique, Europe et Asie. Il est fréquent dans les Pays scandinaves, le nord-ouest de la Russie et les montagnes du nord de l'Iran. On le retrouve plus au sud, dans les massifs montagneux. En France, l'Aulne blanc n'est spontané que dans les Alpes et le sud du Jura, où il colonise les rives des torrents et les moraines glaciaires jusqu'à 1 800 m. De là, il descend en plaine avec les cours d'eau : vallées du Rhône, de l'Isère, de la Drôme, de la Durance et du Var, et aussi le long du Rhin jusqu'en Alsace.

Peu exigeant en eau et drageonnant beaucoup, cette essence est parfois utilisée pour la restauration des terrains argilo-calcaires en montagne, où souvent l'Épicéa lui succède. Son bois qui ne se teinte pas en rouge après l'abattage, est moins cassant que celui de l'Aulne glutineux, mais de qualité inférieure.

Aulne de Corse (*Alnus cordata* Desf.)

Montant aussi haut que l'Aulne glutineux, il a un port plus mince, plus élancé, une cime étroite aux branches fines et se distingue surtout par ses belles feuilles (de 5-10 cm de long), en cœur à la base, pointues à l'extrémité, d'un vert brillant sur les deux faces, avec des poils roussâtres à l'aisselle des nervures de la face inférieure. Les fruits sont des cônes globuleux de la taille d'une noix.

L'aire originelle de cette espèce va de la Corse au sud de l'Italie et au Caucase. En Corse, on le trouve entre 600 et 1 000 m, à l'étage du Châtaignier, colonisant les châtaigneraies dégradées.

Les forestiers qui apprécient la plasticité de cet Aulne et sa croissance rapide, 15 m en vingt ans, en son jeune âge, l'ont introduit en Champagne, en Lorraine, où il supporte bien le froid (jusqu'à -20° C), ainsi que dans les Alpes du sud.

Dans les stations fraîches, il se ressème de lui-même (forêt de Saou dans la Drôme).

Le Tremble *(Populus Tremula L.)* (famille des Salicacées)

C'est le seul Peuplier que l'on trouve en forêt, mais surtout en lisière et dans les clairières, car il a besoin de beaucoup de lumière. À l'état spontané, il occupe en Eurasie une aire extrêmement vaste qui s'étend du 71° nord, en Laponie norvégienne, jusqu'au 35° nord en Algérie, et, d'ouest en est, de la côte atlantique au Japon. Au nord de son aire, le Tremble fréquente surtout les plaines ; au sud, exclusivement les montagnes. Il en est résulté deux races géographiques distinctes : le Tremble de montagne (dans les Alpes jusqu'à 1 700 m, dans les Pyrénées jusqu'à 1 800 m), au tronc parfaitement cylindrique et très droit, à la cime étroite et fusiforme, et le Tremble de plaine, à la cime plus large et au port beaucoup moins régulier.

Tremble

En France, on trouve le Tremble partout, sauf dans les plaines chaudes du Sud-Ouest et dans la région méditerranéenne. Peu exigeant en chaleur et résistant bien au froid, le Tremble a besoin de beaucoup de lumière et d'une certaine humidité. Neutrophile, il ne croît bien que dans des sols assez meubles et suffisamment drainés. Il rejette peu de souche, mais, grâce à son enracinement très traçant, drageonne avec une extrême facilité et, produisant en abondance des graines très légères que dissémine le vent, devient envahissant dans les clairières et dans les coupes, où il forme des boqueteaux.

Sa croissance est lente (8 m en vingt ans), mais il peut atteindre jusqu'à 33 m de haut sur 0,70 m de diamètre à la base. Peu longévif, il vit rarement plus de soixante-dix-quatre-vingts ans, au maximum cent vingt ans. Son tronc cylindrique et dénudé est couvert d'une écorce longtemps lisse, d'un gris jaunâtre ou blanchâtre, mais qui devient progressivement gris sombre et crevassée. Le feuillage de cette espèce est très caractéristique : les feuilles, plus ou moins orbiculaires (3 à 10 cm de diamètre) et crénelées, ont un pétiole très long (3 à 8 cm) et aplati, ce qui les rend extrêmement mobiles ; le moindre vent les agite et, en s'entrechoquant, elles cliquettent, d'où le nom de l'espèce. Sur les drageons, les feuilles sont beaucoup plus grandes, en forme de cœur et veloutées, avec un pétiole plus court. Les fleurs apparaissent avant les feuilles, en mars-avril, et forment des chatons cylindriques, d'un beau rouge clair chez les mâles. Les fruits sont des capsules ovoïdes, renfermant un très grand nombre de graines noirâtres, munies d'un épais duvet laineux qui facilite leur dissémination.

Le bois du Tremble, tendre, léger, homogène est recherché pour la papeterie, la menuiserie, la fabrication de contre-plaqué et d'aggloméré.

Les Saules (famille des Salicacées)

Voisins des Peupliers, les Saules ont comme eux des fleurs très simples réunies en chatons et des graines entourées de longs poils blancs. Ce sont de petits arbres, plus souvent des arbrisseaux, qui croissent généralement au bord des eaux, dans les régions tempérées ou froides de l'hémisphère

Nord. Espèces dioïques, les Saules fleurissent très tôt au printemps, avant la foliaison.

Si on en dénombre, en France, une trentaine d'espèces, trois seulement atteignent la taille des arbres : le Saule blanc (*Salix alba* L.) qui peut monter jusqu'à 25 m de haut, avec 2 m de diamètre à la base, et le Saule fragile (*Salix fragilis* L.) qui est généralement plus petit, 12 à 15 m. Ces deux espèces se trouvent parfois en forêt, mais seulement dans ses parties les plus humides. Une seule espèce de Saule peut être considérée comme forestière, le Saule Marsault.

Saule Marsault (*Salix caprea* L.)

On ne connaît pas exactement l'origine du nom de Marsault, bien qu'il provienne du latin *mas salix*, « saule mâle », seulement l'espèce est dioïque, toutefois les chatons mâles sont beaucoup plus remarquables que les chatons femelles. Mais on fait aussi venir Marsault de mars, qui est le mois où il fleurit.

Le Marsault est un petit arbre de croissance rapide qui atteint son complet développement vers vingt ou trente ans, mais ne vit pas plus de cinquante-soixante ans. En forêt, il peut atteindre 10 à 12 m de haut avec une cime globuleuse mais très irrégulière et des rameaux peu serrés qui se détachent facilement. Ses feuilles, elliptiques ou ovales, à pointe oblique, vert foncé et luisantes dessus, grises et tomenteuses dessous, ont des nervures très saillantes et une consistance un peu gaufrée. Mais ce qui permet d'identifier ce Saule à coup sûr, ce sont ses chatons mâles qui paraissent en mars-avril avant les feuilles ; gros, ovoïdes, hérissés d'étamines jaune d'or, ils se voient de loin et répandent une odeur de miel qui attire les abeilles qui font sur eux une de leurs premières récoltes. L'écorce du Marsault, d'abord d'un gris verdâtre, devient noirâtre et se crevasse en losange. Son bois, tendre, léger, à aubier blanc jaunâtre et cœur petit et rougeâtre est peu utilisé sauf pour fabriquer des échalas et des manches d'outils.

Le Saule Marsault croît dans la plus grande partie de l'Europe et jusqu'au nord de l'Iran et au nord-est de l'Asie. En France, il est commun dans les plaines et sur les collines du Nord, de l'Est et du Centre, plus rare dans l'Ouest et le

Sud-Ouest et absent dans le Midi, sauf en montagne où il pousse jusqu'à une haute altitude. En forêt, le Marsault, très exigeant en lumière, se trouve en sol non acide et de préférence calcaire, dans les clairières, dans les haies au bord des chemins et dans les coupes et les friches qu'il envahit rapidement grâce à la légèreté de ses graines.

Les Ormes (famille des Ulmacées)

Le genre *Ulmus* compte environ dix-huit espèces des régions tempérées de l'hémisphère Nord, trois d'entre elles font partie de la flore française. Ce sont des arbres de grande taille et très longévifs, aux feuilles dissymétriques à la base et rudes au toucher, ce qui est un critère facile d'identification. Les fleurs, apétales, apparaissent très tôt, avant la foliaison ; elles sont suivies par les fruits, des samares en forme de disque, mûrs eux aussi très tôt et qui se disséminent en mai avant le complet développement du feuillage. Cette rapidité du cycle de la fructification (huit semaines environ) est très caractéristique de ce genre.

Orme champêtre (Ulmus procera Salisb. = *Ulmus campestris* Mill.)

On le nomme aussi Orme franc, Orme rouge, Aloum, Homeau, Arbre à pauvre homme et Ormeau, quand, ayant été taillé comme arbre d'émonde dans les haies, il n'a pas produit son plein développement.

L'espèce habite le centre et le sud de l'Europe, l'Afrique du Nord, l'Asie Mineure avec un prolongement vers l'Asie centrale. En France, c'est une essence plus ou moins disséminée dans les forêts au sol d'alluvion fertile (vallées de la Saône, de l'Adour et du Rhin). Assez exigeant en lumière, l'Orme champêtre demande des sols fertiles, non acides, meubles et assez frais. Rejetant bien de souche et drageonnant en abondance, le régime du taillis lui est favorable. On le trouve aussi dans les haies en bordure de champ, ou planté comme arbre d'alignement ou d'ornement, surtout dans le Sud, car il a besoin de chaleur et de lumière.

L'Orme champêtre peut dépasser 25-30 m de haut et atteindre 40-50 m avec un diamètre de 2 à 3 m, un fût droit et élancé, un peu sinueux, s'élargissant vers le haut et for-

Orme champêtre

mant une cime en éventail, ample et fournie à ramification fine. Croissant de 12 m en vingt ans, il peut vivre facilement trois-quatre cents ans, et parfois davantage. Il devient alors énorme et se creuse à l'intérieur. Aussi l'exploite-t-on avant qu'il ait dépassé soixante-dix-quatre-vingts ans.

En France, on trouve de très vieux Ormes, par exemple celui de Roquefixade, dans l'Ariège, qui aurait sept cents ans. Jadis, on rendait la justice sous l'Orme qui, surtout au sud de la Loire, ombrageait la place située devant le manoir féodal et autour duquel se réunissaient les villageois, d'où l'expression aujourd'hui vieillie : « attendre sous l'orme ». Sous le règne d'Henri IV, Sully fit planter des Ormes le long des grandes routes du royaume, sur les places et les promenades des villes, les mails. De ces plantations subsistent encore quelques vestiges.

Les feuilles de l'Orme champêtre, alternes, simples, ovales, aiguës ou acuminées au sommet et nettement dissymétriques à la base, de 8-10 cm de long sur 4-5 cm de large, à double dentelure, sont vert foncé et luisantes dessus pubescentes aux nervures dessous, et rudes au toucher. Elles prennent à l'automne une belle teinte jaune vif. En mars, l'Orme prend une coloration rougeâtre, due à l'abondance des fleurs réduites à des bouquets d'étamines rose carminé. En mai, alors que commencent seulement à pointer les feuilles encore petites, l'Orme se couvre de samares jaune verdâtre, échancrées à la partie supérieure où se trouve la graine. Les rameaux de cet Orme, gris noirâtre, sont souvent munis d'excroissances liégeuses en forme de crête. Son écorce, d'abord lisse, d'un gris noirâtre, est ensuite profondément creusée de sillons longitudinaux ; elle est parfois subéreuse. Le bois de l'Orme champêtre, à aubier blanc, mais brun-rouge au cœur est dur, élastique, tenace et très recherché pour la charpente, la construction d'escaliers et de pilotis.

Depuis 1925, l'espèce a été décimée par une très grave maladie des vaisseaux qui bloque le transport de la sève et, desséchant progressivement l'arbre, peut le faire périr. Cette maladie, la graphiose de l'Orme, est provoquée par un champignon microscopique, *Graphium ulmi*, qui est transporté d'un arbre à un autre par un coléoptère, le scolyte. Contre cette maladie, il a été très difficile de trouver un remède efficace, celui que l'on a utilisé est à la fois coûteux et aléatoire. On viendrait d'en trouver un autre qui, semble-t-il, a déjà fait ses preuves : planter près de l'Orme menacé un Tilleul dont les racines sécréteraient l'antidote nécessaire.

Orme de montagne (*Ulmus montana* With. = *Ulmus scabra* Mill.)

Cette espèce, que l'on appelle aussi Orme blanc à cause de son bois plus clair, est largement répandue dans les montagnes du nord et du centre de l'Europe et de l'Asie occidentale. En France, on la trouve disséminée dans les forêts de coteaux, surtout dans l'Est, et à l'étage montagnard (600-1 600 m), en compagnie du Hêtre et du Sapin. S'il préfère les terres profondes, riches en azote, assez fertiles, aérées et fraîches, l'Orme de montagne peu aussi pousser sur des éboulis ou des sols rocheux fissurés, et tolère le calcaire.

Cet Orme ne dépasse généralement pas 25 m de haut sur 0,80 m de diamètre, mais en conditions exceptionnelles, il peut atteindre 40 m. De croissance aussi rapide que l'Orme champêtre, il a une longévité assez grande, moins toutefois que celle de ce dernier. Il semble résister à la graphiose.

Sa cime est ample, formée de branches étalées, mais moins fournie que celle de l'Orme champêtre, dont il diffère par les feuilles, plus grandes (12-15 cm sur 6-8 cm), très dissymétriques à la base, dont la face supérieure vert foncé est rugueuse comme du papier de verre, alors que le dessous est duveteux, ainsi que par ses samares plus grandes et où la graine est logée au centre. Les rameaux de cet Orme, assez gros, brun rougeâtre, ne portent pas d'ailes liégeuses et son écorce n'est jamais subéreuse. Le bois de l'Orme de montagne, à aubier blanc et cœur jaune-brun, est assez dur, tenace, mais moins durable que celui de l'Orme champêtre et présente souvent des défauts, il est de ce fait moins estimé.

Les Tilleuls (famille des Tiliacées)

Le genre *Tilia* comprend une trentaine d'espèces des régions tempérées de l'hémisphère Nord, en Europe, en Asie jusqu'à la Chine centrale et au sud du Japon, et en Amérique du nord-est jusqu'au Mexique.

Les Tilleuls sont des arbres de taille moyenne qui ont en commun les caractères suivants permettant de les identifier facilement : cime ovoïde, large et très rameuse, feuillage dense, feuilles simples, alternes, cordiformes et longuement pétiolées, fleurs hermaphrodites, d'un blanc jaunâtre, très odorantes et mellifères, groupées en petites cymes pendantes à l'extrémité d'un long pédoncule accolé à une large bractée membraneuse d'un vert très pâle, fruits globuleux, à coque dure, se disséminant avec la bractée à laquelle ils restent attachés.

Le bois des Tilleuls, blanc, homogène, léger, assez tendre, peu résistant, facile à travailler est utilisé en menuiserie, en ébénisterie, pour la fabrication de jouets, et très apprécié pour la sculpture.

Trois espèces de Tilleuls sont indigènes en France : le Tilleul à petites feuilles *(Tilia cordata)*, le Tilleul à grandes feuilles *(Tilia platyphyllos)* et le Tilleul de Hollande ou Tilleul d'Europe *(Tilia X europaea)*, hybride spontané entre les deux espèces précédentes. Rare dans la nature, le Tilleul de Hollande est très souvent planté. Seules les deux premières espèces sont des essences forestières.

Les Tilleuls ne fournissent pas seulement leur bois, ils servent depuis fort longtemps à de multiples usages. Leurs feuilles étaient données comme fourrage au bétail par les Romains et, plus tard, dans les pays nordiques. Leur écorce et son liber, qui restent souples pendant vingt ou trente ans, contiennent de nombreuses fibres flexibles et résistantes, la « tille », qui, après avoir été immergées dans l'eau (rouissage), étaient isolées par le « teillage », opération propre d'abord au Tilleul, mais appliquée ensuite au lin et au chanvre. De la tille, on fabriquait des câbles, des cordages, des sacs et des nattes ; en Russie surtout, la tille ou teille a servi aux paysans à toutes sortes d'usage, on en fabriquait même des vêtements et des sandales. L'aubier de tilleul, possédant un effet hypotenseur et antispasmodique, récemment remis en lumière, constitue un excellent draineur naturel. Les fleurs du Tilleul, surtout celle du Tilleul à grandes feuilles, récoltées lors de leur plein épanouissement, en juin-juillet, puis séchées à l'ombre et employées en infusion, possèdent des propriétés antispasmodiques, calmantes et rafraîchissantes, déjà reconnues dans l'Antiquité par les Grecs ; de plus, elles faciliteraient la circulation du sang. Le canton de Buis-les-Baronnies dans la Drôme fournit 95 % de la production française de fleurs de Tilleul, dont la consommation se monte annuellement à environ 400 tonnes.

Tilleul à petites feuilles (*Tilia cordata* Mill.)

Répandu dans presque toute l'Europe, y compris les îles Britanniques, le sud des Pays scandinaves et de la Finlande, et la Russie où il est très abondant jusqu'à l'Oural, le Tilleul à petites feuilles croît dans les plaines et sur les collines de toute la France, sauf dans la région méditerranéenne, et ne s'élève pas en montagne, où il laisse la place au Tilleul à grandes feuilles.

Tilia cordata peut atteindre 30 m de haut, avec une cime arrondie. Ses feuilles assez petites (4-7 cm de long), longuement pétiolées (1,50-3 cm), de forme arrondie, souvent plus larges que longues, cordiformes à la base, brusquement acuminées au sommet, finement dentées, sont vert foncé satiné dessus, glauque dessous, avec de petites touffes de poils courts et roussâtres à l'aisselle des nervures. Les fleurs (au milieu de juillet) d'un blanc d'ivoire, sont groupées par 5-7 en petites cymes pendantes à l'extrémité d'un long pédoncule soudé à une bractée en forme d'aile de 4-8 cm de long. L'écorce, d'abord mince et lisse, gris brunâtre, devient avec l'âge plus foncée et marquée de gerçures longitudinales.

Tilleul à petites feuilles

Feuilles de Tilleul

Essence de demi-lumière, peu exigeante en chaleur, neutrophile, le Tilleul est localisé en forêt sur des sols assez frais et profonds, de préférence argilo-siliceux.

Tilleul à grandes feuilles (*Tilia platyphyllos* Scop.)

Cette espèce montagnarde et plus méridionale croît dans l'Europe médiane et descend jusqu'au nord de la Turquie et de la mer Caspienne. En France, on la trouve disséminée dans tous les massifs montagneux, à l'étage montagnard jusqu'à 1 500 m, en compagnie du Hêtre et du Sapin, ainsi que sur les collines et les plateaux de l'Est.

Plus haut et plus imposant encore que l'autre Tilleul, il peut monter jusqu'à 40 m, avec une cime très ample et un feuillage très épais. Il entre en végétation plus tôt. Ses feuilles sont plus grandes (6-12 cm de long), vert foncé dessus, pubescentes dessous, avec des touffes de poils blancs à l'aisselle des nervures très saillantes. Ses fleurs, en juin-juillet, sont encore plus odorantes et plus mellifères, fournissant un miel de saveur douce et très aromatique.

Ce Tilleul recherche davantage l'humidité de l'air et la fraîcheur, il croît sur des sols bien drainés, même rocheux ; dans les forêts de montagne, il occupe notamment les clairières caillouteuses ; sur les plateaux, il est disséminé dans les taillis.

Sa croissance est un peu plus rapide (12 m en vingt ans) et sa longévité en moyenne plus grande. Vers quatre-vingt-dix-cent ans, il se creuse habituellement, mais n'en continue pas moins à grossir et peut atteindre des dimensions énormes. Certains Tilleuls à grandes feuilles, qui ont été plantés à l'occasion d'un événement historique connu, tel le Tilleul de Samoëns (Haute-Savoie), planté en 1436, ou le célèbre « Tilleul de Morat », mort récemment, planté en 1476, ont donc dépassé cinq cents ans. Il en existe certainement de beaucoup plus vieux : sous le Tilleul de Bergheim (Haut-Rhin) se seraient déroulées des fêtes populaires depuis l'an 1300, le Tilleul d'Avolsheim-Dompeter (Bas-Rhin) serait contemporain de la fondation de l'église, consacrée en 1049, ce qui ferait de lui le plus vieux Tilleul de France. En Europe, il en existerait d'encore plus âgés : en Belgique, celui de l'église de Waha, à Marche-en-Famenne, daterait de 1050, et le Tilleul de Neustadt (Bavière) et celui d'Epsted, près de Hanovre auraient largement dépassé le millénaire.

Mais, en l'occurence, il s'agit toujours d'arbres plantés soit près d'une église ou sur la place d'un village, particulièrement dans le Nord et l'Est de la France, où le Tilleul a joué le même rôle que l'Orme en d'autres régions. C'est la vénération dont les entouraient les villageois qui leur a permis de survivre si longtemps.

Les Érables (famille des Acéracées)

Le genre *Acer* est représenté par cent quinze espèces d'arbres et d'arbustes répandues dans les régions tempérées et froides de l'hémisphère boréal, mais surtout en Asie et en Amérique du Nord. Ce sont des arbres de hauteur moyenne, plus rarement de haute taille, ou, au contraire, arbustifs, au feuillage palmatilobé, aux fleurs petites et verdâtres, dont les fruits sont des samares doubles à ailes membraneuses. En Europe, les Érables ne croissent qu'à l'état disséminé dans les forêts, mais, en raison de l'élégance de leur port et de la beauté de leur feuillage, ils jouent un rôle important comme essence d'alignement et d'ornement. Cinq espèces d'Érables sont indigènes en France, trois sont des essences de montagne, l'Érable Sycomore, l'Érable plane et l'Érable à feuilles d'Obier, deux autres sont des espèces de plaine, l'Érable champêtre et l'Érable de Montpellier.

Érable champêtre (*Acer campestre* L.)

Appelé aussi Acéraille, Auzerolle ou Bois chaud, c'est de beaucoup le plus répandu. On le trouve dans toute la France, surtout en plaine, sauf dans la région méditerranéenne, ainsi qu'en montagne où il s'élève peu. Son aire couvre presque toute l'Europe et l'Asie occidentale.

L'Érable champêtre est un petit arbre à la ramification dense et à la cime souvent arrondie, qui dépasse rarement 12-15 m de haut et reste souvent buissonnant ; cependant dans de bonnes conditions, il peut monter jusqu'à 20-25 m. Sa croissance, d'abord rapide, se ralentit beaucoup par la suite (9 m en vingt ans) et il ne vit guère plus de cent vingt-cent cinquante ans. Une des caractéristiques de cette espèce est la formation fréquente sur ses rameaux de crêtes longitudinales de liège jaune brun ; l'écorce du tronc brun jaunâtre contient d'épaisses plaques subéreuses et se découpe en crêtes cubiques. Ses feuilles assez petites (5-10 cm), plus larges que longues, à 3-5 lobes obtus, séparés par des sinus profonds, sont d'un vert moyen dessus, veloutées et pubescentes dessous, le pétiole est aussi long que le limbe. À l'automne, elles se teintent de jaune cuivré et de jaune orangé. Les samares doubles, généralement pubescentes, ont des ailes disposées horizontalement en ligne droite, dans le prolongement l'une de l'autre. Le bois, jaunâtre rougeâtre, homogène, compact, tendre, lourd, se polissant bien est employé en menuiserie, en tournerie ; il est très recherché pour la confection de manches d'outils et parfois utilisé pour la fabrication d'instruments de musique.

Feuille d'Érable champêtre

Essence de lumière, assez xérophile et nettement calcicole, peu exigeant quant à la fertilité du sol, l'Érable champêtre peut croître en tout terrain, même sec et rocheux. Rejetant bien de souche, c'est une essence qui s'associe aussi bien au Chêne rouvre et au Hêtre sur les plateaux calcaires qu'au Chêne pédonculé et au Charme dans les vallées. L'Érable champêtre est très répandu et souvent buissonnant dans les haies, les prairies et au bord des chemins.

Érable de Montpellier (*Acer monspessulanum* L.)

Abondant dans les lieux chauds et pierreux, cet Érable est une essence des Causses, des collines et des basses montagnes méditerranéennes ; souvent associé au Chêne pubescent, il l'accompagne vers le Nord jusqu'au Jura méridional, à la Côte d'Or et à l'Allier, et, à l'Ouest, jusque dans les Charentes, la Vendée et le Poitou. Son aire, très vaste, comprend le sud de l'Europe et une partie de l'Asie occidentale, jusqu'au Caucase et au nord de l'Iran.

C'est un petit arbre d'au plus 10-12 m de haut, avec une cime arrondie et un tronc tortueux, ramifié dès la base, souvent buissonnant, avec des rameaux rigides. Les feuilles, opposées, sont petites (3-8 cm de large), à pétiole long et grêle, formant 3 lobes obtus, arrondis et entiers, d'un vert foncé luisant dessus, plus clair et glaucescent dessous ; elles restent très longtemps vertes à l'automne. Les samares rougeâtres portent deux ailes redressées, presque parallèles.

Érable Sycomore (*Acer pseudoplatanus* L.)

C'est, chez nous, le géant du genre, non seulement en hauteur — il atteint le maximum de sa taille, 30 m et parfois 40 m, dès l'âge de soixante ans et peut vivre deux cents ans, parfois même jusqu'à cinq cents —, mais par son tronc cylindrique, épais (1-2 m de diamètre) et sa cime très développée en hauteur comme en largeur qui donne un couvert très épais. Ses feuilles, longues et larges (8-15 cm), dessinent 5 lobes (3 grands et 2 petits à la base), jamais aigus, mais ovales et crénelés, séparés par des sinus étroits et aigus. De consistance ferme, elles sont d'un vert sombre brillant dessus, mates et parfois rougeâtres dessous, avec un très long pétiole (5-15 cm). Les disamares renflées, à ailes élargies et arrondies au sommet, convergentes en accent circonflexe forment des grappes abondantes. Son écorce grisâtre se détache en larges plaques. Son bois blanchâtre est utilisé en menuiserie, tournerie et lutherie.

L'Érable Sycomore occupe une aire difficile à localiser, car l'espèce a été très répandue par la culture, elle se situerait en Europe centrale et orientale, des Alpes et des Carpates au Caucase et à l'Arménie. En France, on le trouve, à l'état spontané, dans toutes les montagnes, souvent en compagnie du Hêtre, du Sapin et de l'Épicéa, jusqu'à 1 500 m, mais on le trouve aussi plus bas, sur les collines et les plateaux de l'Est.

Essence de lumière, très résistant au froid, aimant humidité et fraîcheur, il a besoin de sols assez riches, meubles et aérés, mais non acides. En futaie, l'Érable Sycomore ne se développe que dans les clairières, mais envahit coupes et chablis. En taillis, rejetant bien de souche, il est plus abondant.

Érable Sycomore

Érable plane (*Acer platanoides* L.)

On l'appelle parfois Faux Sycomore ; il est en effet plus petit que ce dernier, dépassant rarement 20-25 m de haut, avec un port moins massif, un fût plus mince, une cime moins large, ovalaire-arrondie et un couvert moins dense. En comparaison de celles du Sycomore, ses feuilles sont plus longues et plus larges (10-18 cm) ; à pétiole très long (jusqu'à 20 cm), elles sont découpées en 5 lobes très aigus, séparés par des sinus moins profonds, arrondis et très ouverts, d'un vert vif et lustrées sur les deux faces. Les disamares aplaties ont des ailes étalées formant presque une ligne droite. L'écorce de l'Érable plane diffère, elle aussi, de celle du Sycomore, d'abord lisse, puis crevassée, elle ne s'écaille jamais. Son bois, moins blanc, souvent jaunâtre ou rougeâtre est plus dur, mais a à peu près les mêmes emplois, il est en outre très apprécié pour la fabrication de manches de couteau, de queues de billard et d'instruments de musique (guitares et violons).

L'aire originelle de cette espèce s'étend sur la plus grande partie de l'Europe, sauf en Angleterre et en Hollande, jusqu'au Caucase et à l'Arménie. En France, on trouve le Plane comme le Sycomore dans toutes les régions montagneuses, mais il y est plus rare et ne s'élève pas aussi haut. On le retrouve, très disséminé, sur les collines et les plateaux de l'Est. En revanche, l'Érable plane, en raison de la beauté de sa forme et de son feuillage d'un vert très lumineux qui se change à l'automne en jaune orangé et rouge carminé, est souvent planté dans les villes.

Érable à feuilles d'Obier (*Acer opulifolium* Vill.)

Ce petit Érable à cime étalée et port irrégulier peut monter jusqu'à 15 m mais, restant le plus souvent buissonnant, il ne s'élève guère au-dessus de 7-8 m, et croît très lentement (6 m en vingt ans). Essence de pleine lumière, résistant bien au froid comme à la sécheresse, acceptant des sols peu fertiles et même rocailleux, il habite les montagnes méridionales, basses et moyennes, depuis les Alpes de Provence d'où il remonte dans le Dauphiné, où on le nomme Ayard, probablement à cause de son association habituelle avec le Hêtre (Fayard), et jusque dans le Jura septentrional où il est appelé Duret, en raison de la densité de son bois, et à l'ouest jusqu'aux Cévennes et aux Pyrénées. En France, cet Érable se trouve à la limite nord-ouest de son aire qui s'étend de l'Europe du Sud-Est au Caucase et au nord de l'Iran ; on le trouve aussi en Algérie.

Ses feuilles sont de taille moyenne (6-10 cm en long et en large) et de consistance coriace à 5 lobes obtus, peu dentés et sinus arrondis, vert foncé dessus, glauques dessous. Les disamares, où les graines forment un double renflement bossu, ont des ailes redressées. Son bois, rose clair à brun rougeâtre, ressemble à celui du Sycomore, mais plus serré, plus lourd et plus dur ; il est recherché pour la tournerie.

LES FRUITIERS

Sous cette dénomination, on désigne en langage forestier les essences appartenant toutes à la famille des Rosacées, qui produisent des fruits charnus et le plus souvent comestibles et dont certaines sont à l'origine des arbres fruitiers cultivés.

Botaniquement, on distingue deux sous-familles, les Pomoïdées, au fruit globuleux, déprimé à la base, du type pomme, dont la pulpe renferme plusieurs graines, les pépins, entourées d'un noyau mince, translucide et cartilagineux, à cinq logettes bien visibles. En forêt, les Pomoïdées sont représentés par le Pommier et le Poirier sauvages, les Alisiers, les Sorbiers et les Aubépines.

L'autre sous-famille, celle des Prunoïdées, dont le fruit est une drupe globuleuse ou ovoïde, charnue, n'a qu'un seul noyau contenant la graine, une amande ; elle comprend les essences forestières suivantes : le Merisier et les autres Cerisiers sauvages et le Prunelier.

En forêt, ces espèces sont toujours très disséminées, par pieds épars, leur semence étant dispersée par les oiseaux qui se nourrissent de leurs fruits. De dimensions réduites, assez exigeantes en lumière, elles ne peuvent lutter contre les grandes essences sociales. Aussi, en futaie, elles ne prospèrent qu'en lisière, en clairière et au bord des routes. Le taillis leur est beaucoup plus propice.

Le bois des Fruitiers est, en général, très homogène, dur, souvent coloré. Il est très apprécié en menuiserie, en ébénisterie et en tournerie, pour l'outillage et particulièrement pour la sculpture.

Le Pommier sauvage (*Malus acerba* Mérat = *Malus sylvestris* Mill.)

Le Pommier sauvage dont les fruits ont une saveur âpre *(acerba)* se trouve à l'état disséminé dans les bois de toute l'Europe, depuis le soixante-sixième parallèle au nord de la Norvège, jusqu'au Caucase. Il abonde en Russie centrale où il forme de grandes forêts dans la province de Koursk qui pourrait être son lieu d'origine. En France, on le trouve en plaine, sur les collines et en basse montagne (jusqu'à 1 500 m), surtout dans la région méditerranéenne.

Le Pommier sauvage est un petit arbre qui ne dépasse pas 10-12 m de haut, de croissance lente, mais assez longévif, à tige cannelée, cime ample et arrondie. Ses feuilles, en disposition spiralée, de 4,50-10 cm de long et 3,50-5 cm de large, sont ovales ou ellipsoïdes, dentées en scie, avec un pétiole court. Les fleurs, en mai, blanches au-dedans, rosées ou carminées à l'extérieur et très odorantes, sont groupées en corymbes peu fournis au sommet des rameaux courts. Les fruits sont petits (2-2,5 cm de diamètre), longuement pédonculés, jaune verdâtre, rougeâtres sur la face exposée au soleil, acerbes et très amers ; ils servaient jadis à la fabrication du verjus, qui tenait lieu de vinaigre.

Le Poirier sauvage (Pirus communis L.)

Beaucoup moins répandus que le Pommier sauvage, le Poirier sauvage n'est peut-être pas indigène chez nous, il peut s'agir d'arbres autrefois cultivés qui, disséminés, se seraient naturalisés. En effet, si l'on trouve ce Poirier en Europe centrale et orientale, il semble plutôt originaire d'Asie. On ne le trouve en abondance que dans les massifs montagneux qui s'étendent de la Transcaucasie jusqu'au Turkestan et au Tian-Chan.

Pirus communis peut atteindre 15 m de haut et vivre trois cents ans et même probablement davantage, tel le Poirier de la reine Jeanne à Toulon, qui vécut six cents ans, avant d'être déraciné par un ouragan en 1897.

Ce Poirier se distingue du Pommier sauvage par sa cime touffue, mais allongée et souvent pyramidale. Ses feuilles spiralées, de 2-8 cm de long, d'un vert sombre dessus, clair dessous, ont un pétiole aussi long que le limbe ; ses rameaux courts sont souvent transformés en piquants ; ses fleurs, en avril-mai, de 3 cm de diamètre, aux pétales blancs et aux étamines pourpre violacé sont groupées en petits corymbes portés par de longs pédoncules. Ses fruits, mûrs en octobre, petits, presque sphériques, à la peau jaune, plus ou moins mouchetée de taches brunes et rugueuses, ont une saveur à la fois âpre et sucrée et doivent être consommés juste avant qu'ils blettissent ; dans certaines régions, on en faisait une sorte de cidre, le poiré.

Le bois du Poirier, rougeâtre, homogène, se travaillant bien et acquérant un beau poli est très recherché pour l'ébénisterie, la sculpture, la gravure sur bois, la fabrication d'instruments de précision et d'instruments de musique.

Alisiers et Sorbiers

Beaucoup plus répandus dans nos forêts que le Pommier et le Poirier, Alisiers et Sorbiers appartiennent au même genre *Sorbus* et ont un certain nombre de caractéristiques communes : ce sont des arbres de taille moyenne ou de grands arbustes, à feuilles alternes, en disposition spiralée, à fleurs blanches nombreuses, groupées en corymbes et à fruits petits, globuleux, parfois comestibles. Si les Alisiers ont des feuilles simples, les Sorbiers ont, eux, des feuilles composées-pennées.

Alisier blanc (*Sorbus Aria* Crantz)

Appelé parfois Allier ou Allouchier, c'est une essence montagnarde qui croît jusqu'à la limite supérieure des arbres, sur les collines et les basses montagnes, où il abonde en compagnie du Chêne pubescent, ainsi que sur les plateaux de l'Est, de la Bourgogne aux Ardennes. Ayant besoin de lumière et de sécheresse, il recherche les emplacements assez chauds et pousse fréquemment sur les sols calcaires, superficiels et même rocheux. Il résiste bien aux grands froids. On trouve l'espèce dans toute l'Europe, mais surtout au Nord et plus au Sud en montagne.

L'Alisier blanc peut atteindre 15-20 m de haut, mais, en altitude, ce n'est qu'un arbrisseau. Croissant de 10 m en vingt ans, il est longévif. Ses feuilles simples, ovales ou oblongues, de 6-14 cm de long et 4-9 cm de large, à bords doublement et irrégulièrement dentés, sont vertes et luisantes dessus, blanches et très tomenteuses dessous, avec de fortes nervures. Mûrs en septembre, les fruits (les alises), de 1,2 cm de diamètre, comestibles, de saveur acidulée, sont globuleux, luisants, verts, puis rouge orangé avec des lenticelles souvent nombreuses.

Exclusivement montagnard, l'Alisier de Mougeot *(Sorbus Mougeotii)* est une espèce très proche, qui peut atteindre 20 m de haut, feuilles lobées et fruits plus petits. On trouve cet Alisier sur les escarpements de haute montagne, dans les Vosges, le Jura, les Alpes et les Pyrénées. Son aire couvre toute l'Europe centrale.

Alisier blanc

Alisier torminal (*Sorbus torminalis* Crantz)

C'est une espèce de plaine, de plateaux et de collines, qui ne s'élève pas en montagne. On le trouve, mais seulement disséminé, un peu partout, sur tous les sols, mais de préférence siliceux et frais, surtout en taillis ; s'il fructifie régulièrement, il ne rejette pas de souche. L'espèce habite l'Europe, l'Asie Mineure, le Caucase et l'Afrique du Nord. L'épithète torminal vient de ce que les Romains utilisaient les vertus astringentes de ses fruits contre la colique et la dysenterie.

L'Alisier torminal dépasse rarement 10 m de haut, il peut cependant monter jusqu'à 25 m et vivre trois cents ans. De port gracieux, il est particulièrement remarquable à l'automne quand son feuillage devenu rouge sang se détache dans la grisaille du bois. Ses feuilles simples, presque aussi larges que longues (5-10 cm), portent de 5 à 9 lobes aigus, dentés, inégalement profonds ; elles sont d'abord tomenteuses, puis vertes et luisantes sur les deux faces. Ses fruits (alises), mûrs en septembre-octobre, sont ronds ou oblongs, de la grosseur d'une cerise, à saveur acidulée, comestibles quand ils sont presque blets ; ils fournissaient naguère une eau-de-vie appréciée. Le bois de l'Alisier torminal, dur et très coloré, est un des plus recherchés parmi les bois des Fruitiers pour la tournerie et l'outillage.

Sorbier domestique ou Cormier (*Sorbus domestica* L.)

Originaire du sud de l'Europe, d'Asie occidentale et d'Afrique du Nord, il croît en terrain calcaire, en basse montagne ; on le trouve en France, accompagnant le Chêne pubescent, dans le Midi. Mais très anciennement cultivé pour ses fruits, le Cormier s'est répandu dans les haies et les bois de toute la France.

De croissance lente, le Cormier peut atteindre 15-20 m de haut, avec un diamètre de 1 m et vivre fort longtemps (cinq ou six cents ans). Sa cime est souvent pyramidale, mais se déploie avec l'âge en situation isolée, avec un tronc puissant et des branches fortes. Ses feuilles composées-pennées, dentées seulement au deux tiers supérieur, portent de 11 à 21 folioles de 3-8 cm de long, vertes et lisses dessus, plus pâles et tomenteuses dessous. Les cormes, mûres en octobre-novembre, assez grosses (3 cm de diamètre), ont la forme d'une très petite poire, d'abord jaune-vert, puis jaune brunâtre à maturité et alors comestible. Elles faisaient autrefois l'objet d'un ramassage actif dans nos campagnes ; au XVIIIe siècle encore, séchées et pulvérisées, elles étaient incorporées à la pâte du pain en période de disette. On en tirait aussi une boisson ressemblant un peu au cidre, ou on les mélangeait au poiré.

Sorbier des oiseleurs (*Sorbus aucuparia* L.)

Il est ainsi nommé parce que ses fruits attirant les oiseaux, en particulier les grives qui en dispersent les graines, attiraient aussi les oiseleurs qui les capturaient pour en faire commerce.

C'est une espèce boréale, fréquente dans le nord de l'Europe jusqu'en Islande, et en Asie du nord jusqu'à la Sibérie et au Japon. En France, on la trouve surtout en montagne jusqu'à la limite supérieure des arbres (vers 2 300 m) ; cultivée pour l'ornement, elle s'est répandue à l'état disséminé sur les collines du nord de la France, de la Bretagne aux Ardennes.

Très exigeant en lumière et demandant une certaine humidité de l'air, le Sorbier des oiseleurs s'accommode des sols les plus variés. Dans les forêts de montagne, on le trouve en compagnie du Hêtre, du Sapin, de l'Épicéa, du Pin sylvestre et du Mélèze, mais seulement dans les parties les plus claires ; avec l'altitude, il devient buissonnant.

Sorbier des oiseleurs

C'est un petit arbre d'une grande élégance, de port pyramidal, à cime claire et feuillage léger, aux fruits abondants d'un beau rouge corail. Il ne dépasse généralement pas 10 m de haut et vit rarement plus d'une centaine d'années. Ses feuilles précoces, en avril, sont composées-pennées, à 9-15 folioles de 2-5 cm de long, oblongues à oblongues-lancéolées, dentées, glabres dessus et cireuses dessous. Les fruits (sorbes), mûrs en août, sont petits (8 mm de long), globuleux, d'un rouge clair et brillant, ils forment des grappes denses et abondantes. La saveur des sorbes, âpre et acide, bien qu'aromatique, les fait habituellement considérer comme incomestibles. Mais, contenant différents acides, de la pectine, un caroténoïde, de la vitamine C et des sucres (sorbose), elles sont diurétiques et légèrement laxatives et à ce titre employées en phytopharmacie. La sorbose sert à remplacer le sucre dans le régime des diabétiques. L'écorce de ce sorbier est longtemps lisse et brillante, d'un gris clair, striée de lenticelles transversales, elle ne se gerce que tardivement et noircit. Son bois, à aubier légèrement rougeâtre, d'un brun plus sombre au cœur, est peu utilisé, mais apprécié pour la sculpture.

Amélanchier (*Amelanchier vulgaris* Moench)

Cette espèce, proche des Sorbiers, ne se trouve en France que sur les coteaux secs et pierreux, en situation chaude, des montagnes méditerranéennes. C'est une essence caractéristique des faciès escarpés de la chênaie pubescente. Il peut ainsi s'élever en altitude, en situation rocheuse, jusqu'à 1 800 m environ. L'aire de l'espèce comprend l'Europe centrale et surtout méridionale, l'Asie occidentale et l'Afrique du Nord.

L'Amélanchier est un arbrisseau de 1 à 3 m de haut, au port raide et qui drageonne beaucoup. Ses feuilles ovales-arrondies, finement dentées, longues de 2,5-5 cm, sont coriaces, d'un vert mat et d'abord laineuses dessous, puis glabres. Les fruits (les amélanches), de la taille d'un pois, d'un noir bleuté, mûrs en août, pulpeux et sucrés, sont comestibles ; on peut en faire des confitures.

Les Aubépines

On les appelle aussi Épines blanches par opposition à l'Épine noire, qui est le Prunellier. Ce sont de petits arbres, souvent réduits par la taille dans les haies, où ils sont très utilisés pour la beauté de leur feuillage et de leur floraison, mais surtout en raison de leurs piquants acérés, les uns longs, portant des feuilles, les autres courts et nus, qui les rendent impénétrables.

Les Aubépines forment le genre *Crataegus* répandu dans les régions tempérées de l'hémisphère Nord. En Eurasie, on en dénombre environ quatre-vingt-dix espèces, mais elles sont plusieurs centaines en Amérique du Nord. Trois espèces d'Aubépine sont indigènes en France, deux sont communes : l'Aubépine monogyme et l'Aubépine commune, la troisième, l'Azérolier *(Crataegus azarolus)*, est plus rare et localisée près du littoral méditerranéen et en Corse, elle est souvent cultivée dans les jardins pour ses fruits comestibles.

Les Aubépines sont remarquables par leur longévité. De croissance très lente, elles peuvent dépasser l'âge de cinq cents ans. Symboles de pureté et d'innocence, en raison de leur floraison d'un blanc éclatant, et dédiées à la Vierge Marie, passant de plus pour protéger de la foudre, les Aubépines étaient considérées comme des arbres sacrés, ce qui explique leur longue survie. La plus vieille des Aubépines de France serait celle que l'on peut voir à Saint-Mars-sur-la-Futaie (Mayenne). Selon la tradition, elle aurait abrité l'ermite saint Julien. Il s'agit vraisemblablement du saint Julien à qui est dédiée la cathédrale du Mans, dont il fut l'évêque de 281 à 328.

Aubépine commune (*Crataegus oxyacantha* Jacq.)

C'est en effet la plus répandue dans les haies, les buissons et en lisière des bois, car elle aime la lumière. Elle dépasse rarement 5 m de haut et son tronc se divisant parfois dès le sol, forme alors un buisson épineux. Ses feuilles, alternes, simples, de 5 cm de long sur 3 cm de large, sont ovales à la base et forment trois lobes arrondis au sommet, vert sombre et luisant dessus, glabres dessous. Les fleurs, en mai-juin, de 1,5 cm de diamètre, d'un blanc pur avec 20 étamines à anthères rouges et à 2 ou 3 styles, forment des inflorescences de 5 à 12 fleurs. Mûrs à l'automne, les fruits, appelés cenelles, sont de très petites pommes d'un rouge écarlate.

Les fleurs et les fruits des deux espèces d'Aubépines sont très utilisés par la pharmacopée, l'Aubépine étant un tonicardiaque puissant, combattant efficacement l'hypo- et l'hypertension, la tachycardie, l'arythmie cardiaque, et même l'angine de poitrine et l'artériosclérose.

Aubépine monogyne (*Crataegus monogyna* Jacq.)

Monogyne signifie à un seul style, ce qui distingue botaniquement cette espèce de la précédente. Si l'Aubépine monogyne est souvent considérée comme une sous-espèce de *Crataegus oxyacantha*, elle n'en a pas moins une distribution extrêmement vaste : toute l'Europe, l'Afrique du Nord et l'Asie occidentale jusqu'à l'Inde. En France, on la trouve à l'état spontané surtout au Sud, en particulier dans les clairières des forêts et sur tous les sols, même les plus secs, mais non acides. Elle a, elle aussi, été beaucoup répandue pour former des haies défensives.

Un peu plus grande que l'Aubépine commune, c'est un petit arbre, dépassant rarement 10 m de haut sur 0,30 m de diamètre, à la ramification très dense et très épineuse, les rameaux courts formant des épines brun rougeâtre de 1 cm de long. Ses feuilles, de 3-8 cm de long sur 2,5 de large, sont profondément divisées en 3, et plus souvent 5-7 lobes aigus, d'un vert mat assez clair dessus et bleuté dessous. Les fleurs, en mai-juin, très abondantes, blanches ou légèrement rosées, sont groupées en corymbes étroits. Les fruits sont semblables à ceux de l'Aubépine commune, mais généralement ellipsoïdes et ne contenant qu'un seul noyau. Le bois des deux espèces, dur, rougeâtre, susceptible d'acquérir un beau poli, est rarement de dimension suffisante pour être utilisé.

Le Néflier (Mespilus germanica L.)

On le rencontre assez souvent en forêt, mais toujours disséminé, en particulier dans les futaies de Chêne rouvre du Centre et de l'Ouest, et aussi par places dans le Nord-Est et en basse montagne. Peu difficile quant à la fertilité du sol, mais refusant les terrains calcaires ou trop argileux, le Néflier atteint rarement 5 m de haut. C'est généralement un arbuste de 3-4 m de haut et parfois un arbrisseau d'1 m. Son tronc est tortueux, ses rameaux sont nombreux et armés de piquants à l'état sauvage, mais souvent inermes en culture. On le trouve dans toute l'Europe centrale où il n'est d'ailleurs que subspontané, ayant été très répandu par la culture depuis l'Antiquité. Son aire d'origine va de la Grèce au Caucase et à l'Iran.

Ses feuilles, de grande taille (6-12 cm de long), sont oblongues, plus ou moins lancéolées, entières ou légèrement dentées, à pétiole court, d'un vert mat dessus, très pubescentes et cotonneuses dessous. Les fleurs, à la fin de mai, sont solitaires, grandes (3-4 cm de diamètre), blanches, parfois teintées de rose. Les nèfles sont mûres en octobre-novembre, elles ont la forme d'une toupie de 3-4 cm de diamètre, largement ombiliquées au sommet couronné des lobes dressés en forme de corne du calice subsistant. À leur récolte, en octobre, les nèfles, d'un roux clair, ont une pulpe très acerbe et ne sont consommées que blettes, quand leur chair est devenue brune, molle et sucrée. Les nèfles constituent un excellent fruit d'hiver, naguère très apprécié, riche en tanin, en mucilages et en acide citrique.

Les Cerisiers sauvages

Merisier ou Cerisier sauvage (*Prunus avium* Moench)

On le trouve à l'état disséminé dans les bois des plaines, des collines et des montagnes, où il monte presque aussi haut que le Hêtre, dans toute la France. L'espèce occupe toute l'Europe, sauf au Nord, et l'Asie occidentale. En Europe, le Merisier n'est que subspontané, ayant été très tôt répandu et cultivé, donnant les variétés à fruits doux, guignes et bigarreaux. À l'état spontané, on ne le rencontre en abondance qu'autour de la mer Caspienne, en Anatolie occidentale et au pied du Caucase, dont il est probablement originaire.

Le Merisier est un grand arbre de 20-25 m, parfois 30 m de haut, avec un diamètre de 0,60 m à la base, au fût droit et cylindrique, à la cime pyramidale assez claire, aux rameaux minces et obliques, d'un brun-rouge luisant et recouverts d'une pellicule blanchâtre. Ses feuilles, grandes (7-15 cm de long sur 6 cm de large), longuement pétiolées, oblongues-ovales, acuminées et doublement dentées, sont de consistance assez molle et un peu plissée, d'un vert mat dessus, légèrement pubescentes dessous. Les fleurs, d'un blanc de neige, à 5 pétales, longuement pédonculées, forment en avril-mai des ombelles de 2 à 6. Les merises, mûres en juin-juillet, sont petites (1 cm de diamètre), presque sphériques, d'un rouge plus ou moins foncé, leur saveur est douce et un peu amère. Elles servent à la fabrication du kirsch, du cherry brandy et du guignolet. L'écorce du Merisier, d'abord lisse, grise et brillante, prend ensuite une teinte brun cuivré et est semée de lenticelles liégeuses, elle se détache alors facilement en bandes horizontales. Son bois, à aubier blanchâtre peu épais, est jaune orangé à brun rouge clair, veiné, dur, se polissant bien ; il est très apprécié en ébénisterie, menuiserie et pour la fabrication d'instruments de musique.

Bois de Sainte-Lucie (*Prunus Mahaleb* L.)

Ce petit Cerisier très odorant — dont le nom vulgaire proviendrait de l'abbaye de Sainte-Lucie dans les Vosges, près de laquelle il abonde, tandis que *Mahaleb* est son nom arabe — est originaire de la région méditerranéenne et du Proche-Orient, mais a été depuis très longtemps propagé par la culture. En France, ce Cerisier accompagne généralement le Chêne pubescent en stations chaudes, sur sol calcaire et pierreux, dans l'étage des collines et des basses montagnes, mais peut monter jusque vers 1 500 m.

Petit arbre qui peut atteindre 12 m de haut, il forme le plus souvent un arbrisseau de 3-4 m, très ramifié, aux branches courtes et flexibles. Ses feuilles, longues de 3-10 cm, sont fermes, glabres et brillantes, ovales-arrondies et terminées par une pointe courte, parfois en cœur à la base. Les fleurs blanches, très parfumées, forment en avril-mai, avant les feuilles, des corymbes de 4 à 12 fleurs. Les fruits sont des cerises de la grosseur d'un pois, brillantes, noires à maturité et de saveur acerbe. Le bois du Cerisier Mahaleb, rougeâtre clair, dur, lourd, homogène a une odeur agréable qui persiste longtemps ; il est très employé pour la confection de pipes dites en merisier.

Cerisier à grappes (*Prunus Padus* L.)

Ce cerisier sauvage est montagnard. On le rencontre dans les bois sur sol siliceux et humide de l'étage montagnard jusqu'au bas de l'étage subalpin. C'est un grand arbuste de 1 m de haut, souvent à plusieurs troncs, à rameaux peu nombreux et étalés, exhalant une odeur désagréable due à la présence d'amygdaline dans le bois et l'écorce, d'où ses surnoms de Bois-puant et de Putiet. En plaine, où il descend dans l'Est et le Centre, c'est souvent un arbre de 10-15 m de haut. L'espèce occupe une aire très étendue : du nord de l'Espagne et de l'Italie jusqu'à l'Asie Mineure et au Caucase, et au nord de l'Asie, jusqu'à la Corée et au Japon.

Ses feuilles, disposées en spirale, de grande taille (6-12 cm de long sur 5-6 cm de large), sont elliptiques, effilées aux deux extrémités, très pointues au sommet, molles et fripées, d'un vert sombre dessus, grisâtres dessous. Les fleurs, en avril-mai, petites et blanches, forment de longues grappes répandant une odeur d'amande. Ses fruits, mûrs en juillet-août, sont de très petites cerises (6-8 mm de diamètre), noires à maturité, à saveur astringente. L'écorce de ses rameaux est brun rougeâtre, semée de lenticelles roux clair, celle du tronc est gris-noir, luisante et sillonnée de larges crevasses.

Prunellier (*Prunus spinosa* L.)

Appelé aussi Épine noire, car l'écorce de ses rameaux est brun-noir, c'est un arbuste qui ne dépasse pas 3 m de haut, mais reste d'ordinaire plus petit, aux branches ramifiées et enchevêtrées, munis de piquants à pointe vulnérante, ce qui fait qu'on le plante souvent dans les haies. On trouve le Prunellier partout, en plaine comme en basse montagne, en forêt seulement dans les parties claires et surtout en sol argilo-calcaire. Très drageonnant, il a tendance à s'étendre beaucoup, formant des fourrés impénétrables. L'espèce est répandue dans toute l'Europe, l'Asie occidentale et l'Afrique du Nord.

Ses feuilles, petites (2-5 cm de long), elliptiques, obovales, finement dentées, d'abord vert foncé mat dessus et duveteuses au revers, deviennent uniformément glabres et d'un vert moyen. La floraison qui a lieu avant la foliaison, en mars-avril, est un spectacle charmant en cette saison, l'arbuste se couvrant entièrement de fleurs petites et blanches extrêmement abondantes et répandant un agréable parfum. Les fruits, les prunelles, mûrs en septembre-octobre, mais persistants souvent jusqu'aux fortes gelées sont des drupes globuleuses de 1-1,5 cm de diamètre, bleu noirâtre et très pruinées. De saveur âcre et astringente, elles ne sont consommables qu'après les premières gelées ; on en fait une eau-de-vie estimée. Le bois du Prunellier, très dur, brun rougeâtre, souvent veiné servait à faire des cannes et était utilisé en marqueterie.

Les Frênes (Fraxinus excelsior L.) (famille des Oléacées)

Excelsior en latin signifie « plus élevé » et vient du verbe *excello*, s'enorgueillir, mais aussi surpasser, exceller. Le Frêne n'est pas de loin le plus haut de nos arbres, il ne dépasse guère 30 m et atteint rarement 40 m. De croissance assez lente (9-10 m en vingt ans), il ne vit même pas long-temps (cent vingt-cent cinquante ans). L'épithète spécifique ne se réfère pas à sa hauteur, mais au fait que le Frêne a depuis toujours été considéré comme un arbre sacré, c'est à ce titre qu'il excelle. Il l'était chez les Celtes et davantage encore chez les Germano-Scandinaves, où, sous le nom d'Yggdrasil, il personnifiait l'Arbre cosmique de qui naissent l'univers, les hommes et même les dieux. Dans toute l'Europe, c'était aussi l'arbre guérisseur par excellence.

Le genre *Fraxinus*, riche d'environ soixante-cinq espèces, est répandu dans tout l'hémisphère Nord, en Europe, en Amérique du Nord jusqu'au Mexique, en Asie jusqu'à Java. En France, il est représenté par trois espèces indigènes : *Fraxinus excelsior*, *Fraxinus oxyphilla* et *Fraxinus Ornus*.

Fraxinus excelsior habite toute l'Europe, sauf la région méditerranéenne, et l'ouest de l'Asie jusqu'à la Transcaucasie. En France, le Frêne croît à l'état disséminé, sur les collines et les montagnes où il atteint de hautes altitudes, 1 500 m dans les Alpes. C'est une essence de lumière — mais ses semis tolèrent l'ombre durant les premières années —, résistant bien au froid, et recherchant l'humidité de l'air, très exigeant quant à la fertilité du sol et par son grand besoin en eau. Il rejette bien de souche et se propage aisément grâce à ses samares ailées. Essence de taillis, il peut y être abondant. En plaine, le Frêne est associé au Chêne pédonculé et au Charme, sur les plateaux calcaires au Hêtre et au Chêne rouvre, en montagne au Hêtre et au Sapin. Dans beaucoup de régions, mais surtout en montagne, il est fréquent dans les haies et au bord des chemins, où il est traité en arbre d'émonde.

Les feuilles du Frêne apparaissent tard (en mai), mais restent vertes très avant dans l'automne. Elles sont opposées, composées-imparipennées, à 7-15 folioles ovales-acuminées de 5-11 cm de long, d'un vert assez foncé dessus, plus pâle dessous ; elles donnent un couvert léger. Les fleurs, en avril-mai, avant les feuilles, sont petites, dépourvues de corolle, à étamines pourpre foncé et sont rassemblées en panicules latérales dressées sur le bois d'un an. Il existe des pieds mâles, des pieds femelles et des pieds hermaphrodites. Les fruits, des samares aplaties, oblongues de 2,5-4 cm de long, à ailes allongées, tronquées ou échancrées au sommet, pen-

Frêne commun

dent en grappes denses. L'écorce du Frêne, d'abord lisse, d'un gris verdâtre ou jaunâtre, devient gris-brun et gerçurée. Son bois, hétérogène, sans aubier distinct, blanc légèrement rosé et nacré, flambé de brun au cœur est assez dur ; remarquable par sa résistance à la flexion et au choc, il était naguère très utilisé pour le charronage et la carrosserie.

Frêne oxyphille (*Fraxinus oxyphilla* Bieb.)

C'est une espèce du sud de l'Europe, de l'ouest de l'Asie et de l'Afrique du Nord qui, dans le Midi de la France, remplace l'espèce précédente et remonte la vallée du Rhône et celles de ses affluents dans les Alpes et en Bourgogne, mais que l'on trouve aussi dans le Sud-Ouest.

Plus petit (15-20 m de haut au maximum), mais de croissance plus rapide (10 à 15 m en vingt ans), il se reconnaît à ses feuilles plus courtes (4-7 cm de long), à folioles moins nombreuses (de 7 à 9), étroites et très longuement pointues, plus épaisses, coriaces, d'un vert plus foncé et très luisant, et à ses samares plus petites, atténuées aux deux bouts, non échancrées au sommet, ainsi qu'à son écorce très crevassée et qui se divise en plaques quadrangulaires.

Frêne à fleurs ou Orne (Fraxinus Ornus L.)

Ornus était le nom latin de cette espèce disséminée du sud de l'Europe, de l'Espagne à l'Asie occidentale, mais fréquente surtout en Italie du Sud et dans les Balkans. En France, le Frêne à fleurs n'est spontané que dans quelques stations des Alpes-Maritimes et de Corse. Mais, en raison de sa floraison abondante et parfumée, il a été répandu depuis très longtemps par la culture. Il supporte bien le froid, mais mieux encore la sécheresse et réussit surtout en situation, chaude et ensoleillée. Sous les climats les plus chauds, exsude de l'arbre une substance jaunâtre et sucrée, la « manne », qui, récoltée, est utilisée comme laxatif.

Le Frêne à fleurs, qui peut monter jusqu'à 15-20 m, ne dépasse généralement pas 7 à 10 m, et ne croît que de 4,5 m en vingt ans. Sa cime est plus ample et plus fournie que celle du Frêne élevé. Ses feuilles composées-pennées, à 7-9 folioles de 3-7 cm de long, sont lancéolées, plus étroites aux deux extrémités, très pointues au sommet, vert foncé et glabres dessus, blanchâtres et pubescentes dessous. Les fleurs, qui apparaissent en mai, à peu près en même temps que le feuillage, ont, contrairement à celles des autres espèces, un calice et une corolle à 4 pétales longs et étroits, elles forment de nombreuses panicules terminales, denses et pendantes, de 7-12 cm de long, blanchâtres et odorantes.

Houx (*Ilex Aquifolium* L.) (famille des Aquifoliacées)

Lors des Saturnales, en janvier, les Romains portaient des rameaux de houx avec leurs fruits rouges, ils symbolisaient la persistance de la vie végétale au plus creux de l'hiver. À la même saison, les Germains en paraient leurs demeures pour célébrer les esprits de la forêt et écarter, grâce à ses piquants, les sortilèges. Cette coutume persiste encore en certaines régions de France, mais surtout en Suisse et Allemagne.

L'espèce occupe une aire très vaste qui s'étend de l'ouest et du sud de l'Europe à l'Afrique du Nord, d'une part, à l'Asie jusqu'au centre de la Chine, d'autre part. Le Houx se trouve dans presque toute la France, il est surtout commun dans les forêts de l'Ouest et du Centre et monte en montagne jusque vers 1 200 m ; par contre, dans les régions méditerranéennes, il ne croît que dans les vallons et, dans l'Est et le Nord, seulement en situation abritée. Il demande en effet une humidité constante et supporte mal les grands froids. Le Houx tolère bien le couvert, rejetant de souche et marcottant spontanément, il peut devenir envahissant en sous-bois dans les forêts.

Le plus souvent, c'est un arbrisseau buissonnant, ramifié à partir de la base et qui ne dépasse pas 4-5 m de haut, mais, lorsque le milieu lui convient, ce peut être un arbre de 10 et même 15 m de haut, avec une tige droite, aux branches étalées, redressées à l'extrémité, ce qui lui donne un port conique. De croissance très lente (– 6 m en vingt ans), le Houx peut vivre jusqu'à un âge très avancé ; certains Houx auraient atteint et même dépassé les mille ans. C'est avec l'If, le Buis, l'Aubépine et l'Olivier, une des essences les plus longévives de notre Flore.

Les feuilles de Houx ne tombent qu'au cours de la troisième année, elles sont coriaces, glabres, très luisantes, vert foncé, plus pâles dessous, à pétiole court ; le limbe est découpé en lobes aigus à bords cireux, terminés chacun par une épine acérée, jaunâtre. Par contre, à proximité des inflorescences et sur les exemplaires âgés, les feuilles sont ovales et entières. Les fruits sont mûrs en septembre et persistent sur l'arbre pendant tout l'hiver, mais sur les pieds femelles seulement, car l'espèce est dioïque ; rouge vif et brillant, souvent assemblés en petites grappes, ils sont violemment purgatifs et peuvent provoquer nausées et vomissements. L'écorce du Houx, longtemps verte et lisse, devient d'un gris jaunâtre clair et ne se gerçure que superficiellement chez les arbres âgés. On en extrait une matière visqueuse, la glu. Le bois du Houx, blanchâtre, brunissant au cœur, dur et lourd, n'est utilisé, quand ses dimensions le permettent, qu'en ébénisterie.

Buis (*Buxus sempervirens L.*) (famille des Buxacées)

Parce qu'on le rencontre le plus souvent en bordures naines, ou taillé dans les jardins à la française, on oublie souvent que le Buis est un arbre qui peut monter jusqu'à 6 et même 10 m, avec des branches nombreuses et grosses, souvent tordues en tout sens et enchevêtrées, dont l'écorce gris clair contraste avec le feuillage foncé. Quand il atteint de telles dimensions, le Buis est souvent plusieurs fois centenaire ; un tronc de 5 cm de diamètre indique une centaine d'années, or certains Buis ont jusqu'à 60 cm de diamètre à la base.

L'espèce couvre une aire très étendue dans tout le sud de l'Europe et l'ouest de l'Asie, jusque dans l'ouest de l'Himalaya, et en Afrique du Nord. En France, le Buis est très inégalement réparti. Si on ne le trouve qu'en stations dispersées dans l'Ouest, le Centre et jusque dans le Nord-Est, il est relativement abondant sur sol calcaire, au sud du Massif central, dans les Causses, par exemple, ainsi que dans les basses vallées des Alpes jusqu'au Jura et à la Bourgogne. Dans les collines et les basses montagnes, en Basse et surtout en Haute-Provence, le Buis peut couvrir de vastes étendues en situations chaudes et sèches, surtout en terrain calcaire, en compagnie du Chêne pubescent. Cette association, appelée Quercetum-Buxetum, est caractéristique des sols dégradés.

Tout le monde connaît le buis béni le jour des Rameaux et qui orne ensuite les crucifix dans les maisons. Il célèbre l'entrée de Jésus à Jérusalem, quelques jours avant sa Passion, et symbolise la résurrection par-delà la mort. C'est là un usage antique, d'origine païenne. Chez les Grecs et les Romains, le Buis était consacré à Hadès, c'était donc un symbole funéraire, mais aussi d'immortalité, à cause de la persistance du feuillage.

Les feuilles du Buis, très petites (1-3 cm de long), ne peuvent se confondre avec d'autres. Opposées, coriaces et convexes, elles sont très brièvement pétiolées, d'un vert très brillant dessus, plus claires, moins luisantes, souvent cuivrées dessous.

ESSENCES RÉSINEUSES

La forêt française est pour l'essentiel une forêt de Feuillus, dans laquelle dominent les Chênes (35 %) et les Hêtres (10 %). Jusqu'au début du XXᵉ siècle, les Résineux ne représentaient que 23 % de la superficie forestière totale. Depuis lors, une politique systématique d'enrésinement a porté ce chiffre à 32 %, pourcentage certainement trop élevé et incontestablement dangereux sur le plan des équilibres biologiques.

Les Sapins (famille des Pinacées)

Le genre *Abies* compte une quarantaine d'espèces des régions tempérées de l'hémisphère Nord. Ce sont des arbres de haute et même souvent de très haute taille, à la tige droite et élancée, de port conique, aux feuilles courtes et aplaties, insérées en spirale, mais ramenées par torsion sur le même plan. Les cônes, de 8-10 cm de long, sont dressés et leurs écailles se détachent à maturité en disséminant les graines. L'écorce des Sapins renferme du tanin et des résines souvent utilisées industriellement, telle la térébenthine d'Alsace qui provient du Sapin pectiné.

Les espèces de Sapin sont beaucoup plus nombreuses en Asie et en Amérique du Nord (neuf espèces) qu'en Europe. La côte ouest du Canada et la côte nord-ouest des États-Unis sont peuplées par les géants du genre, qui atteignent 80 m et montent parfois jusqu'à 100 m de haut : *Abies grandis, procera* et *amabilis*, qui sont des grands fournisseurs de bois. Certaines de ces espèces ont été introduites et plantées en Europe pour le reboisement et l'enrésinement.

Une seule espèce est indigène chez nous, le Sapin pectiné ou Sapin des Vosges. Il occupe à lui seul 10 % des forêts de montagne et environ 5 % de la superficie totale des forêts.

Sapin pectiné (Abies pectinata DC)

On l'appelle communément Sapin blanc, Sapin argenté ou Sapin des Vosges. C'est l'un des plus élevés de nos arbres. Certains des fameux « Présidents » choisis par les forestiers et les élus locaux pour la majesté de leur port, dans les forêts jurassiennes de La Joux et de Russey, atteignent ou même dépassent 50 m de haut. Toutefois, cette supériorité est disputée au Sapin par l'Épicéa, avec lequel il arrive qu'on le confonde, appelant le premier Sapin blanc à cause de son écorce gris argent, alors que celle de l'Épicéa est brun rougeâtre, ce pour quoi on l'appelle Sapin rouge ; les 14 millions de sapins de Noël, vendus à cette période de l'année, sont à 80 % des Épicéas. Pourtant les deux espèces sont bien différentes.

Sapin

Cône de Sapin

Le Sapin pectiné est de loin l'essence la plus importante dans les forêts de montagne, surtout à l'étage montagnard, entre 600 et 1 600 m. Essence d'ombre, profondément enracinée, au couvert épais, il se plaît dans le climat froid et humide des Vosges, où il descend jusqu'à 300 m et forme d'immenses forêts sombres, il est aussi très abondant dans le Jura. Mais, sous un climat plus sec, celui des Alpes et des Pyrénées, le Sapin recherche les stations les plus fraîches, exposées au Nord. Dans le Massif central, il demeure localisé dans le nord et le centre. Il en existe une station unique et isolée en forêt de L'Aigle (Orne).

Dans toutes les montagnes, le Sapin pectiné est associé au Hêtre ; dans les hautes Vosges, le haut Jura et les Alpes à l'Épicéa. Le régime qui lui convient le mieux est celui de la futaie jardinée. Les forestiers l'ont introduit avec succès en basse montagne dans les Vosges et le Jura et même sur les collines du Morvan et de la Bretagne, soit en taillis (enrésinement) soit sous des peuplements de Pin sylvestre.

L'espèce, très répandue en Suisse, en Allemagne et en Autriche, occupe une aire qui comprend l'Europe centrale et méridionale jusqu'à l'Asie Mineure et au Caucase.

Aire naturelle du Sapin pectiné

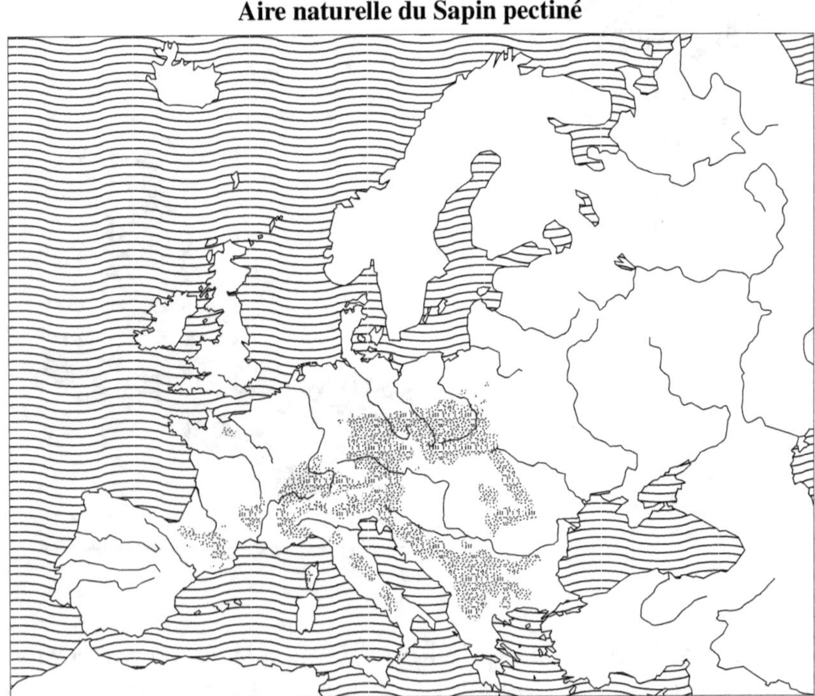

Si la croissance du Sapin est lente dans les premières années, elle s'accélère ensuite et le Sapin peut vivre cinq cents et même sept cents ans. Son tronc très droit, cylindrique, s'élague naturellement sur une grande hauteur, surtout en forêt ; ses branches, disposées en verticilles étagés, forment une cime pyramidale qui, vers la centième année, s'aplatit, formant « table ». Ses aiguilles, très courtes (1,7-3 cm), à l'extrémité arrondie et non piquante, sont vert foncé brillant dessus et portent à la face inférieure deux bandes blanc argenté de stomates ; bien que solitaires, elles sont disposées sur deux rangs, à la manière des dents d'un peigne, d'où l'épithète spécifique, pectinée, de *pecten-pectinis*, le peigne en latin. Les aiguilles du Sapin persistent huit-dix ans. Les fleurs, en avril-mai, forment des chatons mâles très nombreux, ovoïdes, jaunâtres sur les pousses de l'année précédente ; les chatons femelles, moins nombreux et plus discrets, sont dressés à l'extrémité des rameaux courts de la cime. Les cônes, en octobre, sont cylindriques, de 10 cm de long et 5 cm de diamètre, brun rougeâtre, à écailles minces que dépassent des bractées étroites et pointues. Dressé verticalement sur le rameau, le cône se désarticule à maturité. L'écorce du Sapin, longtemps lisse, mince, d'un gris argenté, devient ensuite noirâtre et se crevasse. Le bois, sans aubier distinct, blanc ou d'un rose clair, de densité moyenne, mais très résistant, est utilisé en charpenterie, en caisserie et, secondairement, en menuiserie.

Souvent se forment dans le feuillage des « balais de sorcière », faisceaux très serrés de ramifications courtes provoqués par un champignon de la famille des Urédinées, qui donne ensuite naissance sur le tronc à des tumeurs chancreuses, appelées « chaudrons » dans les Vosges.

Les Épicéas (famille des Pinacées)

Le genre *Picea* compte environ quarante espèces qui croissent dans tout l'hémisphère Nord, du cercle arctique jusqu'aux plus hautes montagnes des régions tempérées ou chaudes. Il se distingue du genre *Abies* par sa cime qui reste toujours aiguë, ses branches inclinées aux rameaux souvent pendants, ses aiguilles piquantes d'un vert plus clair sur les deux faces et ses cônes longs pendant à l'extrémité des rameaux, à écailles minces et qui ne se désarticulent pas à maturité.

Si les espèces du genre sont relativement nombreuses en Asie du nord, de l'Himalaya et de la Chine, où elles abondent

L'Épicéa commun en Europe

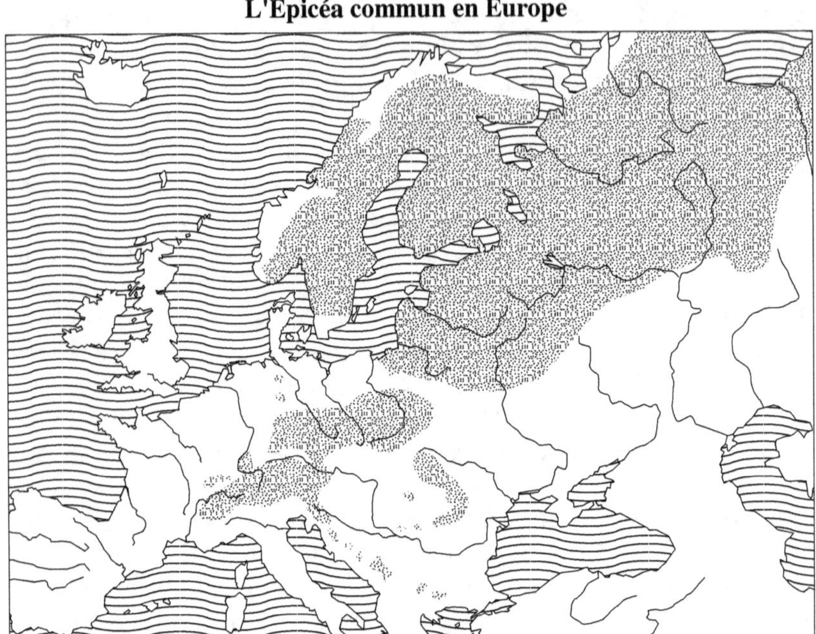

(dix-huit espèces), à la Sibérie, et en Amérique du Nord jus-qu'au nord de l'Alaska, le genre n'est représenté en France que par une seule espèce, *Picea excelsa*.

Épicéa (*Pinea excelsa* Link.)

On l'appelle aussi Sapin rouge, Pesse dans le Jura et en Savoie, Serenté dans les Alpes du sud.

Si, d'ordinaire, l'Épicéa ne dépasse pas chez nous la taille du Sapin, c'est qu'il est exploité avant d'avoir atteint sa taille maximale. Mais l'Épicéa peut monter plus haut encore, jusqu'à près de 70 m. Dans les forêts des Carpates, certains exemplaires atteignent 68 m, détenant ainsi le record en hauteur des arbres d'Europe, ce sont certainement de très vieux arbres. Avec une croissance plus rapide que celle du Sapin (13 m en vingt ans), l'Épicéa peut vivre au moins sept cents ans.

Son tronc est élancé, très droit et régulièrement ramifié, avec des branches infléchies mais relevées à la pointe et des rameaux secondaires retombants. À l'état isolé, ses branches descendent jusqu'au sol, ce qui lui donne le port régulièrement conique caractéristique de l'espèce ; mais, serré dans la futaie, l'Épicéa s'élague sur une grande hauteur et sa cime est très réduite.

Essence boréale et montagnarde, *Picea excelsa* forme de grandes forêts dans toute l'Europe septentrionale presque jusqu'au cap Nord, et dans les montagnes d'Europe centrale jusqu'aux Balkans au sud et à l'Oural à l'est. En France, l'Épicéa n'est spontané que dans les montagnes de la frontière est. Relativement rare dans les Vosges, où il n'occupe qu'une aire restreinte entre 600 et 1 200 m, dans le Jura, il forme des forêts étendues à partir de 900 m et il abonde dans les Préalpes du nord, de la base de la montagne jusque vers 1 800 ou 2 000 m, et encore sur les versants des vallées dans les Alpes centrales ; mais, dans les Alpes du sud, on ne le trouve qu'à l'état disséminé, en stations humides.

Les forestiers se sont employés à étendre cette aire — l'Épicéa occupe actuellement 3 % de la superficie totale des forêts — en l'utilisant pour le reboisement intensif, même à basse altitude, car la plasticité de cette espèce lui permet de s'adapter aux milieux les plus divers. Cette plasticité a cependant ses limites. Dans les milieux qui ne lui conviennent pas, mais où on l'a cependant implanté, l'Épicéa est d'autant plus sensible aux attaques des parasites : un champignon *Ungulina annosa* qui pourrit ses racines et, surtout, les chenilles d'un papillon, la Nonne (*Lymantria monacha*), qui rongent ses aiguilles. Sa prolifération, courante dans les peuplements purs et très serrés, y fait d'importants ravages ; elle a ainsi détruit des forêts entières en Allemagne. C'est là un des inconvénients majeurs de la monoculture forestière, trop habituelle de nos jours.

Les aiguilles de l'Épicéa, disposées en spirale, tout autour du rameau, sont longues de 1-3 cm, d'un vert foncé brillant et persistent de cinq à sept ans. En mai-juin, les chatons femelles cylindriques, rouge violacé ou vert pâle dressés à la partie supérieure de la cime, sont mûrs avant les chatons mâles qui s'épanouissent plus bas, sur les rameaux de l'année précédente, ce qui rend impossible l'autofécondation. Les chatons mâles, ovoïdes, jaunes ou carminés, répandent un pollen jaune très abondant, qui couvre parfois le sol au pied de l'arbre.

Épicéa commun

Cône et graines de l'Épicéa commun

Les cônes, très différents de ceux du Sapin et qui ne se désarticulent pas, mûrs en octobre, sont fusiformes, solitaires et pendants, longs de 12-16 cm sur 3-4 cm de large, à écailles minces, coriaces, triangulaires, échancrées au sommet, rousses et striées. L'écorce de l'Épicéa, brun rougeâtre, s'exfolie en écailles. Son bois, d'un blanc lustré, sans aubier apparent, à odeur de résine, à densité relativement faible, a à peu près les mêmes emplois que celui du Sapin ; il est recherché pour la papeterie. Le bois provenant d'Épicéa ayant crû lentement et régulièrement à haute altitude est de qualité supérieure, il est utilisé en menuiserie fine, en boissellerie et peut former un bois dit de résonance, apprécié pour la fabrication des instruments de musique.

Les Mélèzes (famille des Pinacées)

De toutes les autres Pinacées, les Mélèzes (genre *Larix*) se différencient par leurs feuilles caduques et leurs cônes petits et ovoïdes qui restent longtemps attachés aux branches. Le genre compte une quinzaine d'espèces des régions froides et des hautes montagnes de la zone tempérée de l'hémisphère Nord, Europe, Amérique du Nord, Asie, de l'Himalaya au Japon. Une seule espèce fait partie de notre flore.

Mélèze d'Europe (*Larix decidua* Mill.)

Essence de haute altitude, ayant besoin d'une forte lumière, d'une atmosphère sèche, mais de sols profonds et bien approvisionnés en eau, enfin d'une longue période de repos hivernal, le Mélèze est strictement confiné aux versants nord des hautes vallées alpestres, où il croît de 1 300 à 2 500 m, limite supérieure des végétaux ligneux, des Alpes-Maritimes au massif du Mont-Blanc et n'est vraiment abondant que dans la haute vallée de la Durance. Dans le reste de l'Europe, on ne le trouve guère qu'en quelques stations des montagnes d'Europe centrale : les Tatras, les Sudètes et les Carpates. Les peuplements purs de Mélèze forment des forêts très claires, où les arbres sont distants comme ceux d'un parc, séparés par un gazon dense parsemé de quelques arbrisseaux. Ces *mélézeins* constituent des pâturages excellents, donc trop fréquentés ; fort heureusement, les jeunes sujets surtout produisent des rejets. Aux altitudes moyennes, le Mélèze est associé à l'Épicéa ; plus haut, au Pin à crochets. Ses graines légères permettent au Mélèze de coloniser les clairières, les éboulis et les moraines.

Largement utilisé pour le reboisement, même dans les Pyrénées, où il n'est pas spontané mais a été introduit avec succès, le Mélèze réussit mal en basse montagne et sur les plateaux. Les forestiers ont tenté de tourner la difficulté en utilisant les Mélèzes des Sudètes et de Basse-Autriche qui croissent naturellement à plus basse altitude.

Le Mélèze atteint facilement 40 m de haut et peut monter jusqu'à 50-55 m, avec 1,50-2 m de diamètre. Croissant rapidement (15 m en vingt ans), il vit normalement cinq cents ans et peut atteindre parfois le millénaire. On connaît

Mélèze d'Europe

Cônes du Mélèze d'Europe

quelques arbres des Carpates qui ont ce grand âge. En Haute-Savoie, certains exemplaires auraient au moins huit cents ans.

Les feuilles du Mélèze, très courtes, molles, d'un vert tendre et frais et qui deviennent jaune doré ou rosâtre orangé à l'automne, sont insérées en rosettes de 20 à 40 sur les rameaux courts, mais isolées sur les pousses de l'année ; elles fournissent une substance purgative, la « manne de Briançon ». En mai-juin, s'épanouissent sur les rameaux courts non feuillées les chatons mâles, globuleux, jaune verdâtre, tandis que les chatons femelles ovoïdes, rouge violacé se dressent sur les rameaux courts feuillés. En septembre, les cônes de petite taille (3-4 cm de long, 2-3 cm de diamètre), ovoïdes, sont d'abord rouges, puis d'un brun fauve clair, avec des écailles minces et peu nombreuses. L'écorce, d'abord lisse et grise, devient très épaisse (jusqu'à 30 cm), brun rouge et crevassée. Le bois du Mélèze, à aubier mince, blanc jaunâtre est rouge saumon au cœur, assez dur, résistant et surtout très durable ; il est souvent utilisé pour la construction, en particulier de chalets de montagne.

Les Pins (famille des Pinacées)

Le genre *Pinus* est le plus nombreux de tous dans la famille des Pinacées. Ses quatre-vingts espèces habitent toutes l'hémisphère Nord, à l'exception d'une seule qu'on trouve dans les îles de la Sonde, *Pinus insularis*. Les Pins croissent depuis le cercle arctique jusqu'à l'Afrique du Nord, en Amérique jusqu'au Guatemala et aux Antilles, en Asie jusqu'à l'archipel malais. Ce sont aussi les plus importants des Conifères par l'étendue de leurs forêts, accrues souvent par le reboisement, ainsi que par le rôle qu'ils jouent dans l'économie mondiale.

Les Pins vivent en plaine dans les régions nordiques, mais surtout en montagne dans les régions chaudes. Espèces sociales, ils forment souvent des peuplements purs, mais redoutent la concurrence des autres espèces, car ils ont besoin de beaucoup de lumière. Supportant bien la sécheresse, ils peuvent se développer dans les sols les plus pauvres.

Ce sont, à quelques exceptions près, des arbres de haute taille, au port régulier, à la cime d'abord conique, mais prenant avec l'âge une forme souvent irrégulière par suite de l'arrêt de croissance de la flèche et du développement des hautes branches.

Les feuilles des Pins sont réunies par leurs bases en petits faisceaux de 2, 3 ou 5, dans une gaine écailleuse ; elles persistent sur l'arbre de deux à cinq ans. Les chatons mâles, jaunes et ovoïdes, sont groupés à la base des pousses de l'année ; les chatons femelles, beaucoup moins nombreux, se trouvent à l'extrémité des pousses sur les branches bien éclairées. Les cônes, ou pommes de pin, dont la maturation demande deux ou plus rarement trois ans, sont constitués d'écailles épaisses et dures, dont la partie terminale épaissie et de forme pyramidale, généralement plus claire, se nomme écusson ; en son centre se trouve une pointe plus ou moins développée, le mucron. Les caractéristiques des cônes constituent un facteur indispensable pour la détermination certaine des espèces.

On compte en France huit espèces indigènes de Pins. Les unes sont très répandues, Pin sylvestre et Pin maritime ; les autres sont plus ou moins liées à un biotope donné : essences de montagne comme le Pin à crochets et le Pin Cembro, ou méditerranéennes : Pin d'Alep, Pin laricio de Corse, Pin de Salzmann.

Pin sylvestre (Pinus sylvestris L.)

Il atteint normalement 30 m de haut avec 1 m de diamètre à la base, mais peut monter jusqu'à 40 m. Croissant de 13 cm en vingt ans, il se trouve vers cent-cent vingt ans au maximum de son développement ; il peut vivre néanmoins six cents ans et peut-être davantage. Sa cime est d'abord aiguë, puis son port se fait très irrégulier avec l'âge et son écorce prend à la partie supérieure du tronc une belle coloration rousse ou ocre rouge clair. Son feuillage peu dense donne un couvert clair.

En Eurasie, l'aire du Pin sylvestre est immense, depuis la Sierra Nevada en Espagne jusqu'au nord de la Sibérie et à la région du fleuve Amour. En France, où il occupe 6 % de la superficie totale des forêts, on ne le trouve en plaine que dans le nord de l'Alsace, ainsi que dans le Pays de Bade en Allemagne (race d'Hagenau). Partout ailleurs, le Pin sylvestre ne croît qu'en montagne, à des altitudes de plus en plus élevées du nord au sud. Absent du Jura, il est abondant dans les Vosges gréseuses et à l'est du Massif central, plus disséminé dans les Alpes du nord et les Pyrénées, mais commun dans les Alpes méridionales.

L'immense étendue de son aire, ainsi que la diversité des biotopes qu'il occupe, ont amené à identifier des races géographiques distinctes. En règle générale, les races de montagne, croissant sur terrain siliceux, donnent des exemplaires à fût droit et élancé, à cime réduite, tandis que les races qui poussent en terrain calcaire dans les montagnes méridionales donnent des arbres à tronc court, flexueux et à cime large et arrondie.

Aire naturelle du Pin sylvestre

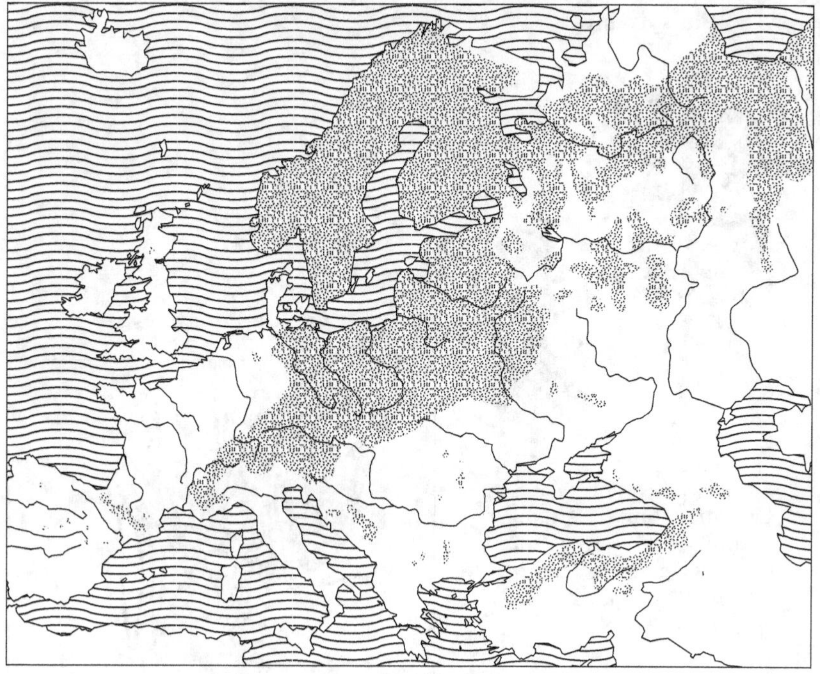

Essence de pleine lumière, résistant au froid comme aux étés chauds et secs, peu exigeant quant au sol, le Pin sylvestre a été beaucoup planté pour boiser des terres pauvres, reconstituer des parties de forêts sur sol acide plus ou moins dégradé, en basse montagne et dans les plaines de Centre et du Nord. En vue de ces repeuplements, les forestiers ont sélectionné rigoureusement les races à employer. Ainsi, pour les pineraies artificielles du bassin de la Seine et du Centre, on a souvent utilisé la race d'Haguenau.

Les aiguilles du Pin sylvestre, de 3-8 cm de long, fasciculées par deux, rigides et pointues au sommet, sont d'un vert glauque terne, elles persistent de deux à quatre ans. En mai, les chatons mâles, ovoïdes, nombreux à la base des pousses de l'année, répandent un pollen jaune très abondant ; les chatons femelles, appelés cônelets, à l'extrémité des pousses de l'année, sont rouges ou jaunes, dressés lors de la pollinisation, puis pendants. Mûrs à l'automne de la deuxième année, les cônes sont petits (3-8 cm de long), à pédoncule court,

Pin sylvestre

La cime, conique quand l'arbre est jeune (*à droite*), s'étale et s'éclaircit à l'âge adulte (*à gauche*).

Cône de Pin sylvestre

brun grisâtre mat à maturité, avec des écussons plats ou prolongés en éperon plus ou moins saillant. À la base du tronc, l'écorce d'un gris brun foncé et profondément fissurée devient de plus en plus mince vers le haut, prenant la teinte rouge clair caractéristique de l'espèce et s'exfoliant en lamelles minces. Le bois du Pin sylvestre, à aubier blanc jaunâtre, rougeâtre au cœur, est dur et de densité moyenne. Sa qualité dépend essentiellement de la minceur des couches annuelles, donc de la lenteur de sa croissance. Les bois ayant crû lentement en montagne sont de qualité supérieure. Le bois de qualité courante est utilisé en charpenterie, en caisserie, en papeterie et pour faire des poteaux. Le meilleur bois est réservé à la menuiserie fine et au déroulage.

Depuis la plus haute Antiquité, on a reconnu les éminentes propriétés balsamiques et désinfectantes du Pin sylvestre, efficaces principalement contre les affections des bronches, ce qu'a confirmé la biochimie contemporaine qui a isolé dans les feuilles de nombreuses huiles essentielles, dans les jeunes rameaux une huile composée d'esters et de pinène, enfin une résine balsamique, la térébenthine, abondante dans le tronc et l'écorce. De l'arbre, on utilise principalement les bourgeons qui sont antiseptiques, expectorants, sudorifiques, stimulants et fortifiants.

Pin maritime (*Pinus Pinaster* Soland.)

Le Pin maritime atteint en moyenne de 20 à 30 m de haut, mais il lui arrive de monter jusqu'à 40 m. Des autres Pins, il se distingue par son écorce épaisse, profondément fissurée, d'un gris rougeâtre ou violâtre, ses aiguilles, groupées par deux, très longues (15-20 cm de long sur 2 cm de large), d'un vert très foncé et brillant, et surtout ses cônes très gros (10-18 cm de long sur 5-7 cm de large), d'un brun rouge luisant. Le bois du Pin maritime, à aubier clair et cœur rougeâtre plus ou moins foncé, assez dur et lourd est très utilisé pour la charpente, la menuiserie, la construction de traverses, de poteaux télégraphiques et de plus en plus pour la fabrication de la pâte à papier.

L'espèce originaire du bassin occidental de la Méditerranée croît dans les massifs montagneux siliceux, proches du littoral, où elle forme parfois des peuplements purs, mais où elle est souvent associée au Chêne-liège et plus rarement au Chêne vert. À l'état spontané, le Pin maritime ne se rencontre que par îlots, surtout dans les Alpes-Maritimes, les Maures, l'Esterel, les Corbières et la Corse. Cette aire s'est trouvée énormément accrue par des plantations massives de cette espèce pour le reboisement dans les biotopes les plus divers.

Aussi distingue-t-on au moins deux races principales qui forment en fait des sous-espèces. D'une part, celle qui occupe son aire originelle, dont certains botanistes font même une espèce à part, proprement méditerranéenne, *Pinus mesogeensis*, comprenant elle-même plusieurs races : des Maures, d'Espagne, du littoral d'Afrique du Nord, enfin de Corte (en Corse). D'autre part, la race atlantique ou Pin des Landes. Ce

Cône du Pin maritime

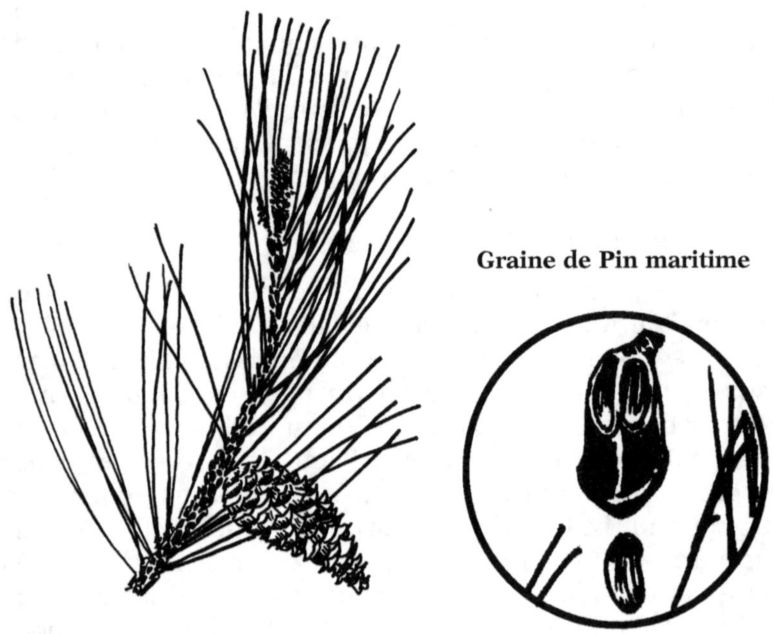

Graine de Pin maritime

dernier a un tronc souvent flexueux, une cime étalée, irrégulière et assez claire et une écorce d'un gris violacé foncé, tandis que le Pin méditerranéen a un fût plus droit, une cime plus étroite et une écorce noir rougeâtre.

En fait, c'est l'homme qui a créé le Pin atlantique. Son histoire commence avec le reboisement des Landes, entrepris, dès 1786, par l'ingénieur Brémontier pour s'achever sous le Second Empire. Cet incontestable succès valut au Pin des Landes d'être considéré comme une panacée par les forestiers. On le planta ensuite dans tous les terrains à assainir ou à repeupler de l'Ouest du pays, dans le Maine, en Sologne, en Bretagne, en Normandie, mais des gelées prolongées, notamment celles du terrible hiver de 1879-1880, endommagèrent gravement les plantations les plus nordiques. Ces échecs ne découragèrent cependant pas les forestiers, car, entre-temps, le bois du Pin maritime était devenu un matériau industriel de première importance, surtout pour la fourniture de la pâte à papier, dont la demande ne cessait de croître.

C'est ainsi que le Pin maritime en est venu à occuper 12 % de la superficie totale des forêts, loin devant le Pin sylvestre (6 %), le Sapin (5 %) et l'Épicéa (3 %). C'est en partie à cause de ces plantations de Pin des Landes que la proportion des Résineux dans nos forêts est passée en un siècle de 23 % à 34 %, car le Pin maritime des bords de la Méditerranée a lui aussi un grand pouvoir d'expansion qui lui permet d'occuper les terrains, lorsque les autres essences ont été éliminées soit par les incendies, soit par l'exploitation. Ces forêts de Pin maritime souvent très claires, ce qui permet la formation en sous-étage d'un maquis dense, sont éminemment combustibles et ravagées presque tous les ans par des incendies.

Pin à crochets (*Pinus uncinata* Ram.)

Appelé Suffin dans le Briançonnais, mais aussi Pin de Briançon, c'est une essence de haute altitude qui habite l'étage subalpin (entre 1 600 et environ 2 000 m), jusqu'à la limite extrême des arbres, dans toute l'Europe jusqu'au Caucase. En France, il n'est abondant que sur les versants secs des hautes vallées des Alpes du sud (Briançonnais) et des Pyrénées, surtout orientales. Il est très rare dans les Vosges, le Jura et le Massif central, où on ne le trouve que dans quelques tourbières ou sur quelques crêtes rocheuses.

Essence de pleine lumière, redoutant la concurrence des autres essences, et s'installant là où elles ne peuvent croître, le Pin à crochets résiste très bien au froid et est d'une remarquable frugalité, s'accommodant aussi bien des tourbières que des sols très secs, y compris les éboulis. C'est donc une essence tout indiquée pour les reboisements des zones les plus érodées des montagnes.

Le Pin à crochets ne dépasse pas 25 m de haut sur 0,50 m de diamètre. Son tronc est droit avec des branches relevées et une cime conique au feuillage dense qui ne devient irrégulière que tardivement. Ses aiguilles, plus courtes que celles du Pin sylvestre et d'un vert plus foncé, persistent plus longtemps, de cinq à dix ans. Ses cônes, petits (3-7 cm), ovoïdes, très dissymétriques, sont d'un brun foncé luisant ; leurs écailles portent des écussons pyramidaux épais, recourbés vers la base et terminés par un crochet plus ou moins saillant, ce qui a déterminé le nom de l'espèce. L'écorce du Pin à crochets est d'un gris noirâtre. Son bois, à aubier blanc et cœur rouge rosé clair, a à peu près les mêmes propriétés que celui du Pin sylvestre, mais est utilisé surtout localement.

Pin Cembro ou Arolle (*Pinus Cembra* L.)

Appelé aussi selon les régions Auvier, Alivier et Arve, c'est le seul de nos Pins indigènes dont les aiguilles sont groupées par cinq. Espèce de l'étage subalpin dans les montagnes de l'Europe centrale et boréale jusqu'à la Sibérie, il n'est spontané qu'au centre des Carpates et des Alpes. En France, on ne le trouve que dans les plus hautes vallées des Alpes, où il ne forme pas de peuplements, mais se mêle à l'Épicéa et surtout au Mélèze et au Pin à crochets ; il monte même plus haut qu'eux, jusqu'à 2 700 m en situation abritée. Il a cependant besoin de sols assez profonds, riches et frais. Souvent tordu, croissant lentement (8 m en vingt ans), il supporte très bien les grands froids et la neige, grâce à ses branches relevées et à son feuillage aggloméré à l'extrémité des rameaux.

Le Pin Cembro peut atteindre 15-20 m de haut, avec un port très irrégulier, surtout dans sa vieillesse, et une cime souvent multiple. Ses aiguilles groupées par cinq et aiguës sont d'un vert vif dessus, plus bleuté dessous, avec des bandes blanches de stomates. Les cônes, d'abord violacés, puis brun pourpré sont gros (8 cm de long et 6 cm de large), ovoïdes, à écailles assez minces, peu lignifiées, triangulaires et terminées par un mucron clair peu saillant. Les graines, très grosses (8-12 mm), à coque dure, sont comestibles. L'écorce du Pin Cembro, d'abord lisse et gris verdâtre, prend une teinte gris rougeâtre et se crevasse avec l'âge. Le bois, blanc rosé, homogène, assez tendre, est recherché pour la menuiserie, la tournerie et la sculpture, mais utilisé localement.

Pin d'Alep (Pinus halepensis Mill.)

Exclusivement méditerranéen, originaire des rives de la Méditerranée occidentale, de l'Espagne à la Grèce, en Algérie et en Tunisie, il est en revanche très rare en Méditerranée orientale, où le remplace une espèce voisine, *Pinus brutia* Ten. Ses appellations de Pin d'Alep et de Pin de Jérusalem sont donc quelque peu fantaisistes.

En France, le Pin d'Alep n'occupe qu'une aire restreinte sur les collines peu élevées, à faible distance de la Méditerranée, des Alpes-Maritimes aux Bouches-du-Rhône, où il occupe les stations les plus chaudes, en terrains surtout calcaires, marneux et tendres, ceux de la garrigue à romarin. On ne le trouve ailleurs qu'en très petits peuplements dispersés dans le Gard et l'Hérault, ainsi que dans les basses vallées de la Durance et du Rhône. Mais cette aire a été étendue dans la seconde moitié du XIXe siècle. Comme l'espèce se développe facilement dans les espaces dégradés par l'exploitation du Chêne vert et les incendies — et qui n'étaient plus utilisés comme pâturages — on s'est servi du Pin d'Alep pour des reboisements systématiques qui ont fait passer la surface occupée par cette essence de 36 000 à 130 000 ha. Mais ces peuplements sont extrêmement sensibles aux incendies qui les ont dévastés.

Le Pin d'Alep dépasse rarement 20 m de haut. Jeune, il est branchu et feuillé dès la base, mais a déjà un port irrégulier qui s'accentue avec l'âge. Son fût grêle devient flexueux, souvent penché par le vent, avec une cime étalée et très irrégulière. Ses feuilles, par deux, sont très fines, souples et assez longues (7-10 cm), d'un vert grisâtre clair, groupées à l'extrémité des rameaux et ne persistent que deux ans. Les cônes, mûrs à l'automne de la seconde année, sont gros (6-12 cm de long, 3-5 cm de large), ovoïdes-coniques, d'un roux luisant vif à maturité, portés par un pédoncule épais de 1-2 cm de long, les écailles ont des écussons aplatis et des mucrons peu saillants. L'écorce du Pin d'Alep, d'abord lisse, gris argenté, devient épaisse, crevassée d'un brun-rouge assez foncé. Le bois blanc, à cœur rougeâtre clair, ressemble à celui du Pin sylvestre ; difficile à travailler, étant donné ses faibles dimensions et la sinuosité de son tronc, il est peu employé, sauf pour la caisserie et la menuiserie commune.

Les Pins laricio (Pinus laricio Poir.)

Si les Pins laricio forment botaniquement une espèce unique, *Pinus nigra* Arn, répandue sur les collines et les montagnes du Bassin méditerranéen, de l'Espagne du sud et du Maroc jusqu'à la Crimée et la Turquie, sa dispersion en stations isolées a créé plusieurs formes géographiques bien distinctes : Pin laricio de Corse (var. *corsicana* Loud.), Pin laricio de Calabre (var. *calabrica* Loud.), Pin de Salzmann (*Pinus laricio*, var. *cebennensis* Gren. et Gord. = var. *Salzmanni* Dunal), enfin le Pin noir d'Autriche (var. *austriaca* Loud.), lequel n'est pas indigène en France, mais qui, introduit de longue date, s'y est naturalisé. Ces variétés sont généralement considérées aujourd'hui comme des sous-espèces, mais, étant donné leurs utilisations différentes, les forestiers les traitent comme des essences qu'il convient de bien distinguer.

En commun, les Pins laricio présentent les caractéristiques suivantes : ce sont de grands arbres à port très régulier, mais dont la cime devient irrégulière chez les exemplaires âgés ; les aiguilles, groupées par deux, sont assez longues, plus ou moins rigides. Les cônes, petits, ovoïdes-coniques sont formés d'écailles portant des écussons bombés, et sont d'un jaune-brun. L'écorce est épaisse, rougeâtre, variée de gris argenté.

• Pin laricio de Corse (*Pinus laricio*, var. *corsicana* Loud.)

Avec son fût rectiligne qui peut monter très haut, parfois jusqu'à 50 m sur 5-6 m de circonférence à la base, ses branches régulièrement étagées, du moins dans sa jeunesse, car par la suite, il s'élague de lui-même, son feuillage léger, c'est le plus beau et le plus majestueux des Pins laricio. Sa croissance est assez lente (8 m en vingt ans) et sa longévité très grande, plus de six cents ans, âge probablement atteint ou dépassé par les très gros exemplaires, de 6-7 m de tour des forêts de montagne de Lirudinosa, de Lonca, de Zonza et de Bavella au centre de l'île, tel le « Roi des Arbres » d'Albertace dans la forêt de Valdaniello.

Mais, même en Corse, ce Pin n'occupe qu'une aire très restreinte, environ 22 000 ha dans les massifs granitiques très humides du centre de l'île, entre 900 et 1 000 m. Cependant, on l'a employé pour le boisement des montagnes méridionales, et même plus au nord, sur sol acide, en climat suffisamment humide et pas trop froid, en Sologne, en Normandie et dans le sud-ouest du Massif central. Aux mêmes fins, on a utilisé aussi le Pin laricio de Calabre (*Pinus laricio*, var. *calabrica* Loud), qui lui ressemble beaucoup, mais dont les aiguilles sont plus fines et un peu plus longues.

Les feuilles du Pin laricio de Corse, groupées par deux, sont très longues (12-15 cm), très souples ; d'un beau vert cendré, elles persistent deux ans. Les cônes, mûrs à l'automne de la deuxième année, sont d'un jaune roussâtre et brillants, longs de 5-8 cm, larges de 3 cm. L'écorce de cette espèce est d'abord brun rougeâtre, puis d'un gris d'argent et formant de grandes plaques. Le bois, à aubier blanchâtre et cœur rouge rosé à rouge brun, est lourd, dur, très durable. Celui des arbres âgés qui ont crû lentement est très apprécié pour la charpenterie et la menuiserie.

• Pin de Salzmann (*Pinus laricio* Poir, var. *cebennensis* Gren. et Gord. = var. *Salzmanni* Dunal)

Cette variété, ou sous-espèce du Pin laricio, groupe les formes géographiques propres à l'Espagne, au Rif marocain et au massif du Djurdjura en Algérie. En France, il n'occupe qu'une surface extrêmement restreinte (4 000 ha environ) et de plus très morcelée : Pyrénées-Orientales d'une part, sud-est des Cévennes, d'autre part. Il y croît en compagnie du Chêne pubescent et, à plus basse altitude, du Chêne vert. Il s'agit là des vestiges d'une aire beaucoup plus étendue et homogène, progressivement grignotée par les activités humaines (déboisements excessifs, établissement de vignobles et de châtaigneraies). Les zones subsistantes sont menacées par l'introduction du Pin maritime dominant.

Espèce très frugale, se contentant des sols les plus pauvres et résistant très bien à la sécheresse, il pourrait être utilement employé pour le reboisement des basses montagnes méridionales, dans la zone limite entre le climat méditerranéen et le climat montagnard à laquelle conviennent peu d'espèces.

Le Pin de Salzmann peut atteindre 25 m de haut, avec un port qui n'est pas toujours rectiligne et une cime diffuse et étalée. Ses rameaux brun orangé et luisants permettent de le reconnaître. Ses aiguilles très longues (10-18 cm), fines, souples, non piquantes, sont d'un vert clair et non cendré comme celles du Pin laricio de Corse. Ces cônes ressemblent à ceux de cette espèce, mais sont un peu plus grands.

Le Cyprès méditerranéen (*Cupressus sempervirens* L.) (famille des Cupressacées)

Originaire d'Asie occidentale, il fut introduit dans le Bassin méditerranéen il y a plusieurs millénaires et s'y est naturalisé. En France, ce n'est pas une essence forestière, mais on le trouve souvent planté dans les cimetières, où il symbolise l'immortalité, car on croyait jadis son bois imputrescible, ou près des habitations à fin décorative, enfin pour former des brise-vent qui protègent les cultures maraîchères. On emploie couramment le Cyprès au reboisement des terrasses arides. Très longévif, il peut dépasser cinq cents ans, le Cyprès accepte facilement tous les sols, même calcaires, s'ils sont fissurés et profonds ; il supporte bien la sécheresse, mais

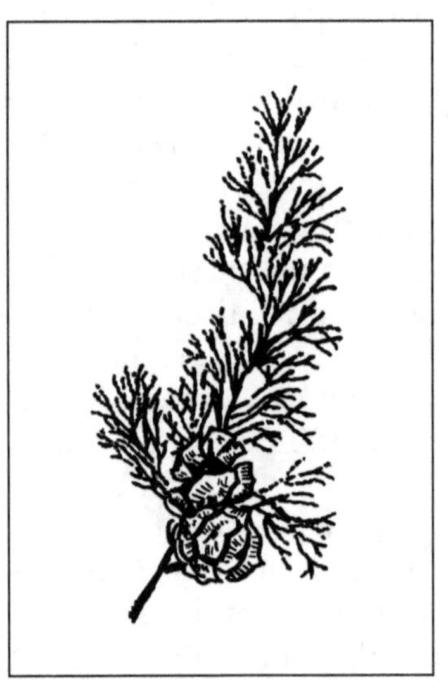

Cônes du Cyprès méditerranéen

résiste mal aux hivers rigoureux (en dessous de – 10 °C), ce qui limite son expansion géographique.

Il en existe deux formes distinctes. L'une aux branches courtes et érigées, ce qui donne à l'arbre un port pyramidal très étroit, en forme de pinceau. Cette variété *fastigiata* ou *pyramidalis* est la plus classique et la plus appréciée pour l'ornement. L'autre (var. *horizontalis*) a des branches étalées et une cime beaucoup moins dense, on la trouve à l'état spontané de la Crète à l'Iran.

ESSENCES FORESTIÈRES INTRODUITES

À côté des espèces croissant spontanément en forêt, d'autres y ont été introduites en culture par l'homme dès l'Antiquité. Il s'agissait généralement d'espèces recherchées pour leurs fruits, comme le Châtaignier, le Noyer, l'Olivier, le Figuier. À partir du XVIe siècle, on tenta d'acclimater les espèces découvertes au loin par les navigateurs et les voyageurs botanistes. Ainsi furent plantés, aux XVIIe et XVIIIe siècles, le Marronnier et le Platane d'Orient, venus d'Asie occidentale ; puis arrivèrent d'Amérique du Nord, successivement, le Robinier, le Chêne rouge, le Pin Weymouth, le Thuya du Canada. De telles introductions avaient alors pour raisons principales leur intérêt scientifique et leur valeur ornementale.

Mais l'importation systématique d'espèces étrangères est beaucoup plus récente, elle ne remonte qu'au début du XXe siècle et répond à des préoccupations avant tout utilitaires, économiques et financières. Il s'agit d'augmenter la production du bois, afin de satisfaire à une demande croissante, en particulier industrielle ; notamment, à l'obsession de la fourniture nationale de la pâte à papier, afin de réduire d'autant les achats à l'étranger.

La justification de ces arrivées massives reposait sur la constatation de la pauvreté relative de la flore ligneuse d'Europe très éprouvée par les glaciations du début de l'ère quaternaire, comparée à la richesse des flores des régions tempérées de l'Asie orientale et de l'Amérique du Nord qui n'avaient pas subi des dommages aussi considérables. Si, par exemple, on ne trouve en France que dix-sept espèces autochtones de Conifères, il en existe plus de quarante au Japon, plus de quatre-vingts aux États-Unis. Il en va de même des Feuillus, nombre d'espèces disparues d'Europe ont survécu en Asie orientale et en Amérique du Nord. Il pouvait donc paraître légitime de tenter d'accroître notre patrimoine ligneux, ce qui fut fait d'abord d'une manière quelque peu anarchique, qui ne pouvait amener que des déconvenues ; une fois transplantées, certaines espèces perdaient les qualités qu'elles avaient dans leur aire d'origine et le plus souvent végétaient.

De ce fait, les forestiers ont été amenés à étudier soigneusement les possibilités réelles d'acclimatation des espèces exotiques, leur capacité d'adaptation, leur plasticité afin de ne les planter que dans les sols et sous les climats qui leur convenaient. Cela suppose une longue observation préalable des réactions prévisibles des espèces à introduire, qui ne peut s'effectuer que dans les arboretums forestiers et les pépinières d'expérimentation.

De toute manière, les essences exotiques ne peuvent être introduites avec quelque chance de succès que si elles proviennent de régions tempérées à hiver froid et dont le climat correspond à peu près au nôtre, ce qui réduit considérablement leur choix.

En fait d'essences forestières, nous avons reçu des montagnes de la région méditerranéenne (Europe du sud et Proche-Orient), le Cèdre de l'Atlas, les Sapins de Nordmann et de Céphalonie ; des montagnes d'Europe centrale, le Pin noir d'Autriche, des régions tempérées de l'Asie orientale, une seule espèce, le Mélèze du Japon. C'est d'Amérique du Nord que proviennent presque toutes les essences capables de fournir en quantité du bois de bonne qualité. Elles sont, pour la plupart, originaires des chaînes montagneuses qui s'étendent le long de la côte du Pacifique : ouest du Canada et nord-ouest des États-Unis : Douglas, Sapin de Vancouver, Épicéa de Sitka, Tsuga hétérophylle, Pin de Monterey, Thuya géant et Cyprès de Lawson, tandis que de l'est, au climat continental, n'étaient introduits que le Robinier, le Chêne rouge et le Pin Weymouth.

Essences résineuses

Sapins (famille des Pinacées)

• Sapin de Nordmann (*Abies Nordmanniana* Spach)

Originaire des montagnes du Caucase et de l'Asie Mineure, où il croît entre 1 000 et 2 000 m, il peut atteindre 50-60 m de haut, mais en culture ne dépasse guère 30 m. Il se distingue du Sapin pectiné par son port plus étroit, son feuillage plus dense et ses aiguilles un peu plus longues et rabattues vers l'avant.

Poussant sous un climat montagnard continental, le Sapin de Nordmann est apprécié pour le reboisement, car il peut remplacer avantageusement le Sapin pectiné, surtout en plaine. Il supporte bien les gelées hivernales et aussi, se mettant tard en végétation, les gelées tardives. Il craint peu la sécheresse estivale et s'accommode des sols sableux ou calcaires. De plus, la persistance de ses branches basses jusqu'à un âge avancé le rend plus ornemental que le Sapin pectiné.

• Sapin de Céphalonie (*Abies cephalonica* Loud.)

C'est également un montagnard, mais des montagnes sèches et très ensoleillées du Péloponnèse, des îles ioniennes et de Thessalie.

Dans son aire d'origine, il dépasse rarement 25 m de haut, et n'a que 15 à 20 m en culture. Son port est largement pyramidal et son feuillage très dense. Ses aiguilles (2-3,5 cm de long) sont raides et piquantes. Sa croissance est assez lente (8 m en vingt ans).

Pour le reboisement, on ne peut guère l'utiliser que dans les régions méditerranéennes, car, s'il résiste bien à la sécheresse, il souffre beaucoup des gelées hivernales et printanières.

• Sapin de Vancouver (*Abies grandis* Lindl.)

Il croît du niveau de la mer à 1 200 m d'altitude dans les montagnes de la côte nord-ouest de l'Amérique du Nord, où il occupe une aire très étendue, de la Colombie britannique au nord de la Californie. Il y atteint 70 m de haut, mais monte parfois jusqu'à 100 m, avec une croissance rapide (16,50 m en vingt ans). D'un port très régulier, il conserve longtemps ses basses branches. Ses aiguilles, d'un vert foncé brillant dessus, marquées de deux bandes blanches de stomates dessous, sont disposées en forme de palme ; ses cônes cylindriques, d'abord vert clair, puis brunâtres, mesurent 10 cm de long sur 4 cm de large.

Essence d'ombre, très résistante au froid, mais qui ne se plaît qu'en climat humide, le Sapin de Vancouver a rendu de grands services pour l'enrésinement dans les montagnes de la moitié nord de la France et dans les montagnes humides, par exemple en Écosse. Il peut fournir rapidement un fort volume de bois, mais blanc, léger et assez peu résistant. Il est utilisé pour des sciages courants, mais surtout pour la fabrication de la pâte à papier ; à cet usage, le Canada et les États-Unis en font une consommation énorme.

• Épicéa de Sitka (*Picea sitchensis* Carr.)

Essence océanique boréale typique, il habite la côte du Pacifique de l'Amérique du Nord, de l'Alaska au nord de la Californie ; s'éloignant peu du littoral, il ne s'élève guère en montagne ; il forme des peuplements purs ou en mélange avec le Douglas et le Thuya géant.

L'Épicéa de Sitka monte couramment jusqu'à 60 m avec 2 m de diamètre. Très longévif (jusqu'à mille ans et plus), il peut atteindre dans son grand âge d'énormes proportions : 80 m de haut sur 4 m de diamètre, le record de taille serait de 100 m. Son port est moins régulier que celui de notre Épicéa et tend à s'élargir beaucoup. Ses aiguilles fines, longues, très piquantes, à section aplatie, sont rayées de blanc argenté à la face supérieure, vert clair lustré à la face inférieure ; ses cônes pendants à écailles roux jaunâtre, minces, souples, à bords ondulés, sont plus petits que ceux de l'Épicéa commun : 5-9 cm de long. Le bois de l'Épicéa de Sitka est d'un jaune brunâtre pâle, sans aubier distinct. Sous le nom de *spruce*, c'est en Amérique un bois de haute qualité et de grande importance économique.

Essence de pleine lumière, craignant peu le froid, mais ayant besoin d'une forte humidité atmosphérique et redoutant les sécheresses estivales, l'Épicéa de Sitka dont la croissance est extrêmement rapide (de 18 à 22 m en vingt ans) ne peut convenir au reboisement que des régions à climat océanique caractérisé : Normandie, Bretagne et côte ouest jusqu'à la Gironde.

Les Tsugas (famille des Pinacées)

Voisins des Épicéas, les Tsugas s'en distinguent par leurs aiguilles nettement pétiolées, et leurs cônes ovoïdes très petits. Le genre *Tsuga* habite les régions tempérées et froides de l'hémisphère Nord : en Amérique du Nord, dans l'Himalaya, en Chine et au Japon ; il n'est pas représenté en Europe. Une seule espèce peut être utilisée pour le reboisement.

• Tsuga hétérophylle ou de l'Ouest (*Tsuga heterophylla* Sarg.)

Il croît dans les régions côtières du nord-ouest de l'Amérique du Nord, généralement en compagnie de l'Épicéa de Sitka, du Douglas et du Thuya géant. De grande taille, il atteint couramment 50 m de haut et peut dépasser 70 m, et forme une cime pyramidale à la flèche incurvée. Ses aiguilles sont courtes (1,5-2 cm), étroites, aplaties, arrondies au sommet et nettement pétiolées ; ses cônes sont petits (2-3 cm de long), ovoïdes, pendants, à écailles peu nombreuses, ovales et de couleur claire. Son bois, jaune brunâtre, à grain fin, assez dur est employé en menuiserie et pour la pâte à papier.

Essence d'ombre caractérisée, le Tsuga hétérophylle a besoin d'humidité atmosphérique et d'un sol frais et profond. S'il résiste bien aux gelées hivernales et printanières, il redoute les fortes chaleurs estivales. Peu employé jusqu'à présent pour le reboisement, il pourrait rendre service pour l'enrésinement des taillis dans les régions à climat humide, sans sécheresse estivale, à condition de bénéficier au début d'un couvert suffisant.

• *Pseudotsuga* (famille des Pinacées)

Le genre *Pseudotsuga* ne compte que cinq espèces d'Asie et d'Amérique du Nord. Malgré le nom qui leur a été donné, les Pseudotsugas ressemblent beaucoup moins aux Tsugas qu'aux Sapins, dont ils se différencient par leurs aiguilles plus fines et par leurs cônes pendants qui ne se désarticulent pas à maturité.

• Douglas (*Pseudotsuga Douglasii* Carr.)

Dans son aire d'origine, qui s'étend sur plus de 3 000 km, dans les chaînes côtières de l'ouest de l'Amérique du Nord, depuis la Colombie britannique jusqu'au Mexique, il atteint 60-70 m de haut et dépasse parfois 90 m, avec 3 m de diamètre à la base et 40 m de fût sans branches.

Ses aiguilles (jusqu'à 3,5 cm de long) sont molles, pointues, d'un vert brillant. Les cônes pendants (de 5-10 cm de long et 2,5-3,5 cm de large), ovoïdes et roussâtres, sont formés d'écailles minces à bractées saillantes.

Cônes du Douglas

L'immense étendue de son aire et la diversité des biotopes où il croît ont formé deux sous-espèces très différentes, considérées en France comme deux espèces distinctes : le Douglas vert ou Douglas de l'Orégon et le Douglas bleu ou Douglas du Colorado. Le premier habite au nord, sur les chaînes côtières (jusqu'à 1 000 m), en compagnie de l'Épicéa de Sitka, du Thuya géant et du Tsuga hétérophylle ; le second pousse sur les pentes des montagnes Rocheuses, de la Colombie britannique au nord du Mexique. Il s'y élève jusqu'à près de 3 000 m, avec le Séquoia toujours vert, le Sapin de Low et le Pin jaune. Les exigences de ces deux formes sont de ce fait très différentes : la première demande beaucoup d'humidité du sol et de l'atmosphère, la seconde, continentale, s'accommode bien de la sécheresse et des hivers longs et rudes. Seul le Douglas vert est utilisé pour le reboisement, en raison de sa croissance rapide (18 à 20 m en vingt ans) jusqu'à plus de quatre-vingts ans. L'espèce est très longévive (plus de cinq cents ans) et, au Canada comme aux États-Unis, n'est exploité que très tard, à cause de l'épaisseur de l'aubier blanc chez les arbres jeunes. Le bois parfait est roussâtre, dur, lourd, résineux et très durable. Le Douglas vert est l'un des plus gros producteurs de bois d'œuvre du monde pour la charpente et la menuiserie. C'est au Canada et aux États-Unis l'essence forestière la plus employée.

Introduit en Angleterre en 1827, le Douglas a été d'abord une essence employée pour l'ornement, en France surtout à partir de 1860, puis, de plus en plus, depuis la fin du XIXe siècle, pour le reboisement, particulièrement dans les régions océaniques où il prospère, mais aussi dans certaines parties du Massif central, en Beaujolais et en Sologne. En Bourgogne, dans les années 70-80, l'Office national des forêts en plantait jusqu'à 1 600 ha par an à raison de 1 300 plants à l'hectare.

Essence de demi-lumière, le Douglas vert résiste bien au froids hivernaux. Il supporte le calcaire, mais craint les sols argileux et ne prend tout son développement que dans des sols neutres, frais, assez profonds et bien aérés. Dans les plantations actuelles, le Douglas bat tous les records (30 %) et la monotone uniformité des alignements de Douglas a déjà ruiné bien des paysages.

Mélèze du Japon (Larix leptolepis Gord.) (famille des Pinacées)

Au Japon, cette espèce n'occupe qu'une aire restreinte, les pentes des montagnes volcaniques du centre de l'île de Hondo, entre 1 700 et 2 400 m, en climat constamment humide et sur un sol léger. Du Mélèze d'Europe, elle ne se distingue que par les caractères suivants : port plus conique, branches horizontales et feuillage plus fourni. Son bois est rouge saumonné, avec un mince aubier jaunâtre, mi-lourd, résistant, très durable, facile à travailler, il convient à de multiples usages.

Parvenu en France vers 1880, le Mélèze du Japon a été utilisé pour le reboisement des régions humides, qui ne conviennent guère au Mélèze d'Europe, car ce dernier y est souvent attaqué par un champignon, le Pézize du Mélèze (*Dasycripha Wilkommii*), qui provoque la formation de chancres entraînant parfois le dépérissement de l'arbre, mais auquel le Mélèze du Japon semble résister. Si la croissance de cette espèce (15 m en vingt ans) est plus rapide que celle de l'espèce européenne, elle se ralentit beaucoup après quarante ans ; aussi l'exploite-t-on dès qu'il a atteint une cinquantaine d'années.

Les Cèdres (famille des Pinacées)

Le genre *Cedrus* compte seulement quatre espèces : trois d'entre elles sont méditerranéennes : *Cedrus Libani, atlantica* et *brevifolia*, cette dernière propre à l'île de Chypre ; la quatrième, *Cedrus Deodora*, habite l'Himalaya occidental. Les Cèdres sont de grands arbres aux rameaux courts portant des aiguilles rassemblées en rosettes ; les cônes sont gros, ovoïdes à surface lisse, les écailles minces étant appliquées l'une sur l'autre ; ils se désarticulent à maturité. Une seule espèce, le Cèdre de l'Atlas, est utilisée pour le reboisement.

• Cèdre de l'Atlas (*Cedrus atlantica* Man.)

Moins exploité que le Cèdre du Liban, il forme encore d'importants peuplements dans son aire d'origine, les montagnes d'Afrique du Nord, en Algérie et surtout dans le Moyen Atlas marocain, entre 1 200 et 2 600 m. Le Cèdre de l'Atlas peut atteindre 40 m de haut avec 1 m de diamètre à la base. Son port est régulier, sa cime, conique dans sa jeunesse, s'aplatit par la suite. Il croît de 12 m en vingt ans. Son bois, de couleur brune, très odorant et très durable, se travaille bien, mais est assez cassant quand il est jeune.

Introduit en France en 1839, le Cèdre de l'Atlas a été très utilisé, à partir des années 1860, pour reboiser les basses montagnes méditerranéennes. Cette espèce est en effet susceptible de réussir là où domine le Chêne pubescent et permet de transformer des taillis peu productifs en peuplements plus avantageux, ainsi sur les collines de l'Est, jusqu'à la Côte d'Or et au Sud-Ouest jusqu'au Périgord et aux Charentes.

Dans les basses montagnes méditerranéennes, il a prospéré en premier lieu, sur le versant sud du mont Ventoux s'est naturalisé et se régénère naturellement. S'il croît bien sur les sols les plus variés, même calcaires, le Cèdre de l'Atlas ne réussit qu'en climat sec et lumineux, avec des hivers longs, mais sans froids excessifs, et des étés courts et chauds.

Les Pins (famille des Pinacées)

Trois espèces introduites sont employées pour le reboisement ; l'une est européenne, les deux autres nord-américaines.

• Pin noir d'Autriche (*Pinus laricio*, var. *austriaca* Loud.)

Considéré comme une sous-espèce du Pin laricio, et donc proche parent du Pin laricio de Corse et du Pin de Salzmann, ce Pin n'est pas indigène en France, mais croît dans les Alpes autrichiennes, au sud de Vienne, dans les Alpes dinariques, en Yougoslavie et en Italie, dans les Abruzzes.

Le Pin noir n'atteint jamais les dimensions du Laricio de Corse. Sa silhouette est plus trapue, il ne dépasse guère 25 m de haut, avec un tronc droit et une cime large aux branches fortes et très feuillues, et aux aiguilles vert sombre, ce qui donne un couvert épais. Il croît assez rapidement (10 m en vingt ans) et est assez longévif. Son bois, relativement durable, est utilisé en menuiserie et en caisserie ; on en faisait naguère des étais de mines. Essence de demi-lumière, résistant au froid et à la sécheresse de l'air et du sol, bien adapté au calcaire, le Pin noir d'Autriche, depuis son introduction en France en 1834, a rendu de grands services pour le reboisement des terrains calcaires dans les Alpes méridionales, le sud du Massif central, les plateaux de l'Est et la Champagne. Ces peuplements artificiels couvrent plus de 500 000 ha.

• Pin de Monterey (*Pinus insignis* Dougl.)

Ce Pin d'Amérique du Nord n'y occupe qu'une aire très restreinte, les environs du port de Monterey en Californie. C'est un grand arbre de 25-30 m de haut, à la cime d'abord pyramidale, puis arrondie, à végétation très dense, donnant un couvert épais. Très vigoureux, le Pin de Monterey pousse très vite (de 15 à 22 m en vingt ans, dans sa jeunesse). Ses aiguilles fines, serrées, d'un vert gai, longues de 10-12 cm, sont groupées par trois et persistent trois-quatre ans. Ses cônes, gros (10-15 cm de long sur 6-7 cm de large), ovoïdes, d'un brun rougeâtre clair sont très asymétriques. Son bois est léger, assez tendre, brun rougeâtre, mais noueux ; on l'utilise surtout pour le coffrage et la caisserie.

Introduit en France après 1833, le Pin de Monterey ne se plaît qu'en climat maritime et ne résiste pas à des gelées de − 12° − 15 °C. En revanche, il supporte bien le vent de mer et préfère les sols sablonneux, assez profonds. En conséquence, il a été utilisé surtout en Bretagne et au Pays Basque.

• Pin Weymouth (*Pinus strobus* L.)

Ce Pin à cinq feuilles groupées, appelé aussi Pin du Lord, occupe dans le nord-est de l'Amérique un très vaste espace, de la région du Saint-Laurent et des Grands Lacs jusqu'au sud des Appalaches. Très abondant autrefois, il y a été surexploité et souvent décimé par la rouille vésiculeuse du tronc, provoquée par un champignon, *Peridermium strobi*, dont le cycle de développement comporte un passage sur diverses espèces du genre *Ribes* : groseilliers et surtout cassis.

Le Pin Weymouth est un grand arbre qui peut monter jusqu'à 60 m de haut, avec 3 m de diamètre à la base, mais en culture, il ne dépasse pas 35 m, avec des branches horizontales régulièrement disposées et une cime d'abord allongée et aiguë qui s'arrondit avec l'âge. Ses aiguilles, longues, fines et souples, d'un vert bleuâtre, groupées par cinq, persistent deux ou trois ans. Ses cônes sont très caractéristiques, bruns, étroitement cylindriques (10 à 15 cm sur 2-3 cm) et arqués vers le bas, à écailles oblongues, minces et peu serrées. Son bois, de teinte rosée, à aubier blanc peu distinct, est léger, tendre, homogène, très durable, assez résistant et facile à travailler. En Amérique du Nord, il est très apprécié pour la menuiserie. Le Pin Weymouth a une croissance assez rapide dans sa jeunesse (13 m en vingt ans) et qui se poursuit pendant une centaine d'années, car l'espèce est très longévive.

Essence de lumière, ce Pin supporte bien l'ombre quand il est jeune. Il se régénère facilement et peut même devenir envahissant dans les taillis. Il résiste bien au froid, mais demande une certaine humidité atmosphérique et prospère au mieux en sol assez profond, siliceux, léger et frais. Le Weymouth ne peut être valablement exploité qu'à un âge assez avancé.

Fort résistante et croissant rapidement, cette espèce a été beaucoup plantée en forêt depuis son arrivée en France du début du XVIIIe siècle jusque vers 1850, époque où la rouille vésiculeuse a fait d'importants dégâts dans les peuplements trop serrés de jeunes arbres. Il semble n'être plus menacé aujourd'hui, à condition d'éviter d'en faire des massifs trop étendus, d'éclaircir et de surveiller les jeunes plantations et de brûler les sujets atteints dès l'apparition des premiers symptômes. Ces précautions prises, il n'y aurait pas lieu de renoncer à planter ce Pin, là où il vient mieux que les autres essences, en sol tourbeux ou en terrain siliceux aride.

Les Thuyas (famille des Cupressacées)

Les six espèces du genre *Thuja* habitent les régions tempérées d'Asie (quatre espèces) et d'Amérique du Nord (deux espèces). Ce sont des Conifères de taille variable, au feuillage réduit à des écailles très petites (3-5 mm de long), obtuses, vert foncé lustré dessus, régulièrement tachetées de blanc à la face inférieure, à odeur aromatique quand on les froisse, qui recouvrent les rameaux en forme de palmettes. Les cônes très petits (13-18 mm de long) sont composés de 4 à 6 paires d'écailles brunes qui s'écartent à maturité, mais ils persistent longtemps sur l'arbre. Une seule espèce du genre est parfois plantée en forêt.

• Thuya géant (*Thuja plicata* Don)

Dans son pays d'origine, c'est en effet un géant qui peut monter à plus de 70 m de haut, avec un diamètre de 6,4 m à la base, un tronc parfaitement rectiligne, un port conique et aigu et une flèche verticale. Les feuilles, très petites (3-5 mm de long), d'un vert foncé lustré dessus et régulièrement tachetées de blanc dessus, recouvrent comme des écailles les rameaux qui semblent articulés et forment de fines palmettes. Les cônes très petits (12-18 mm de long), formés de 8-10 écailles brunes qui s'ouvrent à maturité, persistent long-temps.

En Amérique du Nord, le Thuya géant occupe une aire très vaste, le long de la côte du Pacifique, du sud de l'Alaska à la Californie, depuis le littoral jusqu'à l'altitude de 1 800 m dans les montagnes Rocheuses. Au Canada et aux États-Unis, où il est appelé *Western Red Cedar* (Cèdre rouge de l'Ouest), son bois rouge brunâtre, à aubier blanc, tendre, à odeur aro-matique, durable et imputrescible, était très apprécié par les Indiens qui s'en servaient à de multiples usages. Aujourd'hui, le *red cedar* est très utilisé pour la menuiserie, surtout exté-rieure.

Le Thuya géant, qui croît de 15 m en vingt ans, peut vivre très vieux ; certains exemplaires âgés de près de mille ans sont encore en bon état. Ses qualités feraient de *Thuja plicata* une essence précieuse pour boiser les terrains argi-leux compacts ou mouilleux et acides, en climat humide. L'espèce supporte l'ombre dans sa jeunesse, résiste bien au froid, mais souffre des sécheresses estivales.

Les *Chamaecyparis* (famille des Cupressacées)

Ce genre qui comprend six espèces, trois d'Amérique du Nord, deux du Japon et une de Taiwan, se distingue du genre *Cupressus* par ses rameaux disposés en éventail sur le même plan et des Thuyas par ses rameaux moins aplatis, ses cônes encore plus petits et surtout par sa flèche terminale toujours recourbée. Une seule espèce du genre pourrait être employée pour le reboisement.

• Cyprès de Lawson (*Chamaecyparis lawsoniana* Parl.)

Cette espèce n'occupe qu'une aire restreinte aux États-Unis — en bordure de la côte du Pacifique —, au sud de l'Orégon et au nord de la Californie, où il s'élève peu en mon-tagne, et croît en association avec le Douglas, l'Épicéa de Sitka, le Thuya géant et le Tsuga hétérophylle. Dans son aire, le Cyprès de Lawson atteint 60 m de haut, mais il ne dépasse guère 20 m en culture. Il croît de 10 à 13 m en vingt ans.

Le Cyprès de Lawson ne peut prospérer que sous un cli-mat humide et même brumeux et en sol suffisamment profond. Essence rustique et très plastique, il résiste bien au froid, tolère l'ombre en sa jeunesse et ne redoute que la sécheresse de l'air et du sol. Son bois, jaune brunâtre léger, assez dur et aromatique, est facile à travailler. Ce serait donc une essence utile pour le reboisement auquel il n'a été encore que peu employé.

Essences feuillues

Chêne rouge d'Amérique (*Quercus borealis* Michx.) (famille des Fagacées)

Il doit son nom à la teinte rouge doré que prennent ses feuilles à l'automne. Dans l'est de l'Amérique du Nord, cette espèce occupe une aire très vaste dans les vallées et dans les plaines, du sud-est du Canada à la Géorgie et à l'Alasama. De croissance rapide dans sa jeunesse, le Chêne rouge peut atteindre 30 m de haut avec 1,20 de diamètre à la base, mais en culture, il ne dépasse guère 15-20 m. Ses feuilles sont grandes (12-20 cm de long), arrondies à la base, à 7-11 lobes à pointe allongée et aiguë, d'un vert mat à la face supérieure, bleuté à la face inférieure. Son bois, lourd, à grain grossier, s'altérant rapidement, est de moins bonne qualité que celui de nos Chênes rouvre et pédonculé.

Introduit en 1732, le Chêne rouge s'est beaucoup répandu comme essence d'ornement. À partir du XIXᵉ siècle, on l'a utilisé comme essence de reboisement, là où nos Chênes ne viendraient pas bien : dans les landes acides, les forêts clairières ou les forêts à sol argileux et compact, car il est calcifuge.

Robinier Faux-Acacia (*Robinia Pseud-Acacia* L.) (famille des Légumineuses)

On l'appelle souvent, mais à tort, Acacia, parce que ses rameaux portent des épines vulnérantes, que ses fruits sont des gousses et que ses feuilles sont composées-pennées, comme dans beaucoup d'espèces appartenant au genre *Acacia*, mais celui-ci est asiatique et australien, et compte parmi ses espèces les Mimosas.

Le Robinier est, lui, un arbre d'Amérique du Nord. Il croît à l'est des États-Unis, de la Pennsylvanie à la Géorgie et à l'Alabama, où il n'est jamais abondant et mélangé à d'autres essences. Le Robinier peut atteindre 25 à 30 m de haut sur 1 m de diamètre à la base, avec un fût élancé et très mince, une cime irrégulière à branches tortueuses, donnant une ombre légère et diffuse. Il pousse assez vite (13 m en vingt ans) surtout dans sa jeunesse, mais peut atteindre trois-quatre cents ans. Ses feuilles tardives (deuxième quinzaine de mai) sont composées-pennées, à 7-19 folioles ovales de 2,5-4,5 cm de long, vert clair satiné dessus, vert bleuâtre dessous. Ses fleurs blanches, en mai-juin, forment des grappes pendantes de 10-20 cm de long ; très odorantes, elles sont mellifères, on les mange parfois en beignets.

Le premier Robinier, arrivé d'Amérique, naquit de graines semées par Jean Robin en 1601, place Dauphine à Paris. Il s'est répandu depuis lors un peu partout, par pieds isolés ou par bouquets, plus rarement en peuplements étendus, et s'est naturalisé.

Essence de lumière, résistant bien au froid par suite de sa mise en végétation tardive, le Robinier prospère surtout en terrain léger ; suffisamment alimenté en eau, il fructifie abondamment, rejette vigoureusement de souche et a un fort drageonnement, ce qui le rend envahissant dans les taillis. Il convient donc pour la création de taillis exploités à courte révolution et peut servir à maintenir les talus sablonneux. Enfin, l'espèce est peu sensible à la pollution atmosphérique et au vent de mer. Son bois hétérogène, à cœur jaune doré ou jaune-brun et à aubier jaune clair, lourd, dur, nerveux, élastique, très durable, peut servir à de multiples usages.

IV

LES HOMMES ET LA FORÊT
L'HISTOIRE ET LE MYTHE

Lorsqu'à la fin de la dernière glaciation, vers — 9 000 — 8 000, les inlandsis opérèrent progressivement leur retrait vers le nord, d'immenses forêts de Conifères puis de Feuillus recouvrirent la presque totalité de l'Europe et la faune froide (rennes, mammouths, bœufs musqués) suivit la remontée des glaciers. Pour les hommes du Magdalénien qui en vivaient, la disparition de ces grands troupeaux était dramatique. Les uns partirent à leur suite. Les autres, restés sur place, utilisèrent au mieux des ressources très diminuées. Dans un premier temps, entre — 8 500 et — 6 500, sous un climat dit pré-boréal, dominèrent les forêts de Pins et les peuplements de Bouleaux et de Noisetiers, coupés encore de vastes étendues de steppe, milieu favorable à une faune relativement riche et abondante d'élans, de cerfs, d'aurochs, de chevreuils et de sangliers ; au cours de la période suivante, cette faune gagnera à son tour le nord quand, sous un climat encore continental, mais plus sec et un peu plus chaud que de nos jours, se développa la chênaie mixte, association du Chêne, du Tilleul et de l'Orme, ce qui entraîna la raréfaction des gros Bovidés et des grands Cervidés. La prédominance des Feuillus, en particulier du Chêne, ne fit que s'accentuer à la période dite atlantique qui commença vers — 5 500, avec un climat plus frais et plus humide. La faune forestière devint alors à peu près ce qu'elle est aujourd'hui. Si, dans les contrées nordiques, les hommes chassaient l'aurochs et l'élan et, en France, le cerf, le chevreuil et le sanglier, les chasseurs méditerranéens en étaient souvent réduits au lapin. Pour les populations restées en place, l'alimentation végétale acquit une importance croissante.

D'autres hommes étaient partis par petits groupes chercher au loin une nourriture devenue insuffisante. Ils s'établirent au bord des lacs ou sur le littoral marin qu'avaient découvert le retrait des glaces et la nette surrection de territoires naguère enfoncés sous le poids de l'inlandsis. Ils y vécurent de la pêche, mais celle-ci, comme la chasse, ne procurait point de ressources suffisantes, ils pratiquèrent le ramassage intensif des coquillages dont on a retrouvé les énormes entassements.

Les préhistoriens dénomment Mésolithique ce stade intermédiaire. Ce serait pour eux celui d'une première diversification des cultures matérielles. On en distinguerait déjà plusieurs nettement caractérisées : Azilien, Asturien, Sauveterrien, Tardenoisien, Maglemosien, sans compter les souscultures engendrées par chacune d'entre elles. Cette différence pour eux essentielle avec le passé supposerait une certaine uniformité préalable qui est loin d'être démontrée ; mais ne sont-ils pas victimes d'une illusion due au hasard des trouvailles et des fouilles ?

On peut, de manière plus générale, se demander si même les grandes divisions établies par les préhistoriens qui reposent presque exclusivement sur l'outillage lithique, le seul en effet que la terre ait conservé, ne seraient pas trop théoriques, trop rigides, ce que tendraient à prouver les incessantes révisions qu'elles nécessitent. Peut-on encore utiliser une division aussi tranchée que celle qui séparerait radicalement chasseurs nomades et agriculteurs sédentarisés. En d'autres termes, le Paléolithique, l'âge de la « pierre ancienne », c'est-à-dire de la pierre taillée et le Néolithique, l'âge de « la pierre nouvelle », donc de la pierre polie, même en admettant l'existence d'une période intermédiaire bien opportune, le Mésolithique, l'âge de la pierre « moyenne », ont-ils déterminé une modification aussi importante qu'on le dit dans l'utilisation des ressources naturelles et les modes de vie qui en découlent. Une telle discontinuité est-elle même vraisemblable ? On sait maintenant que les premiers consommateurs de viande furent des charognards avant de devenir des chasseurs, que les chasseurs avaient une alimentation plus végétale que carnée, enfin que les premiers agriculteurs du Néolithique furent, pendant très longtemps encore, des chasseurs-cueilleurs.

Quant aux relations de l'homme avec la forêt, il convient en tout cas de ne pas oublier que les chasseurs du Paléolithique vécurent bien plus du ramassage des végétaux que de la chasse, que, lorsque le besoin s'en faisait sentir, ils exploraient très soigneusement leur milieu et recherchaient tous les végétaux qui pouvaient leur être utiles. Ce sont les femmes qui, semble-t-il, s'en chargeaient. Il est probable qu'il en fut ainsi depuis les origines de l'espèce.

À la suite des récentes découvertes faites près du lac Turkana, dans le nord du Kenya, sur un site qui remonte à plus d'un million et demi d'années, l'anthropologue Richard Leakey a tenté de reconstituer le mode de vie des Hominiens de ces temps reculés, déjà comparable, selon lui, à celui des chasseurs-cueilleurs. Définissant les fonctions des hommes et des femmes dans le groupe, R. Leakey écrit : « Le rôle des femmes est de cueillir les plantes, dont tous connaissent l'importance dans leur vie économique. Les hommes chassent, les femmes pratiquent la cueillette : c'est un système dont ce groupe n'a qu'à se féliciter, aussi loin que remonte la mémoire de ses membres. Trois des femmes sont prêtes à partir. [...] Elles tiennent à la main de petits bâtons pointus, qu'une d'entre elles a préparés à l'aide d'éclats de pierre tranchants. À l'aide de ces outils, ces femmes pourront déterrer de délicieux tubercules, aliment auquel n'ont pas accès la plupart des autres grands primates. À la file indienne, les femmes partent vers les montagnes situées loin du bassin du lac, en suivant un sentier qui les conduira jusqu'à un endroit riche en noix et en tubercules. Pour les fruits mûrs, il faudra encore attendre un peu, le temps que la pluie permette à la nature de faire son travail[1]. » Le ramassage des plantes sauvages s'accompagnait de la prise de tous les petits animaux qui pouvaient améliorer l'ordinaire : vers, mollusques, insectes charnus, lézards et grenouilles.

Pour être réussie, une telle collecte nécessitait une parfaite connaissance du milieu qui ne surprend que les civilisés que nous sommes. N'était-ce pas alors une question de survie ? La sélection des végétaux comestibles n'a pu se faire qu'à la suite d'une multitude d'observations, d'investigation de toutes sortes et d'innombrables essais, dont les résultats se transmirent de génération en génération.

Depuis des millénaires, les Indiens d'Amérique savent utiliser au mieux et sans porter atteinte à leur source les produits de la forêt, en particulier ses très nombreux fruits sauvages. Séjournant en août-septembre 1999, dans les îles de la reine Charlotte, la patrie des Haidas, qui sont encore aujourd'hui des pêcheurs-cueilleurs vivant en lisière de l'immense forêt boréale pluvieuse qu'ils ont réussi à préserver, je trouvais en la parcourant des fruits sauvages de toutes sortes. Les goûtant, je pus mesurer de quelle utilité ils pouvaient être pour ces Indiens qui les mangeaient crus ou cuits et les conservaient sous forme de confitures. Au bout de quelques jours, j'avais pu identifier jusqu'à sept espèces différentes de myrtilles, trois de groseilles, trois de ronces à fruits, les baies, bleu-violet, de l'amélanchier, celles charnues et pourprées du *Gaulteria Shallon* qu'on trouvait en abondance à la lisière des bois, et aussi les minuscules pommes sauvages du *Malus fusca* qui me semblèrent incomestibles, mais que l'on me servit peu après sous forme de tartes délicieuses. À l'usage des visiteurs, les écologistes ont publié des guides illustrés permettant de reconnaître les espèces comestibles. Ces auteurs assurent qu'elles permettaient de survivre à ceux qui seraient perdus en forêt et affirment avoir tenté eux-mêmes l'expérience. Faut-il rappeler que ce furent les Indiens qui apprirent aux Canadiens à distiller le sucre d'érable, le seul sucre dont ils disposaient. Au printemps, on fait couler la sève de l'Érable à sucre *(Acer saccharum)*, qui donne le « sirop d'Érable », toujours populaire tant aux États-Unis qu'au Canada ?

Les ethnologues qui ont pu étudier comment s'effectuait la recherche de la nourriture dans les contrées les plus déshéritées, tels les déserts du sud de l'Afrique et ceux du centre de l'Australie, ont décrit leur émerveillement, mais aussi le questionnement qu'en eux elle faisait naître. Il leur fallut se rendre à l'évidence, les Khoisan du Kalahari comme les aborigènes australiens réussissaient dans leur quête non seulement par leur vigilance, leur don d'observation et une science empirique transmise de génération en génération, mais grâce à une acuité sensorielle, particulièrement olfactive, extraordinairement développée qui leur permettait de détecter à distance la présence d'animaux, même très petits, et aussi de plantes comestibles. Ces ethnologues furent obligés de conclure qu'il s'agissait d'une faculté quasi divinatoire dont ils ne pouvaient que constater la prodigieuse efficacité.

Un tel affinement sensoriel provenait assurément d'un pratique indéfiniment répétée, mais il était encore aiguisé par un facteur dont on commence seulement à tenir compte : l'initiation chamanique. On sait aujourd'hui qu'elle était très répandue, au moins depuis la civilisation magdalénienne. Certaines figures humaines des fresques qui ornent les grottes de la fin du Paléolithique supérieur, restées long-temps énigmatiques, ont été récemment reconnues comme représentant des chamanes masqués. On sait par ailleurs que de telles grottes labyrinthiques étaient des lieux sacrés, acces-sibles aux seuls initiés qui y accomplissaient leurs cérémo-nies à l'abri des regards.

Grâce aux enquêtes faites depuis peu auprès de popula-tions qui pratiquent encore le chamanisme et qui sont beau-coup plus répandues qu'on le pensait, on commence à connaître ce que peut être la vision chamanique du monde ; pour le chaman tout être quel qu'il soit, animal, plante, arbre, rocher, source, montagne ou lac, y compris les phénomènes météorologiques, le vent, la pluie, l'orage, est non seulement imprégné par l'esprit, mais l'esprit en constitue l'essence. Possédant une certaine forme de conscience, tous les êtres peuvent communiquer entre eux et par conséquent avec l'homme. Il existe entre eux et nous une relation d'interdé-pendance qui fait que nous pouvons agir sur eux comme eux sur nous.

Chez les Indiens d'Amérique du Sud, où le chamanisme est encore très actif, les plantes sont considérées comme des esprits maîtres qui, sous certaines conditions, en particulier, la transe, consentent à révéler les secrets du règne végétal. La transe peut être obtenue par le jeûne et les purifications préalables, la musique de percussion et la danse, mais sur-tout grâce à l'ingestion de plantes psychotropes, tels le peyotl, les psilocybes ou l'ayahuasca, ou l'amanite tue-mouche pour les chamans sibériens. C'est lors de la transe que les plantes — à travers la plante mère consommée — révéleraient leur utilité aux hommes, qu'il s'agisse de leurs qualités alimentaires, médicinales ou divinatoires.

Le ramassage systématique des plantes utiles eut pour les populations préhistoriques une conséquence dont on n'a pas toujours évalué justement la portée. Dans le campement de ces chasseurs et tout autour, des graines, des noyaux, des tubercules germaient sur le sol dénudé. Il arrivait qu'à une femme ou à un homme, meilleur observateur et plus avisé, vienne l'idée de les repiquer, ce à quoi pouvait servir le bâton à fouir, ancêtre de la houe, pour que naisse la première ébauche d'un jardin et avec elle l'horticulture. Le mot jardin procéderait du gallo-roman *hortus gardinus* : jardin enclos ; le mot latin *hortus* a lui-même donné naissance à horticole et horticulture. Au sujet de ces jardins archaïques de rapport, un agronome nord-américain, envoyé par la FAO enseigner des rudiments d'agriculture à une population andine qui les ignorait, a raconté assez drôlement la leçon qu'il reçut. Il avait pour élèves un petit groupe de femmes intéressées et attentives à qui il fit semer du maïs dans un espace soigneusement ameubli et sarclé. Comme il devait s'absenter quelque temps, il leur laissa pour instructions d'arroser régulièrement le champ et d'en retirer toutes les mauvaises herbes. À son retour, il dut constater que celles-ci pullulaient. Maugréant contre la paresse de ses élèves, il alla avec elles afin de leur faire nettoyer le terrain ; mais, lorsqu'il leur désignait les herbes à arracher, on lui faisait valoir que celle-ci donnait un remède indispensable, telle autre colorait les étoffes dont sa voisine fournissait les fibres. De guerre lasse, l'agronome renonça de lui-même à ce travail. Mais il a l'honnêteté d'avouer que le maïs n'en poussa que mieux et il conclut que les sauvages que l'on croit ignorants en savent au fond bien plus qu'un ingénieur diplômé.

Ces quelques remarques faites, on doit néanmoins admettre que l'horticulture n'est pas l'agriculture et que l'implantation progressive de cette dernière changea du tout au tout les relations des hommes avec la nature et en particulier avec la forêt. Les chasseurs-cueilleurs ne modifiaient pas le milieu dans lequel ils vivaient, ils s'y adaptaient au mieux, tandis que les cultivateurs l'adaptaient à leurs besoins, lui imposaient leur ordre, ce qui fait à tous points de vue une énorme différence. Sur ce plan, mais sur ce plan seulement, on peut parler de « révolution néolithique ». Si le Néolithique se caractérise par l'adoption de l'agriculture ou culture des champs, de la domestication et de l'élevage, enfin de la sédentarisation qui aboutit à la construction de villages, on sait aujourd'hui qu'il y eut un foisonnement de groupes si divers qu'à aucun moment le Néolithique n'a constitué une étape unique et uniforme. L'expansion se fit soit par des migrations successives par petits groupes venus du Proche-Orient, tantôt par terre, tantôt par la mer, celles, par exemple, qui introduisirent sur tout le littoral atlantique l'architecture des mégalithes, soit par contacts, les innovations gagnant de proche en proche, mais non sans rencontrer de résistances. Se tinrent à l'écart du courant la majeure partie de l'Espagne et de la Gaule, les îles Britanniques et les grandes plaines qui bordent la Baltique. Il y eut aussi des résistances locales dans les contrées qui avaient adopté l'agriculture et l'élevage ; en maints endroits, longtemps se côtoyèrent populations néolithiques et tribus mésolithiques.

Sur cette période, notre documentation fit un bond considérable à partir du moment où l'on découvrit et fouilla les très nombreux villages lacustres (environ 340), baptisés palafittes (de l'italien *palafitta* : clayonnage), actifs entre — 3 000 et — 1 600, dans les lacs périalpins du sud-est de la France, de Suisse, du nord de l'Italie, d'Allemagne du sud, d'Autriche et de Slovénie. Ils fournirent, en quantité considérable, les témoignages d'une civilisation déjà très avancée, ce qui conduisit à réviser l'idée que l'on se faisait du Néolithique européen. Les habitants des palafittes avaient quitté la forêt pour s'établir à sa lisière, au bord des lacs. Ils n'en demeuraient pas moins tributaires des ressources qu'ils allaient collecter dans les bois. On a en effet trouvé dans la vase des lacs à palafittes, sous forme de débris calcinés ou de galettes cuites, des glands, des faînes, des noisettes et, dans le sud, des châtaignes, des cormes, des alises, des cornouilles, des merises, des prunelles, des fraises des bois, des mûres et des myrtilles, mais aussi des baies de Sureau et de Viorne, les cynorhodons de l'Églantier, les cenelles de l'Aubépine, et toutes sortes de baies et de graines.

On y a trouvé également des débris de pommes, de poires et de prunes déjà améliorées dont l'origine ne peut être qu'orientale, comme le froment et les animaux domestiques, lesquels témoignent d'une longue sélection que durent opérer des cultivateurs déjà très expérimentés ; toutes ces nouveautés furent certainement introduites par les immigrants.

Pour l'historien des mentalités, comme pour celui des religions, le Néolithique représente un bouleversement radical et même un renversement des anciennes valeurs qu'expriment les mythologies. Pourquoi Caïn qui « cultivait le sol » tue-t-il Abel, « pasteur de petit bétail », et pourquoi ce dernier est-il le favori de Yahwé, le dieu jaloux ? Pourquoi Osiris, l'introducteur de l'agriculteur, le dieu de la fertilité nouvelle est-il assassiné par son frère Seth, le nomade du désert ? Déméter, la Terre-Mère qui dispensa aux hommes les fruits, puis les grains, le froment et l'orge, perd sa fille Coré Perséphone, nom qui signifie : « la jeune vierge qui porte la mort », enlevée par Hadès, le dieu souterrain des morts, dans le royaume duquel elle doit résider un tiers de l'année, de la fin d'octobre à la fin de février. De même Cybèle, déesse de la terre et des cavernes, perd tous les ans son fils Attis qui renaît avec la végétation. Adonis, né d'un arbre, sa mère, personnifie les plantes cultivées que calcine le soleil brûlant de l'été. Il doit lui aussi partager son année, il en passera la moitié sur terre avec sa mère nourricière, Aphrodite, et l'autre sous terre, en compagnie de Perséphone, son autre mère adoptive. Ce qui s'explique quand on sait que ce dieu phénicien est en réalité le mésopotamien Dumuzi-Tammuz, dieu du grain.

Dans les mythologies de presque tous les paléocultivateurs, on retrouve le dieu qui est sacrifié ou qui se sacrifie pour les hommes (divinité du grain, le maïs comme le froment), et auquel en conséquence les hommes doivent offrir des sacrifices qui furent d'abord humains. « Si le grain ne meurt », est-il dit dans l'Évangile, et Jésus se sacrifie, offrant aux hommes sa chair (le pain) et son sang (le vin).

Cette étrange et commune malédiction est la manifestation d'une profonde et inévitable culpabilité. Les hommes ont violé la Terre-Mère ; les céréales ne sont pas données par la nature, elles n'existent qu'au ciel, jalousement gardées par les dieux, où un héros civilisateur les a volées, comme jadis Prométhée a dérobé le feu divin, la foudre de Zeus. Le grain est le produit d'un meurtre et ce meurtre doit être expié. À Abraham, il est demandé par Yahwé de sacrifier son fils Isaac. Les hommes ne se contentent plus de ce que leur offraient les dieux, ils sont devenus eux-mêmes producteurs, ils peuvent se prendre pour des créateurs. Ils se sont éloignés de Dieu et Dieu les a abandonnés en les chassant du Paradis.

Il faudra désormais se concilier un Dieu vengeur. Il n'y a plus participation de l'homme à la nature comme dans le monde chamanique des chasseurs-cueilleurs, mais séparation radicale, violence, agressivité et remords. Au panthéisme (Dieu est partout, en tout) a succédé le polythéisme, qui engendrera le monothéisme, la relation ambiguë de l'homme coupable et du Dieu justicier, qui est séparation et méfiance de l'un envers l'autre et du fidèle contre l'infidèle, et finalement l'athéisme, rejetant ce très suspect rapport.

Il existe désormais deux mondes qui ne doivent pas se mêler, l'un sacré, l'autre profane, ou plus exactement profané, celui du sauvage (étymologiquement, l'homme des bois) et celui du civilisé (l'homme de la cité), celui du nomade et celui du sédentaire et entre eux une animosité mortelle, celui de la culture (mot issu du latin *cultum*, supin du verbe *colere*, qui signifie à la fois : cultiver, habiter (en sédentaire) et honorer, célébrer un culte) contre celui de la nature.

Lorsqu'il y eut culte organisé, il y eut un lieu de culte, l'habitation du dieu, qui le mit à part du monde, qui en fit aussi sa prison. Dieu n'était plus partout, il était quelque part.

Cet espace protégé par les plus rigoureux interdits est le bois sacré, où survit intact l'ancien monde tel qu'il était à l'origine. C'est le lieu par excellence des théophanies, invitées à ne point se manifester ailleurs. Le bois sacré deviendra le temple, mot qui désigna d'abord l'espace délimité magiquement dans le ciel et sur la terre par l'augure qui y guettait un signe de Dieu, le présage, l'oracle divin. Le temple détient le sacré et exclut le profane (du latin *pro-* : devant, donc en dehors, et *fanum* : lieu consacré, temple). Les premiers temples connus apparaissent au Néolithique, ce qui ne peut être fortuit.

La forêt était sacrée, hantée, habitée par les sauvages et par leurs dieux, il fallait la neutraliser, la profaner. « Par une coïncidence malheureuse, écrivait Pierre Deffontaines dans *L'homme et la forêt* (1932), l'agriculture naissante s'affronte avec la forêt renaissante. » L'homme désormais s'attaque à la forêt devenue son ennemie. Les premiers défrichements commencent vers — 3 000, au moment où commencent à s'édifier les palafittes. Ils ne s'arrêteront plus.

L'outillage étant encore beaucoup trop rudimentaire pour que l'on pût abattre de gros arbres, on eut recours au feu. C'est le sartage ou brûlis, qui stérilise les graines des végétaux que l'on désire exterminer et qui surtout, grâce à l'action des cendres basiques, répandues sur le sol forestier, en combat l'acidité et en accroît la fertilité. En sous-bois, on emmène pâturer les troupeaux. Dans les contrées méditerranéennes très sèches, où la végétation arborescente était éparse et peu résistante, les jeunes pousses succombaient sous la dent des moutons et des chèvres, le surpâturage aboutit très vite à une dégradation sans remède ; déjà se formaient garrigues et maquis. Dans ses grandes lignes se dessinait le paysage rural qui est — pour combien de temps ? — le nôtre. La déforestation quelque motivation rationnelle qu'on puisse lui donner fut d'abord la conséquence inévitable d'un changement de mentalité. Avec lui, s'initie une nouvelle ère de l'histoire des hommes, celle de la croissance et du progrès indéfinis.

LE BOIS SACRÉ

Pour les mentalités traditionnelles, celles, par exemple, des peuples de l'Antiquité, qu'ils fussent civilisés ou barbares, les Grecs et les Romains, *a fortiori*, les Celtes et les Germains, les arbres avaient droit au respect de l'homme. Comme lui, ils avaient une « âme » qui, en certaines circonstances, pouvait se manifester. Lorsqu'une telle épiphanie se produisait, songe ou apparition, guérison soudaine ou messages oraculaires, ces signes étaient interprétés comme une marque d'élection par un dieu reconnaissable, car, même s'il ne révélait pas son identité, toute espèce avait sa divinité propre. Ainsi reconnu, l'arbre devenait l'objet d'un culte et était protégé par des interdits sévères qui s'étendaient à son entourage. Ainsi, naquirent les bois consacrés à une divinité.

En grec, en latin et en celte, on les désignait par des noms étroitement apparentés, *nemos* en grec, *nemus* en latin, *nemeton* en celte. Les trois mots procèdent de la même racine indo-européenne *nem-* qui exprime l'idée de distribuer, diviser, découper. En grec, le verbe *nemô* comporte de plus les acceptions de « mettre à l'écart », d'« isoler », et aussi d'« habiter », d'« occuper », ce qui correspond à la notion de bois sacré. Rappelons que Némésis était d'abord la déesse du partage entre ce qui revenait aux dieux et ce qu'ils concédaient aux hommes. C'est à ce titre que Némésis punissait l'outrance, l'arrogance, l'orgueil ou la violence. En Argolide, le sanctuaire de Némée s'élevait dans un bois sacré *(nemos)*, là même où Héraklès avait vaincu le lion de Némée. En langue celtique, la racine *nem-* aurait désigné le ciel et ses habitants, les dieux. Le *nemeton* aurait été sa projection sur la terre, le lieu de descente du divin, de la manifestation du surnaturel au sein de la nature. Les Celtes avaient une déesse nommée *Nemetona*. Qu'elle ait été particulièrement honorée par les Némètes localisés sur la rive gauche du Rhin ne prouve nullement qu'il s'agissait d'une déesse tribale. *Nemetona* signifie : celle qui est adorée dans le *nemeton* et les Némètes étaient le peuple du *nemeton*, comme les Eburovices étaient celui de l'if *(ibor)* et les Lemovices celui de l'orme *(lem)*.

Sans doute, les bois sacrés, tel celui de Dodone en Épire qui entourait le chêne oraculaire de Zeus, bien que toujours respectés n'étaient-ils plus dès l'époque classique que des survivances. En revanche, le *Nemus Dianae*, le bois sacré de Nemi, joua dans l'histoire romaine un rôle qui ne fut jamais oublié. Là, le second roi de Rome, Numa Pompilius, venait consulter la nymphe Égérie. Selon Plutarque[2], Égérie était une dryade, la nymphe d'un chêne évidemment sacré. Tite-Live ne voit là qu'un subterfuge destiné à impressionner les Romains, en affirmant que « c'était d'après ses avis qu'il établissait les sacrifices [...] particuliers[3] ». Il est certain que Numa, qui n'était pas romain, mais sabin, avait sans doute besoin d'une telle caution divine, surtout pour accomplir ce qui fut l'œuvre de son règne : l'organisation de la vie religieuse de la nouvelle cité. Mais il semble probable que le scepticisme de Tite-Live n'ait été qu'un anachronisme. A-t-on remarqué que le nom même de Numa découle d'une racine très proche, celle qui a donné *numen,* mot qui évoque la manifestation de la volonté divine ?

Les *nemeton* celtes qui étaient toujours en activité ne manquèrent pas de susciter l'étonnement, voire l'effroi, des Romains, lorsqu'ils les découvrirent en Gaule. Dans son poème épique, *La Pharsale,* qui évoque la guerre entre César et Pompée, Lucain (39-65) décrit l'un d'entre eux situé près de Marseille : « Il y avait là un bois sacré qui, depuis un âge très reculé, n'avait jamais été profané et entourait de ses rameaux entrelacés un air ténébreux et des ombres glacées, impénétrables au soleil. Il n'est point occupé par les Pans, habitants des campagnes, les Silvains, maîtres des forêts ou les Nymphes, mais par les sanctuaires des dieux aux cultes barbares : des autels se dressent sur des terres sinistres et tous les arbres sont purifiés par du sang humain... » Lucain raconte qu'après avoir reçu l'ordre de détruire le bois sacré, nul parmi les soldats n'osa porter le premier coup à ces arbres redoutés, « les mains tremblèrent aux plus braves ». Quand César vit ses vétérans les plus endurcis cloués sur place, il saisit une hache, la brandit et fendit un chêne séculaire dont la cime se perdait dans les nues. À la suite de quoi, il déclara : « Maintenant, pour que personne de vous n'hésite à abattre la forêt, croyez que c'est moi qui ai commis le sacrilège. » Les soldats obéirent enfin, « non qu'ils aient banni la crainte, précise Lucain, mais ils avaient mis en balance la colère des dieux et celle de César[4] ». Ces *nemeton* étaient nombreux dans le monde celte, on en trouve les traces dans la toponymie, non seulement en France et en Grande-Bretagne, mais jusqu'en Galicie au sud de la Pologne. Les tribus galates, Celtes établis en Asie Mineure, se réunissaient selon Strabon[5], dans un sanctuaire commun, le *Drunemeton*, « bosquet sacré de chênes ».

Grâce aux historiens et géographes latins, nous pouvons nous faire une idée des activités qui s'y déroulaient. Là, à l'écart des foules, des prêtres célébraient des cérémonies destinées à s'assurer pour la collectivité la bienveillance des dieux dont ils étaient les interlocuteurs privilégiés et spécialisés. Là aussi, « dans les forêts retirées, [...] les druides enseignaient beaucoup de choses aux plus nobles de la nation, en cachette, pendant vingt ans[6] ». Cet enseignement était, rappelons-le, exclusivement oral. Mais César précise que, si les druides avaient de nombreux élèves, seuls quelques-uns restaient vingt ans auprès d'eux[7]. Il s'agissait certainement de ceux qui se préparaient au sacerdoce.

Le bois sacré jouait un rôle au moins aussi important chez les anciens scandinaves et les Germains qui avaient une origine commune. Par la *Description des îles de l'Aquilon* d'Adam de Brême[8] (xie siècle) et par la *Geste des Danois*[9] de Saxo Grammaticus (xie-xiie siècles), nous connaissons l'existence du sanctuaire d'Uppsala en Suède. Là, au pied de l'arbre sacré, les prêtres offraient des sacrifices humains. Tous les neuf ans, des tribus venues de tout le pays se réunissaient et présentaient à l'arbre figurant le dieu Odin des victimes de toutes sortes, chevaux, chiens et hommes qui étaient pendus à ses branches.

Des Germains, Tacite écrit : « Emprisonner les dieux dans des murailles, ou les représenter sous une forme humaine, semble aux Germains trop peu digne de la grandeur céleste. Ils consacrent des bois touffus, de sombres forêts ; et, sous le nom de divinité, leur respect adore dans ces mystérieuses solitudes ce que leurs yeux ne voient pas[10]. » « Les Semnones se disent les plus anciens et les plus nobles des Suèves. La religion du pays fait foi de leur antiquité. Ils ont une forêt consacrée dès longtemps par les augures de leurs pères et une pieuse terreur ; c'est là qu'à des époques marquées tous les peuples du même sang se réunissent par députations, et ouvrent, en immolant un homme, les horribles pratiques d'un culte barbare. Une autre pratique atteste encore leur vénération pour ce bois. Personne n'y entre sans être attaché par un lien, symbole de sa dépendance et hommage public à la puissance du dieu. S'il arrive que l'on tombe, il n'est pas permis de se relever ; on sort en se roulant par terre. Tout, dans les superstitions dont ce lieu est l'objet, se rapporte à l'idée que c'est le berceau de la nation, que là réside la divinité souveraine, que hors de là tout est subordonné et fait pour obéir[11]. » Ce qu'ont en commun ces sanctuaires silvestres, c'est qu'ils étaient considérés ou comme des centres du monde, ou comme le lieu d'origine des peuples qui les vénéraient, ce qui pour eux revenait au même.

Les Romains appelaient aussi le bois sacré *lucus*, mot qui provient de la racine indo-européenne *leuk-*. Au sens premier, *lucus* est une clairière, une éclaircie en forêt. De la même racine *leuk-*, proviennent *lux-lucis* et *lumen*, ces deux mots désignant la « lumière », *luna* (d'abord *leuk-sna*, c'est-à-dire « la lumineuse », *lustrare (leuk-strare)*, « éclairer ». Par la suite, *lucus* n'a plus désigné que le bois sacré. Souvent, les *luci* étaient consacrés à Silvanus, le dieu qui personnifiait la forêt, la force de la croissance végétale.

Les bois sacrés ont depuis longtemps disparu, détruits par les évangélisateurs ou abandonnés. Ceux, très rares, qui survécurent ont été dûment christianisés. Ainsi, la minuscule (138 ha) forêt de la Sainte-Baume, entre Toulon et Marseille, n'a survécu que parce qu'elle est devenue lieu de pèlerinage. Les fouilles archéologiques ont montré que, dès l'époque préhistorique, le site était sacré ; c'était un haut lieu où l'on vénérait les montagnes et les sources. Au culte païen, s'est substitué un culte chrétien rendu à sainte Marie-Madeleine. Celle-ci s'y serait retirée dans une grotte (« baume » désignant une grotte est un mot d'origine celtique) où elle aurait vécu trente ans dans la pénitence et la prière. Si la légende ne remonte, fixée par l'écrit, qu'à *la Vie érémitique* de la fin du IXe siècle et si la localisation du désert où elle se serait retirée est encore plus récente (XIIe siècle), l'histoire des Trois Maries de la mer a depuis toujours été populaire en Provence. C'est dans le lieu ainsi nommé, sur la côte de la Camargue, qu'auraient débarqué, venant de Palestine, Marie-Madeleine, Marie, mère de Jacques, Marie Salomé, sa sœur Marthe et leur servante Sara, accompagnées de Lazare, le Ressuscité, frère de Marthe et Marie, de Maximin, l'un des soixante-douze disciples du Christ et de Sidoine, l'aveugle-né guéri par Jésus ; ces trois saints devinrent évêques en Gaule. Au XIIIe siècle, la Sainte-Baume était un pèlerinage d'un tel renom qu'y vinrent saint Louis en 1254, puis des papes et des souverains. C'est ce qui a conservé à travers les siècles la haute hêtraie relictuelle surprenante en ces lieux, où vivent aussi de très vieux ifs, les plus beaux de France, dit-on, et dont le sous-bois est d'une étonnante richesse floristique.

Plus nette encore est la christianisation d'un ancien *nemeton* à Locronan, le lieu saint de Ronan (Finistère). Ronan était un moine-évêque irlandais qui vint en Armorique à la fin du Ve siècle afin d'y mener la vie érémitique. Il fit choix de la forêt de Nevet, qui, comme son nom l'indique, était un ancien *nemeton*. Là, il eut à lutter contre la sorcière païenne Keben qui, dépossédée de ses pouvoirs par les miracles de ce saint guérisseur, l'accusa de la mort de sa fille. Le culte rendu encore aujourd'hui au saint évêque montre des survivances de pratiques païennes ; ainsi le gros rocher, dit *Gazek Ven*, la « Jument de pierre », rebaptisé « chaise de saint Ronan », sur laquelle s'asseyaient les femmes qui voulaient devenir mères ; ainsi la grande « troménie » *(tro minihy)*, « tour du monastère » qui escalade la sainte montagne et n'a lieu que tous les six ans, selon un rythme qui était celui des processions solennelles honorant les forces naturelles dans l'Antiquité ; ainsi, enfin, le tombeau même du saint, surélevé, afin que les fidèles puissent passer dessous agenouillés et courbés, très ancien rite dont il est d'autres exemples en Bretagne, lui aussi d'origine païenne.

Dans la grande « forêt profonde », la *Douna*, qui couvrait jadis tout le centre de la péninsule armoricaine, se réfugièrent les Bretons insulaires qui avaient dû quitter leur île devant les invasions saxonnes aux Ve-VIe siècles. Il n'en reste plus que quelques vestiges dont la forêt de Paimpont, appelée jadis « Brocéliande » (en breton, *Bro-Héléon*, le « pays de l'Autre Monde »). Là se retira Merlin l'Enchanteur. Et, dans la forêt de Paimpont (Ille-et Vilaine), maintes fois ruinée et incendiée, on vient encore voir la fontaine de Barenton, résidence de la fée Viviane, qui était donc une nymphe. Cette fontaine, qui ne fut jamais christianisée, n'en est pas moins restée un lieu de pèlerinage où l'on se rend en procession, les années de sécheresse, pour demander la pluie. Près de la fontaine, se dressait le Pin de Merlin, figuration de l'arbre cosmique. Barenton est d'ailleurs la déformation du breton *Belenton*, autrement dit *Belnemeton*, le bois sacré de Belen, Belenos, le dieu solaire des Gaulois.

AGER, SALTUS, SILVA

Dans l'Antiquité romaine, les bois sacrés qui ne dépendaient que du droit divin — ils faisaient partie des *res divini juris* — n'occupaient que très peu d'espace. Quant aux forêts, presque intactes particulièrement en montagne, elles n'appartenaient à personne et constituaient des réserves pour la communauté, la *res publica*. Les législateurs n'eurent à s'en occuper que lorsque les coupes de bois pour la flotte s'accrurent beaucoup au temps des guerres puniques, et quand le développement des grands domaines eut pour conséquence la privatisation d'un nombre croissant de forêts. Il y eut désormais deux législations différentes pour les bois publics et pour les bois privés. Sous l'empire, la forêt publique *(silva communis)* fut divisée en deux. Il y eut, d'une part, les forêts appartenant au peuple romain qui, faisant partie de l'*aerarium publicum* (le trésor public), dépendaient du Sénat, et d'autre part, celles qui constituaient la propriété privée de l'empereur. Les unes et les autres étaient surveillées et administrées par les *silvarum custodes* (gardes forestiers) ou les *saltuari* (gardes forestiers ou gardes champêtres), chargés particulièrement de prévenir les vols, les empiétements, les incendies, mais aussi de veiller sur le danger que constituait le pâturage en forêt, car il y avait déjà surpâturage par les moutons et par les chèvres qui s'attaquaient aux jeunes pousses.

Le droit romain distinguait trois catégories de terres : *ager*, *saltus* et *silva*. L'*ager* était le terrain régulièrement labouré, planté ou semé, le sol en était amendé, irrigué ou drainé, c'était donc le milieu le plus modifié par l'homme. À l'autre extrémité, se trouvait la *silva* écologiquement nécessaire pour rééquilibrer ce que l'*ager* avait déséquilibré. Elle tempérait le climat, retenait les eaux qui alimentaient les nappes phréatiques, les sources et les puits, empêchait, surtout en montagne, l'érosion. Le *saltus* occupait une situation intermédiaire, il n'était ni régulièrement cultivé ni recouvert d'arbres de grande taille. C'étaient les landes des régions océaniques et des moyennes montagnes, les pelouses alpines, les maquis et garrigues des bords de la Méditerranée ; s'y ajoutaient les terrains « vagues », friches et anciennes jachères. Le *saltus* était le lieu par excellence du pâturage. C'était un milieu dégradé qui fut toujours en expansion en Grèce comme en Italie, au détriment non de l'*ager*, mais de la *silva*. Le surpâturage empêchait toute régénération postérieure.

Les déboisements excessifs furent très tôt dénoncés par quelques esprits plus clairvoyants qui surent en mesurer les effets ruineux à long terme. Ils ne furent, bien sûr, pas entendus. Dès le IVe siècle, dans le *Critias* évoquant le passé et le présent de l'Attique, Platon écrivait : « Notre terre est demeurée, par rapport à celle d'autrefois, comme le squelette d'un corps décharné par la maladie. Les parties molles et grasses de la terre ont coulé tout autour et il ne reste plus que la carcasse de ces régions. En ces temps-là, encore intacte, elle avait pour montagnes de hautes ondulations de terre : les plaines appelées aujourd'hui champs de Phelleus[12] étaient couvertes d'une glèbe grasse ; il y avait sur les montagnes de vastes forêts, dont il subsiste encore maintenant des traces visibles. Car, parmi ces montagnes qui ne peuvent plus nourrir que les abeilles, il y en a sur lesquelles on coupait encore, il n'y a pas très longtemps, de grands arbres propres à monter les plus vastes constructions, dont les revêtements existent encore. Il y avait aussi beaucoup de hauts arbres cultivés [...] L'eau fécondante de Zeus[13] qui s'y écoulait chaque année ne ruisselait pas en vain, comme aujourd'hui, pour aller se perdre de la terre stérile dans la mer : la terre en détenait dans ses entrailles, et elle en recevait du ciel une quantité qu'elle mettait en réserve dans celles de ses couches que l'argile rendait imperméables ; elle dérivait aussi dans ses anfractuosités l'eau qui tombait des endroits élevés. Ainsi, en tous lieux, couraient les flots généreux des sources et des fleuves[14]. » Platon avait donc parfaitement compris les effets du déboisement. La cause principale en était l'énorme quantité de bois employée par la marine athénienne. Quant aux Romains, ils défrichaient pour l'expansion agricole, provoquant ainsi une « irrésistible érosion ». « Il leur semblait que la nature pouvait être pillée à volonté. Ils ne voyaient pas pourquoi les hommes ne prendraient pas ce qu'ils voulaient aussi souvent qu'ils voulaient. L'État donnait un titre de propriété à quiconque déboisait dans la forêt une parcelle de terre encore inculte. Avec l'accroissement de la population autour du bassin méditerranéen, sa verte ceinture de forêts diminua [...]. Quand les États partaient en guerre, des forêts entières étaient abattues pour fournir des véhicules aux armées et des bateaux aux marines. Ainsi, les forêts disparurent avec l'avancée des empires classiques d'est en ouest, le long de la Méditerranée et vers le nord de l'Europe.

« Ce sont les côtes méridionale et orientale qui furent les plus sévèrement touchées, car il y pleuvait peu. Les forêts étaient là un facteur déterminant pour la santé de la terre. Elles absorbaient la pluie d'hiver, et la stockaient dans le sol avec leurs racines. Elles la libéraient lentement l'été, de sorte que la terre ombragée ne s'asséchait jamais complètement, et que les sources coulaient toute l'année. Leur disparition fut une catastrophe[15]. » Pourtant, nombre d'auteurs latins mettaient en garde leurs contemporains. Pour Cicéron, « les destructeurs des forêts sont les pires ennemis du bien public[16]. » Pline l'Ancien écrit : « Lorsque la forêt qui contient et disperse les orages est détruite sur les collines, les torrents funestes se rassemblent à coup sûr[17]. »

LA FORÊT GAULOISE

Quand les Romains commencèrent à étendre leur domination sur l'Europe, ils se heurtèrent partout à la forêt qui faisait obstacle à leur avance. Elle était d'autant plus redoutable que la population envahie y trouvait refuge et pouvait à tout instant en resurgir pour attaquer par surprise les légions. Pour eux, la forêt s'opposait à la culture comme la barbarie à la civilisation. Il en fut ainsi en Gaule, mais bien plus encore, par la suite, en Germanie.

Avant la conquête romaine, la Gaule qui comptait environ 8 millions d'habitants était recouverte aux deux tiers de sa superficie par la forêt (40 millions d'hectares environ), mais très inégalement. Sans même mentionner la *Provincia* (Provence), romanisée depuis plus de soixante ans, l'Aquitaine *(Aquitania)*, le « pays des eaux », qui s'étendait du Poitou aux Pyrénées et, à l'est, touchait la *Provincia*, était en grande partie déboisée et cultivée. Elle contenait, selon César, le tiers de la population de la Gaule et possédait de grandes villes. Il en allait certainement de même autour des vallées des grands fleuves. C'est seulement lorsqu'il atteignit le Massif central, puis le Nord et surtout le Nord-Est que César se rendit compte du danger que la forêt pouvait constituer pour ses légions.

Au Nord-Est, l'Ardenne et les Vosges faisaient frontière avec la Germanie. Au Nord, s'étendait sur la Flandre, l'Artois, le Boulonnais et le Hainaut, la grande Forêt Charbonnière ; l'Armorique, la future Normandie, le Maine, le Perche demeuraient très boisés. Enfin, les terrains qui marquaient les limites entre les tribus, les « marches » n'étaient point cultivés ; ainsi la grande forêt des Silvanectes (Senlis) séparait le peuple des Suessions (Soissons) des Bellovaques (Beauvais) et des Parisii. On pouvait pratiquement circuler d'un bout à l'autre de la Gaule sans quitter le couvert des arbres.

Chacun des massifs forestiers était immense. La forêt des Carnutes, la *Silva leudica* couvrait 140 000 ha, quatre fois plus que ce qui en reste aujourd'hui. Passant, dit César, pour occuper le centre de la Gaule, elle était le lieu de réunion des druides qui y « tenaient leurs assises, chaque année à date fixe [...] Là, de toutes parts, affluaient tous ceux qui avaient des différends[18]. » Dans *La Gaule romaine* (1900), l'historien Gustave Bloch pouvait écrire : « Ce qui frappait tout d'abord dans la Gaule, c'était l'immensité des forêts. Elles ont disparu aujourd'hui presque entièrement, et les débris même qui en subsistaient au Moyen Âge n'en peuvent donner qu'une faible idée. Elles s'étalaient alors dans toutes les directions, mais c'est surtout au nord de la Loire qu'elles présentaient une masse profonde, impénétrable et quasi continue. Les bois des Carnutes couvraient la Beauce, l'Orléanais, le Gâtinais, le Blaisois, le Perche, ceux des Bellovaques, des Ambiens, des Atrébates se développaient à travers les plaines limoneuses de la Flandre, au-delà de la Meuse et du Rhin. À l'Est se déroulait par monts et par vaux la forêt d'Ardenne. Par les bois des Sénons et des Meldes, elle touchait à ceux des Carnutes. Par les Vosges, elle atteignait les frontières de la Germanie. Par le Morvan et le Jura, elle se prolongeait chez les Éduens et les Séquanes. » Si les historiens plus récents ont pu y relever quelque exagération et même quelques inexactitudes, ce panorama, dans son ensemble, reste valable.

Ce qu'il faut ici relever, c'est que la plupart de ces forêts étaient dédiées à un dieu et contenaient son sanctuaire. Les Celtes vénéraient les montagnes, les sources et plus encore les arbres, tel *Robur*, le dieu-chêne ou *Fagus*, le dieu-hêtre. Quelques noms de ces dieux des forêts sont parvenus jusqu'à nous : *Arduinna*, la déesse au sanglier, qui a donné son nom à l'Ardenne, *Vosegus*, le dieu chasseur, maître des Vosges, la *Dea abnoba* qui régnait sur la Forêt-Noire. Cette sauvagerie naturelle subsistait un peu partout en Europe : en Bretagne insulaire (la Grande-Bretagne), plus encore en Germanie, où la forêt protégea longtemps la culture nordique contre les envahisseurs de toutes sortes. Le Bayrischer et le Böhmer-wald opposèrent de véritables murailles aux Slaves et aux peuples nomades de la steppe, venus d'Asie centrale. En

Scandinavie, dans les Balkans, en Russie, la forêt demeura pendant longtemps presque intacte.

L'implantation romaine entama quelque peu la forêt gauloise. Les grands massifs forestiers furent percés par de nombreuses routes, à la fois pour faciliter les transports et les échanges, mais plus encore pour des raisons stratégiques évidentes. Dès le début de sa campagne en Gaule, César avait vu les Helvètes lui échapper en se cachant dans les forêts voisines. Mais, quelques jours plus tard, « les Barbares sortirent de tous côtés de la forêt et fondirent sur les nôtres [...] (César) entreprit alors d'abattre la forêt [...] il faisait entasser tout le bois coupé face à l'ennemi, sur les flancs pour s'en faire un rempart ». La même mésaventure lui arriva à plusieurs reprises au cours de ses campagnes, en particulier lorsqu'il eut à combattre les Bellovaques et les Atrébates révoltés. On accrut aussi alors les clairières existantes pour installer les grands domaines ruraux autour des riches *villae*. Enfin, les Romains importèrent des cultures nouvelles, celles de l'olivier, du figuier, du châtaignier et surtout de la vigne que l'on planta à peu près partout. Le succès foudroyant du vignoble, même dans des régions où il a depuis longtemps disparu, modifia du tout au tout le paysage et aussi le mode de vie des populations campagnardes. La forêt fut mise à contribution. On y coupait des échalas, on y prélevait les matériaux nécessaires à la fabrication des tonneaux, gros récipients formés de douves assemblées par des cerceaux. Il s'agissait d'une invention déjà ancienne des Gaulois (*tunna* en latin est un mot d'origine celtique), qui y conservaient la cervoise, mais bientôt le tonneau se répandit dans l'Europe entière. Moins fragile que l'amphore gréco-romaine, il facilitait le transport du vin. Les tonneliers, ouvriers spécialisés du bois, confectionnaient également les baquets, cuves et cuveaux nécessaires aux vignerons[19]. La tonnellerie avait même son dieu, Sacellus, armé d'un maillet, souvent figuré avec un petit tonneau à ses pieds. En raison de l'urbanisation croissante, on demandait de plus en plus à la forêt, pour la construction des charpentes, des ponts, des bateaux, pour la production de résine et de poix. Les thermes, mis à la mode par les Romains, utilisaient des quantités énormes de bûches. Enfin, dans la forêt même, se développaient forges et verreries, grosses consommatrices de bois.

La Paix romaine ne dura que trois siècles. Les Barbares qui envahirent la Gaule étaient des Germains, des peuples de la forêt ; ils en vivaient, plus soucieux de l'aménager que de la détruire. Les Francs, par exemple, distinguaient forêt « proche » et forêt « lointaine ». Seule la première fournissait aux hommes le nécessaire : bois de construction et bois de chauffe ou d'éclairage (les torches), ainsi que des aliments, comme d'ailleurs aux animaux domestiques, principalement aux porcs, et, bien sûr, du gibier.

SILVA ET FORESTIS

Les mots de *forestis (silva)*, puis de *foresta* n'apparaissent en latin que très tardivement, sous les rois mérovingiens, dans les diplômes de Childebert II (v. 570-595) et de Sigebert III, roi d'Austrasie (v. 631-656) et, à la même époque, dans le *Code des Longobards*, rédigé en latin, appelé aussi *Lois de Rotharis*, du nom du roi des Lombards (636-652) qui les fit rédiger. La *silva forestis* était la partie de la forêt réservée au souverain, tant pour la fourniture de bois que pour la chasse. Les *forestieri* étaient les fonctionnaires affectés à son administration. Cette législation particulière fut reprise et développée par Charlemagne dans ses *Capitulaires*.

Le mot *forestis* vient de *forum*, « tribunal », en l'occurence celui du souverain, mais il exprime aussi l'idée de ce qui se trouve « hors de », comme en italien et en ancien provençal, *forestiero*, en anglais *foreign*, « celui qui est en dehors, l'étranger ». La forêt échappait en effet à la législation commune. Conformément au système féodal, le roi, ou le seigneur, avait pour devoir de protéger non seulement les hommes soumis à son autorité, mais leurs moyens de vivre, leurs cultures, en particulier des déprédations du gros gibier. Sangliers et cervidés ne pouvaient être pris qu'à courre, avec des moyens dont disposaient seuls les seigneurs, à commencer par de bons chevaux de selle. On voit ainsi Dagobert organiser des battues contre les aurochs, Charlemagne chasser le cerf et le loup et surtout le sanglier[20]. Les loups constituaient un danger permanent. L'institution de la louveterie remonte à Charlemagne qui, dans un capitulaire de 813, ordonne à ses comtes de désigner dans leur circonscription deux officiers chargés de les chasser. La chasse constituait aussi le meilleur entraînement à la guerre et, en tant que telle, faisait partie de l'apprentissage du métier de roi.

Dans le capitulaire *De Villis* (vers 800), il est expressément recommandé aux représentants de l'empereur : « s'ils trouvent des espaces [vacants], qu'ils les fassent défricher », avec cependant cette restriction qui est d'importance : « mais qu'ils ne permettent pas aux champs de s'accroître aux dépens des bois ». Il s'agissait donc principalement d'une reprise sur les broussailles ou de la réoccupation de terrains naguère cultivés. Le propos de ces opérations était fiscal, la perception des *novalia*, taxes sur les terres nouvellement mises en culture. Mais les défrichements étaient rarement des déboisements qui restaient difficiles avec l'outillage de l'époque, voilà ce qu'il convient de ne pas oublier quand on parle des défrichements monastiques. Ils étaient déjà commencés au IXe siècle par suite de la fondation de nouveaux monastères, à la suite de la réforme et rénovation de l'ordre de saint Benoît, entreprise par Benoît d'Aniane, sous le règne du fils et successeur de Charlemagne, l'empereur Louis. Au IXe siècle, on comptait près de neuf cents abbayes bénédictines, dont la principale ressource était l'exploitation des bois, non leur destruction. Ainsi, la très riche abbaye de Saint-Germain-des-Prés possédait, selon le polyptique de l'abbé Irminon (800-820), 20 000 ha de bois dans la grande forêt de Nogent l'Artaud, à l'ouest de Montmirail. Ils représentaient 38 % de la surface totale du domaine, mais étaient mis en réserve, inclus dans le manse seigneurial détenu par l'abbé et le chapitre.

La sécurité et la prospérité qu'avait fait régner le grand empereur s'étaient accompagnées d'une certaine croissance démographique, ainsi que d'une relative amélioration des méthodes culturales. Y mirent un terme la lente décomposition de l'empire carolingien, la longue période de troubles qui s'ensuivit et plus encore les nouvelles invasions, normandes, puis hongroises aux IXe et Xe siècles. C'est seulement à partir du XIe siècle que la situation s'améliora, très vite et de manière spectaculaire.

L'ÈRE DES GRANDS DÉFRICHEMENTS

La paix ne revint qu'avec l'avènement des Capétiens en 987. La patiente reconstitution d'un pouvoir national contre les seigneurs féodaux, qu'il fallut réduire l'un après l'autre, se poursuivit sans discontinuer sous les premiers rois de la dynastie dont, heureusement, les règnes furent de très longue durée : il n'y eut que quatre souverains en cent quarante et un ans[21]. L'ordre de Cluny fondé en 909, qui contribua de tout son pouvoir à pacifier le pays, parvint au sommet de sa puissance et de son influence sous le très long abbatiat d'Odilon (994-1049), qui fut aussi l'un des principaux artisans de la « paix de Dieu », qui gagna de proche en proche.

Pour les historiens du Moyen Âge, l'ère des grands défrichements correspond au nouvel essor économique et à la croissance démographique qui en fut la conséquence. Elle commence au début du XIe siècle, atteint son maximum à la fin du XIIe, se poursuit en se ralentissant de plus en plus au XIIIe, et marque un temps d'arrêt au XIVe. Un géographe universitaire a fait remarquer : « Les historiens ne se sont vraiment intéressés à la forêt que lorsqu'elle était... défrichée. Ils y ont surtout vu une réalité juridique ("réserve", droits d'usage) et, secondairement, une donnée économique (fourniture en bois, pâturage, cueillette, etc.). La forêt a représenté beaucoup plus dans la société rurale, même lorsqu'elle était réduite en lambeaux. »

La forêt a constitué, à travers les siècles, un élément capital de l'environnement matériel et *mental*[22] des sociétés rurales. La forêt borne le paysage rural et referme la société paysanne sur elle-même. Elle est la manifestation, à l'orée des champs cultivés, des forces vitales naturelles, mystérieuses, donc maléfiques[23].

Voilà en effet ce dont ne se sont guère préoccupés les historiens. Les raisons des défrichements ne furent pas seulement d'ordre démographique et économique. Ils répondaient aussi à une tout autre nécessité. L'extension du christianisme en Europe avait entraîné une modification radicale du rapport de l'homme avec la nature. En effet, « l'Occident chrétien n'a cessé de prôner, presque à l'égal d'une guerre sainte, le bien-fondé de la lutte effrénée de l'homme contre la nature[24] ». Une telle attitude avait une base solide dans la Bible elle-même. Après le Déluge, « Dieu bénit Noé et ses fils et leur dit : "Soyez féconds, multipliez [vous] et remplissez la terre. Soyez la crainte et l'effroi de tous les animaux de la terre et de tous les oiseaux du ciel, de tout ce qui se meut sur la terre et de tous les poissons de la mer : ils sont livrés entre vos mains[25]." »

Pour l'Église, la nature avait accompagné l'homme dans sa chute, elle en avait même été responsable, puisqu'en écoutant sa voix, Adam et Ève s'étaient détournés de Dieu. Or ce Dieu, Yahvé, était jaloux et irascible. Il se vengea. Les premiers évangélisateurs des populations rurales, qui étaient par définition païennes — païens et paysans ont même origine —, ne pouvaient les convertir que si elles reniaient leur ancien culte, donc si elles détruisaient leurs anciens sanctuaires. Toutes les vies de ces missionnaires, qu'il s'agisse de saint Martin, de saint Germain d'Auxerre et de son prédécesseur, l'évêque Amator, en Gaule au IVe siècle, ou de saint Boniface, l'« apôtre des Germains » au VIIIe, mentionnent, dans des récits élogieux et souvent détaillés, comment ils s'acquittaient de cette œuvre pie, en faisant abattre ou en abattant eux-mêmes les arbres sacrés, et en détruisant les *nemeton* qui les entouraient. Ces exemples furent suivis par les souverains. En 772, au cours de sa première campagne contre les Saxons qu'il voulait convertir, Charlemagne prit la précaution de détruire, avec le sanctuaire au sein duquel il était vénéré, Irminsul, tronc d'arbre gigantesque, qui passait pour soutenir la voûte céleste. Ces abattages se poursuivirent pendant des siècles dans les pays de mission, en Lituanie au XIIIe siècle, en Russie au XIVe.

Cela pourtant ne fut pas suffisant : les dieux païens, devenus des diables, se réfugièrent au plus profond des forêts, et les conciles provinciaux du IVe au VIe siècle ne cessent de fulminer contre les chrétiens fraîchement convertis qui vont encore pratiquer en secret leur ancien culte sacrilège « en des lieux sauvages et cachés au fond des bois », et contre « les arbres consacrés aux démons[26] ». Le pire d'entre eux était évidemment le dieu Pan qui, avec ses cornes, son corps velu et ses pieds de bouc, lui-même image de la luxure, devint le Satan du sabbat des sorcières. Le menu peuple des sylvains, faunes et autres satyres, créatures sylvestres à l'origine forma la cohorte des diables inférieurs, les « incubes », ceux qui prennent possession des femmes (les sorcières) durant leur sommeil. Les uns et les autres constituaient pour les chrétiens un réel danger, puisqu'ils représentaient les forces obscures de l'instinct qu'il fallait refouler si l'on ne parvenait pas à les expulser.

La forêt avait d'autres adversaires : les armées. On connaît l'épouvante (la « panique ») qui saisit les légions romaines, quand elles voulurent traverser la forêt hercynienne qui leur parut sans limite. « Sa largeur, dit César, représente le chemin que peut parcourir un homme leste en neuf jours, sa longueur s'étend au point que personne ne prétend être arrivé au bout, même après soixante-dix jours de marche[27] ». L'*Hercynia Silva* couvrait en effet presque toute la Germanie des monts hercyniens (actuel *Erzgebirge*) au Rhin et à l'Ardenne, qui en quelque sorte lui faisait suite. La Forêt-Noire, le Taunus et le Harz n'en sont que les vestiges. Dans *De la Germanie*, écrit par Tacite une siècle et demi après César, celui-ci, qui est bien informé, parle encore d'un pays « hérissé de forêts ou noyé de marécages[28] ». Entre les ouvrages de ces deux historiens, avait eu lieu, pendant l'été de l'an 9 ap. J.-C., dans la forêt de Teutoburg, le terrible désastre de l'anéantissement par le chef chérusque Arminius des trois légions commandées par Varus. Cette humiliante défaite amena les Romains à renoncer à latiniser la Germanie, qui ne le fut que par un chef barbare, le roi des Francs, Charlemagne. La forêt joua longtemps un rôle stratégique, elle servait à la fois de frontière, les marches, et de zones de résistance. C'est en lisière de forêts que furent édifiés les premiers châteaux forts dans toute l'Europe.

La forêt profonde a toujours exercé sur les religieux qui fuyaient le monde un vif attrait. L'idéal du monachisme, depuis sa fondation en Égypte, en Syrie, en Palestine, avait été la retraite au désert. Des déserts, il n'en existait point en Europe occidentale, les forêts sauvages en tinrent lieu. Quand les chroniques monastiques médiévales parlent du « désert », c'est de la forêt qu'il s'agit. Pour elle, les anachorètes qui s'établissaient dans de petits ermitages et se nourrissaient d'« herbes et de racines » n'ont jamais constitué une menace, puisqu'ils en vivaient, tandis que la fondation d'un monastère entraînait nécessairement des défrichements qui ne pouvaient que s'étendre. Aux VIe-VIIe siècles, saint Colomban, venu d'Irlande afin de réévangéliser les Gaules qu'il parcourut de la côte armoricaine, en traversant le pays des Francs, jusqu'à la Bourgogne, était escorté d'une équipe de bûcherons ; elle lui fut fort utile, quand le roi de Bourgogne lui offrit, au pied des Vosges, dans une région boisée et sauvage, le fort romain en ruine d'Annegray (Haute-Saône). Bientôt, les disciples affluèrent au point que Colomban dut créer, en 590 à Luxeuil, un second monastère qui devint pendant des siècles le siège de la mission qu'il avait fondée.

Les donations faites aux grands ordres religieux étaient souvent les ruines d'anciens domaines que la forêt avait envahis, des terres incultes plus ou moins boisées, à charge pour eux de les remettre en culture, ainsi à Cluny, à Cîteaux, à Prémontré, à la Grande Chartreuse. Les moines, épris de solitude et de silence et astreints par leur règle au travail manuel, acceptaient bien volontiers cette charge.

L'ESSARTAGE

Quelles qu'aient été leurs motivations diverses, les défrichements étaient des opérations techniques dont il faut expliciter le déroulement. Le mot défrichement, traditionnellement employé et depuis fort longtemps (xive-xve siècles) ne signifie pas nécessairement destruction de la forêt. Il vient du très ancien mot friche, signifiant « fraîche, neuve » et désignant une terre qui n'a pas encore été cultivée, ou qui a été laissée longtemps en repos. Bien qu'il s'agisse de mots beaucoup plus récents (xixe siècle), il vaudrait mieux parler de « déboisement » ou de « déforestation ».

Étant donné l'absence d'un outillage efficace, apparu seulement à l'époque moderne, l'agent principal du défrichement ne pouvait être que le feu, comme aux temps néolithiques. La technique correspondante se nommait l'*essartage*, l'élimination par le feu du couvert végétal. On obtenait ainsi un *essart*, mot d'étymologie douteuse, qui s'applique à toute terre déboisée avant d'être défrichée.

Il est évident qu'étant donné leurs moyens les défricheurs s'attaquaient de préférence à la forêt déjà dégradée. Quoi qu'il en soit, les travaux devaient nécessairement commencer par l'abattage des arbres à la cognée ; la scie ne fut assez perfectionnée pour cet usage qu'après le XIIIe siècle en France, beaucoup plus tard (XVIIe) en Russie par exemple. Suivait le difficile désouchage qui ne pouvait s'effectuer qu'en déterrant les plus grosses souches et en utilisant ensuite pour les extraire la traction animale.

Ces opérations effectuées et suivies du séchage, qui pouvait durer un an, on allumait le feu du côté sous le vent, afin qu'il ne se propage pas trop vite et ne se rabatte pas sur les travailleurs qui, à l'aide de longues gaules, guidaient le feu, tantôt le modérant, tantôt le ravivant. Les résultats du brûlage étaient multiples, le principal étant de fertiliser le sol avec les cendres qu'on répartissait sur lui et qui, étant basiques, en faisait disparaître l'acidité excessive.

Souvent l'essartage était complété par l'*écobuage*[29], technique qui n'était pas spécifiquement forestière et visait essentiellement à la fertilisation du sol. Elle consistait à enlever d'abord par morceaux la couche superficielle du sol avec les herbes et les racines, puis à rassembler ces mottes qui, une fois séchées, étaient dressées les unes contre les autres de manière à former des « fourneaux » auxquels on mettait le feu. Il fallait surveiller la combustion qui devait durer au moins vingt-quatre heures. Les cendres étaient ensuite répandues sur toute la surface à fertiliser.

Pour les moines, il s'agissait de purifier la terre, de la conquérir contre les démons. Quel meilleur moyen en effet de chasser du bois les anciennes divinités païennes qui s'y abritaient encore ? Benoît de Nursie (v. 480-547) n'en avait-il pas lui-même montré l'exemple à l'ordre qu'il fonda, lorsque, ayant dû quitter Subiaco, il vint en 529 s'installer avec quelques compagnons fidèles sur le mont Cassin, au sommet duquel s'élevait un temple d'Apollon au milieu d'une forêt touffue qui était un ancien *nemeton*. Le temple fut détruit et le bois rasé. Rappelons que la règle de saint Benoît institue l'obligation du travail manuel pour les moines. Aussi, un historien récent a-t-il pu écrire que le but premier des défrichements fut de combattre l'idolâtrie des populations. « Abattre les arbres de la forêt, c'est lutter contre les faux dieux, c'est affaiblir leur puissance en détruisant leur temple[30]. » C'était aussi pour les moines le meilleur moyen de fonder de petites chrétientés nouvelles. Ils voyaient venir à eux toute une population hétéroclite et misérable d'errants, de déclassés, de serfs en fuite, et, plus généralement d'« aubains », des indépendants qui avaient quitté l'exploitation familiale pour aller chercher fortune ailleurs. Accueillis par les moines, ils devenaient des « hôtes », c'est-à-dire des colons. C'est souvent parmi eux que se recrutaient ensuite les frères convers (du latin *conversus*, « converti »). La petite colonie ainsi constituée et dont le territoire était délimité par des croix était désignée du nom significatif de « sauveté ».

Il ne faudrait pas cependant, ainsi qu'on le faisait naguère, surestimer le rôle des moines, même si leurs défrichements furent très actifs du XIe au XIIIe siècle et se répandirent sur la presque totalité de l'Europe. Centre de la réforme monastique en Occident, Cluny exerça à son apogée son autorité sur 1184 monastères répartis dans tout l'Occident. Fondé en 1096, Cîteaux posséda jusqu'à 700 abbayes à la fin du XIIIe siècle, elles couvraient l'Europe, du Portugal à la Pologne et de la Norvège à la Sicile. Néanmoins, si actifs qu'ils aient été, les moines ne furent jamais très nombreux, la plupart des monastères ne regroupaient qu'une à deux ou trois dizaines de moines. Ainsi les Clunisiens ne furent-ils jamais plus de 10 000.

De plus, il ne s'agissait pour eux, tout au moins au départ, que d'aménager un espace suffisant autour du monastère et de mettre en valeur un domaine qui pourrait fournir à la communauté de quoi vivre. La tâche essentielle consistait, non pas à abattre des forêts, mais à remettre en état des terres incultes ou laissées en friche par l'arrachage des ronces et des broussailles, comme au val d'Absinthe, premier site de Clairvaux. Les moines n'eurent jamais pour mission de cultiver la terre, ils la faisaient cultiver à leur profit par des tenanciers, leurs domestiques, ou par des frères convers qui ne pouvaient jamais accéder à la prêtrise.

Chez les plus entreprenants d'entre eux, les Cisterciens, il y avait des convers, les frères « sartaires », uniquement chargés d'ouvrir de nouvelles clairières, afin d'y fonder des « granges », c'est-à-dire de petites exploitations agricoles. Mais, après l'époque héroïque qui se clôt avec la mort de saint Bernard en 1153, la croissance de l'ordre conduisit à l'acquisition de fonds de plus en plus éloignés des monastères. Au siècle suivant, ils en vinrent à constituer d'immenses propriétés foncières, atteignant parfois 15 000 à

20 000 ha — Clairvaux posséda jusqu'à 28 000 ha[31]. Habiles gestionnaires, les Cisterciens devenus producteurs et commerçants avisés en vinrent à oublier les principes fondamentaux de pauvreté et de subsistance par leur seul travail, ce qui ne pouvait manquer de scandaliser et entraîna finalement la décadence de l'ordre un siècle plus tard.

De toute manière, les défrichements monastiques demeurèrent localisés et, somme toute, limités, ainsi que le montrent les études récentes. « Si les moines avaient toujours été les grands défricheurs qu'on se plaît à évoquer, comment expliquerait-on que beaucoup de nos plus grandes forêts domaniales sont d'anciennes propriétés monastiques ? Les ordres religieux ont été en bien des cas des conservateurs des forêts[32]. » De même a-t-on exagéré le rôle joué par le roi et les seigneurs dans les déboisements. Certes, les pouvoirs publics les favorisèrent-ils, mais dans un dessein bien déterminé et sous leur contrôle. À partir du XIIIe siècle, les colonies de défrichement, « villefranches » ou « bastides » succédèrent aux « sauvetés » instituées par les moines aux siècles précédents. Ces défrichements officiels, que l'on pourrait qualifier de démographiques se prolongèrent très tard en Europe centrale. Au XVIIIe siècle, l'impératrice Marie-Thérèse fit installer à des fins politiques de nombreux colons allemands dans les forêts des Carpates et Frédéric le Grand, qui entreprit de grands défrichements en Prusse, avait coutume de dire qu'il « préférait les hommes aux arbres ».

Toutefois, là aussi, les historiens modernes réagissent contre les anciennes surévaluations et concluent : « Il faut donc restituer aux petites gens le principal effort dans la bataille contre les forêts. La dégradation des bois fut parfois pour eux une manière d'exprimer leur humeur combative contre les grands[33]. » Ainsi, tout au long de la façade maritime de l'Europe occidentale, là où règnent les Feuillus, chaque cultivateur ouvrait sa propre clairière et y édifiait sa ferme, ceci depuis les temps néolithiques et presque jusqu'à nos jours. « Ce type de colonisation dispersée a été très préjudiciable aux forêts ; partout où il a régné, elles ont presque disparu. Ainsi le taux de boisement en Morbihan, en Ille-et-Vilaine et dans la Manche est-il faible. Cependant, il est peu de régions qui soient aussi favorables aux bois par leur humidité océanique et leur climat doux[34]. » Mais ce mode d'appropriation privée entraînait le besoin d'enclore. Ainsi, naquit le nouveau paysage bocager, où les haies ne sont pas les vestiges d'anciennes forêts, mais furent plantées par les hommes en employant d'autres essences plus utilisables, capables de fournir bois de chauffe, feuillage pour la nourriture du bétail et la litière des étables.

LA FORÊT NOURRICIÈRE

Si la forêt « lointaine » ou profonde inspirait une sorte de terreur sacrée, il n'en allait pas du tout de même de la forêt « proche ». « Généralement trouée de clairières cultivées... », elle était « bien souvent assez clairsemée et pénétrable », en « conséquence du panage (mot qui désigne spécifiquement le pâturage des porcs) et du pâturage des troupeaux dans les sous-bois... Cela tenait aussi à la circulation fréquente de tous ceux — nombreux — qui venaient dans les bois pour chasser, pêcher, cueillir des baies, des champignons, des fruits[35]... »

Cette forêt proche, on l'appelait en allemand *Nahrwald*, « forêt nourricière » et « la valeur d'une forêt était souvent calculée suivant le nombre de porcs qu'elle pouvait nourrir[36] ». Bien qu'il ait été l'un des derniers animaux domestiqués par l'homme[37], l'élevage du porc prit très vite une grande importance, particulièrement en Gaule où « les forêts nourrissaient des troupeaux qui faisaient l'admiration des Romains[38] ». Ils appréciaient surtout la charcuterie, spécialité gauloise. Du porc, elle utilisait tout, y compris la tête, fort appréciée. Les Gaulois étaient friands de lard, de saindoux, de jambon, de boudin et savaient conserver, une fois salée, la viande de porc. Pendant fort longtemps, le porc fut le principal producteur de viande. Les bovins donnaient leur lait et leur cuir, mais, utilisés comme bêtes de trait — les chevaux ne le furent que plus tard —, fort peu de viande. Les chèvres étaient élevées pour leur lait et les moutons pour leur laine. Tout ce bétail était fort maigre et l'on ne consommait guère que les veaux, les agneaux, les chevreaux.

Le « panage » était sévèrement réglementé. En forêt, les porcs omnivores se nourrissaient essentiellement de glands et de faînes, c'est donc de la fin septembre à la fin novembre qu'on les y conduisait. Dans certaines régions et quand il y avait assez de glands, ils y restaient jusqu'à Noël, parfois même jusqu'au printemps. En temps de panage, les autres animaux domestiques étaient interdits en forêt, celle-ci n'était ouverte qu'aux ayants droit riverains, à l'exclusion de tous autres ; les bénéficiaires avaient toute licence de saisir les bêtes étrangères qu'ils y trouvaient.

Faute de prés, alors fort rares, la forêt servait à la « vaine pâture » ou « champoyage » du gros bétail, les bovins, et du petit, ovins et caprins, sous certaines conditions, en particulier à l'encontre des chèvres, grandes destructrices, qui broutaient les jeunes pousses et rongeaient même les écorces. En forêt aussi, pâturaient les chevaux, le mot *haras* a d'abord désigné les troupes de chevaux qu'on lâchait dans la forêt, usage qui persistait encore au xvie siècle. Rabelais raconte que les citoyens de Paris, pour montrer leur reconnaissance à Gargantua qui leur avait rendu les cloches de Notre-Dame, « envoyèrent sa jument vivre en forest de Bière[39]... »

Pour sa nourriture, le manant prélevait en forêt du feuillage, surtout de frêne, d'orme et de peuplier (« abranchage » ou « effeuillage ») et, pour la litière, qui donnerait le meilleur amendement possible, le fumier, des rameaux feuillus, des fougères et autres plantes de sous-bois (le « soutrage »). De feuilles et de fougères, on bourrait aussi paillasses et matelas.

Ces divers prélèvements faisaient partie des « droits d'usage » coutumiers, qui ne furent précisés que lorsqu'on dut les restreindre, à partir du xiiie siècle. Moyennant une redevance généralement faible, ils procuraient au paysan tout ce dont il avait besoin, mais dans l'exacte mesure de ces besoins, définis en charges d'homme ou de bête, ce que vérifiaient les sergents forestiers. Ces droits incluaient le bois d'œuvre, pour bâtir ou restaurer les habitations : bois de charpente et de colombage, bois nécessaire à l'outillage : tonneaux, charrettes, manches d'instruments agricoles, osier pour la vannerie, genêts dont on faisait des balais, et le plus consommé de tous, bois de chauffe, qui comprenait non seulement le bois mort, mais ce que l'on appelait le « mortbois », petits arbres et arbustes qu'on ne pouvait utiliser autrement.

DES FRUITS ET DES LÉGUMES

Depuis les temps préhistoriques et pratiquement jusqu'à nos jours, la cueillette en forêt a constitué un sérieux appoint alimentaire. Il n'y avait encore que fort peu d'arbres fruitiers cultivés ; la plupart d'entre eux ne commencèrent à arriver, de l'étranger, qu'à la Renaissance. Surtout à la fin de l'été et en automne, on récoltait en forêt pommes et poires sauvages, merises et prunelles, nèfles, sorbes, alises, cormes et cornouilles, les baies de la viorne lantane, les cenelles de l'aubépine, les cynorhodons de l'églantier. On nommait ces fruits les « blessons », car, le plus souvent, on attendait qu'ils soient blets pour les manger ; on en faisait aussi des marmelades, des confitures, des sirops et diverses boissons. Châtaignes et noisettes se conservaient plus longtemps — le noyer n'était point forestier. Des faînes, on tirait de l'huile, mais on les consommait aussi broyées en farine, comme les glands que pendant longtemps on utilisa, surtout dans le sud de l'Europe. C'étaient les fruits non astringents et de saveur douce, d'une variété du chêne vert, le *Quercus ballota*, répandu autour de la Méditerranée. Ovide et Ausone les mentionnent, Strabon donne même une recette pour les préparer. De la farine de ces glands, on fait encore des galettes, par exemple en Sardaigne, en Espagne et au Portugal. Dans le sud de l'Europe, on consommait les arbouses et les « pignons », amandes du pin parasol et, en montagne, les graines du pin cembro, encore très appréciées aujourd'hui en Russie.

Le sous-bois fournissait fraises des bois, framboises, mûres de ronce, groseilles, canneberges, ou myrtilles des marais, propres aux tourbières, et, en moyenne montagne, des myrtilles noires ou rouges (airelles ou conches) et les fruits de la busserole, le « raisin d'ours ». De ces fruits aussi, on faisait des confitures qui se conservaient d'une saison à l'autre. Dans le nord de l'Europe, surtout en Finlande et en Russie, tous ces petits fruits sont encore aujourd'hui l'objet d'un ramassage intensif. En France, dans la forêt de Haguenau, ou Forêt Sainte, en Alsace, la récolte des myrtilles fait travailler, de la fin juin à la fin juillet, près de 2 000 cueilleurs locaux.

En Russie, on saigne le bouleau dont la sève renferme 2 % de sucre et on en fait une boisson sucrée et légèrement acidulée qui peut se conserver quelque temps. En guise de thé, trop cher, les moujiks utilisent la *kloukva*, la canneberge qui leur fournit aussi une boisson rafraîchissante et antiscorbutique très appréciée. En Slovaquie, on utilise pour cet usage une petite plante des sous-bois, la *marienka vonava* (*Asperulla odorata*).

À l'ombre des Feuillus, du printemps à l'entrée de l'hiver, on récoltait des champignons, dont l'abondance en quantité et en espèces avait jadis émerveillé les Romains. On ramassait les feuilles de la bourrache, et les jeunes pousses d'orties, mangées en guise d'épinards, lesquels n'apparurent sur les tables, venus d'Orient, qu'au xve siècle ; l'oseille sauvage et la petite oseille *(Oxalis autostella)*, le cirse potager *(Cirsium arvense)* dont on consommait les racines, les feuilles, la tige et le réceptacle des fleurs, comme celui des artichauts, le cresson de fontaine, les feuilles et les fleurs des primevères, qui faisaient d'excellentes salades. On n'en finirait plus d'énumérer les plantes sauvages consommées par nos ancêtres, mais qui furent peu à peu oubliées quand on cultiva dans les jardins d'autres plantes comestibles venues de loin.

D'autres espèces servaient de condiments. Les baies du genévrier commun parfumaient bière et choucroute ; depuis le xe siècle, le houblon aromatisait la bière, la cardamine, la menthe sauvage, l'origan ou marjolaine sauvage, le thym, le serpolet, l'ail sauvage, la ciboule tenaient lieu d'épices, qui étaient alors fort rares et trop chères.

Les racines dont se nourrissaient les ermites n'étaient nullement négligées. On déterrait les tubercules des « noix de terre » *(Bunium bulbo castanum)*, les racines de la raiponce *(Campanula ranunculus)*, celles, longues et charnues, de la bardane *(Lappa officinalis)*, les bulbes des « dents de chien » *(Erythronium dens-canis)*, les rhizomes du sceau de Salomon *(Polygonatum officinale)*, ceux aussi des fougères, riches en glucides et en amidon. En temps de disette, encore sous Louis XIV et sous Louis XV, on fit même du pain de feuilles et de rhyzomes de fougère. Il est vrai qu'alors tout était bon pour tromper la faim. On fit du pain avec des écorces, par exemple en Suède lors de la dernière famine en 1867, et dans les campagnes russes. Au cours de la Première Guerre mondiale, on confectionna du pain de glands en Allemagne et en

Suisse. Jusqu'à l'époque contemporaine, la forêt fut l'ultime recours des affamés.

On allait aussi y chercher des remèdes dont la connaissance se transmettait de génération en génération. La pharmacopée paysanne était bien plus riche qu'on ne l'imagine. Elle utilisait : « écorces de chêne contre les brûlures et les gerçures ; chèvrefeuille — en écorce pour le traitement de la goutte, en feuilles contre les maux de gorge, en fleurs contre les maux de tête et des yeux. Lichens pour leur action fébrifuge, purgative et tonique. Baies de tamier comme vomitif. Lierre pour la digestion, l'expectoration et contre les plaies et les bosses ; pervenches pour le cerveau, myrtilles pour l'intestin et les yeux ; genévrier sabine comme hémostatique ; sureau noir laxatif, sudorifique, diurétique ; petit sureau (yeble) antirhumatismal ; genêt *scoparius* régularisateur cardiaque. Divers bourgeons étaient utilisés aussi ; ceux du hêtre comme diurétique et contre l'obésité ; ceux de l'orme contre l'eczéma ; ceux du sapin contre ce qu'on appelle aujourd'hui la décalcification ; ceux de l'aune et du bouleau, bénéfiques au cerveau et au système nerveux [...] Le creteau ou rismarin était utilisé contre les coliques néphrétiques et pour combattre la rétention urinaire ; le barberon ou pied de veau, contre les écrouelles ; la laitue contre l'insomnie ; la bourrache contre la syncope[40]. »

Du tilleul, on utilisait de toute antiquité les fleurs antispasmodiques et l'aubier qui active la production de la bile. L'écorce du saule blanc, ou du frêne, les feuilles du buis étaient fébrifuges et antirhumatismales, les racines de la valériane sédatives, la chélidoine s'employait contre les verrues, le lycopode en vulnéraire, l'oxalis en antistomachique, le plantain et le cynoglosse en antidiarrhéiques, enfin la pulmonaire et le nerprun purgatif dont les noms indiquent l'usage. Tout dans la forêt pouvait devenir remède, ou poison.

Faute de ruchers organisés, c'était en forêt que l'on allait chercher le miel, le seul sucre que l'on connaissait, et la cire pour la fabrication des tablettes à écrire et des cierges et aussi pour apposer les sceaux. Du miel, on tirait l'hydromel qui chez les Scandinaves, les Germains et les Slaves tenait lieu de vin. Des forestiers spécialisés, les *zeidler* en Allemagne, les *bigres* en France étaient chargés de la recherche des essaims et des nids d'abeilles. Au XVIIIe siècle, en Pologne, des hommes allaient encore « dérober le miel sauvage, au creux des arbres. Ils se hissaient jusqu'à l'ouverture à l'aide de cordes et de poulies, et chassaient les abeilles à l'aide d'une torche enfumée. Ces hommes formaient une catégorie de travailleurs bien déterminée, qui repéraient les arbres et qui les marquaient : on les appelait en russe *bortniki* (*bortnicy* en polonais). Ils étaient si nombreux que le nom de leur profession devint un nom de famille ». Pourtant, depuis fort longtemps, l'apiculture était en Europe centrale et orientale une spécialité reconnue. Hérodote en fait déjà mention et Pausanias assure que le meilleur miel importé en Grèce venait du pays des Alazones, sur le Dniestr. Au début du Xe siècle, le géographe arabe Ibn Rusta écrit des Slaves : « Ils font des sortes de pots en bois, qui servent de ruches pour les abeilles et le miel. » À partir du XIe siècle, les chartes slaves mentionnent des ruchers communs entourés d'une clôture, qui étaient installés non loin des villages. Le miel fourni par ces ruchers était si abondant qu'on l'expédiait vers la Scandinavie, dès les Xe-XIe siècles[41].

BOIS DE FEU ET CHARBON DE BOIS

La première fonction des forêts était de fournir du combustible, le bois d'« affouage » (du latin *ad-*, « vers » et *focus*, « foyer »). Au Moyen Âge, on en consommait d'énormes quantités, car on ne connaissait guère que les feux ouverts, la cheminée où l'on poussait les bûches l'une après l'autre sous la marmite pendue à la crémaillère. L'usage progressif du four à pain collectif était destiné à économiser le bois. « Aucun village, aucun château ne se concevait sans sa réserve boisée indispensable à la vie. [...] Chaque ville avait sa ceinture de forêts et s'efforçait d'y protéger et d'y étendre ses droits[42]. »

On utilisait aussi beaucoup de charbon de bois, plus transportable, mais dont la production pouvait ruiner des forêts entières. Il fallait 8 à 10 kg de bois pour obtenir 1 kg de charbon. C'est seulement peu à peu que le « charbon de terre », la houille, se substitua au charbon de bois, et non sans réticence, car, pendant longtemps, on préféra les métaux fondus au charbon de bois. Vers 1860 seulement, la consommation de houille commença à dépasser celle du charbon de bois.

La fabrication de ce dernier exigeait savoir-faire et surveillance constante. Il fallait une soixantaine d'heures, parfois plus, pour obtenir une bonne carbonisation. Celle-ci s'opérait soit dans des fosses, soit, le plus souvent, en meules composées de branchages empilés, recouvertes de terre et de gazon, avec une cheminée centrale et des prises d'air qu'on ouvrait ou fermait. En une quarantaine de jours, les charbonniers pouvaient faire disparaître cent hectares de bois, aussi allaient-ils d'une forêt à l'autre. Se déplaçant avec leurs familles, ils formaient de petites troupes nomades et vivaient dans des cabanes provisoires, population quelque peu inquiétante avec ses visages noircis et que l'on soupçonnait, comme ces autres maîtres du feu, les forgerons, d'entretenir des relations privilégiées avec les puissances infernales.

LE « BOIS D'ŒUVRE »

Presque aussi importante était la consommation de « bois d'œuvre ». Les édifices de pierre étaient très rares ; ils exigeaient des transports onéreux et une main-d'œuvre très spécialisée, les tailleurs de pierre. Même en ville, les maisons étaient construites en bois. Elles le furent très longtemps en Normandie, comme en Scandinavie, les Normands descendaient des Vikings. En Angleterre, les Saxons ne bâtissaient qu'en bois, ainsi qu'en témoigne l'église Saint-André de Greensted, au nord-est de Londres, dont la nef, élevée en 845, est faite de deux grands chênes placés bout à bout, après avoir été fendus. C'est sans doute la plus ancienne église de bois qui ait survécu.

En Norvège, qui ne fut convertie qu'au XIe siècle, on édifia aux XIe et XIIe siècles les célèbres églises de « bois debout » aux étonnantes sculptures que l'on peut admirer encore. En Russie, la civilisation dépendait du bois. Après la chute de Kiev (1240), occupée et pillée par les Mongols de la Horde d'or, le centre du pouvoir fut transféré dans les zones boisées du nord-est, où s'éleva la nouvelle capitale, Vladimir. Lui succéda Moscou qui fut d'abord un petit bourg entouré d'une fortification en bois *(kremlin)* dans une clairière de l'immense forêt. Lorsque les missionnaires entreprirent de christianiser le nord du pays, c'est en bois qu'ils bâtirent leurs monastères et leurs églises. Cette architecture en bois se prolongea pendant des siècles, par exemple dans les forêts sans limite de la Carélie, près de la Finlande. On peut encore y voir les admirables églises de Kiji construites entièrement en bois au XVIIIe sur une île du lac Onega. En Russie, la maison traditionnelle a toujours été l'*isba*, faite de rondins à peine équarris, afin que l'eau ne pénètre pas dans le bois, mais souvent joliment décorée. « Une pièce froide *(seni)* servait à la fois d'entrée et de garde-manger, car la caractéristique de l'isba proprement dite est d'être une pièce chaude. Son nom dérive du latin *istuba* (français "étuve")[43]... »

LES PETITS MÉTIERS DU BOIS

Le bois faisait vivre une multitude de petits artisans, des sabotiers aux huchiers ou bahutiers, créateurs de meubles, aux huissiers, chargés des ouvertures, les huis, donc les portes et fenêtres, aux lambrissiers, aux tourneurs, aux tonnelliers, aux charrons, aux cochetiers qui construisaient bacs et bateaux fluviaux (les coches d'eau), enfin aux fabricants de cercueils, ou bières, nom que l'on réservait à la caisse en bois. Les sabotiers vivaient en forêt, ils y construisaient deux cabanes, l'une, grossière, servait d'atelier, l'autre, mieux aménagée, de magasin et de logement. On distinguait les sabots français, appelés parfois galoches, confectionnés en bois dur, hêtre ou noyer, des sabots flamands ou sabots-bottes en bois tendre : peuplier et saule. En Finlande et en Russie, on confectionnait des chaussures, les *lapti*, en tressant l'écorce imputrescible du bouleau. La vaisselle paysanne, réduite le plus souvent à l'écuelle et à la cuiller, fut faite en bois, au moins jusqu'à l'aube du XIXe siècle.

Certaines régions forestières écartées se spécialisaient dans la fabrication de menus objets en bois. Ils constituaient une monnaie d'échange et pouvaient être exportés au loin. Ainsi, dans le Jura qui manquait de débouchés, fabriqua-t-on d'abord des figurines de saints vendues au pèlerinage de Saint-Claude, puis de la vaisselle en bois, des instruments de musique, enfin des tabatières. À partir de 1854, on eut l'idée d'employer pour les pipes que l'on tournait depuis longtemps, mais dont on faisait venir d'Allemagne les foyers en porcelaine, la racine de bruyère, très dure et incombustible. Saint-Claude devint le centre d'une petite industrie florissante.

En Forêt-Noire, naquit au XVIIe siècle l'industrie horlogère. À Waldau, une plaque commémorative rappelle : « Vers 1640, les frères Kreutze fabriquèrent dans cette maison la première horloge de la Forêt-Noire. » Quand le mécanisme devint métallique, les horlogers inventèrent les petites figurines de bois que mettait en branle la sonnerie. Vers 1730, un horloger eut l'idée de placer à l'intérieur deux petits soufflets de bois imitant le chant du coucou. Le coucou fit pendant des siècles la fortune de la Forêt-Noire. Au XVIIe siècle aussi, on y fabriqua des jouets de bois, bientôt fort populaires et dont Nuremberg fut longtemps la capitale. Les forêts de Thuringe et de Franconie fournirent les matériaux à l'école célèbre des sculpteurs et des graveurs des XVe-XVIe siècles, et aussi à la xylographie qui multipliait, grâce à des plaques de bois gravées, textes et images et fut à l'origine de l'imprimerie.

LA CHASSE

Les aristocrates romains, très urbanisés, avaient méprisé la chasse. C'était pour eux une occupation vile, convenable seulement aux affranchis et aux esclaves. Tel était d'ailleurs l'avis des agronomes romains. Au Ier siècle avant J.-C., Varron dans son *Rerum rusticarum*, s'exclamait : à quoi bon poursuivre un animal pendant des heures dans le froid et à travers les ronces, alors qu'il est si simple de pratiquer l'élevage. À l'opposé, les Barbares aimaient la chasse à la passion. Le mot « gibier » vient du francique et l'on sait que les Francs furent des chasseurs acharnés. Ce goût se transmit à la noblesse féodale qui prétendait descendre d'eux. Que pouvait bien faire un seigneur quand il ne guerroyait pas, sinon chasser ? L'empereur germanique Albert Ier de Habsbourg (1298-1308) reflétait l'opinion commune quand il déclarait : « La chasse revient de droit à l'homme, comme la danse à la femme. »

Du fait de l'extension des cultures, les bêtes sauvages s'étaient réfugiées dans la forêt. Pour les chasseurs, c'était du gibier, gros : sanglier, cerf, chevreuil ; à poil : lièvre et lapin ; à plume : perdrix, faisan, gelinotte, coq de bruyère, bécasse et bécassine. On chassait d'abord pour la viande, qui était rare ; la venaison (du latin, *venatio*, « chasse »), chair du gros gibier, était nourriture noble. Des lièvres et lapins, du gibier à plume et du gibier d'eau se contentait le vilain. On chassait aussi la « sauvagine » pour sa fourrure : hermines, martres, petit-gris et gris rouge, qui étaient des peaux d'écureuil. On utilisait non seulement le cuir du gibier mais les vessies, les tendons, les os, les cornes. Pendant des siècles, les paysans eurent droit de chasse, mais seulement « à chiens et à bâtons », et à condition de respecter les réserves royales et seigneuriales, les défens et les garennes, souvent limités par des fossés, ou des abattis d'arbres. Ces réserves s'étendirent toujours plus, au point de nuire gravement aux cultures.

En Angleterre, la situation était bien différente sous les rois normands, déjà protecteurs des forêts dans leur duché de Normandie et de surcroît grands chasseurs. Aussitôt après la conquête, Guillaume Ier, devenu détenteur de la totalité des domaines possédés par Édouard le Confesseur ainsi que de ceux très étendus de la famille de son adversaire vaincu, Harold II, se déclara le propriétaire des terroirs ravagés par les guerres et retombés en friche, qui furent classés « forêts » royales, c'est-à-dire réserves de chasse. Elles seules avaient droit au titre de « Forest », toutes les autres se nommaient « *chases* » du verbe *to chase* : « poursuivre, chasser ». C'était aussi pour le souverain une manière d'exercer un contrôle sur les nombreux hors-la-loi (les *outlaws*), qui, mi-soldats mi-brigands anglo-saxons, entretenaient la résistance contre les Normands et prenaient refuge dans les forêts. Les Normands les appelaient « sauvages » ou « forestiers », ce qui avait encore pour eux le même sens.

Bien mieux, le Conquérant fit évacuer, dans le Hampshire, un territoire de plus de mille kilomètres carrés, faisant détruire une soixantaine de villages avec leurs églises. Ainsi fut créée la *New Forest*, dont le gibier fut défendu par des mesures draconiennes : amputation d'un doigt ou même de la sole entière des chiens errants appartenant aux habitants des environs. Quant aux braconniers, ils étaient castrés ou amputés des pieds ou des mains. Tout délit commis en forêt (défrichement, usurpation, empiétement ou « pourpréture », c'est-à-dire destruction du gibier) était réprimé avec une extrême rigueur, les châtiments allant jusqu'à la mise hors la loi ou même la peine de mort.

L'étendue des forêts, la sévérité avec laquelle elles étaient protégées provoquèrent mainte révolte. Barons et prélats en vinrent à demander la « déforestation » de la plupart des forêts, et le pouvoir dut obtempérer. Une charte du 6 novembre 1217, complémentaire de la Grande Charte de 1215, leur donna partiellement satisfaction.

La forêt anglaise n'en demeura pas moins fort étendue. Au début du XVIe siècle, elle couvrait environ le tiers du pays. Elle ne diminua vraiment qu'avec la sécularisation des biens ecclésiastiques sous Henri VIII et plus encore par suite de la croissance démographique et du développement de la propriété individuelle des *enclosures*.

LA « GASTE FORÊT »

Le mot « gaste », disparu depuis longtemps du vocabulaire, signifiait au Moyen Âge « désert », « désolé ». La « Gaste Forêt » était la forêt lointaine ou profonde, celle où l'on avait peur de se perdre et de faire les plus fâcheuses rencontres, celle, par exemple, du chasseur maudit et de son cortège, la « Mesnie Hellequin ». « Un désordre de hurlements, de gémissements d'agonie, de cris de rage, de tortures, de malédictions et d'aboiements », voici sous quelle forme se manifeste le passage de la chasse maudite d'après les légendes ardennaises actuelles. Cette grande clameur provient d'une troupe nombreuse, car, une fois son errance établie sur une contrée, le cortège grossit continuellement au cours des siècles. Qui en sont les nombreux équipiers ? « Tous ces hommes, quel que soit le poids de leur faute, ont en commun d'avoir commis leur méfait (et connu sa sanction immédiate) dans la profondeur d'un bois. À travers ce motif récurrent, une perception de la forêt espace du Sauvage, se dessine : elle est investie d'une dimension sacrale singulière, qui confère à chaque geste accompli en son sein, à chaque parole prononcée sous la voûte des arbres, une portée extraordinaire. Blasphémer en ce lieu est aussi lourd de consé-quences que de proférer des paroles impies dans une église. C'est la raison pour laquelle la littérature populaire alle-mande, explorée par les frères Grimm au XIXe siècle, connaît autant de *Nachtjäger* (les "chasseurs de la nuit"), dont l'unique crime fut d'avoir tenu des propos sacrilèges en forêt[44]. »

Le thème du chasseur maudit est si populaire qu'on le retrouve dans toute la France, dans toute l'Europe. Les noms les plus divers lui sont donnés, ceux des meurtriers célèbres : Caïn, Hérode, Oliferne (pour Holopherne), Artus (le roi Arthur), d'autres encore. Mais le nom le plus anciennement attesté et à de nombreuses reprises est « Hellequin ». Il paraît dans le témoignage consigné par le bénédictin normand, Orderic Vital (1075-1142), du prêtre Gauchelin du diocèse de Lisieux qui assista, au cours de la nuit du 31 décembre 1091, au défilé de la chevauchée infernale des âmes damnées, pri-sonnières encore de leur fureur noire et de leur passion san-guinaire et entraînées par les démons. Parmi elles, Gauchelin remarqua des femmes lubriques et reconnut quelques âmes avec lesquelles il s'entretint : « *Haec sine dubio familia Herli-chini* » (« il ne pouvait s'agir que de la famille d'Hellequin »), précise le texte.

La « mesnie » en ancien français désigne en effet la famille, mais aussi le cortège, le train. Qui était donc cet Hel-lequin ? Dans le nom, on reconnaît à coup sûr le germanique *Helle* (en anglais, *Hell*, en allemand, *Hölle*), l'Enfer, et *kin*, en anglais, la « parentèle » (d'où sont issus *Kind* en allemand, *kid* en anglais, l'« enfant »). Cet Hellequin, on le retrouve dans l'*Enfer* (chap. XXI) de Dante, sous la forme du démon *Alichino*. À la fin du XVe siècle, le voici devenu *Arlecchino*, nom qui lui est resté dans la *commedia dell'arte*, où, cette fois exorcisé, il n'est plus, sous son masque noir et son vêtement bariolé, qu'un bouffon rusé, mais craintif, portant un déri-soire sabre de bois.

Le chasseur maudit, c'est aussi le « Grand Veneur », qu'au témoignage de Sully Henri IV rencontra en forêt de Fontainebleau, ce dont il fut fort effrayé. On l'y aurait revu lors de la mort si brusque et si affligeante du duc de Bour-gogne en 1712 et du duc de Berry en 1714, deux petits-fils de Louis XIV, enfin peu avant celle de Louis XVI. Tous ces personnages moururent de mort violente, ou de mort prématurée, inattendue et suspecte. Les membres du cortège du chasseur maudit sont des mal-morts, des revenants. La chasse maudite n'apparaît pas n'importe quand, mais, toujours ou presque, peu après le solstice d'hiver, pendant la période inquiétante qui marque la frontière entre deux années, celle au cours de laquelle les défunts peuvent se manifester parmi les vivants.

Ainsi qu'on l'a remarqué, « la chasse sauvage est un phénomène surnaturel lié à la forêt[45] ». C'est dans la forêt aussi qu'ont lieu des apparitions d'une tout autre nature. Si les voyants sont aussi des chasseurs, eux sont saisis d'horreur par leur vie passée, dominée par la violence et la tuerie et en viennent à se convertir, non sans peine toutefois. De ces conversions soudaines, les vies de saints présentent quatre récits exemplaires et chaque fois différents.

L'histoire de saint Eustache se situe sous le règne de Trajan, donc au tout début du IIe siècle après J.-C. Eustache, dit *La Légende dorée*[46], s'appelait d'abord Placide. Il commandait les armées de l'empereur Trajan. C'était un homme bon et miséricordieux, « mais adonné au culte des idoles ». « Un jour, étant à la chasse, il rencontra un troupeau de cerfs, parmi lesquels s'en trouvait un plus grand et plus beau que les autres et qui, dès qu'il aperçut les chasseurs, se sépara de ses compagnons pour s'enfoncer dans les bois. Aussitôt Placide se mit à le poursuivre, mais, après une longue course, le cerf grimpa sur un rocher. » Alors qu'il songeait au moyen de l'atteindre, Placide « vit briller entre ses cornes une grande croix avec l'image de Notre-Seigneur. Et Dieu, parlant par la bouche du cerf, lui dit : "Placide, pourquoi me persécutes-tu ? [...] Je suis le Christ que tu sers sans le connaître." [...] À quoi Placide, touché par la grâce, répondit : "Seigneur, je crois en toi." » Aussitôt après, Placide demanda le baptême à l'évêque de Rome, qui lui donna le nom grec d'Eustache, lequel signifie « l'homme aux beaux épis », parce que ces épis allaient être moissonnés et battus sur l'aire. Mais, après son baptême, Eustache fut repris de sa fièvre de chasse. S'étant séparé de son escorte et arrivé au pied du même rocher, il eut de nouveau la même vision. « Se prosternant la face contre terre, il dit : "Daigne, Seigneur, tenir la promesse que tu as faite à ton serviteur." [celle de lui apparaître à nouveau et de lui révéler alors son avenir]. La voix se fit entendre : "Heureux es-tu, Eustache, d'avoir reçu le signe de ma grâce ! Mais déjà le diable, furieux de ton abandon, arme contre toi. Sache donc que tu auras beaucoup à souffrir avant d'obtenir la couronne de la victoire ! [...] Dis-moi seulement si tu te résignes à subir toutes ces épreuves !" Eustache répondit : "Seigneur, si c'est nécessaire, envoie-moi toutes ces épreuves, à condition que tu daignes m'accorder la force de les supporter." »

Il lui en fallut en effet, car, à partir de ce moment-là, elles fondirent sur lui et ne le quittèrent plus. Cette victoire, c'était sur lui-même qu'il la lui fallait remporter, expier ce goût du sang versé sur les champs de bataille et dans la forêt, et cela jusqu'au martyre final. « Lorsque Eustache revint à Rome à la tête de son armée victorieuse, Trajan venait de mourir, lui avait succédé le "méchant Adrien". » Celui-ci fit l'accueil le plus empressé au vainqueur des Barbares, mais, le lendemain, comme Eustache avait refusé de sacrifier aux dieux et proclamé sa foi chrétienne, « l'empereur furieux le fit exposer dans l'arène avec sa femme et ses fils, et fit lâcher sur eux un lion féroce. Mais le lion, s'étant approché d'eux, baissa la tête comme pour les saluer, et s'éloigna humblement. L'empereur les fit ensuite plonger à l'intérieur d'un bœuf d'airain rougi au feu, et pendant trois jours il les y laissa. Le troisième jour, quand on les retira, ils étaient morts, mais pas un cheveu, pas une partie de leurs corps n'avait trace de brûlure. Les chrétiens emportèrent leurs corps et, plus tard, construisirent un oratoire sur le lieu où ils les avaient ensevelis ». Ainsi périt Eustache enfermé symboliquement dans le corps d'un animal ; telle fut son ultime expiation.

De près de cinq siècles postérieure, l'histoire de saint Hubert se déroule dans la vieille forêt sacrée des Ardennes, sous les rois mérovingiens d'Austrasie. Passionné de chasse, Hubert s'y livrait même le vendredi saint. En un tel jour de l'an 683, il poursuivait un très grand et très beau cerf qu'il allait mettre à mort, quand, se retournant, l'animal lui fit face. Entre ses bois, le chasseur vit une croix lumineuse. À la suite de cette apparition, Hubert renonça à la chasse et se convertit. Quelque temps plus tard, il se rendit à Rome auprès du pape Sergius Ier. Celui-ci favorisait de tout son pouvoir l'expansion du christianisme dans les pays encore païens, aussi accueillit-il fort bien l'Austrasien. Il le sacra évêque, lui donnant pour mission d'évangéliser l'Ardenne. À son retour, le nouvel apôtre reçut du ciel une étole qui avait le pouvoir de guérir la rage. Cependant et pour les mêmes raisons que celle d'Eustache, la mort d'Hubert fut loin d'être paisible. Ayant contracté une fièvre maligne, il fut pris d'un violent délire accompagné d'angoisse et de visions lui annonçant sa mort proche. Sur son lit de mort, elles devinrent insoutenables. « Hurlant comme une bête féroce, un diable à la figure hideuse rôde autour du gisant "pour le troubler et empeschier". Hubert est tourmenté, rongé par l'inquiétude. La récitation des prières ne suffit pas à apaiser sa crainte d'une malmort [...]. Dans un dernier sursaut, saint Hubert exige que de l'eau bénite et du sel soient répandus sur lui. Il s'agit du rituel exorciste. Au petit matin, le saint décède et ses disciples sont témoins d'une "pieuse mort", puisque des anges descendus du ciel sont venus recueillir son âme[47]. » C'est comme thaumaturge guérisseur de la rage grâce à la « sainte étole » qui figure toujours dans le trésor de la basilique Saint-Hubert, en Luxembourg belge, que, pendant de longs siècles, fut vénéré le saint évêque de Tongres-Maëstnicht-Liège ; ce n'est que beaucoup plus tard, et par une curieuse ironie du sort, qu'il est devenu le patron des chasseurs.

Bien différente est l'histoire de Julien l'Hospitalier qui elle n'est pas datée, mais figure dans *La Légende dorée*[48]. « Celui-là, qui était de famille noble, se trouvait un jour à la chasse, et poursuivait un cerf, lorsque soudain le cerf, sur un signe de Dieu, se retourna vers lui et lui dit : "Comment osestu me poursuivre, toi qui es destiné à être l'assassin de ton père et de ta mère ?" Horrifié, Julien afin d'empêcher la sinistre prophétie de se réaliser, partit aussi loin qu'il put, fit dans les armes une brillante carrière et épousa la veuve d'un très riche seigneur. [...] Cependant, les parents de Julien, désolés de sa disparition, erraient à travers le monde en quête de leur fils, jusqu'à ce qu'ils arrivèrent, un jour, au château qui était maintenant la demeure de Julien. Mais celui-ci, par hasard, n'était pas là, et ce fut sa femme qui reçut les deux voyageurs. Quand ils lui eurent raconté toute leur histoire, elle comprit qu'ils étaient les parents de son mari, car celui-ci, sans doute, lui avait souvent parlé d'eux. Aussi leur fit-elle l'accueil le plus tendre par amour pour son mari ; et elle les fit coucher dans son propre lit. Le lendemain matin, pendant qu'elle était à l'église, voici que Julien rentra. Il s'approcha du lit pour réveiller sa femme ; et, voyant deux personnes qui dormaient sous les draps, il crut que c'était sa femme avec un amant. Sans rien dire, il tira son épée et tua les deux dormeurs. Puis, sortant de la maison, il rencontra sa femme qui revenait de l'église, et il lui demanda, stupéfait, qui étaient les deux personnes qui dormaient dans son lit. Et sa femme répondit : "Ce sont tes parents, qui longtemps t'ont cherché : Je les ai fait coucher dans notre lit." Ce qu'entendant, Julien pensa mourir de chagrin. » Tout à la fin de l'histoire, Julien, afin de faire pénitence, devint passeur au bord d'un grand fleuve. Un jour que, « par une nuit glaciale, Julien s'était couché accablé de fatigue, il entendit la voix plaintive d'un étranger qui lui demandait de lui faire traverser le fleuve. Aussitôt, se levant, il courut vers l'étranger, à demi mort de froid ; et il l'emporta dans sa maison, et alluma un grand feu pour le réchauffer. Puis, le voyant toujours glacé, il le porta dans son lit et le couvrit avec soin. Or voici que cet étranger, qui était rongé de lèpre et répugnant à voir, se transforma en un ange éclatant de lumière. Et tout en s'élevant dans les airs, il dit à son hôte : "Julien, le Seigneur m'a envoyé vers toi pour t'apprendre que ton repentir a été agréé et que ta femme et toi pourrez bientôt vous reposer en Dieu." » Flaubert, dans *La légende de saint Julien l'Hospitalier*, qui fait partie des *Trois Contes* (1877) a ajouté cette circonstance dramatique : Julien, devenu condottiere célèbre et ayant épousé la fille de l'empereur, oublie sa rencontre dans la forêt et reprend goût à la chasse. Mais, cette fois, ses armes ne peuvent plus atteindre les bêtes sauvages et leur bande menaçante l'escorte jusqu'à la porte de son palais. Il y trouve ses parents qu'il tue sans les avoir reconnus. Cette adjonction au thème traditionnel de celui du chasseur chassé donne à l'histoire une portée nouvelle : la folie meurtrière de Julien, inopérante désormais vis-à-vis des bêtes, est utilisée par elles pour lui faire réaliser la prophétie à laquelle naguère il a cru pouvoir se dérober.

LE PETIT CHAPERON ROUGE ET BLANCHE-NEIGE

Dans le conte de Perrault, *Le Petit Chaperon rouge*, le comportement du loup est bien singulier, il peut contrefaire la voix de la fillette et ainsi se faire ouvrir par la mère-grand, sur laquelle il se jette et qu'il dévore. Après quoi, ayant pris sa place dans le lit, il en fait autant du Petit Chaperon rouge. Comment ne pas reconnaître ici un loup-garou, un homme métamorphosé en loup, objet de terreur pendant des siècles dans toutes les campagnes d'Europe. On sait que ces hommes-loups satisfaisaient sous cette forme leur soif de sang et aussi qu'on les considérait « comme des violeurs de femmes, leur puissance sexuelle étant légendaire[49] ». Ne peut-on supposer que cette dévoration cache ici autre chose : la défloration, à la fois redoutée et inconsciemment désirée, avec toutes les images et fantasmes qu'elle suscite dans l'inconscient enfantin ? Que signifierait autrement ce chaperon rouge que, nous dit-on, ne quittait jamais la petite fille ?

Pourquoi les frères Grimm dans leur conte croient-ils utile de préciser que Blanche-Neige était « blanche comme neige », « rouge comme le sang », « brune comme l'ébène », sinon pour des raisons similaires ? À l'inverse du Petit Chaperon rouge, c'est dans la forêt que, fuyant les sévices de sa marâtre, Blanche-Neige trouve son salut dans la cabane des sept nains. En publiant ce conte, les frères Grimm le donnent comme un très vieux mythe germanique dans lequel Blanche-Neige, empoisonnée par sa marâtre, s'endort du sommeil de la mort et, sur l'ordre de la mégère, est transportée dans la forêt par le « chasseur vert ». Mais les nains la recueillent, la placent dans un cercueil de verre, où elle ne s'éveillera et dont elle ne sortira qu'avec la venue du Prince Charmant qui l'emmènera dans l'autre monde, où la fillette deviendra jeune fille.

Qui sont ces nains ? Ils sont sept comme les planètes et représentent ici, comme l'a bien vu Walt Disney, les sept tempéraments humains fondamentaux que celles-ci déterminent. Ces nains sont des *gnomes*. Or ce mot, selon les étymologistes, est un emprunt au latin des alchimistes du XVe siècle. On le trouve au XVIe chez le grand Paracelse qui en fait un synonyme de « pygmée », qui en grec signifie « haut d'une coudée ». Le mot gnome, nous dit-on, serait peut-être une altération du mot grec supposé *gênomenos*, « né de la terre », il dérive plus probablement du grec *gnômê*, « opinion, pensée, intelligence », ce qui laisse supposer chez ces gnomes l'existence d'un savoir surhumain et en quelque sorte tellurique, puisque la gnose est la connaissance suprême et secrète.

On ne peut donc écarter l'interprétation que donne de *Blanche-Neige* un alchimiste contemporain : « Blanche-Neige, c'est notre jeune vierge, la minière de l'or. Les sept nains, ou gnomes (du grec *gnôsis*, connaissance), sont l'aspect de la matière minérale en ses sept prolongements (les sept métaux). Chaque nain a d'ailleurs le caractère de la planète qui le domine. Grincheux est saturnien, Simplet est lunaire, Joyeux est vénusien, etc. Mais c'est Grincheux, le saturnien, qui rend le plus de services à la troupe et sait la tirer d'affaire à l'occasion. Blanche-Neige est remise par la méchante Reine au Chasseur *Vert* pour que celui-ci la fasse mourir. Mais finalement après une mort *apparente*, après avoir croqué la *pomme maléfique*, la jeune vierge épousera le prince de ses rêves qui est *jeune* et beau. Ce Prince Charmant, c'est notre *Mercure philosophal* (on sait que l'attribut du Mercure de la Mythologie est une perpétuelle jeunesse du visage et du corps). Et de l'union de ce Mercure et de la Vierge (du Prince et de Blanche-Neige) sortira la conclusion de tous les contes : ils furent heureux et eurent beaucoup d'enfants[50]... » À l'appui de cette interprétation on peut ajouter que cette métamorphose a lieu dans la forêt profonde qui est, comme chacun sait, à la fois noire et féconde, puisque pour l'inconscient, elle représente la *materia prima*, la matière primordiale, d'où part l'alchimiste. Étymologiquement, *materia* vient de *mater* qui est non seulement la « mère », mais le « tronc d'arbre » ; en grec, *hulè* : la « matière » désignait de même le bois sur pied, la forêt, mais aussi la matière (*materia* ou *hulè*), c'est aussi la nature. *Natura* vient de *natus*, « ce qui est né et qui croît », comme *phusis*, la nature en grec, d'où dérive peut-être le latin *fustis*, d'abord le « rondin », la bille de bois non équarrie, et, en bas-latin, la « tige, le tronc » avant de prendre le sens de bâton, qui a donné notre *fût (fust)*, « tronc d'arbre » et la *futaie* (*fustaye* ou *fustoie*). *Natura*, c'est donc la nature « sauvage », celle de la forêt. « Sauvage » est issu du latin *salvaticus-silvaticus*, comme l'anglais et l'allemand *wild*, « sauvage, féroce, bestial » de *Wald*, la forêt. C'est donc de la « sauvagerie » considérée comme « l'état de nature » qu'il s'agit.

Les noms qui désignent les nains sont innombrables et aussi divers qu'eux-mêmes, mais certains sont des termes génériques que l'on retrouve un peu partout, par exemple *lutin* et *farfadet*. Que *lutin* vienne de Neptune peut surprendre, mais, au temps du christianisme, Neptune était devenu, comme d'autres anciens dieux, un démon païen. Les vieilles transcriptions *netun*, *neitun* évoquent aussi la nuit, car ces démons sont le plus souvent nocturnes, et, sous l'influence de *hutin*, « entêté, querelleur » et, bien sûr de « lutte », le mot est finalement devenu *lutin*. *Farfadet*, qui apparaît chez Rabelais, est un renforcement de *fadet-fadette*, lutin, petite fée, emprunté au provençal *fada*, le « fol », mais qui, dans son apparente déraison, peut être clairvoyant. *Fada* dérive lui-même du latin *fatum*, « le sort, la destinée », en tant qu'« énonciation divine » qui vient du verbe *fatus sum*, *fari*, « parler, prédire ».

Fâta, la déesse de la destinée, la Parque, comme *Fâtua*, la Devineresse, sœur et femme de *Faunus*, le Pan latin, a donné le collectif « fées », celles-ci étant elles-mêmes considérées comme les survivantes des trois Parques romaines, représentées sur le forum romain par trois statues qu'on appelait les *tria fata*[51]. « Quant on étudie objectivement les témoignages — bretons, sur les fées — (ceux, nombreux et isolés, recueillis au cours du XIXe siècle) dont la sincérité désintéressée ne saurait être mise en doute, leur concordance en ce qui concerne l'habitation, les goûts, la manière d'agir et le regret laissé par le départ des "bonnes dames", de nos "bonnes mères les fées", comme s'il s'agissait de personnes ayant réellement existé, on est alors tenté de chercher à la croyance aux fées une explication naturelle, humaine[52]. » Sans doute, les Bretons, si familiers avec le surnaturel, en avaient-ils vraiment rencontré. « Les fées, écrivait en 1843 Alfred Maury[53], nous apparaissent comme le dernier et le plus persistant de tous les vestiges que le druidisme ait laissés empreints dans les esprits. Elles sont devenues comme un faisceau auquel se rattachent tous les souvenirs de l'antique religion des Gaulois, comme le symbole du druidisme abattu par la croix, et leur nom est resté attaché à tous les monuments de ce culte. » Comme elles étaient, somme toute, peu nombreuses, inoffensives et respectées, ces survivantes, réfugiées au fond des bois, ne furent pas persécutées. Au début du XVIIe siècle, Le Noblez, venu prêcher en Armorique, assurait avoir trouvé, dans l'île de Sein, trois druidesses qui répandaient le culte du Soleil sous le nom de *Doué-Tad*, où l'on reconnaît à la fois le Dieu chrétien et le Teutatès celte. Noblez, bien sûr, les baptisa et les envoya dans un couvent sur le continent[54].

LES CONTES DE FÉES

En Allemagne, on les nomme « contes de bonne femme » *(Ammenmärchen)*. À ce sujet, dans sa préface aux *Contes* de Grimm[55], Marthe Robert, qui propose de traduire « bonne femme » par « sage-femme », écrit : « Avant d'être magicienne ou sorcière, en effet, la "sage-femme", comme les Moires grecques [les Parques romaines] et les Nornes germaniques, paraît bien présider à la naissance de l'homme, dont elle figure le Destin. (On remarquera que la vieille des contes est souvent fileuse.) Mais, si l'on s'en tient au langage populaire, qui fait de la "sage-femme" une accoucheuse, on peut supposer que dans la société archaïque, où s'est fixée son image, la fée est celle qui met les enfants au monde en appliquant les règles de la "sagesse", c'est-à-dire en veillant à la stricte observance des rites qui président à la naissance comme à tout acte important de la vie. Quoique ses traits se soient considérablement dégradés, la vieille des contes de Grimm garde en partie son caractère de gardienne des rites et de la tradition, ce qui explique la crainte et le respect dont elle est généralement entourée... » La fée serait donc une initiatrice et la naissance dont il est ici question serait une « seconde » naissance.

« Gardienne des rites et de la tradition », telle est la fonction qu'assignaient à l'antique forêt germanique les frères Grimm. Si l'aîné, Jakob (1785-1863), esprit hardi et aventureux, fit une brillante carrière publique, son cadet, Wilhelm (1786-1859), demeura toute sa vie et par choix un modeste et consciencieux érudit. La gloire vint soudain aux deux frères à la suite de la publication des *Contes d'enfants et du foyer (Kin-*

der — und Haus märchen) salués, en un temps de nationalisme militant, comme la résurrection du sentiment populaire, profondément poétique de l'Allemagne. Les Grimm voulaient être aussi fidèles et respectueux que possible et avaient recherché des informateurs dans tout le pays. Pour eux, ainsi que le souligne Wilhelm Grimm, dans *Sur la nature du conte*, qui servit de préface à la seconde édition des *Contes*, ceux-ci sont la forme populaire, donc la plus sincère, de l'esprit qui a inspiré les mythes et l'épopée, ils expriment l'essence du peuple qui continue à vivre en eux[56].

Si un grand nombre de ces contes se déroulent en forêt, par exemple *Les Trois Petits Nains dans la forêt*, *Une maison en forêt*, *Le Petit Chaperon rouge*, ou *Blanche-Neige*, c'est que celle-ci constitue un univers magique, le lieu du merveilleux naturel, où les bêtes jouent un rôle essentiel. Pour les frères Grimm, la forêt représente l'unité ancienne où animaux et humains, ces proches parents, se rendaient mutuellement service, elle témoigne encore de l'unité perdue.

Pour les Bretons, cette unité primordiale, qui était aussi celle de l'Antiquité et du temps présent, de la tradition et de la vie quotidienne, perdura longtemps. Les fées, jusqu'à leur récente disparition, étaient encore des « sages-femmes » secourables. Quant aux nains, malicieux, mais au fond pas bien méchants, les Bretons les connaissaient si bien qu'il savaient distinguer parmi eux plusieurs peuplades. Les *korrigans* (du breton *korrig*, « gnome », lui-même diminutif du gaélique *cory*, « nain ») habitaient les bois et surtout les dolmens dont ils ne sortaient que la nuit, les *poulpikans* ou *poulpiquets*, comme l'indique leur nom, de *poul*, « lieu bas » et *pika*, « fouiller », vivaient dans des sortes de terriers, les *deuz* ou *duzic* (de *dû*, « noir ») étaient de tout petits hommes noirs qui se tenaient dans les prés et les blés mûrs[57]. Mais les nains portaient encore d'autres noms suivant les régions ; ainsi, les *korrandons* des côtes de la Manche, qui avaient jambes de bouc et sabots de fer, les *kérions*, qui passaient pour avoir dressé les alignements de Carnac, et bien d'autres encore. En 1898, dans son *Folklore de l'Ille-et-Vilaine*, Adolphe Orain pouvait encore écrire : « Il n'y a pas un village, un hameau ou une ferme du département où l'on ne parle du lutin, joueur de tours, tantôt bon, tantôt mauvais, toujours capricieux. Tout le monde l'a entrevu ou a été victime de ses farces. » Ils n'étaient pas vraiment méchants, mais ils obligeaient ceux qu'ils rencontraient à la nuit à entrer dans leur danse, jusqu'à ce qu'ils tombent épuisés et se retrouvent au petit matin, ne se souvenant plus de rien.

En Normandie, ce sont les *gobelins*, en Lorraine, les *sotrets*, en Provence les *dracs*, dans les Alpes, les *salèves*. Ce sont aussi les *kobolds* d'Allemagne, les *trolls* de Norvège, les *elfes* d'Irlande.

LE PETIT POUCET ET LA FORÊT INITIATIQUE

Le Petit Chaperon rouge et Blanche-Neige évoquaient le plus important des « rites de passage », celui qui permet à l'enfant d'accéder à un statut d'adulte. Le Petit Poucet éclaire mieux encore ce schéma commun. « Venir vraiment au monde, grâce à une nouvelle naissance », « retrouver son chemin », donc découvrir sa véritable identité, n'est-ce pas là le propos de toute initiation. Un jeune sauvage ne saurait être admis parmi les hommes faits s'il ne sait se débrouiller au milieu d'un désert ou d'une forêt, loin de tous sentiers tracés[58]. Or, dans la forêt profonde, il n'y en a justement pas. C'est ce que raconte l'histoire du *Petit Poucet*, le plus connu des *Contes* de Perrault, qu'il suffira donc d'évoquer brièvement. Tout ici se passe en forêt. Son père et sa mère sont des bûcherons si pauvres qu'ils ne peuvent nourrir leurs sept fils, et ils décident finalement de les perdre en forêt. Mais le plus petit n'est point le plus sot. Avant de partir, il se lève de bon matin et ramasse au bord du ruisseau des petits cailloux blancs dont il emplit ses poches. Quand ses frères se sentent abandonnés et se mettent à pleurer, Petit Poucet les rassure et leur dit de le suivre. Grâce aux petits cailloux qu'il avait semés en chemin, ils retrouvent aisément la chaumière de leurs parents. Or, ceux-ci se lamentaient, car, le jour même, ils avaient reçu du seigneur du village vingt écus. Mais les vingt écus furent vite dépensés et derechef, la mort dans l'âme, le bûcheron et la bûcheronne se résignèrent à perdre leurs enfants. Cette fois, Petit Poucet, moins bien inspiré, s'emplit les poches de miettes de pain, que firent disparaître les oiseaux du bois.

La nuit vint, mais, grimpé dans un arbre, Petit Poucet entrevit au loin « la lueur d'une chandelle ». Accompagné de ses frères, il alla frapper à l'huis de cette maison isolée en pleine forêt. C'était celle de l'ogre. L'ogresse, qui n'était point une mauvaise femme, consentit à les abriter, son mari étant absent. Hélas, peu après, l'ogre revint, affamé comme à l'ordinaire. « Je sens la chair fraîche », cria-t-il. À force de recherches, il la trouva sous un lit. Les sept petits se jetèrent à ses pieds. Comme il avait invité un ami, l'ogre les épargna, mais non sans recommander à sa femme de les bien nourrir, afin qu'ils soient à point. Cet ogre avait sept filles qui n'étaient que des enfants, « mais déjà fort méchantes ». L'ogresse, ayant couché ses filles dans un grand lit, mit les sept garçons dans un autre.

Lorsque tous furent endormis, Petit Poucet se leva et retira aux sept filles les couronnes qui ornaient leurs têtes. Ce qui fait que, lorsque l'ogre, repris en pleine nuit par sa fringale, s'approcha dans le noir du lit occupé par les garçons, un grand coutelas à la main mais trouvant sur leurs têtes des couronnes, se dirigea vers l'autre lit et « coupa sans balancer la gorge de ses sept filles. »

Quand Poucet entendit ronfler l'ogre enfin rassasié, il réveilla ses frères et leur dit qu'il était temps de déguerpir. Au matin, l'ogre, s'étant aperçu de son horrible méprise, chaussa ses bottes de sept lieues afin de rattraper les fugitifs. Après avoir couru par monts et par vaux, il s'endormit épuisé près du rocher sous lequel se tenaient cachés Poucet et ses frères. Se saisissant des bottes de sept lieues, Poucet retourna chez l'ogresse pour lui annoncer que des brigands s'étaient emparés de son mari et s'apprêtaient à le mettre à mort, si elle ne remettait pas à leur émissaire tout l'or de la maison. Terrifiée, l'ogresse obtempéra sur-le-champ. Ce qui fit que le Petit Poucet, devenu riche, retourna avec ses frères chez leurs parents.

Les petits garçons sont sept comme les sept filles de l'ogre, comme les nains de Blanche-Neige, et les bottes sont des bottes « de sept lieues ». Sept est le chiffre sacré qui symbolise le plein épanouissement de l'être humain, donc l'initiation. Tel est finalement le sens de l'histoire. Poucet, né chérif, et passé longtemps pour demeuré, avait fait ses preuves. Il avait berné l'ogre, il pouvait affronter la vie.

Son nom, ainsi que l'a remarqué C.G. Jung, ne peut que désigner le sexe du petit garçon en pleine croissance. Au Petit Poucet correspond le Tom Pouce *(Daumesdick)* de la fable allemande des frères Grimm. Devenu très populaire dans les pays du Nord, Tom Pouce inspira la pièce de la dramaturge lettone, Anna Brigaders, où il se nomme *Spiriditis* (1904).

Le Petit Poucet et Tom Pouce renouvellent le mythe universel de la victoire du faible sur le fort, du nain sur le géant, de l'enfant sur l'adulte, de la ruse sur la brutalité, illustré par le triomphe de David sur Goliath, d'Ariel sur Caliban.

L'ogre n'est autre qu'*Orcus*, très vieille divinité infernale, qui incarnait déjà la Mort chez les Étrusques. On le retrouve sous le nom d'*Orco* en Italie, où il est devenu le Croquemitaine, terreur des enfants, mais aussi en Corse, où *Orco* est un géant terrible qui, avec sa mère, l'*Orca*, hante les dolmens de Revinco. Dans le seul sermon conservé d'Éloi, le saint évêque de Noyon au VIIe siècle[59], celui-ci conjure ses ouailles d'abandonner toute superstition païenne et, en particulier, « de ne plus invoquer le nom des démons, de Neptune, d'Orcus, de Diane, de Minerve, ou de quelque génie local... » L'ogre, c'est la force aveugle et dévoratrice de Cronos-Saturne, qui castre son père et engloutit dès leur naissance ses propres enfants, jusqu'à ce que Zeus, le dernier, le plus petit, lui administre une drogue qui les lui fait tous restituer. Après quoi, il enchaîne le père indigne, le mutile et règne à sa place. L'ogre, pour la psychanalyse, c'est l'image défigurée et pervertie du père castrateur dans l'inconscient du petit garçon terrifié.

Cet ogre, c'est aussi l'« homme sauvage » — Perrault lui-même le définit ainsi : c'est « un homme sauvage qui mangeoit les petits enfants » — cet être « couvert de poils, vêtu de peau de bête et portant une massue » que l'on retrouve « dans plus de deux cents armoiries familiales en Europe ». Il est l'émanation de la silve sauvage, la rencontre qu'y fait inévitablement le futur chevalier, au cours de son apprentissage qui passe par un séjour au plus profond de la forêt, « théâtre du merveilleux et lieu de l'initiation[60] », lieu du retour obligé à la sauvagerie originelle et même au chaos primordial, qu'évoquent à leur façon les licences temporaires des Saturnales et des Carnavals.

Dans les romans de Chrétien de Troyes, les chevaliers de la Table ronde mènent en forêt une vie sauvage, forcenée, hallucinée. « Hors d'eux », sales, les vêtements déchirés, ils sont obsédés par la chasse, « mangeant la chair toute crue comme des bêtes ». Jusqu'à ce qu'ils rencontrent un saint ermite qui, lui, ne se nourrit que de racines et de baies sauvages et les met enfin sur la voie. Ainsi, Perceval se trouve-t-il en présence de l'un de ces anachorètes qu'il reconnaît comme son oncle. Ce dernier lui révèle que sa vie passée s'est déroulée dans un extraordinaire aveuglement spirituel, et lui donne quelques explications concernant le Saint-Graal qui sera désormais l'objet de sa quête. Car le Saint-Graal se trouve aussi caché au cœur du bois touffu, et la seule façon d'accéder jusqu'à lui est de « fouiller sans relâche les forêts ».

« Cette forêt noire et sans soleil est fabuleuse : elle représente le pays de la nuit. » Celui aussi des rêves, des cauchemars. « Ceux qui entrent dans la forêt du conte n'en reviennent jamais. — Le héros seul pourra en sortir parce qu'il aura à sa disposition des moyens surnaturels. Tous les détails s'accordent pour démontrer que cette forêt représente la zone des ténèbres. Le ciel y est noir ; le héros, pour y arriver, a marché tant que le ciel était bleu ; le vent n'y souffle pas ; on n'y entend jamais le chant des oiseaux[61]. » Ces moyens surnaturels, ces pouvoirs sur la nature, c'est ce que viennent chercher dans la forêt ceux qui sont prêts à se soumettre aux épreuves de l'initiation, à vaincre les démons de la peur, à terrasser le dragon.

Des dragons, il en existait encore dans l'antique forêt, souvenirs des monstres préhistoriques de jadis, tapis dans leurs repaires au fond des bois. Une des distractions favorites des saints évêques gallo-romains et mérovingiens[62] semble avoir été d'aller les y chercher, de leur passer au cou leur étole et de les ramener exorcisés à leurs ouailles qui s'empressaient de les massacrer.

Le plus célèbre de ces monstres est la Tarasque, d'où naquit jadis Tarascon. « Or il y avait à ce moment sur les bords du Rhône, dans une forêt sise entre Avignon et Arles, un dragon, mi-animal, mi-poisson, plus gros qu'un bœuf, plus long qu'un cheval, avec des dents aiguës comme des cornes, et de grandes ailes aux deux côtés du corps ; et ce monstre tuait tous les passagers et submergeait les bateaux.

Il était venu par la mer de la Galatie ; il avait pour parents le Léviathan, monstre à forme de serpent qui habite les eaux, et l'Onagre, animal terrible... qui brûle comme avec du feu tout ce qu'il touche. Or sainte Marthe, sur la prière du peuple, alla vers le dragon. L'ayant trouvé dans sa forêt, occupé à dévorer un homme, elle lui jeta de l'eau bénite, et lui montra la croix. Aussitôt le monstre, vaincu, se rangea comme un mouton près de la sainte, qui lui passa sa ceinture autour du cou et le conduisit au village voisin, où aussitôt le peuple le tua à coups de pierres et de lances. Et comme ce dragon était connu des habitants sous le nom de Tarasque, ce lieu, en souvenir de lui, prit le nom de Tarascon : il s'appelait jusque-là Nerluc, c'est-à-dire noir lac, à cause des sombres forêts qui y bordaient le fleuve. Et sainte Marthe, après avoir vaincu le dragon, obtint de sa sœur et du prêtre Maximin la permission de rester en ce lieu, où elle ne cessa pas de prier et de jeûner[63]. » Ainsi que nous l'avons vu plus haut[64], Marthe était la sœur de Marie-Madeleine et avait débarqué avec elle et Maximin sur la côte de la Camargue.

Le dragon est donc un monstre amphibie qui règne à la fois sur les eaux et sur le feu qu'il crache par ses naseaux. Son origine est indubitablement le serpent de la Genèse, le Tentateur, l'incarnation du Mal. C'est « l'antique Serpent », mais magnifié, amplifié, devenu bipède et pourvu d'ailes. Au Moyen Âge, on l'appelait indifféremment dragon ou serpent, on croyait « que le serpent avait forme de dragon avant la faute [originelle], ce crime lui avait valu de perdre ses ailes et ses pattes, d'où le verset de la *Genèse* : "Désormais, tu ramperas sur ton ventre et tu mangeras de la poussière tous les jours de ta vie." (*Genèse*, III, 14) Dragon et serpent sont donc un seul et même animal essentiellement démoniaque : c'est le dragon qu'écrase saint Michel, c'est le serpent qui tend la pomme à Ève, et la Bête de l'Apocalypse, tout indépendante qu'elle est du dragon, l'"antique serpent" est un dragon-serpent particulièrement effroyable[65] ». Comme tous les anciens dieux, eux aussi incarnations du Mal, le dragon menacé par le christianisme s'était réfugié au plus obscur des forêts.

Jusqu'en 1730, à la procession des Rogations, qui partait de Notre-Dame de Paris et y revenait, on portait l'image du monstre qu'avait vaincu le saint évêque Marcel (VIe siècle), lequel est d'ailleurs représenté à la porte Rouge, terrassant le dragon qu'il était allé chercher en forêt de Bièvre. À Poitiers, on conserve au musée la « Grande Goule » qui était aussi promenée en procession ; c'est une sculpture de deux mètres de long à tête mobile, datée de 1677. Mais la plus célèbre des « Gargouilles » est celle de Rouen, dont l'histoire est fort populaire. Celle-ci raconte que saint Romain, évêque de Rouen de 631 à 639, ému par les prières instantes de ses diocésains, décida d'aller trouver la Gargouille, laquelle gîtait dans la forêt de Rouvray, en bordure de Seine et faisait un horrible carnage, tant de gens que de bêtes. Comme personne n'osait l'accompagner, il demanda à deux prisonniers, un voleur et un meurtrier, de le suivre. À la vue du monstre, le larron s'enfuit et l'évêque resta seul avec le meurtrier. « Ayant jeté son étole au cou du Serpent, il lui ôta toute sa fureur, en sorte qu'il se laissa lier et conduire par ce prisonnier qui fut absous de ses crimes pour n'avoir point quitté Romain. » Les cendres du Serpent, brûlé sur la place, furent jetées dans la rivière. « Saint Ouen, successeur de saint Romain, pour conserver la mémoire de ce grand miracle, obtint du roi Dagobert le privilège de délivrer tous les ans un prisonnier coupable de meurtre, ce qui se pratique encore aujourd'hui[66]. » [en 1730]

La célébration de ces victoires sur les forces du Mal avait presque toujours lieu le troisième jour des Rogations, les trois jours de processions solennelles, juste avant l'Ascension, où l'on demandait (*rogare* veut dire en latin « prier », « demander ») à Dieu et à ses saints de bénir les travaux des champs et d'écarter des hommes et des animaux les forces mauvaises qui les menaçaient. Dans ces fêtes survivaient les *Ambarvalia* romaines, célébrées en l'honneur de Cérès, la déesse de l'agriculture, au cours desquelles on promenait autour des champs une victime qui était ensuite immolée.

Dans toutes les traditions, à travers le monde, la forêt a toujours été le « Théâtre du merveilleux et lieu d'initiation ». Dans toutes les sociétés initiatiques, la réception du novice est précédée d'une réclusion en forêt, où il vit pour un temps variable en solitaire, s'abritant sous la hutte de branches et de feuillage qu'il a lui-même bâtie. Cet isolement a un sens : le novice doit se séparer de tout son passé, y compris et surtout de sa mère, il doit mourir à lui-même afin de renaître différent. Souvent, dans la formation des futurs chamanes, cette mort symbolique passe par l'expérience méditative d'un véritable démantèlement physique. Ainsi, dans le bouddhisme tantrique tibétain, qui a recueilli et adapté certaines techniques chamaniques, le pratiquant du rite *chöd* se percevra sous la forme d'un cadavre pourrissant, devenu la proie des carnassiers et des charognards, puis sous celle d'un squelette dont les os seront dispersés, exercice de contemplation déjà préconisé d'ailleurs par le *Satipatthana Sutta* du bouddhisme ancien : les « neuf contemplations » ou « neuf stades de décomposition du cadavre ». Ainsi, dans l'immense silve primaire d'Amazonie, le futur initié séjourne-t-il dans la solitude silencieuse, où le passage feutré d'un jaguar, le cri d'un harpye ou d'un hibou, le ricanement d'un toucan le font sursauter et, la nuit, le glacent de terreur. C'est là que, sous l'attentive guidance d'un chamane accompli, prêt à lui venir en aide, il absorbera les « maîtres-esprits » que sont les plantes magiques de la forêt, dont la « liane des morts », l'*ayahuasca (Banisteriopsis caapi)*. Ce sont ces maîtres, qu'il soient humains ou surnaturels, qui lui communiqueront leurs extraordinaires pouvoirs sur la nature tout entière, y compris la nature humaine. Souvent, cette expérience se conclut par l'apparition d'un serpent géant qui engloutit le novice, avant de le restituer, métamorphosé, comme Jonas sorti de la baleine mythique, qui n'est autre que le Léviathan, le monstre du chaos primordial, autrement dit « l'antique Serpent ».

La forêt russe qui semblait sans limites n'en était que moins rassurante. Les anciens Slaves, en se répandant vers l'est, devaient se frayer difficilement un passage à travers ces forêts qui n'avaient point encore connu l'homme. C'était le domaine des *lechy*, à l'aspect vaguement humain, mais à la peau bleue comme leur sang. Le *lechy* faisait peur avec ses yeux exorbités, ses sourcils touffus, sa longue barbe et ses longs cheveux verts. Parfois, il était vêtu, portant une ceinture rouge, un kaftan qui se fermait en sens inverse et le pied droit chaussé du soulier gauche. Le *lechy* n'avait point d'ombre, ni non plus de taille définie. Dans la futaie, sa tête atteignait la cime des plus hauts arbres, mais, quand il se trouvait en lisière, il devenait si petit qu'il pouvait se cacher sous une feuille.

Depuis toujours propriétaires des bois, les *lechy* entendaient faire respecter leurs droits. Qu'une paysanne en quête de champignons, ou un chasseur s'aventurent trop loin, le *lechy* ne manquait pas de les égarer, les faisant errer en tout sens à travers ronces et broussailles et les ramenant toujours au même endroit. Cependant, il finissait par libérer sa victime, si celle-ci savait se défendre du sortilège. Pour cela, il suffisait de s'asseoir sur un tronc d'arbre coupé, de retirer ses vêtements, de les remettre à l'envers et de chausser son pied droit avec son soulier gauche.

Chaque année, au début d'octobre, les *lechy* disparaissaient pour ne reparaître qu'au printemps. Ils étaient alors particulièrement dangereux. Devenus enragés, ils parcouraient la forêt en sifflant, en criant, imitant le rire strident d'une femme excitée, les sanglots humains, les cris des oiseaux rapaces et des bêtes sauvages.

Il y avait aussi les *vodianoï*, esprits des eaux qui habitaient les lacs et les rivières. Certains possédaient un visage humain, mais, à la place des mains, ils avaient des pattes aux doigts démesurément longs, de longues cornes, une queue et des yeux pareils à des charbons ardents. D'autres avaient l'apparence d'hommes, mais de stature démesurée, ceux-ci étaient couverts de mousse verte. Mais il arrivait aussi que les *vodianoï* prennent l'aspect d'une femme nue, d'un énorme poisson, d'un tronc d'arbre muni de petites ailes et volant à fleur d'eau. Ils guettaient les humains afin de les entraîner sous les eaux.

Non moins dangereuses étaient les *roussalki*, des jeunes filles qui, de désespoir, s'étaient noyées. Il y en avait de toutes sortes en pays slave, tantôt blêmes, ébouriffées et nues, tantôt séduisantes et vêtues de légères robes de brume. Les premières torturaient ceux dont elles parvenaient à s'emparer, les autres les faisaient aussi mourir, mais enchantés et abandonnés. Les *roussalki* étaient des êtres hybrides, menant, suivant la saison, une existence double dans les rivières ou dans les arbres. Tant que le soleil n'était pas encore « entré dans le chemin de l'été », les *roussalki* demeuraient dans les eaux sombres et froides, mais lorsque le soleil les avait réchauffées, elles ne pouvaient plus y rester. Elles gagnaient alors les arbres verts, « demeures des morts », choisissant sur la rive un saule pleureur ou un bouleau, elles y grimpaient. La nuit, au clair de lune, elles se balançaient dans ses branches, s'interpellaient d'arbre en arbre et, descendant dans les clairières, y dansaient[67].

LE TEMPS DES CALAMITÉS (1300-1450)

Du fond de l'obscure forêt lointaine, revenons maintenant à la claire lisière que fréquentent les hommes. À la fin du XIIIe siècle, cette forêt proche était gravement menacée. Passé l'enthousiasme conquérant des siècles précédents, il fallut se rendre à l'évidence : on avait coupé beaucoup trop de bois et finalement défriché des terrains qui n'en valaient pas la peine. Le péril venait surtout des défrichements individuels, empiétements constants des paysans sur la forêt, menus certes, mais multipliés dans tout le pays. « Les principales causes de régression forestière semblent bien avoir été la poussée démographique, particulièrement forte dans le Nord et l'Ouest, et l'indiscipline sociale, qui emportèrent toutes les résistances des seigneurs soucieux de conserver intactes leurs forêts. » Le bon curé de La Croix-en-Brie, qui écrivit vers 1220 la neuvième branche du *Roman de Renart*, savait bien que « tout vilain aisé a son nouvel essart » (Marc Bloch). « Beaucoup de villages ont été ainsi créés dans d'anciennes solitudes ; ils attiraient à eux le trop-plein d'une population souvent au bord de la famine, et aussi les plus déshérités, notamment les serfs qui cherchaient un sort meilleur[68] ! »

De plus, la demande de bois à brûler et de charbon de bois n'avait pas cessé d'augmenter sur tout le territoire. Déjà, l'ordonnance de Villers-Cotterêts de 1219 avait institué le contrôle de la « marchandise de bois » par les gardes forestiers et restreint les droits d'usage qui entraînaient maints abus. Au siècle suivant, le pouvoir royal en vint à prendre des mesures plus générales. En 1315, dans la « Charte aux Normands », du roi Louis X, était précisée et limitée la liste des « morts-bois ». Dans l'ordonnance du 25 février 1319 est mentionné pour la première fois l'office royal des Eaux et Forêts. Les maîtres des Eaux et Forêts furent, jusqu'à la Révolution, à la fois des administrateurs et des juges. L'ordonnance dite « de Brunoy », promulguée le 29 mai 1346 par le roi Philippe VI de Valois, « constitue le premier code forestier[69] » ; son article 19 décidait qu'il ne serait plus accordé aucun droit d'usage nouveau dans les forêts ; ces mêmes droits avaient d'ailleurs été progressivement limités par les seigneurs locaux. Les députés aux états généraux de 1356, convoqués par le dauphin Charles (le futur roi Charles V) en raison de la captivité de son père, Jean II le Bon, exprimèrent de nombreuses doléances sur le dépérissement des forêts. Fut alors institué un Grand Maître des Eaux et Forêts, charge qui ne fut supprimée qu'en 1575 avec la création de six « Grands Maîtres Enquêteurs et Généraux Réformateurs ». Mais ces dispositions venaient trop tard, elles furent même inutiles. La France, et avec elle tout l'Occident, sombrait dans une crise des plus graves.

Il y eut d'abord des famines telles que l'on n'en avait pas vu depuis deux cents ans : dès 1309 en Allemagne, en 1315-1317 dans la plus grande partie de l'Europe occidentale, plus ou moins touchée suivant les régions. Les avaient provoquées la récente poussée démographique, la difficulté des transports et surtout une série de mauvaises années, par exemple en Angleterre, en Flandre où, à Ypres, 10 % de la population mourut d'inanition en cinq mois. Moins de vingt ans plus tard, les famines dévastaient le Sud : Aquitaine, Languedoc, Provence, Italie, Espagne. Durant tout le siècle, les vagues de famine ne cessèrent pas. À l'hiver de 1374 et au printemps de 1375, la cherté du blé (l'augmentation de prix s'éleva jusqu'à 300 %) réduisit à l'inanition une partie importante de la population de Toulouse.

Puis, au milieu du XIVe siècle, survint la « grande pestilence », la « mort noire », ainsi qu'on l'appela. La peste aborda, semble-t-il, en 1347, en Sicile, apportée par des vaisseaux venus de Caffa en Crimée. En 1348, elle décimait la ville de Florence, où elle trouva son chroniqueur, le grand Boccace. Puis la peste gagna l'Espagne et la France. En 1349, elle sévissait en Allemagne, en Europe centrale, aux Pays-Bas, en Angleterre. L'année suivante, elle atteignait l'Écosse et les pays scandinaves.

Elle se manifestait le plus souvent par l'apparition de bubons, à l'aine, aux aisselles, au cou, accompagnée de fièvre et de délire. Pire encore était la peste pulmonaire qui emportait le malade en moins de trois jours. L'une et l'autre étaient extrêmement contagieuses et l'on ne connaissait aucun remède. On attribuait la « peste noire » aux astres, à une conjonction particulièrement néfaste des « trois corps supérieurs, Saturne, Jupiter et Mars[70] », ou à l'apparition dans le ciel d'une « étoile très grosse et très brillante au crépuscule[71] ». Certains médecins, tel Guy de Chauliac, médecin du pape, convenaient néanmoins que « la cause particulière et passive fut la disposition des corps, telle que la cacochymie, l'affaiblissement et fermeture des pores, raisons pour lesquelles mouraient la populace, les laborieux et ceux qui vivaient mal ». Il est hors de doute que la propagation du fléau fut favorisée par la sous-alimentation due aux disettes et par l'absence absolue d'hygiène. Une ordonnance royale du XIVᵉ siècle constate : « La ville [Paris] a été tenue longtemps si sale, si pleine de boue, de fiente, de gravats et autres ordures que chacun a laissé communément devant sa porte [...] que c'est une grande horreur [...] » Quant aux paysans, ils ne se lavaient eux-mêmes et leur linge que deux ou trois fois l'an pour les grandes fêtes, leurs chaumières étaient d'une saleté repoussante et ne prenaient le jour et l'air que par la porte. Aussi la peste n'épargna-t-elle pas plus les campagnes que les cités. On estime généralement à un tiers de la population la proportion des victimes de la peste.

À ces fléaux, somme toute naturels, s'ajoutaient la guerre et ses méfaits. Au XIVᵉ siècle et pendant la première moitié du XVᵉ, les conflits furent à peu près incessants. Il n'y eut pas que la Guerre de Cent Ans qui opposait Capétiens et Plantagenêts et dura d'ailleurs un peu plus d'un siècle de 1337 à 1453. On dut alors avoir recours aux « routiers », mercenaires qui se recrutaient dans les milieux de gentilshommes pauvres, mais surtout parmi les aventuriers, avides de pillage et de rançons. Ils formaient des bandes, les « grandes compagnies » de sinistre mémoire qui, une fois licenciées, écumèrent le pays. « Et ainsi le pauvre peuple fut moult mangé et oppressé et il y avait peu de gens qui le défendissent, et ne savait que faire, et n'avait d'autre secours fors de prier à Dieu merci[72]... » La situation n'était pas meilleure dans l'empire ; du fait de la défaillance du pouvoir monarchique, les princes se battaient entre eux, tandis que les chevaliers devenus brigands (*Raubritter*) mettaient les campagnes en coupe réglée. Les Anglais luttaient contre les montagnards d'Écosse. Les villes du nord de l'Italie se dressaient les unes contre les autres, tandis qu'au sud de la péninsule s'affrontaient partisans de la maison d'Anjou et de celle d'Aragon ; les États dynastiques, en Scandinavie comme en Espagne, se disputaient le pouvoir. Ces guerres incessantes entraînaient de véritables saignées fiscales.

Partout, les campagnes se dépeuplaient. En Angleterre, les *lost villages* (villages perdus) représentaient le cinquième des agglomérations rurales existant avant la crise. En Allemagne, la proportion des *Wüstungem* (terres désolées) atteignait 30 % du territoire. Partout, la forêt regagnait le terrain qu'elle avait perdu ; loups et sangliers sortaient du bois et ravageaient les champs, tant en Allemagne centrale que dans le sud-ouest de la France. Un dicton très répandu alors affirmait : « Les bois sont venus en France par les Anglais. » Un fait est significatif : alors que Charles V en 1376 et Charles VI en 1388 et 1402 reproduisent l'ordonnance de 1346 ou l'améliorent, aucune mesure législative (concernant les forêts) n'est plus décidée par la royauté avant le règne de Louis XI[73].

C'est en effet sous le règne de ce roi (1461-1483) qui sut imposer son autorité à de trop puissants féodaux, que se manifestent en France les signes tangibles d'un redressement qui devait être étonnamment rapide. Prospérité économique et croissance démographique sont étroitement liées, l'une entraîne l'autre et réciproquement. De cette restauration, Claude de Seyssel, dans sa *Grande Monarchie* de 1519, tirait la conséquence : « Par les champs aussi, on connaît bien évidemment la copiosité du populaire, parce que plusieurs lieux et grandes contrées qui souloient être incultes ou en friches ou en bois, à présent sont tous cultivés et habités de villages et de maisons. » Pour lui, l'essor démographique entraîne la reconquête des terres. En fait, il s'agissait d'abord de récupérer les terroirs abandonnés depuis plus de cent ans qu'on débarrassait des broussailles et des arbrisseaux qui les avaient envahis.

Pour la forêt, le véritable danger venait d'ailleurs. L'augmentation rapide de la population, sensible surtout dans les villes, où de surcroît maint campagnard venait chercher du travail, entraînait une demande accrue de bois de feu, dont le prix ne cessait d'augmenter. Ce bois, il fallait aller le chercher toujours plus loin, en recourant au « flottage », à « bûches perdues » sur les rivières non navigables, soit en trains de bûches sur celles qui l'étaient et qu'on multipliait alors. Paris recevait son bois du Morvan par l'Yonne qu'on avait aménagée. À Bordeaux, le bois provenait du Périgord par la Dordogne. Le Rhin et ses affluents avaient pour principal trafic le flottage du bois.

Les forêts commençaient à être surexploitées. Il y avait les besoins croissants de la marine qui pouvaient faire disparaître des forêts entières. Dès 1376, une ordonnance de Charles V affectait la forêt de Rouvray à la fourniture des chantiers navals de Rouen. L'année suivante, il en sortait trente-cinq galères. Mais les plus grandes consommatrices de bois étaient les verreries et les forges qui, à partir du xve siècle, prirent un grand développement.

Les maîtres verriers, qui à compter de l'an 1469 obtinrent le titre de gentilshommes, jouissaient en certaines régions, l'Argonne par exemple, d'importants privilèges. Les verreries avaient besoin d'énormes quantités de bois : pour 100 kg de verre, il fallait 200 kg de bois. Elles utilisaient surtout le hêtre, car sa cendre contenait non seulement de la potasse mais de la chaux, toutes deux nécessaires à la fabrication du verre. Ainsi disparurent les hêtraies du Forez et probablement d'autres régions. En forêt, les verriers trouvaient aussi leur indispensable matière première, le sable fin. Au fur et à mesure de l'épuisement des bois qu'elles exploitaient, les verreries devaient se déplacer. Dévoraient aussi des forêts entières les fours à chaux et à plâtre, les tuileries, les briquetteries, si répandues dans le nord où la brique était le matériau de construction par excellence, enfin les poteries, dont les fours engloutissaient de 100 à 200 stères de bois par cuisson. « Dans la Puïsaye, à Saint-Amand, pour une trentaine de potiers, il y avait autant de bûcherons travaillant à plein temps[74]. »

Les forges aussi exigeaient des quantités énormes de bois, mais surtout de charbon de bois, dont le pouvoir calorifique était très supérieur (30 contre 18). Des forges, on en trouvait partout, en forêt ou à ses abords. Selon les papiers du chancelier Poyet, on en dénombrait, au xvie siècle, 460 dont 400 ne dataient que du début du siècle. M. Devèze estime pour ce siècle « la consommation de la métallurgie à un sixième des bois disponibles en France[75] ».

En certaines régions, la surexploitation provoquait d'importants dégâts ; ainsi, en Haute-Provence, où le déboisement des pentes de montagnes avait pour conséquence des érosions torrentielles qui détruisaient les villages et entraînaient la terre arable. Déjà, on dénonçait le « cultivage excessif des montagnes ».

CHASSES ROYALES ET ADMINISTRATION FORESTIÈRE

Dès son arrivée au pouvoir, François Ier (1515-1547) prit les premières mesures indispensables. L'ordonnance de mars 1516, si elle ne faisait que reprendre les dispositions des précédents codes forestiers, les assortissait de sanctions sévères contre les délits de chasse. Une ordonnance de 1517 réglementait les ventes de bois, une autre de 1519 édictait de lourdes amendes contre les abus et dégradations de toutes sortes : feux en forêt, défrichements, et soumettait à des contrôles industries et ateliers. Non seulement les forêts royales étaient réorganisées et étendues (1533), mais les forêts particulières, ecclésiastiques et communales ne pouvaient vendre du bois de haute futaie qu'avec l'autorisation des parlements (1537 et 1539). Les forestiers royaux disposaient désormais de toute une hiérarchie de tribunaux spéciaux : grueries, maîtrises, grandes maîtrises, qui ne dépendaient que de deux sièges, les « tables de marbre » des parlements de Paris et de Rouen. Ces mesures ne furent efficaces que grâce aux contrôles rigoureux effectués par les « réformations », qui consistaient à envoyer sur place des commissions mixtes de forestiers et de parlementaires chargées de la conservation des forêts. Certaines de ces dernières furent ainsi sauvées de la destruction.

L'une des principales motivations du roi fut incontestablement sa passion pour la chasse, qui lui valut le titre de « père de la vénerie ». Pour lui, la chasse était l'exercice violent où il pouvait dépenser un excès d'énergie ; elle lui permettait aussi d'échapper pour un temps au train de la cour, devenu sous son règne très astreignant. Fontainebleau et Chambord furent d'abord des rendez-vous de chasse. Le nouveau château de Fontainebleau fut édifié au milieu de l'ancienne forêt de Bière, où chassaient depuis longtemps les rois de France, mais qui fut alors réaménagée. Autour du château de Chambord, la forêt devint un immense parc royal enclos de murs sur plus de trente kilomètres de pourtour. Dans le jardin royal de Fontainebleau, François Ier fit planter le premier arbre venu du Nouveau Monde, le Thuya du Canada, ou « Arbre de vie », que lui avait offert Jacques Cartier. On est aussi redevable au roi-chevalier de la culture du plus beau des raisins de table, le chasselas doré de Fontainebleau, fruits améliorés des ceps de vigne qui lui auraient été envoyés du Kurdistan par son allié turc, Soliman II le Magnifique. Cet intérêt personnel pour les arbres et les plantes venus de loin, François Ier le partageait avec sa femme, Claude de France, sa cousine germaine qu'il n'avait point épousée pour sa beauté, car elle était disgraciée et boiteuse, mais parce que, fille de Louis XII et d'Anne de Bretagne, elle lui apportait en dot le duché de Bretagne et maints autres comtés. Si elle lui donna cinq enfants, ce roi volage la délaissa bientôt et la reine Claude vécut retirée dans ses jardins de Blois qui furent, dit-on, sa consolation. Elle mourut à Blois en 1525, à l'âge de vingt-six ans, aimée de tous pour sa douceur et sa générosité à l'égard des pauvres.

ARBORICULTURE FRUITIÈRE ET JARDINS BOTANIQUES

À la suite des guerres d'Italie qui avaient fait découvrir aux Français une arboriculture en plein développement qui pratiquait de manière systématique greffage, sélection et hybridation, les vergers français se modernisèrent. Dans les premières décennies du XVIe siècle, furent introduites en France quatre variétés nouvelles de pruniers : le pruneau d'Agen, issu de la prune de Damas, la quetsche, la mirabelle, enfin la « reine-claude », ainsi nommée en hommage à la royale jardinière par le naturaliste Pierre Belon, qui la rapporta d'Italie en 1545. À la même époque, arrivaient la pêche, venue elle aussi d'Italie et l'abricot, plus probablement de Catalogne, mais ces deux espèces ne furent améliorées que bien plus tard, à la fin du XVIIe siècle, par La Quintinie, à Versailles, pour la table de Louis XIV. Le dit Pierre Belon (v. 1517-1564), grand voyageur, fut aussi un précurseur ; il fonda le premier arboretum de France, apprit à Padoue et à

Venise les nouvelles techniques d'acclimatation des plantes exotiques, introduisit des graines de plusieurs espèces d'arbres et d'arbustes, dont le Frêne à fleurs et le Platane d'Orient, enfin il publia d'importants ouvrages d'histoire naturelle, en particulier un *De arboribus coniferis, resiniferis alliisquoque nonnulis sempiterna fronde virentibus* (Des arbres conifères, résinifères et de quelques autres au feuillage toujours vert), ainsi que *Les Remonstrances sur le default de labour et cultures des plantes* (1558), qui annonce déjà Olivier de Serres[76].

Tout ce mouvement trouvait son origine dans le renouvellement de la botanique qui tendait à s'affranchir de la médecine à laquelle elle avait été assujettie pendant tout le Moyen Âge. La nouvelle botanique ne se proposait rien de moins que de dresser un inventaire scientifique de l'univers végétal, dont on venait de découvrir la richesse jusqu'alors insoupçonnée à la suite des grandes découvertes maritimes, celle, en particulier, du Nouveau Monde. Les botanistes du XVIe siècle surent allier les recherches théoriques à l'observation dans la nature et dans les « jardins botaniques » qu'ils fondèrent dans toutes les grandes villes de l'Italie du nord. Ces jardins devinrent des centres d'expérimentation et d'instruction, mais aussi d'acclimatation des espèces rapportées de loin par les voyageurs.

L'exemple italien fut imité bientôt dans toute l'Europe : jardin botanique de Leyde (1577), de Montpellier qui devint en 1593 Jardin Royal, Jardin Royal de Paris (1626), le futur « Jardin des Plantes », où devaient enseigner et « démontrer » aux XVIIe et XVIIIe siècles d'illustres botanistes comme Tournefort et les trois frères de Jussieu ; enfin, l'un des derniers venus (1759), mais des plus célèbres, les Kew Gardens près de Londres.

Ces études, expérimentations et adaptations devaient par la suite constituer les indispensables fondements de la future science forestière.

L'Italie, où naquit ce mouvement qui rayonna sur l'Europe entière, n'en était pas moins un des pays les plus déboisés et au sol le plus dégradé depuis l'Antiquité, ce qui n'est qu'en apparence paradoxal. Ne s'agissait-il pas d'un sursaut, d'une réaction vitale devant une situation qui pouvait sembler désespérée ? Ce qui le donne à penser, c'est que de telles réactions se manifestèrent plus tard en Angleterre, en Allemagne et en France, au moment où le péril était devenu imminent. À partir des XIVe-XVe siècles, les forêts italiennes subsistantes furent surexploitées en raison des besoins croissants des flottes, instruments de la puissance des grandes cités maritimes, Pise, Gênes et Venise. Ne trouvant plus sur place le bois nécessaire à ses chantiers, Venise dut aller le chercher en Dalmatie, région qu'elle avait soumise et qui se dégrada rapidement, de telle sorte qu'il fallut faire venir le bois de Serbie. Dans les Apennins et dans le sud de la péninsule, le surpâturage faisait reculer la forêt devant le maquis envahissant.

La situation n'était point meilleure en Espagne, où la transhumance d'immenses troupeaux de moutons avait transformé en steppes et en landes la Castille et la plus grande partie de l'est et du sud. Partout, le déboisement avait entraîné une sécheresse permanente, excepté au nord-ouest de la péninsule au climat atlantique, donc plus humide, où régnaient d'importantes chênaies de chênes verts et de chênes-lièges qui étaient aménagées et entretenues. On y exploitait le liège et on y menait à la glandée des troupeaux de porcs. Ce régime particulier était appelé *dehesa* dans la province de Salamanque et *montado* en Portugal. Quant à la Grèce, très déboisée depuis l'Antiquité, elle ne possédait pour ainsi dire plus de forêts, sauf au nord dans les régions à demi sauvages de l'Épire, de la Macédoine et de la Thrace. Au XVIe siècle, les forêts méditerranéennes avaient atteint un tel degré de détérioration qu'on pouvait déjà le considérer comme un point de non-retour.

NOUVELLES ALIÉNATIONS DU PATRIMOINE

La politique énergique de François Ier fut poursuivie par ses successeurs, notamment Charles IX qui compléta les dispositions déjà prises en ordonnant l'arpentage des forêts royales, déclarées inaliénables par l'ordonnance de Moulins (1566). D'autre part, était imposée la réserve du tiers en futaie aux forêts ecclésiastiques (1561). Enfin, Charles IX créa en 1575 six grandes maîtrises des Eaux et Forêts. Mais les guerres civiles, dites de religion, qui, pendant plus de trente ans, ravagèrent le pays, entraînèrent une anarchie généralisée qui fut extrêmement néfaste aux forêts. À court d'argent, les souverains durent aliéner et laisser défricher de notables portions de la forêt royale.

La situation eût été bien pire si les grands maîtres et leur personnel n'avaient assuré avec dévouement la défense des bois. L'un d'eux, Claude de Maleville, avocat général des Eaux et Forêts à la Table de Marbre de Paris, publia en 1560 *Le commentaire de l'ordonnance de 1516*. C'était le premier ouvrage français entièrement consacré aux forêts. Cet exemple fut suivi par d'autres grands forestiers, tel Saint-Yon qui composa un *Recueil des Édits et Ordonnances* (1610), ou Chauffourt, auteur de l'*Instruction sur le fait des Eaux et Forêts* (1692). Parallèlement, voyait le jour un nombre croissant de livres destinés aux propriétaires fonciers désireux de mieux cultiver leur patrimoine, depuis *L'Agriculture et Maison rustique* (1572), œuvre de l'humaniste Charles Estienne et du médecin et agronome Jean Liébault, jusqu'au célèbre *Théâtre d'Agriculture et Mesnage des champs* (1600) d'Olivier de Serres, dont Henri IV « avait accoutumé de se faire lire quelques pages après dîner ». Cependant, même la création d'une surintendance des Eaux et Forêts, confiée à un homme intègre et compétent, l'ancien grand maître Clausse de Fleury, demeura inefficace en raison de la vénalité des offices qui sévissait dans toute l'administration.

Aucun des grands hommes d'État de la première moitié du XVIIe siècle, ni Henri IV ni Richelieu ni, moins encore, Mazarin, ne tentèrent vraiment d'y remédier. La guerre de Trente Ans (1618-1648), immédiatement suivie par la Fronde (1648-1653) durant la minorité de Louis XIV, rendirent plus pressants encore les besoins financiers de la monarchie et l'on vit pour le même poste jusqu'à quatre titulaires, dont on ne pouvait évidemment attendre ni compétence ni désintéressement. Vers le milieu du siècle, les surfaces boisées étaient passées de 35 % au début du XVIe siècle à 25 %. Pis encore, les futaies, surtout les futaies de chênes, étaient, même dans les forêts royales, en voie de disparition.

LA GRANDE ORDONNANCE DE 1669

Un homme seul parvint à redresser la situation de manière spectaculaire. Jean-Baptiste Colbert (1619-1683), mais avec l'appui total de son maître qui avait en lui « toute la confiance possible... », connaissant ses vertus « d'application, d'intelligence et de probité[77] ». Colbert était parfaitement au courant de l'administration, y étant entré très jeune, et aussi de la situation des forêts, car il avait eu à s'occuper de celle que possédait en Nivernais Mazarin dont il était l'homme de confiance. Lorsqu'en 1661, à la veille de la mort du cardinal-ministre, Louis XIV, qui dorénavant allait gouverner lui-même, fit de Colbert son intendant des Finances, celui-ci prit aussi la direction des Forêts et, malgré les innombrables obligations des charges qui lui furent successivement confiées, ne négligea jamais celle-là.

Dans ses *Mémoires pour l'instruction du Dauphin* (année 1662), le roi écrivait : « Je m'appliquai aussi cette année-là (1661) à un règlement pour les forêts de mon royaume, où le désordre était extrême, et me déplaisant d'autant plus que j'avais formé de longue main de grands desseins pour la marine. » Il stigmatisait les malversations d'une « infinité d'officiers des eaux et forêts » qui, pour se rembourser du prix dont ils avaient payé leur charge, allaient « jusqu'à brûler exprès une partie des bois sur pied, pour avoir lieu de prendre le reste comme brûlé par accident[78] ». Au même moment, le ministre menait une enquête auprès des intendants et nommait des commissaires réformateurs qu'il prit soin de ne pas choisir, sauf rares exceptions, parmi les forestiers, mais parmi ceux en qui il pouvait avoir une entière confiance, dont son propre frère, Colbert de Croissy. C'est finalement une commission de conseillers d'État et d'avocats qui mit au point l'*Ordonnance sur toutes les matières des Eaux et Forêts*, laquelle, publiée en 1669, allait devenir la charte des forêts, imitée dans toute l'Europe. Son préambule précisait : « Il ne suffit pas d'avoir rétabli l'ordre et la discipline, si par de bons règlements on ne les assure pour en faire passer le fruit à la postérité. » C'était en effet par là que l'Ordonnance différait des précédentes, la volonté affirmée de la faire respecter, et par tous.

Si l'Ordonnance faisait seulement la synthèse des anciens règlements, elle donnait les moyens de les faire observer, en excluant l'hérédité et la vénalité des offices, en veillant à une meilleure formation des forestiers dont elle accroissait les pouvoirs ; si l'Ordonnance ne s'appliquait en principe qu'aux forêts royales et aux forêts protégées, qu'elles soient communales ou ecclésiastiques, la juridiction des officiers des Eaux et Forêts s'étendait désormais aux forêts des particuliers « en matière d'usage, délits, abus et malversations, pourvu qu'ils en aient été requis par l'une ou l'autre des parties en conflit ». L'exploitation des bois privés était par ailleurs soumise à une réglementation, à l'application de laquelle veillaient les officiers royaux. Enfin, les propriétaires de futaies situées à dix lieues de la mer et à deux lieues des rivières navigables devaient, avant de les exploiter, en demander l'autorisation au contrôleur des Finances (Colbert lui-même).

Il s'agissait — et c'était l'une des motivations principales de l'ordonnance — de fournir les matériaux nécessaires aux constructions navales, ce à quoi fut particulièrement destinée la forêt de Tronçay, qui fut alors entièrement rénovée, ce dont on peut encore voir le résultat dans la « futaie Colbert ». En revanche, la Grande Ordonnance prescrivait la destruction des merisiers, jusqu'alors protégés en forêt afin de « fournir des fruits aux pauvres gens » et qui de ce fait y étaient devenus beaucoup trop nombreux.

RUINE DE LA FORÊT ANGLAISE

N'étant plus comme jadis protégées par les rois, les forêts d'Angleterre furent mises en coupe réglée et progressivement détruites du XVIe au XVIIIe siècle, cela en raison du très fort accroissement de la population et de ses besoins, des intérêts privés d'une gestion, non plus communautaire, mais de plus en plus individualiste, et surtout du développement intense des constructions navales d'une marine qui allait faire de la Grande-Bretagne la première puissance navale du monde.

Dès 1523, dans son *Agronomie (Husbandry)*, le jurisconsulte Antony Fitzherbert déplorait la dégradation de tous les bois. Sans doute, Henri VIII édicta-t-il en 1543 quelques mesures de sauvegarde, mais, dans le même temps, les bois ayant appartenu à l'Église étaient disloqués et vendus à des marchands. Élisabeth Ire chargea ses forestiers de veiller au moins sur ce qui restait des anciennes forêts royales. Sous son règne, John Manwood, juge de New Forest, publia *Lawes of the Forest (Lois de la Forêt)* où il rappelait toutes les anciennes dispositions législatives concernant l'afforestation et qui depuis longtemps n'étaient plus appliquées, ce dont il montrait les funestes effets. Pour Manwood, « une forêt est un territoire sous la protection du roi » — rappelons que seules les forêts royales avaient droit au titre de *Forest*, toutes les autres étaient appelées *chases* —, elle doit constituer une réserve de gibier, « car sinon ce n'est pas une forêt ; et dans ce cas les hommes peuvent y couper du bois et détruire les tanières, car aucune bête n'y trouve refuge, et ils peuvent aussi convertir les pâturages en terre arable ». Allant plus loin encore, Manwood affirme que le mot *forest* doit être défini en tant que « sanctuaire naturel » et même en tant que « bois sacré », faisant en somme le lien entre les conceptions traditionnelles de l'Antiquité et les futurs écologistes[79]. Mais Manwood venait trop tôt ou trop tard. Ses vues allaient à contre-courant de l'opinion générale. Depuis longtemps, le peuple anglais exécrait les forêts qui symbolisaient pour lui la tyrannie médiévale. Pendant les vingt ans des guerres civiles (1640-1660), chacun des deux partis opposés finança les opérations grâce à des ventes de bois. La situation ne s'améliora pas à la suite de la Restauration de 1660, les chantiers navals consommaient en effet de plus en plus de bois.

Peu après sa fondation, la compagnie de savants, qui se réunissait pour s'entretenir des recherches scientifiques en cours, reconnue d'utilité publique par Charles II, prit le nom de *Royal Society*. Elle exerça désormais une influence efficace tant sur le gouvernement que sur l'opinion publique et chargea l'un de ses membres les plus éminents, John Evelyn, de composer un ouvrage recommandant le reboisement. Evelyn connaissait fort bien la question. Vivant désormais dans sa retraite, sa principale occupation était l'embellissement de son jardin de Deptford, devenu si célèbre que tint à le visiter Pierre le Grand de passage en Angleterre. *Sylva ou Discours sur les essences forestières* (1664) était une véritable somme. Evelyn y recommandait entre autres d'employer au reboisement les essences exotiques qui commençaient alors à arriver en Angleterre. L'ouvrage servit de guide aux aristocrates anglais, grands amateurs de parcs et d'essences rares, celles en particulier qu'allaient chercher pour eux, dans la nouvelle colonie de Virginie, voyageurs botanistes et missionnaires. Montrait l'exemple l'évêque de Londres et conseiller de la Couronne, Henry Compton (1632-1713), qui acclimatait dans son parc de Fulham toutes sortes d'espèces alors nouvelles. Cette mode de l'arboriculture qui ne cessa de se développer aux XVIIe et XVIIIe siècles constituait peut-être une sorte de compensation pour la forêt perdue.

Elle l'était définitivement et l'on dut prendre l'habitude d'aller chercher du bois à l'étranger, en Amérique du Nord, en Norvège, dans les pays Baltes et jusque dans les colonies espagnoles. En un siècle, de 1608 à 1707, les futaies de la *New Forest* avaient diminué des neuf dixièmes. Aussi ne faut-il pas s'étonner si l'Angleterre fut le premier État de l'Europe à utiliser le charbon de terre.

L'EXEMPLE ALLEMAND

Au XVIe siècle, malgré son étendue, la forêt allemande était elle-même compromise. Non seulement le commerce du bois, tant à l'intérieur qu'avec l'étranger, était fort actif, mais un nouveau facteur de surconsommation concernait les exigences accrues des mines, qui faisaient alors l'objet d'une exploitation intense, grâce à de nouvelles techniques peu à peu mises au point, que décrit et illustre le *De re metallica (De la métallurgie)* (1550) d'Agricola. Les mines de Saxe, du Harz, de Thuringe, des massifs de Bohême (les monts Métallifères) et du Tyrol étaient les plus importantes productrices de toute l'Europe en fer, en zinc, en plomb, mais surtout en argent dont les nations avaient le plus grand besoin pour leurs tractations jusqu'à l'arrivée de l'or et de l'argent de l'Amérique espagnole à partir de 1545. En moins de cent ans, les mines d'argent allemandes avaient réussi à multiplier cinquante fois leur production. Les mines se trouvaient entre les mains des premiers capitalistes européens, telle la famille Fugger d'Augsbourg qui prêtait de l'argent aux empereurs.

De la vallée de la Meuse au Danube, s'étendait la grande industrie métallurgique qui exportait des armes, des outils, de la quincaillerie, de l'orfèvrerie, de l'horlogerie. Inévitablement, mines et forges, verreries et salines consommaient plus que les forêts ne pouvaient fournir.

La situation aurait pu devenir dramatique, si ne s'était produite la plus salutaire réaction : l'avènement de la première véritable technique forestière. Avec son *Jagd und Forstrecht (Droit de la chasse et de la forêt)* de 1561, Noe Meurer ouvrit la voie en préconisant l'ensemencement de conifères afin de régénérer la forêt, méthode qui fut reprise par le pasteur Colerus dans son *Von der Holzung (De la coupe du bois)* de 1597. Dans les régions les plus menacées, comme au Tyrol, se mettait en place une administration forestière hiérarchisée. Tout au long du XVIe siècle, se succédèrent des ordonnances forestières locales que vint couronner en 1557 une ordonnance impériale qui réglementait l'administration existante en plaçant à sa tête un *königlich-kaiserlich Forstmeister*, maître forestier royal et impérial, dont, il est vrai, la compétence ne dépassait guère les limites des domaines héréditaires des Habsbourg. Malheureusement, toutes ces mesures se trouvèrent en partie compromises lors de la guerre de Trente Ans (1618-1648). Néanmoins, l'élan avait été donné, il ne reprit qu'avec plus de force au XVIIIe siècle.

LA FORÊT FRANÇAISE À LA FIN DU XVIIIe SIÈCLE

En France, l'application de la Grande Ordonnance de 1669 rencontrait des difficultés de toutes sortes. Les populations rurales, parfois appuyées par les parlements, résistaient dans presque toutes les régions ; les ecclésiastiques obtenaient dispense sur dispense. L'administration forestière luttait pied à pied contre de tels abus, en multipliant les procès. Partout, cependant, régnait la surconsommation du fait des forges qui étaient alors un peu plus de mille, des constructions navales, et des besoins accrus de bois de chauffe qui entraînaient d'importants déboisements dans le Massif central, les Pyrénées et les Alpes.

Pourtant ne manquaient pas les avertissements venus de personnalités éminentes et respectées, qui n'étaient d'ailleurs pas des forestiers, mais mettaient en garde contre les dégâts provoqués par la déforestation. Ainsi l'illustre Vauban, grand réformateur et auteur d'un *Traité de la culture des forêts*, ainsi Réaumur qui, en 1721, dans un mémoire présenté à l'Académie des sciences, suggérait d'étudier la biologie des différentes essences. Un enseignement de la botanique et de la physiologie végétale était bien donné par d'excellents professeurs au Jardin du Roi ; malheureusement, les forestiers ne suivaient pas leurs cours.

Duhamel de Monceau y fit ses études, et si sérieuses, que Dufay, l'intendant du Jardin, appuyé par le célèbre Bernard de Jussieu, avait désigné pour lui succéder son ancien élève ; mais finalement ce fut Buffon qui l'emporta. Duhamel du Monceau (1700-1782) était depuis 1728 membre de l'Académie des sciences, où il siégea pendant cinquante-quatre ans ; inspecteur général de la marine, il fonda l'école du Génie maritime qui forma les ingénieurs des constructions navales. C'était aussi un grand propriétaire terrien à Denainvilliers en Gâtinais, où il expérimentait de nouveaux procédés de culture, ce qui l'amena à rédiger un important *Traité de la culture des terres* en six volumes (1751-1760). Mais, pour les arbres, Duhamel du Monceau avait une véritable passion ; il leur consacra cinq ouvrages qui furent publiés de 1758 à 1767 : le *Traité des arbres et arbustes qui se cultivent en France en pleine terre* connut maintes rééditions dont la plus célèbre, parue après sa mort, en sept volumes (1800-1819) illustrés par Redouté et Bessa, servit de modèle à tous ses successeurs. Vinrent ensuite la *Physique des arbres*, *Des Semis et Plantations des arbres et de leur culture*, *De l'exploitation des bois*, enfin le *Traité des arbres fruitiers*. L'ensemble constituait l'encyclopédie des arbres et des forêts qui avait manqué jusqu'alors, et dont les circonstances ne montraient que trop bien la nécessité. Au nombre des idées neuves qui y figurent, on a relevé la pratique des coupes d'éclaircie dans les futaies de feuillus, les révolutions du taillis portées à trente ans et surtout l'ensemencement artificiel et le recours aux essences étrangères, tels le Cèdre et le Robinier, introduits depuis déjà longtemps, mais aussi le Peuplier d'Italie que l'on venait de planter, à titre d'essai, le long du canal de Briare, près de Montargis, en 1749, enfin le pin noir d'Autriche, qui ne fut introduit en culture que plus tard.

Tout savant qu'il fût, Duhamel du Monceau n'était pas un forestier, pas plus que Buffon, devenu par conviction pépiniériste dans son domaine de Montbard, ni que Carleroix-Villiers, ingénieur de la marine, auteur d'un mémoire sur les semis de pins, capables d'arrêter dans l'avenir l'inquiétante progression des dunes qui, dans les Landes, gagnaient chaque année du terrain ; ni non plus que l'ingénieur des Ponts et chaussées Brémontier (1738-1809) qui, dès 1786, commença le reboisement des Landes, mais, faute d'argent et d'appui, dut attendre la création d'une « commission des dunes » en l'an IX, pour continuer ses travaux.

L'administration des Eaux et Forêts, restée routinière, manquait, elle, à la fois d'imagination et de compétence ; elle était aussi découragée, car les défrichements de forêts, longtemps interdits, furent de nouveau autorisés et même encouragés sous Louis XV, sur les conseils des physiocrates. Ceux dont le nom qu'ils s'étaient donné manifestait l'ambition, puisque « physiocratie » signifie « gouvernement de la nature », étaient des économistes philosophes qui prétendaient réformer la société tout entière ; ils soutenaient que seule l'agriculture fournissait un « produit net », en conséquence les agriculteurs formaient seuls la « classe productrice » de la nation. Il convenait donc de la favoriser, en améliorant techniquement leur production, grâce à un outillage plus perfectionné et à l'emploi des engrais. De plus, partisans du libéralisme économique, les physiocrates étaient hostiles à toute intervention du pouvoir, ainsi qu'à l'inaliénabilité du domaine. C'est sur leurs conseils que furent vendues maintes forêts, même royales. Car les œuvres de ces doctrinaires suscitaient dans les milieux mondains et littéraires un engouement durable. C'étaient des ouvrages à programme où se mêlaient, avec une apparente rigueur, utopisme enthousiaste et réalisme financier, comme les *Maximes générales du gouvernement économique d'un royaume agricole* (1760) de Quesnay, ou la *Physiocratie ou Constitution essentielle du gouvernement le plus avantageux au genre humain* (1768) de Dupont de Nemours. Or les physiocrates avaient l'oreille du pouvoir ; leur chef, François Quesnay (1694-1774), était chirurgien de Louis XV et de Mme de Pompadour ; son disciple, Dupont de Nemours (1739-1817), devint le collaborateur intime de Turgot, gagné à ses idées et qui tenta de les appliquer lors de son bref passage (1774-1776) au contrôle général des Finances.

LA RÉVOLUTION FRANÇAISE ET LES FORÊTS

En 1789, la forêt française était déjà fort menacée. La confiscation des biens du clergé, qui eut pour conséquence la « nationalisation » de 800 000 ha de forêt, lui fut fatale. L'article 6 de la loi du 4 septembre 1791 sur les forêts, s'inspirant des principes physiocratiques, déclarait : « Les bois appartenant à des particuliers cesseront d'être soumis aux agents forestiers, et chaque propriétaire sera libre de les administrer et d'en disposer à l'avenir comme bon lui semblera. » Cet article eut pour conséquence immédiate que les acquéreurs de biens nationaux (anciennes forêts ecclésiastiques, bois des émigrés et bois confisqués) s'empressèrent d'abattre leurs forêts et principalement les futaies. De plus, emblème du despotisme, la forêt fut partout saccagée et envahie par les troupeaux. En 1817, dans ses *Forêts de France*, l'agronome Rougier de La Bergerie estimait que, sous le Directoire, il ne subsistait plus qu'environ 100 000 ha de futaie et qu'entre 1789 et l'an XI (1803) 500 000 ha de forêt avaient été défrichés. Ainsi que devait l'écrire plus tard, non sans quelque exagération lyrique, Michelet, dans son *Histoire de la Révolution française* : « Les arbres furent sacrifiés aux moindres usages. On abattait deux pins pour faire une paire de sabots. » Quant à Rougier de La Bergerie, il concluait son étude précise par cette phrase : « Tous les ouragans et tous les météores ont fait moins de mal aux forêts que ce terrible article VI. »

Devant un tel désastre, l'administration forestière demeurait désarmée. Elle était d'ailleurs en voie de réorganisation, celle qu'avait décidée la Constituante en 1791, mais qui ne prit effet que dix ans plus tard, sous le Consulat. Sous une « conservation générale », la France fut divisée en vingt-huit conservations des Eaux et Forêts, disposant de 200 inspecteurs, 300 sous-inspecteurs et 8 000 gardes au maximum. Un décret de l'an XIII (1805) plaçait à sa tête un directeur général qui était un conseiller d'État. En 1806, Napoléon instituait une nouvelle catégorie de forestiers, les inspecteurs généraux. Mais, en 1811, un décret impérial affectait la moitié des emplois forestiers à d'anciens officiers mis à la retraite pour blessures de guerre, ce qui ne garantissait pas leur compétence.

Si, sous l'Empire, du fait des guerres, la consommation de bois augmenta à cause des besoins de la marine et de l'artillerie, elle fut néanmoins limitée, car on recourut en priorité au bois des pays conquis. D'autre part, une loi de l'an XI (1803) soumettait les bois appartenant aux communes au même régime que ceux du domaine et le défrichement des bois des particuliers à une autorisation préalable difficile à obtenir. Mais, dans le même temps, l'élévation du taux de l'impôt foncier incitait les propriétaires à l'abattage de leurs bois.

Le relatif équilibre qui se maintint sous l'Empire fut de nouveau compromis sous la Restauration. Devant les besoins pressants du Trésor, le baron Louis, ministre des Finances de Louis XVIII, fit aliéner près de 166 000 ha de forêts domaniales. Dans le même temps, le domaine perdait 403 000 ha restitués aux émigrés. Vers 1825, la superficie totale des forêts ne représentait plus que 15 à 16 % du territoire national contre 25 % au milieu du XVIIIe siècle. L'administration forestière était d'autant plus incapable d'y remédier que, comme elle l'avait été un temps sous la Convention, elle fut soumise en 1817 aux receveurs de l'Enregistrement et des Domaines, dont le moindre souci était la conservation des forêts. Mais cette nouvelle mesure entraîna une vive réaction des forestiers exaspérés qui retrouvèrent leur autonomie en 1820. Devant le désastre imminent, leur attitude avait changé et aussi leur mentalité, car ils se sentaient encouragés par les progrès rapides de l'art forestier allemand.

NAISSANCE DE LA SYLVICULTURE

Le mot semble avoir été employé pour la première fois dans un ouvrage allemand de 1713, écrit en latin, la *Sylvicultura Œconomica* de Hans Carl von Carlowitz. S'il n'était pas un forestier, en tant que capitaine des mines de Saxe, Carlowitz était fort au courant de la consommation excessive de bois et son œuvre se révéla fort utile. Avant la fin du xviiie siècle, furent créés dans plusieurs États allemands des écoles de formation pour les forestiers, jusqu'alors recrutés parmi d'anciens soldats nécessairement incompétents : à Berlin en 1770 ; à Stuttgart en 1772, à Hohenheim en 1783, à Zillbach en 1785.

En la même année 1791, parurent deux livres d'importance : la *Méthode d'évaluation et de taxation des forêts* de Carl Wilhelm Hennert (1739-1780), conseiller du roi de Prusse pour les forêts, et l'*Instruction pour l'entretien des bois* de Georg Ludwig Hartig (1764-1837), successeur de Hennert à l'école de Berlin.

Ce premier élan qu'auraient pu compromettre les guerres d'invasion de la Révolution et de l'Empire en sortit au contraire stimulé par la vague nationaliste, qui s'empara de toute l'Allemagne à la suite de la défaite prussienne d'Iéna et de l'entrée de Napoléon à Berlin en 1806. Un an après, Johann Gottlieb Fichte donnait à l'université de Berlin, de décembre 1807 à mars 1808, ses quatorze célèbres leçons intitulées *Discours à la nation allemande*, hymne à la gloire du germanisme. Pour Fichte, les Germains qui, abandonnant leur forêt d'origine, avaient adopté une culture et même une langue qui leur étaient étrangères, celles de l'envahisseur, s'étaient égarés. C'est à ces origines qu'il fallait maintenant revenir, si le peuple allemand voulait accomplir la mission à laquelle Dieu lui-même l'avait destiné, celle de sauver le monde. Ce *Discours* fit vibrer d'enthousiasme toute la jeunesse universitaire. Tandis que les ministres Stein et Hardenberg modernisaient l'État prussien, les généraux réorganisaient son armée et la Prusse retentissait de chants guerriers.

À la bataille de Leipzig (1813) qui libéra l'Allemagne, joua un rôle décisif, comme deux ans plus tard à Waterloo, le Prussien Blücher. De l'épreuve, la Prusse sortit grandie aux yeux des patriotes allemands ; elle incarnait désormais l'espérance et le sentiment national de tous. Kleist écrivait alors *La Bataille d'Arminius* (1807), le combat victorieux contre le Romain du Germain, « le plus libre, le plus invincible, le plus allemand des hommes », puis *Le Prince de Hombourg* (1810) qui, on l'oublie trop souvent, exalte la grandeur des Hohenzollern et le *Chant de guerre des Allemands* (1809). Körner, engagé volontaire, composait *La Lyre et l'Épée* (1814), expression de la ferveur patriotique de la jeunesse allemande et Rückert ses *Sonnets cuirassés* (1814), nés du tourment passionné du poète devant la honte infligée à sa patrie.

C'est dans l'atmosphère fiévreuse de ces années de guerre que grandirent en Prusse les frères Grimm ; alors naquit leur vocation, leur mission, la résurrection d'un passé glorieux, les retrouvailles du peuple avec lui-même. L'idée d'entreprendre une enquête qui devait engendrer les *Contes* leur était venue à la lecture du *Cor merveilleux de l'enfant* (1806-1808), œuvre de deux poètes, Achim von Arnim et Clemens Brentano, recueil de chants populaires qui, dans l'esprit de leurs auteurs, devait, en ce temps de crise, rappeler au peuple la vie spirituelle, simple et forte de ses origines. Les *Contes* des frères Grimm, publiés en trois volumes dont le premier, en 1812, s'inscrivait dans un vaste programme exécuté par Jacob, tandis que Wilhelm, qui ne cessa de l'aider dans ses travaux, préférait rester dans l'ombre de son brillant aîné. Fondateur de la recherche historique et philologique allemande, Jacob publia successivement *Pensées sur le mythe, l'épopée et l'histoire* (1813), une *Grammaire allemande* (1819-1837), chef d'œuvre de philologie historique, puis une *Histoire de la langue allemande* et un *Dictionnaire allemand*, enfin, couronnement de toute l'œuvre, la *Mythologie allemande* (1835-1844), où il tentait de faire revivre la pensée religieuse des peuples germaniques.

Dès lors, il n'était plus nécessaire d'expliquer aux Allemands la nécessité de protéger ce qui restait de l'ancienne forêt sacrée des Germains. D'ailleurs, contrairement aux Anglais et aux Français, les Allemands avaient toujours aimé leur forêt. Les écoles forestières se multipliaient : à Aschaffenbourg et à Fribourg-en-Brisgau en 1807, à Fulda (1808), à Tharand, près de Dresde (1810), école qui, en 1816, prit le nom d'Académie royale des forêts, à Darmstadt (1812). Après 1815, l'art forestier fut même enseigné dans les universités, de Tübingen (1817), de Berlin (1821), de Giessen (1825), de Munich (1832). Les cours les plus suivis étaient ceux d'Hartig à Berlin et surtout ceux de Heinrich Cotta (1763-1844) à l'école qu'il avait fondée à Tharand en Saxe, Hartig, outre son *Instruction* de 1791, devait encore publier à la fin de sa vie *De l'entretien et de la culture des forêts* ; son neveu, Theodor Hartig (1805-1880), continua son œuvre et publia, entre autres, un *Traité de botanique et application de cette science à l'économie forestière* (1847-1851). Les œuvres de Cotta eurent une influence au moins égale à celles de Hartig : *Méthode de sylviculture* (1817) et plus encore *Principes de la science forestière* de 1832, ouvrage peu après traduit en français.

Les relations entre forestiers allemands et administrateurs français venus surtout en Allemagne rhénane, alors occupée par les Français, devaient avoir pour l'avenir une importance capitale[80]. Dès 1805, Jacques Joseph Baudrillart (1774-1832) traduisait l'*Instruction* de Hartig. Par la suite, Baudrillart fut un des principaux inspirateurs du *Code forestier* de 1827 et l'auteur d'ouvrages très utiles comme son *Dictionnaire de la culture des arbres et de l'aménagement des forêts* (1821). Quant au premier directeur de l'École forestière de Nancy, l'Alsacien Bernard Lorenz, il fut d'abord, pendant l'occupation française, sous-inspecteur des forêts à Mayence, puis chargé de mission en Hanovre.

Traduits en russe, les traités de Hartig devinrent la base de l'enseignement forestier en Russie. À la fin du règne de Catherine II (1762-1796), des forestiers allemands avaient déjà été appelés pour gérer les forêts russes. Son petit-fils, Alexandre Ier, empereur de 1801 à 1825, estima le moment venu de former des forestiers russes. Dès 1803, il créa, dans le domaine impérial de Tsarskoïé-Sélo, résidence d'été des tsars, proche de Saint-Pétersbourg, une école forestière dont la direction fut confiée au baron balte, Friedrich von Stein. L'école qui prit par la suite le nom d'Institut forestier fut dirigée tantôt par des Baltes de formation allemande, tantôt par des Allemands, comme Breitenbach (1821-1837). Elle avait pour élèves une cinquantaine de « cadets », futurs officiers d'origine noble qui y accomplissaient leur service militaire.

Il fallut l'opiniâtreté persuasive d'une petite poignée de forestiers pour que l'on en vienne à créer l'école dont la France avait un urgent besoin sur le modèle que fournissait l'Allemagne. Les premiers projets en 1801-1805 furent tous conçus par des administrateurs français résidant en Rhénanie, certains avaient même prévu de situer à Bonn, alors sous domination française, une École impériale des Forêts. Si finalement l'École forestière fut créée à Nancy, ce fut en grande partie à cause de sa proximité avec l'Allemagne.

Elle fut fondée par une ordonnance royale du 26 août 1824, mais seulement au terme d'une longue campagne menée par Baudrillart, lequel n'était que sous-chef de division à l'Administration générale des forêts, mais s'était fait connaître par la publication d'importants travaux, dont la somme que constituait son *Mémorial forestier*, publié en quinze volumes de 1801 à 1816. L'inspecteur des forêts, Bernard Lorentz fut le premier directeur de l'école, où les cours commencèrent en janvier 1825. Lors de la Révolution de 1830, fut nommé un nouveau directeur général des forêts, Marcotte, mais il eut la sagesse de s'adjoindre Lorentz. Et, en 1837, le nouveau directeur nommé à Nancy fut Parade, ancien élève de l'Académie forestière de Tharandt, ami de Lorentz dont il était devenu le gendre.

Dès 1823, une commission dont faisaient partie Baudrillart et Marcotte avait élaboré un projet de Code forestier, qui fut ensuite révisé par une autre commission composée de conseillers d'État. Présenté à la chambre des Députés en 1826, puis à la Chambre des pairs en 1827, le nouveau code, voté à la quasi-unanimité, fut complété par une ordonnance d'août 1827 qui traitait de l'administration forestière et de la nouvelle politique d'aménagement des forêts.

Le Code forestier visait à mettre en harmonie les anciennes lois avec la législation révolutionnaire. Il séparait nettement administration et justice, les principaux délits relevaient des tribunaux ordinaires. L'administration contrôlait les forêts du domaine et les bois des communautés, désormais astreintes au « régime forestier » ; cependant, les expériences récentes n'ayant pas encore servi de leçons, les propriétaires des forêts privées restaient libres de leur gestion, sauf à faire agréer par les sous-préfets leurs gardes particuliers et, six mois à l'avance, les coupes qu'ils prévoyaient.

Il n'était que temps que se mette en place un système efficace de contrôle et de protection. En effet, la demande de bois augmentait d'année en année. Si le charbon de terre avait enfin pris le relais pour le chauffage, tant industriel que domestique, ne cessaient de naître de nouveaux besoins, ceux des chemins de fer en plein essor qui utilisaient des quantités énormes de bois pour les traverses, les poteaux et même les wagons, ceux du télégraphe pour des millions de poteaux, ceux des industries chimiques qui consommaient des résines, de la térébenthine et des goudrons. Enfin, signe des temps, la fabrication du papier et du carton se développa dans d'énormes proportions à partir de 1845 ; la production mondiale de papier passa de 1 million de tonnes à 80 millions entre 1850 et 1900.

LES REBOISEMENTS AU XIXe SIÈCLE

Plusieurs ouvrages, celui de Rougier de La Bergerie en 1817, cité plus haut, *La régénération de la nature végétale* de F. Rauch en 1818, enfin un mémoire du forestier Surell avaient attiré l'attention sur les inondations torrentielles fréquentes, consécutives au déboisement des montagnes, qui emportaient la terre arable dénudée. Commençait à prendre de l'ampleur une campagne qui ne porta vraiment ses fruits qu'à la suite des inondations catastrophiques de 1840 et de 1843, puis de 1856 et 1859. Cependant, malgré l'urgence, les travaux nécessaires furent indéfiniment retardés du fait de l'hostilité des montagnards qui refusaient de céder leurs pâturages. Pour venir à bout de leur résistance, il fallut tout un arsenal de lois successives, en 1860, 1864, 1870 et 1882, lesquelles ne furent d'ailleurs votées qu'après d'interminables débats parlementaires.

Là aussi, un forestier joua un rôle déterminant, Prosper Demontzey (1821-1898), chef de la commission de reboisement de Nice en 1863, inspecteur des forêts en 1868 ; il consacra à cette question plusieurs importants ouvrages. Il y écrivait : « Je ne sais pas de plus noble mission que celle d'aider la nature à reconstituer dans nos montagnes l'ordre qu'elle avait si bien établi et que seuls l'imprévoyance et l'égoïsme de l'homme ont changé en un véritable chaos. » Sur place, Demontzey organisa des plantations sélectives et la correction des lits des torrents.

Un des plus grands sauvetages fut la restauration du mont Ventoux. Ce sommet (1 912 m), le plus occidental des Alpes du Sud, remarquable par sa majesté et l'immensité de l'espace qu'il domine, la plaine du Comtat, l'est plus encore par la diversité de sa gloire tant alpine que méditerranéenne ; on y a recensé plus de 950 espèces de plantes, dont certaines fort rares ; aussi le Ventoux a-t-il été finalement classé « réserve de biosphère » par l'UNESCO en 1990. Sur sa pente nord, fort raide — l'ubac, le côté de l'ombre —, on trouve, disposés comme sur les marches d'un escalier, jusqu'à 800 m Oliviers et Chênes verts, de 800 à 1 600 m, une hêtraie magnifique, qui semble ne jamais avoir été exploitée, des Ifs et des Sapins, et au-dessus des Pins sylvestres et des Pins à crochets. La pente sud, ensoleillée, l'adret, avait été dévastée par les défrichements entrepris depuis le Moyen Âge. Y furent plantées, en fonction des conditions écologiques, quelques espèces autochtones, mais surtout des essences étrangères : Pin noir d'Autriche et, vers 1 000 m, le Cèdre de l'Atlas, introduit depuis peu. Dans la forêt communale de Bédoin, le Cèdre de l'Atlas s'est depuis lors naturalisé et se régénère naturellement. On le planta aussi dans le Luberon, puis un peu partout en basse montagne méditerranéenne.

Une autre réussite, tout aussi spectaculaire, fut la régénération du mont Aigoual qui culmine à 1 567 m dans les Cévennes méridionales et où passe la ligne de partage des eaux entre Océan et Méditerranée. Ici, la situation était particulièrement catastrophique. La hêtraie-sapinière qui couvrait les pentes de ce massif granitique avait à peu près disparu du fait de l'intense consommation de Hêtre par les verreries du bas Languedoc depuis 1725. La hêtraie servait aussi aux besoins des forges et fonderies locales, ainsi qu'au pâturage du cheptel accru des paysans cévenols, précédemment ruinés par la maladie du ver à soie. Vers 1850, le massif forestier était réduit à 2 000 ha de taillis, soit le septième de sa superficie originelle ; quant à la futaie, elle avait été depuis longtemps irrémédiablement ruinée.

En 1868, arrivait à Mende un jeune polytechnicien, sorti major de sa promotion à l'École de Nancy. Ayant constaté l'étendue des dégâts, il se donna pour mission de faire revivre la montagne, il devait y consacrer trente-trois années de sa vie, de 1875 à 1908. Par des achats successifs, Fabre libéra les espaces nécessaires où il planta principalement des Conifères : à basse altitude, Pins sylvestres et Pins laricio ; plus haut, Sapins et Épicéas, enfin, jusqu'au sommet, Mélèzes et Pins à crochets. Mais le projet peut-être le plus audacieux de Georges Fabre fut la création dans le massif de neuf arboretums, pour laquelle il eut la sagesse de demander sa collaboration à Georges Flahaut (1852-1935), célèbre professeur de botanique à Montpellier. On put ainsi étudier les adaptations de nombreuses espèces étrangères, asiatiques et surtout nord-américaines : Chêne rouge, Sapins de Vancouver, de Nordmann et de Céphalonie, Séquoias, Mélèze du Japon.

Une aussi heureuse initiative fut bientôt imitée. Jusqu'alors n'existaient que des arboretums dits « de collection », créés depuis longtemps par de grands pépiniéristes ou des amateurs passionnés. L'un des tout premiers fut l'Arboretum d'Harcourt (à Brionne, Hure), fondé par Delamarre à la fin du XVIIIe siècle, où l'on trouve environ 250 essences exotiques, parmi lesquelles d'anciens exemplaires amenés d'Amérique du Nord par André Michaux. L'Arboretum de Balaine (à Villeneuve-sur-Allier) fut créé en 1805 par la fille du grand botaniste Michel Adanson. En 1825, il contenait 800 espèces d'arbres et d'arbustes, en 1850, elles étaient plus de 1 300. Le célèbre Arboretum des Barres (à Nogent-sur-Vernisson, Loiret) fut créé en 1821 par Philippe de Vilmorin ; on peut y voir 1 700 espèces de Conifères et 1 500 espèces de Feuillus, dont certaines des plus rares. À ces Arboretums vinrent s'ajouter des Arboretums proprement forestiers, où l'on pouvait examiner sur le long terme le comportement des essences sélectionnées en vue du reboisement, comme l'Arboretum de la Jonchère, en Limousin, écologique et forestier, fondé en 1884 et particulièrement riche en Résineux.

Lorsque G. Fabre quitta l'Aigoual en 1908, 10 000 ha de forêt avaient été replantés. Aujourd'hui, 3 500 ha sont classés en forêt de protection et près de 12 000 ha en forêt de production. Ces forêts évoluent vers le peuplement d'origine Hêtre-Sapin, celui que G. Fabre souhaitait reconstituer.

C'est seulement sous le Second Empire que furent entrepris les plus importants travaux de régénération, en grande partie grâce à l'intérêt que leur portait l'empereur lui-même. Ainsi, dans les Landes, Napoléon III acheta en 1859, près de Morcenx, un vaste domaine, qui fut baptisé Solférino et où il donna l'ordre de replanter une forêt de plus de 7 600 ha. Mais, dès 1861, on pouvait considérer qu'était enfin terminée la fixation des dunes. Rappelons que les premiers travaux avaient été effectués dès 1786 par Brémontier ; ils avaient été poursuivis par François Chambrelent (1817-1893), qui assainit les régions malsaines, où « en hiver, les eaux s'étalaient en marécages », tandis qu'« en été, la lande devenait un désert sec où régnait la fièvre », selon une méthode qu'il avait mise au point dans son propre domaine de Saint-Alban, près de Cestas, le creusement de fossés (les « crastes »), plus profonds que la croûte souterraine (l'alios) qui retenait les eaux. Un réseau de 2 500 km de crastes permit assécher 300 000 ha où « la lande fit place à une très belle forêt ».

Cette région, naguère insalubre et déserte, commençait à reprendre vie et à se repeupler, grâce à la relative prospérité que procurait l'exploitation de l'immense forêt de Pins maritimes et, en particulier le « gemmage », récolte de la « gemme » constituée d'oléorésines exsudées par ces Pins. Le gemmage consiste à ouvrir dans le tronc de l'arbre une entaille formant une gouttière verticale, appelée « care » ; cette entaille tranche les canaux résinifères dont le contenu s'écoule dans un godet soutenu par un crampon et disposé en bas de l'entaille. Après quelques jours, l'écoulement de la gemme se ralentit, du fait, notamment, de l'obstruction de la plaie par de la gemme concentrée, appelée « galipot ». Le gemmeur revient alors « piquer » la care, il rafraîchit l'entaille et l'allonge vers le haut de 1 à 2 cm. Commencé au printemps, le gemmage se termine au début de novembre ; la care, exhaussée à chaque repiquage, atteint alors une hauteur de 60 cm environ. L'année suivante, la première care sera remontée. À la fin de la quatrième année d'exploitation, la care atteint une hauteur totale de 2,5 m ; l'arbre est ensuite laissé au repos pour plusieurs années.

C'est là le gemmage à vie, qui conserve l'arbre ; dans le gemmage à mort, qui se pratique soit dans les dernières années de la vie de l'arbre exploité, soit sur des arbres qu'on veut détruire, on ouvre autant de cares que le permet la circonférence du tronc, de manière à l'épuiser à fond.

Les godets remplis de gemme sont transvasés dans des seaux de bois, puis dans des bassins ou des fosses, où le produit attend le distillateur. Par distillation on obtient de 15 à 20 % d'essence de térébenthine et de 60 à 70 % de colophane et de brai : la première est utilisée par les fabricants de couleurs, de vernis, de cirages, d'encaustiques, de linoléum, ainsi que par les usines de camphre artificiel ; les colophanes et les brais servent au collage du papier, à la fabrication des savons, etc.

Le gemmage a aujourd'hui beaucoup perdu de son importance du fait de la concurrence des produits de synthèse de l'industrie chimique et du manque de main-d'œuvre ; il se pratique encore un peu dans les landes de Gascogne où il a constitué longtemps une ressource essentielle.

Tout aussi insalubre était la Sologne, plaine de craie et d'argile, recouverte par une nappe d'alluvions descendues du Massif central et qui occupe 475 000 ha au sud de la Loire. Vers 1850, on y trouvait plus de 2 000 étangs couvrant quelque 120 000 ha, d'où, pendant la saison chaude, se dégageait une atmosphère saturée de vapeurs empestées, génératrices de fièvre. Il y restait à peine 50 000 ha de bois.

Là aussi fut déterminante l'initiative de Napoléon III qui acquit en 1853, près de La Motte-Beuvron, un domaine de plus de 2 000 ha, dont il fit reboiser 600. Une première campagne eut pour objet la réduction des eaux stagnantes. Dès 1847, les Eaux et Forêts avaient commencé à y planter des Pins maritimes qui avaient si bien réussi dans les Landes, mais le climat n'était pas le même et une forte gelée durant l'hiver 1879-1880 ruina ces plantations. À partir de 1885, on recourut au Pin sylvestre, beaucoup plus résistant. En 1914, étaient reconstitués 150 000 ha de forêt, implantés à 80 % de Conifères. En Champagne pouilleuse, au terrain argileux, semé d'étangs et de maigres prairies marécageuses, 100 000 ha incultes furent transformés en forêt. Partout, triomphaient les Résineux. En 1892, 826 000 ha des forêts privées en étaient implantés, là où aucun conifère ne se trouvait au début de ce siècle.

Au moment de la fondation de l'École de Nancy, le problème le plus urgent était la reconstitution des futaies depuis longtemps détruites. En prenant en 1825 la direction de la nouvelle École, Bernard Lorentz avait déclaré : « Je suis ennemi né du taillis, dont le système a tenu les forestiers de France au berceau. » Son disciple et successeur, Parade, ajoutait : « Imiter la nature et hâter son œuvre, telle est la maxime fondamentale de la sylviculture. »

LA FORÊT EUROPÉENNE AU XIXe SIÈCLE

En Allemagne, berceau de la sylviculture, celle-ci ne cessa de progresser durant tout le siècle. Deux nouvelles écoles forestières eurent une grande influence par l'importance des recherches menées par leurs professeurs : Theodor Hartig, déjà mentionné, au Collegium Carolinum de Brunswick, fondé en 1838, et surtout, à l'école de Hanovre-Münden (1844), le forestier Burckhardt (1811-1879) et le célèbre climatologue forestier Heinrich Mayr (1856-1911).

Pendant presque tout le XIXᵉ siècle, on s'en tint au principe premier de la sylviculture allemande, le remaniement complet des forêts, désormais domestiquées, en vue d'une production régulière et permanente, ce qui aboutit très vite à des abus : certaines forêts allemandes purent être comparées à des « armées de grenadiers ». Les mesures de rajeunissement artificiel et de plantation uniforme de Conifères d'une seule essence et de même âge, dites forêts « équiennes », si elles facilitaient l'exploitation, rendaient de telles forêts particulièrement sensibles aux attaques des insectes : en 1875, un coléoptère, l'ips typographe, anéantit 3 600 000 m³ de bois d'Épicéas en Bohême ; en 1895, un bombyx, la nonne *(Lymantria monacha)*, détruisit 40 000 ha de Pins autour de Nuremberg.

À l'instigation de Karl Gayer, professeur à l'École forestière de Munich, qui montrait la nécessité de se conformer aux lois de la nature, on en vint, à la fin du siècle, à de plus sains principes. Dans plusieurs États germaniques, l'Autriche (1852), la Bavière (1852) et la Prusse (1899), furent établies en montagne des forêts dites « de protection ». Dans l'empire austro-hongrois, les inondations catastrophiques de la plaine danubienne furent sensiblement diminuées par le contrôle des sources, sujettes à des crues violentes, situées dans les Carpates. La Suisse tira enfin les leçons données par les inondations torrentielles de 1834, 1839, 1867 et 1888, en insérant dans sa Constitution un article qui réservait au pouvoir fédéral un « droit de haute surveillance sur la police des Eaux et Forêts de montagne ». L'Institut fédéral de recherches forestières, créé en 1885, y fit entreprendre de vastes travaux de reboisement.

En Russie, l'enseignement forestier, toujours sous influence allemande, continua de former des ingénieurs compétents, sortis de l'ancien Institut forestier de Saint-Pétersbourg, où s'illustra en particulier Morozov (1867-1920), le premier auteur d'un classement systématique des forêts en tant qu'associations végétales complexes, adaptées au sol, à l'altitude et au climat. Formaient aussi des forestiers la nouvelle Académie de Petrovko-Razumovskoié, fondée en 1865 près de Moscou, ainsi que les nouvelles « écoles moyennes du bois » (33 en 1900). Ces nouveaux forestiers entreprirent une œuvre difficile et de longue haleine : le reboisement des steppes du Sud.

Mais, dans le même temps, tout l'empire russe, y compris les États qui en dépendaient, la Pologne et la Finlande, était soumis à une déforestation intensive et anarchique, entreprise par des firmes étrangères principalement anglaises, qui s'attaquèrent aux immenses forêts de Conifères et de Bouleaux restées intactes dans le Nord. Le bois était exporté par le port d'Arkangelsk. On estime à quelque 30 millions le nombre d'hectares ainsi déboisés au cours de ce siècle.

En résumé, si la recherche scientifique avait fait faire à la sylviculture d'importants progrès, les défenseurs de la forêt ne constituaient qu'une infime minorité incapable de lutter contre les impératifs économiques, imposés par des États capitalistes, où hommes d'affaires et financiers jouaient un rôle prépondérant. De ce fait, la situation ne pouvait qu'empirer au siècle suivant.

V

LA SYLVICULTURE, HIER ET DEMAIN

En français, le mot sylviculture n'apparaît que vers 1835-1840, dans les travaux des forestiers de l'École de Nancy, mais, en Allemagne, il avait été employé dès 1713 dans un ouvrage rédigé en latin, *Sylvicultura Œconomica* de von Carlowitz, donc lié déjà à l'économie. Carlowitz y proposait de tenter de remédier à la consommation excessive et anarchique de bois, ainsi qu'à la gestion désastreuse des forêts en son temps. Les idées exprimées par ce précurseur mirent du temps à s'imposer et ce n'est qu'à la fin du XVIIIe siècle qu'on les mit en application en Allemagne et beaucoup plus tard en France.

Le mot, cependant, comportait une ambiguïté qui ne devint sensible que peu à peu. Formé sur le modèle du mot agriculture, il tendait à faire du forestier un exploitant du sol au même titre que l'agriculteur et laissait entendre que les méthodes employées par l'un étaient valables pour l'autre ; cette assimilation était évidemment abusive, puisque, à la différence du champ, la forêt n'a pas besoin de l'homme pour pousser, et finalement funeste quant à ses conséquences, puisqu'elle aboutit nécessairement à la substitution de la forêt artificielle à la forêt naturelle. « L'exploitation rationnelle des arbres forestiers », comme se définit la sylviculture, rabaisse la forêt à n'être qu'une productrice de bois. En tant que telle, elle doit répondre aux besoins du marché, obéir aux « impératifs économiques » du moment, ce qui revient à réduire le plus possible un élément nécessairement essentiel : le temps. Pour l'agriculteur, la récolte est annuelle ; pour le forestier, elle n'est envisageable qu'au bout de plusieurs dizaines d'années, voire un siècle, d'où la tendance constante de la sylviculture à accélérer le processus en favorisant les essences qui, poussant de plus en plus vite, sont exploitables dans un minimum de temps, mais aussi d'évoluer comme l'agriculture vers une production industrielle, utilisant au maximum des produits chimiques de plus en plus « performants », donc de plus en plus nocifs et un outillage disproportionné, destructeur du milieu. Dans une publication récente (1990) et officielle puisqu'elle émane de l'ENGREF (École nationale du génie rural, des eaux et des forêts), on peut lire : « Avec la sylviculture, l'homme a développé un savoir-faire destiné à gérer de façon traditionnelle le milieu naturel arboré, la "sylve". De la rencontre de l'agronome et d'un forestier est née une "culture d'arbres", plus artificielle mais aussi plus productive. Cette gestion forestière intensive recourt aux techniques agricoles comme le labour, les entretiens réguliers du sol et les apports d'engrais lors de la plantation. Cette sylviculture intensive n'est pas nouvelle. Les peupleraies en lignes ou en massifs obéissent à ses lois. [...] Il s'agit d'une agriculture douce vouée à la production d'une matière industrielle... » Le modèle proposé est donc la « populiculture » exploitable à vingt ou trente ans et pour les trois quarts destinée à l'industrie de l'emballage. Il ne s'agit même plus de sylviculture, mais de « ligniculture », où compte seulement le bois et non plus la forêt ; ligniculture qui a elle-même pour modèle l'agriculture industrialisée, dont l'idéal est le champ de maïs, la culture la plus artificielle et la plus ruineuse qui soit, symbole de la société dite de consommation, qui est en fait une société de surconsommation obligée et finalement du gaspillage et du déchet.

Il n'en est que plus piquant de citer à ce propos François Mitterrand qui écrivait en 1978 dans L'*Abeille et l'Architecte* : « J'ai vu disparaître en trente ans la forêt celte du Morvan. Je représente ce pays. Je n'ai rien pu faire pour le défendre. Que faire contre la coalition de la loi, de l'administration et de l'indifférence ? Se battre assurément [...] Pour éveiller l'opinion, j'ai multiplié les débats, les colloques, pris part aux rares groupes et comités qui tentaient l'impossible. Le Conseil général de la Nièvre [dont il était alors président] a consacré des sessions à ce problème, appelé en consultation les meilleurs spécialistes, engagé sa responsabilité financière dans des projets de sauvegarde. Paris n'a jamais répondu que par bordée d'axiomes. Économie, économie d'abord ! À quoi bon ces chênes qui exigent un siècle pour la maturité, ces hêtres dont la fibre refuse de s'intégrer aux techniques rentables de la cellulose, ces frênes, ces charmes, ces trembles, ces bouleaux ? Chaque semaine, par centaines d'hectares, la forêt de lumière tombe sous l'assaut des scrapers. Place aux résineux [...]. De 1946 à 1973, le fond forestier a réservé ses primes et ses prêts aux plants qui poussent vite. Vite, vite la terre et la sève et le bois doivent plier le cycle des mûrissements au rythme de l'homme pressé. »

Comment une telle dérive a-t-elle pu se produire, voilà ce qu'il faut comprendre afin de pouvoir y remédier.

Les principes de la nouvelle discipline, instaurée officiellement en France avec la création de l'École forestière de Nancy n'étaient alors que trop justifiés. La situation que prenaient en main les sylviculteurs était en effet désastreuse. Surexploitée depuis des siècles la forêt française avait encore été amputée du fait de la vente des biens nationaux pendant la Révolution. Les nouveaux acquéreurs, dans leur majorité des marchands de bois et des spéculateurs, s'empressèrent d'abattre surtout la futaie déjà rare, puis de défricher. Ces défrichements se poursuivirent sous l'Empire à cause du taux de l'impôt foncier, plus élevé que sous l'Ancien Régime et qui, depuis 1790, pesait lourdement sur la propriété foncière. Le résultat fut non seulement une réduction de la surface forestière estimée à 7 500 000 d'hectares, soit 15 % du territoire national, mais surtout la disparition des futaies au profit du taillis. Sous le Directoire, selon Rougier de la Bergerie (1817), il n'existait plus en France qu'un peu plus de 100 000 ha de futaie, soit un soixante-quinzième de la superficie forestière totale.

Un tel état des lieux imposait des mesures d'urgence qui furent appliquées aussitôt, non sans difficulté. En prenant la direction de l'École de Nancy, en 1825, Bernard Lorentz avait déclaré : « Je suis ennemi né du taillis dont le système a tenu les forestiers de France au berceau. » La même année, Lorentz mettait en œuvre ses principes dans la forêt très dégradée de Chaux dans le Jura. Elle fut magnifiquement restaurée, mais non sans y introduire des essences nord-américaines, Pin Weymouth et Chêne rouge, exemple qui ne fut que trop imité par la suite. Deux ans plus tard, dans le *Code forestier* de 1827, avait été inséré un article qui établissait : « Les aménagements seront réglés principalement dans l'intérêt de l'expansion des futaies. » La futaie seule pouvait procurer le bois d'œuvre dont on avait le plus besoin.

Le mot d'ordre était donné : il fallait, partout où cela était possible, convertir le taillis en futaie. Cette politique systématique se heurta à l'opposition véhémente de tous ceux qui tiraient profit du taillis, en particulier les industriels gros consommateurs de bois, les maîtres de forges et les verriers qui accusaient la conversion de faire monter le prix du taillis ainsi raréfié. Leurs protestations furent soutenues par les financiers : dans l'immédiat, les conversions diminuaient le revenu du capital foncier. Déjà s'opposaient intérêts particuliers et intérêt général, le présent contre l'avenir, le court terme, par nature irréaliste en forêt, au nécessaire long terme, débat devenu classique et qui n'a cessé d'empoisonner la sylviculture par la politique, sinon de la pourrir.

Industriels et financiers étaient évidemment très puissants. Ils s'assurèrent l'appui de Legrand, le directeur général des Forêts, qui était avant tout un homme politique, député et ancien secrétaire général des ministères du Commerce et des Travaux publics. Il provoqua la retraite anticipée de Lorentz. Mais celui-ci n'en restait pas moins un chef d'école respecté et le successeur de Legrand, Marcotte eut la sagesse de faire de lui son conseiller. En 1837, le nouveau directeur de l'École de Nancy fut Parade, disciple et gendre de Lorentz.

Pourtant, la politique radicale de conversion eut ses adversaires, même parmi les forestiers qui, en 1843, dans le *Moniteur des eaux et forêts* exprimèrent leur mécontentement d'une manière violente, certainement injuste, mais point tout à fait injustifiée : « Quant à l'enseignement de la science forestière, sur mille officiers forestiers qui pouvaient être appelés à cette éminente fonction, on se détermina pour le moins capable de tous, uniquement parce qu'il était grand propagateur des résineux, et par conséquent grand admirateur de la sylviculture germanique. M. Lorentz était alors inspecteur des forêts de l'État à Saint-Dié (Vosges) ; il avait pour brigadier M. A. Parade, imbu comme lui des théories allemandes. [...] Ces professeurs improvisés, une fois entourés d'élèves, furent obligés de les instruire, et pour cela leur faire un cours. Alors, sans expérience pratique sur la culture des bois feuillus et dominés entièrement par les idées allemandes, ils copièrent seulement d'Hartig et Cotta et leur empruntèrent jusqu'à leurs erreurs, sans songer que ces professeurs, très savants peut-être en toutes sciences, excepté en sylviculture, n'avaient aucune connaissance pratique de la culture et exploitation des bois. » Ainsi que le remarque Louis Badre dans son *Histoire de la forêt française* (1983), on peut en effet considérer qu'« en Allemagne, comme en France, les méthodes de traitement des forêts s'inspirent de la même philosophie que les régimes politiques et, durant tout le XIXe siècle, aux gouvernements absolus et autoritaires de Guillaume Ier, puis de Guillaume II avec Bismarck, correspond une sylviculture, elle aussi rigide et impérative, de coupes à blanc suivies de plantations, le plus souvent résineuse[1]. »

Toujours est-il que, grâce à la nouvelle sylviculture, la futaie fut en voie de reconstitution, mais c'était désormais une forêt artificielle, tout au moins dans le domaine public ; surtout, le reboisement obtint, malgré de fortes résistances locales en montagne, quelques résultats spectaculaires, par exemple au mont Ventoux et dans le Luberon, dans les Alpes du sud, au Crêt-du-Maure, près d'Annecy, enfin au mont Faron et au mont Boron, à la lisière de la Côte d'Azur. Toutefois, on en vint assez rapidement à constater qu'une réussite locale ne pouvait se transposer dans une région où les conditions n'étaient point aussi favorables, ce qui arriva lorsqu'on voulut introduire le Pin maritime, qui avait si bien fait ses preuves dans les Landes, en Sologne, où les jeunes plantations succombèrent lors d'un gel hivernal intense en 1879. On avait cru trouver une panacée, il fallut déchanter. Toutefois, cette leçon n'ayant pas servi, on passa à une autre, l'Épicéa, essence fort accommodante, sinon qu'elle n'est à sa vraie place qu'en montagne et non dans les forêts de plaine de Normandie et de Bretagne où on le planta. Après quoi, l'engouement des forestiers se porta sur le Douglas nord-américain, exploitable, lui, en soixante ans. Le Douglas devint en France la première essence de reboisement depuis la création du Fonds forestier national en 1947. On plante aujourd'hui de 10 à 15 000 ha de Douglas par an et l'on nous annonce triomphalement qu'« au rythme actuel, la douglasaie française occupera près d'un demi-million d'hectares au début du nouveau siècle[2] ». De toute façon, ces toquades forestières ne peuvent avoir que les pires conséquences sur l'indispensable biodiversité.

Les anciens sylviculteurs étaient tout de même plus circonspects. Ils respectaient le principe posé par Parade, qui fut le directeur de l'École de Nancy de 1837 jusqu'à sa mort en 1864 : « Imiter la nature et hâter son œuvre, telle est la maxime fondamentale de la sylviculture. » On ne se soucie que de hâter son œuvre, mais qui songe encore à l'imiter ?

Tout changea — tout aurait dû changer — avec l'apparition de l'écologie définie par Haeckel dès 1868 qui proposa ce terme (du grec *oikos* : demeure et *logos* : science) afin de désigner la science qui étudierait les rapports entre les organismes et le milieu où ils vivent. Ernest Heinrich Haeckel (1834-1920) était un biologiste allemand ; ayant rencontré Darwin en Angleterre, il devint l'un de ses partisans les plus enthousiastes, ainsi qu'en témoignent les cours d'anatomie comparée et de zoologie qu'il donna, de 1862 à 1865, à l'université d'Iéna ; il y fonda ensuite une chaire de zoologie phylogénétique, et rassembla en 1868 sa série de conférences sous le titre d'*Histoire de la création des êtres organisés d'après les lois naturelles (Natürliche Schöpfungsgeschichte)*. Leur audace lui attira les critiques des philosophes, des savants et des gens d'Église, mais lui valut un immense succès qui ne fit que croître avec la publication en 1899 des *Énigmes de l'univers*. Les contemporains furent séduits moins par ses formulations cosmologiques et panthéistes, qui s'inspiraient de Spinoza et de Goethe, dont Haeckel se recommande autant que de Darwin, que par son anticléricalisme militant et sa foi absolue dans le progrès des sciences.

Haeckel n'avait fait que poser les principes de la nouvelle discipline qui prit son essor seulement à la fin du XIXe siècle et ne connut tout son développement qu'entre les deux guerres mondiales, surtout en Angleterre, aux États-Unis et en URSS. Mais, dès 1881, Boppe, professeur à l'École de Nancy, tirait les conclusions qui découlaient de ce nouveau concept, en enseignant : « La sylviculture est la science qui étudie les phénomènes relatifs à la végétation de la forêt naturelle, et l'art d'exploiter celle-ci sans entraver son fonctionnement physiologique. » En 1889, dans son *Traité de sylviculture*, Boppe se montrait encore plus novateur, encore plus biologiste, quand il écrivait : « Si les arbres qui composent la forêt s'associent ou s'excluent, c'est pour obéir à des exigences physiologiques [...] Dès que les arbres sont ainsi groupés en peuplements, on les voit perdre leur individualité pour concourir à la formation de cet être nouveau, unique, que l'on appelle la forêt. Celle-ci [...] fonctionne à la façon d'un organisme complexe, dans lequel les végétaux et le sol entrent comme facteurs. » Cette formulation pourrait être celle d'un écologiste actuel ; ce que définit Boppe est un écosystème. Mais Boppe était à ce point en avance sur l'évolution des idées que la sylviculture ne l'a pas encore rattrapé.

Si tous les ouvrages de sylviculture proclament : « La sylviculture est de l'Écologie appliquée », ou « On ne commande à la nature qu'en lui obéissant », ce ne sont là que des slogans rassurants, mais qui n'en restent pas moins lettre morte. Les sylviculteurs sont — et ils en sont fiers — des techniciens, non des savants. Leur seul objectif est la production croissante et de plus en plus accélérée, quelles que puissent en être les conséquences à long terme. Autrement dit, leur état d'esprit ressemble à celui des technocrates qui règlent les problèmes sur ordinateur, dans leurs bureaux aseptisés et émettent des directives sans se soucier de savoir si elles sont applicables concrètement, sur le terrain. Telle est la tendance générale, au moins depuis la création en 1965 de l'Office national des Forêts (ONF), « établissement public à caractère industriel et commercial », ainsi qu'il se définit lui-même. Dès sa fondation par le ministre de l'Agriculture, Edgard Pisani, lui-même ardent productiviste, certains s'étaient inquiétés : le but de l'ONF étant d'exploiter la forêt en vue d'une productivité sans cesse accrue, on pouvait craindre que prévale désormais une politique financière à court terme et, qu'en vue d'augmenter le revenu on en vienne à compromettre le capital ; c'est ce qui advint. Aussi, lors des discussions parlementaires sur l'adoption de ce qui n'était encore qu'un projet, le Sénat l'avait-il repoussé. Bien mieux, le très représentatif Syndicat national des personnels des forêts et de l'espace naturel fit paraître en 1972 un livre blanc *SOS Forêt française*, où se trouvait dénoncée la disparition de la notion de service public qu'avait jusqu'alors assuré l'Administration des Eaux et Forêts. Y était préconisé le rattachement de l'ONF au ministère de l'Environnement plutôt qu'à celui de l'Agriculture, afin d'éviter la dérive productiviste. Il est vrai que les déclarations du directeur de l'ONF en 1970 n'avaient rien d'apaisant. « Il faut, disait M. Delaballe, à tous les niveaux créer une obsession de la productivité. » Dans son livre de 1983, *Écologie appliquée à la Sylviculture*, le professeur Cl. Jacquiot remarquait que « les destructions pures et simples de l'état boisé » étaient une conséquence « de la période de déstabilisation ayant suivi la disparition de l'Administration des Eaux et Forêts ». Ce n'était pas qu'une coïncidence, on eut l'occasion de le constater dans les années qui suivirent la fondation de l'ONF. Jusqu'alors, les élèves de l'École nationale des Eaux et forêts de Nancy étaient pour les quatre cinquièmes d'anciens élèves de Polytechnique ou de l'Institut national agronomique. Mais le même Pisani supprima pratiquement l'École de Nancy en l'incluant dans l'École du Génie rural, installée elle en plein Paris. Il n'y eut plus qu'une seule École du Génie rural des Eaux et Forêts, ce qui supprimait la relative indépendance dont avait joui jusqu'alors l'École de Nancy. Depuis lors, pour les forestiers, écologie est un mot tabou dont il ne faut user qu'avec les plus grandes précautions. En 1991 encore, le président du Centre régional de la propriété forestière représentait une mentalité fort répandue, quand il s'exclamait : « L'*écologisme* est une forme d'idéologie et de totalitarisme dangereux qu'il faut attaquer au cœur. Nous avons un adversaire commun avec les agriculteurs. Notre solidarité avec eux doit être totale, d'autant que les peupliers sont une forme d'agriculture. »

Ce type de forestiers a trouvé son théoricien en la personne du journaliste philosophe, Luc Ferry. Auteur du *Nouvel ordre écologique*, publié en 1992, Luc Ferry s'attaque en particulier au *Contrat Naturel* de Michel Serres paru deux ans auparavant. Pour M. Ferry l'écologie serait tout simplement une création nazie : les lois sur la protection de la nature furent, selon lui, « les premières au monde à concilier un projet écologique d'envergure avec le souci d'une intervention politique réelle ». M. Luc Ferry ignore probablement que la législation sur la protection de la nature en Allemagne est bien antérieure à la venue au pouvoir de Hitler ; en Allemagne même, avait été créée dès 1909 la grande réserve ornithologique qui couvre 20 000 ha des *Lüneburger Heide*, près de Hambourg et, en cette même année 1909, la Suède avait pris l'initiative de créer sur 300 000 ha les quatre premiers parcs nationaux, en droit et en titre, de l'Europe. M. Luc Ferry voit dans la reconnaissance de la nature en tant que « sujet de droit » une création antihumaniste qui cultiverait la « haine des hommes », il oublie que ce droit a été promulgué pour la première fois aux États-Unis en 1872 et qu'il est aujourd'hui reconnu dans l'Europe entière, figurant même dans la Constitution portugaise, par exemple, comme par toutes les instances internationales, à commencer par les Nations unies et l'UNESCO. L'écologie, dont M. Ferry dénonce l'antihumanisme, serait l'ennemie de la « modernisation économique et interventionniste » qu'il préconise, pire, le fruit empoisonné de la « représentation allemande d'une nature originaire, sauvage, pure, authentique et irrationnelle, car accessible aux seules lois du sentiment » qu'il oppose, assez gratuitement, au « classicisme français, humaniste et artificialiste », donc anti-écologique que lui-même représenterait.

Le véritable danger réside dans une position aussi simpliste que le dilemme où s'affronteraient deux attitudes inverses, tout aussi sectaires et irréalistes l'une que l'autre, telles qu'elles sont définies par l'écologiste Robert Barbault, dans *Des baleines, des bactéries et des hommes* (1994) : poursuivre un développement technologique qui prétend affranchir de plus en plus l'homme de la nature, ou chercher à restaurer une sorte d'état idyllique, paradisiaque et utopique, ce qui diviserait l'opinion en deux clans, celui des progressistes et celui des passéistes. Faut-il être pour la nature et contre l'homme, ou pour l'homme contre la nature ? Ne peut-on dépasser cette attitude dualiste, manichéenne et judéo-chrétienne ? On se demande si de tels débats ne sont pas que pure rhétorique destinée à alimenter discussions, colloques et séminaires.

LES RÉGIMES

La sylviculture est avant tout une technique dont les principes sont simples et, semble-t-il, immuables depuis le

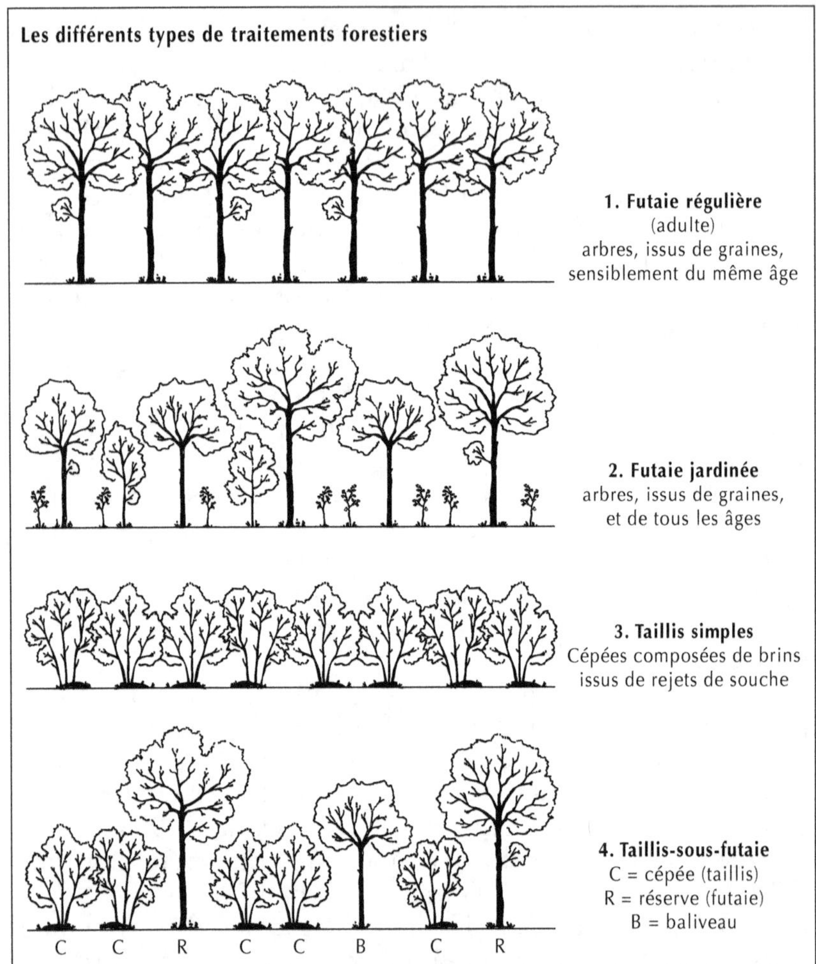

début du XIXᵉ siècle. Ils constituent pour les sylviculteurs un dogme intangible formulé une fois pour toutes. Pour eux, il existe trois *régimes* (au sens du latin *regimen* : gouvernement) et les *traitements*, les modes d'exploitation qui leur correspondent. Lorsque l'on passe d'un régime à un autre, il y a *conversion*, par exemple du taillis à la futaie, lorsqu'on modifie le traitement sans changer de régime, il y a seulement *transformation*, par exemple de la futaie jardinée à la futaie pleine.

Le taillis

Le *taillis* est de beaucoup le régime le plus simple, celui qui demande le moins de soins, puisqu'il se régénère de lui-même par *recépage*. Après une coupe à ras de terre, les souches restées en place génèrent de nouvelles *cépées*, c'est-à-dire des touffes de rejets issus de bourgeon, soit *proventifs*, restés dormants au-dessous de la section, soit *adventifs*, c'est-à-dire formés à la périphérie de la section. Un tel régime n'est évidemment pas applicable aux Résineux qui ne rejettent pas de souche. Les cépées sont exploitées au fur et à mesure des coupes périodiques, ou *révolutions* qui varient beaucoup selon les essences et la nature du produit que l'on veut préle-ver, elles vont de 10 — exceptionnellement cinq — à vingt ou trente ans. À chaque révolution, le forestier coupe les troncs les plus gros, issus de la souche. Cette opération est le *fure-tage* qui n'est presque plus pratiqué aujourd'hui. Au *taillis fureté*, on préfère le *taillis simple*, plus facile à exploiter, puisque toutes les tiges d'une parcelle sont coupées en une seule opération, après quoi, il n'y a plus qu'à laisser le taillis se recéper à nouveau.

Les types les plus courants de taillis mélangés sont les taillis complexes de Chêne pédonculé-Charme-Bouleau-Frêne-Aulne glutineux-Tremble qui croissent sur les sols argileux du Nord-Est et du Centre ; les taillis de Chêne rouvre-Châtaignier-Bouleau que l'on trouve sur les sols siliceux pauvres, dans le Centre, l'Ouest et la région parisienne, enfin les taillis de Chênes rouvre et pubescent-Érables et Fruitiers propres aux sols calcaires des régions méridionales.

Les taillis représentent actuellement 2 450 000 ha, soit 16,5 % de la surface forestière totale. Honnis depuis les débuts de la sylviculture, ils constitueraient un régime archaïque, fournissant un bois de feu dont on a de moins en moins besoin. À la suite de la crise de la production en 1973, s'étant avisé que plus de 50 % du bois commercialisé était utilisé sous forme brute ou peu transformé, on a réétudié la question du taillis, mais en prenant encore une fois pour modèle l'agriculture et son dérivé, la populiculture, en vue d'accroître la productivité. Il s'agirait désormais d'utiliser moins les essences indigènes que les essences exotiques : plusieurs espèces d'Eucalyptus d'Australie, le *Sequoia sempervi-*

rens de Californie, le Cryptoméria du Japon, et même des espèces reliques : le Métaséquoia chinois ou le Ginkgo biloba. Ce qui, au total, reviendrait à la création de taillis cette fois complètement artificiels, donc délibérément modernes, et nécessiterait d'importants apports d'engrais ou (pourquoi pas ?) de déchets industriels moins coûteux, mais qui, avoue-t-on, présenteraient « l'inconvénient d'une éventuelle toxicité ». De plus de tels taillis seraient exposés aux ravages de nombreux parasites, tant cryptogamiques qu'animaux, qui, précise-t-on, seront « encouragés » par ce mode de culture. Jusqu'à présent, pareils dévergondages ne sont encore que prospectifs et passablement spéculatifs. On a tout de même envisagé de planter prochainement dans le Sud-Ouest une vingtaine de milliers d'hectares d'Eucalyptus qui devraient suffire à alimenter une usine de pâte à papier. Mais les expérimentations en cours ont attiré l'attention des technocrates forestiers sur les dégâts considérables que causerait le gel sur de telles plantations. Comme on le voit, nos forestiers ne manquent pas d'imagination et sont prêts à prendre des risques, on leur a tellement prêché l'obsession de la productivité !

La futaie

Le régime de la *futaie* a une tout autre origine. Tous les sujets y sont issus de graines provenant des arbres qui occupaient précédemment l'emplacement. Dans ce cas, il s'agit de *régénération naturelle* et les essences demeurent identiques à ce qu'elles étaient. La *régénération artificielle* utilise, elle, des graines, ou plus généralement des plants d'essences soit identiques, soit, le plus souvent, différentes de celles qui se trouvaient précédemment en place. On peut alors changer radicalement la nature du peuplement, par exemple, ce qui est le cas le plus courant, remplacer les Feuillus par des Résineux.

De toute manière, la régénération est nécessairement précédée d'une coupe rase ou à blanc, une nouvelle génération prenant la place de la génération vieillie qui a été abattue. Cette coupe peut être unique elle doit même l'être en cas de régénération artificielle, puisque le terrain doit être d'abord vidé de tout ce qu'il contenait. Cette coupe peut être aussi progressive, en cas de régénération naturelle, laissant quelques arbres formant une réserve de porte-graines. Les coupes suivantes seront des coupes d'*éclaircie*, favorisant le réchauffement et la circulation de l'air dans le sous-bois et permettant à la lumière de descendre jusqu'au sol.

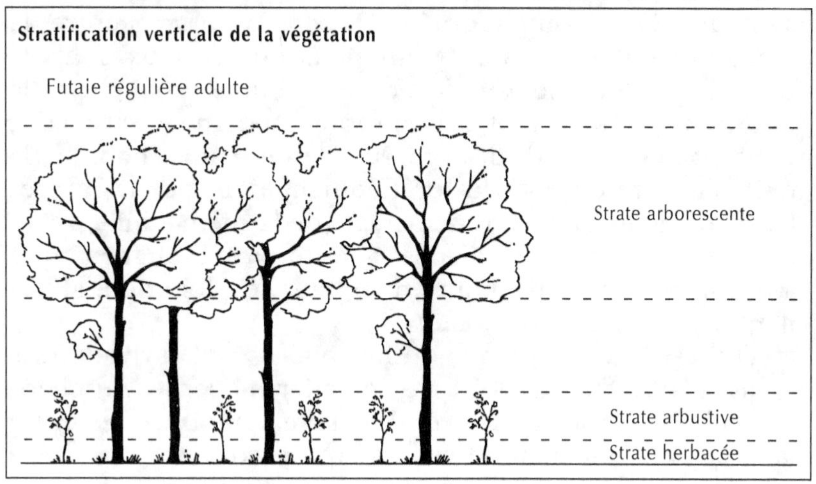

Naguère, les forestiers préféraient de beaucoup la régénération naturelle et les coupes progressives qui laissaient la forêt se reconstituer telle qu'elle avait été depuis toujours, donc en harmonie avec le sol, le climat et le paysage. Autrement dit, l'homme intervenait aussi peu que possible. Mais, prétendent les forestiers modernes, il s'agit là d'une méthode périmée. De toute façon, on ne peut pas ne pas intervenir. Aujourd'hui, la régénération même naturelle doit être « complétée et assistée ». Il faut absolument éliminer tout ce qui pourrait contrarier la croissance des semis ou des jeunes plants. Le forestier doit veiller avant tout à la *réceptivité* du sol, or, naturellement, le sol de la forêt n'est pas « réceptif », étant recouvert d'une *souille* végétale, tapis continu de pervenches, de lierre, de ronces, de graminées qui empêcheraient physiquement, voire chimiquement (allélopathie), les semis de se développer. La souille favorise la concurrence active des « ennemis animaux et végétaux, mammifères, oiseaux, rongeurs, champignons attendant la manne des graines pour se les approprier[3] ». De même, l'agriculteur désigne globalement et sans distinction sous le nom de « nuisibles » cette vermine qu'il faut détruire par tous les moyens.

Comment, dans ces conditions, ne pas préférer la coupe unique, coupe rase ou à blanc. Là, au moins, le forestier pourra repartir de zéro, il possédera enfin une « parfaite maîtrise de la situation », il sera devenu l'auteur de la forêt, son créateur. Sans doute aura-t-il encore à lutter contre la concurrence des prédateurs, animaux ou végétaux, mais la future forêt sera une *pépinière* dont il pourra « maîtriser » la production, « en un mot, faire propre, moderne et sérieux[4] », réalisant ainsi son idéal, la forêt faite de main d'homme, la forêt régulière et pure, la forêt équienne où tous les arbres d'une même essence, du même âge, de la même taille, rectilignes et élancés seront disposés en un parfait alignement à la distance convenable pour en faciliter l'exploitation, autrement dit la sublime *monoculture*.

Tel est l'idéal — avoué ou inavoué — de la sylviculture, le chef-d'œuvre et la gloire du forestier moderne. Au chaos originel, il a substitué l'ordre, son ordre à lui. La *futaie mixte* dans laquelle plusieurs essences sont associées et la *futaie irrégulière* où les arbres ont des âges différents ne sont pour lui que des pis-aller. Rien à ses yeux ne vaut une futaie régulière de Résineux. « L'aménagement des futaies régulières résineuses, de sapins et d'épicéas surtout, constitue sans doute l'un des aspects les plus évolués de l'activité du sylviculteur, la partie vraiment noble du métier de forestier[5]. » En 1969, le directeur technique de l'ONF déclarait n'avoir pas « hésité à recommander le cadre de la futaie régulière partout où cela est possible », considérant que « l'extrême diversité des conditions écologiques dont la France bénéficie, et donc des types de peuplements, associée à une certaine indiscipline "gauloise", explique que nous n'ayons jamais réussi à mettre en œuvre une sylviculture d'une simplicité aussi évangélique que celle qui est en règle dans les futaies remarquablement homogènes des pays nordiques ». La foresterie officielle estime que la diversité et la richesse en essences de la forêt française constituent un « handicap au plan économique[6] ».

Comment dès lors le fier forestier moderne ne serait-il pas exaspéré par les remarques désobligeantes des écologistes, ces doux rêveurs irréalistes ? La coupe rase, affirment

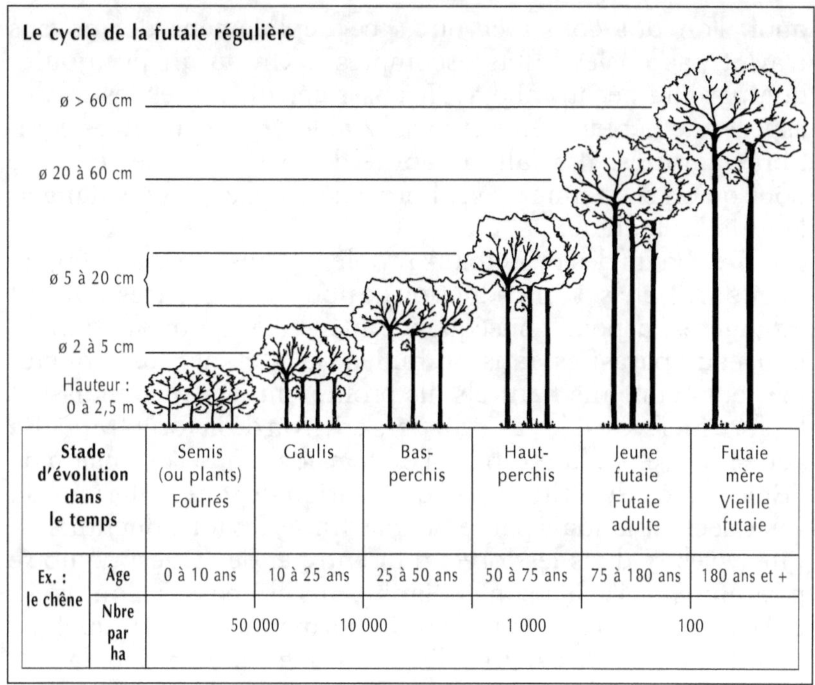

Stade d'évolution dans le temps		Semis (ou plants) Fourrés	Gaulis	Bas-perchis	Haut-perchis	Jeune futaie Futaie adulte	Futaie mère Vieille futaie
Ex. : le chêne	Âge	0 à 10 ans	10 à 25 ans	25 à 50 ans	50 à 75 ans	75 à 180 ans	180 ans et +
	Nbre par ha	50 000	10 000		1 000		100

ø : *diamètre du tronc à 1,30 m au-dessus du sol.*

ceux-ci, constituerait un désastre biologique. Brusquement
dénudé, l'humus, qui assure la fertilité du sol, sous l'action
du rayonnement solaire est menacé de destruction par
oxydation, les éléments minéraux libérés peuvent ensuite
être entraînés par le ruissellement des eaux de pluie. « Il y a
alors tassement, réduction de l'activité biologique, acidifica-
tion et lessivage. Un sol fécond et en excellent état devient
une steppe à graminées[7]. » Les dégâts de la coupe rase sont
naturellement bien pires sur les sols érodés et appauvris des
forêts méditerranéennes, sur lesquels repoussent, non le
Chêne vert, qui a besoin d'un couvert pour se régénérer, mais
les ligneux les plus inflammables : Chêne kermès et Cistes.

La futaie régulière conduit à la monoculture et celle-ci
favorise la pullulation des insectes ravageurs. En 1989, les
pinèdes d'Aquitaine, menacées par une invasion de chenilles
processionnaires, durent être traitées par hélicoptère sur
25 000 ha. L'année suivante, les mêmes chenilles s'étaient
répandues sur 200 000 ha, il fallut en traiter 100 000. Après

quoi, l'on dut constater que « ce déploiement de moyens n'avait pas eu les effets escomptés ». On aurait pu ajouter que pareille hécatombe avait aussi détruit toutes les autres espèces de Lépidoptères et mis durablement en péril les équilibres naturels. Il a fallu quantité d'expériences de ce genre pour qu'on en vienne au seul procédé efficace et sans danger, la lutte biologique.

C'est là un des principaux problèmes posés par les peuplements artificiels. L'introduction de nouvelles essences, surtout étrangères, a pour conséquence inévitable l'introduction de nouveaux parasites dans un milieu où, n'étant plus attaqués par leurs ennemis naturels, ils prolifèrent. Or, reconnaissent les forestiers, c'est le cas « du tiers environ de la forêt française actuelle, près de la moitié si l'on considère que l'extension de l'Épicéa à basse altitude, la colonisation de tout l'intérieur du vaste secteur landais par le Pin maritime, les introductions du Pin sylvestre dans les forêts du Centre et de l'Ouest de notre pays et même l'avalaison du Sapin dans nos basses montagnes et l'excès de pureté de la hêtraie normande sont en quelque manière toutes des artificialisations. *A fortiori*, la douglasaie, la peupleraie et la cèdraie, pour ne citer que les exemples les plus "réussis" d'introduction, sont des formations complètement artificielles, souvent parmi les plus productives ». Il est même arrivé que l'on soit contraint d'abandonner pratiquement certaines de ces cultures, ainsi celle de *Pinus radiata*, introduit de la région de Monterey, en Californie. On en attendait des merveilles, car c'est « le plus remarquable des Pins pour sa vitesse de croissance ». Extrêmement vigoureuse, cette essence, littorale dans son pays d'origine, supporte bien le vent de mer et s'accommode des sols sablonneux. On l'a donc planté, plein d'espoir, en Bretagne et en Pays basque, mais les jeunes plantations étaient par trop sensibles à la chenille processionnaire. On en vint à la conclusion que « plus la forêt sera superficielle, plus les menaces de la voir disparaître seront élevées[8] ».

La productivité obsessionnelle a pour cause principale une demande croissante en vue de la production de la pâte à papier. Il en faut toujours plus pour l'emballage et pour l'imprimé. La production a dû suivre. Selon les chiffres officiels, en 1985, elle atteignait 5,343 millions de tonnes, en 1995, elle passait à 8,615 millions de tonnes. Cette consommation pléthorique conduisit certains mauvais esprits à soupçonner les fabricants de papier d'être les destructeurs de la forêt. En 1990-1991, les papetiers répliquèrent par une multitude de brochures édifiantes, y compris sous forme de bandes dessinées. Leur argumentation était classique et prévisible. Afin de satisfaire la demande du public, les papeteries avaient investi, en une douzaine d'années, près de 30 milliards de francs. De la forêt, ils ne consommaient d'ailleurs que les déchets inutilisables par d'autres : bois d'éclaircie qu'il fallait enlever afin de favoriser la croissance des meilleurs arbres réservés à la production du bois d'œuvre, ou rebut des scieries. Ils étaient en fait les bienfaiteurs et les promoteurs de la forêt. Ils achetaient les 10 millions de m³ dont il fallait la débarrasser tous les ans et ils avaient fait faire à l'outillage forestier un formidable bond en avant : « Déjà dans les massifs résineux français, et principalement en Aquitaine et dans le Morvan, opèrent une soixantaine de machines de forte capacité qui abattent, ébranchent, tronçonnent et empilent [...] Cette mécanisation constituerait une indéniable amélioration des conditions de travail dans la mesure où la conduite de ce type d'engins nécessite une main-d'œuvre très qualifiée et permettrait des gains de productivité importants puisqu'une machine remplace entre cinq et dix bûcherons[9]. » C'était en fonction de leur demande de bois que l'on avait reboisé la forêt française, grâce à eux qu'elle s'était accrue dans des proportions impressionnantes. Autrement dit, les papetiers constituaient l'avant-garde de la technocratie forestière, sans laquelle la forêt ne saurait survivre.

Cependant, les résultats sont encore loin d'être suffisants. En dépit des efforts soutenus au cours des dix dernières années, la France est obligée d'importer du bois pour répondre à la demande du papier. Entre 1970 et 1989, la consommation de papier a augmenté de 74 %[10]. Le bilan importation/exportation est largement déficitaire : 1 452 milliers de tonnes pour la pâte à papier, 1 706 milliers de tonnes pour les papiers et cartons. Le déficit global s'élève à 12,8 milliards de francs. La France n'est que le quatrième producteur de papier et de carton de l'Europe, après l'Allemagne, la Finlande et la Suède, et le huitième du monde, ne représentant que 4 % de la production mondiale, loin derrière les États-Unis (40 %), le Japon (14 %), la Chine (10 %) et le Canada (9 %).

La véritable question est : que fait-on de tout ce papier, de tout ce carton ? C'est là que la situation apparaît comme scandaleuse, car cette énorme production, finalement on la jette ou on la brûle, puisqu'il s'agit pour la plus grosse part de papier et de carton d'emballage, des journaux et surtout des innombrables prospectus publicitaires qui s'entassent chaque jour dans les boîtes aux lettres des Français qui ne les regardent même plus. Alors, en définitive, qui est le coupable ? La publicité, laquelle permet d'ailleurs aux journaux d'équilibrer leur budget, en pratiquant une surenchère telle qu'elle en arrive à s'étouffer, à devenir de plus en plus inefficace, et qui, dans cette situation où elle s'est elle-même piégée ne voit d'autre remède que le toujours plus. Mais qui paie l'addition de ces formidables budgets publicitaires, sinon le consommateur ?

Cette consommation délirante n'est même pas compensée. Le recyclage des produits à base de pâte à papier, dont on parle tant, ne porte que sur 46 % des fibres, alors qu'elle s'élève à 68 % au Danemark, à 66 % aux Pays-Bas. Mais, en France, le recyclage est mal vu. De qui ? Des propriétaires de forêts qui s'indignent : « L'introduction massive du papier journal recyclé [...] freine la réalisation des éclaircies dans les bois, les peuplements serrés se gênent, beaucoup d'arbres dépérissent et meurent ; la production de gaz carbonique augmente avec la décomposition des bois morts ; la photosynthèse se ralentit [...] et cette situation prend un relief considérable au moment où des distributeurs automatiques d'oxygène sont installés à New York et à Tokyo[11]. »

Est-il besoin de souligner le caractère hautement fantaisiste d'une telle argumentation ? Dans une brochure au titre involontairement comique, *Papier et nature, une relation privilégiée*, les papetiers, résumant leur discours, font valoir que « l'industrie papetière participe activement [au développement et à la gestion du patrimoine forestier] en associant impératif économique et préoccupations écologiques dans le cadre d'actions sylvicoles appropriées ».

La futaie jardinée !

La futaie n'est pas nécessairement régulière, elle peut aussi être *irrégulière*, c'est ce que l'on appelle la *futaie jardinée*, ce qui indique bien son traitement. Dans la futaie jardinée, les arbres de tous âges et généralement d'essences variées sont mêlés, au lieu d'être parqués par classes d'âge dans des parcelles équiennes. Si le mélange est très intime, la futaie est dite *jardinée pied à pied*. Si, au contraire, les arbres sensiblement de même âge et de même taille se trouvent réunis sur une petite surface, la futaie est *jardinée par bouquets*. En somme, la futaie jardinée est représentative de l'ensemble de la forêt naturelle, elle en constitue le résumé, et le mode de traitement consiste à faciliter l'évolution vers un état d'équilibre satisfaisant.

Les forestiers ne contestent pas les avantages d'un tel régime : « Le sol jamais découvert est maintenu en bon état d'entretien ; les peuplements sont moins exposés aux accidents pouvant provenir des agents atmosphériques, notamment du vent ; le traitement favorise le mélange des essences et convient particulièrement bien aux essences d'ombre ; composés de sujets d'espèces diverses et de tous âges, les peuplements risquent moins d'être endommagés par les insectes... » Aussi conseillent-ils ce mode de traitement pour « les forêts très exposées à des vents violents, à des avalanches, à des érosions, à des envahissements de terre et de pierre, (ou) dans des forêts ou parties de forêts destinées à protéger d'autres forêts ou parties de forêts, des maisons, des voies de communication, contre les mêmes accidents et, d'une façon générale, toutes les fois que, pour des raisons sérieuses, il y a un grand intérêt à ce que le sol soit maintenu constamment couvert, bien et solidement boisé ».

Selon le forestier suisse Balsiger : « La forêt jardinée est manifestement la meilleure forêt protectrice, parce qu'elle est capable de se maintenir elle-même, avec son propre peuplement et son sol à l'abri des dangers extérieurs et intérieurs. » Pourtant, la forêt jardinée a donné lieu à de vives polémiques en France, mais surtout en Suisse, depuis plus d'un siècle. Celles-ci ont au moins abouti à l'élaboration d'une méthode précise de contrôle régulier et aussi d'études de l'évolution du peuplement qui ont permis de suivre pas à pas la vie de la forêt.

Pour les forestiers français, si la futaie jardinée forme d'excellentes forêts de protection, elle serait déficiente quant à sa productivité. Il a cependant été démontré dans le Haut Jura français et suisse, en Basse Saxe, en Bavière et en Slovénie que le rendement des forêts de protection pouvait être nettement supérieur à celui des futaies régulières implantées dans les mêmes régions. La forêt jardinée n'a qu'un inconvénient majeur, elle exige du personnel forestier non seulement la compétence que donne l'expérience, mais une très sérieuse formation botanique, biologique et écologique qui n'est que trop souvent négligée.

Le taillis-sous-futaie

Le régime du *taillis-sous-futaie* combine, comme son nom l'indique, les deux précédents. On y trouve à la fois des arbres issus de graines et des troncs provenant des cépées. C'est par conséquent le régime le plus proche de la forêt naturelle. Le taillis-sous-futaie répondait à deux fonctions distinctes. L'exploitation régulière et relativement fréquente du taillis fournissait le bois de chauffe, celle, beaucoup plus espacée, de la futaie pourvoyait au besoin de bois d'œuvre réservé aux usages « nobles », tels que la charpente et la menuiserie. Le traitement du taillis-sous-futaie était donc mixte. Il tendait à constituer et à préserver deux étages de végétation : à l'étage inférieur ou sous étage, le taillis issu de rejets de souche, où l'on conservait les brins destinés à devenir des arbres, et l'étage dominant, composé d'arbres de taille et d'âge divers, formant la futaie *en réserve*, constituée de baliveaux d'âges gradués et choisis en fonction de leurs qualités.

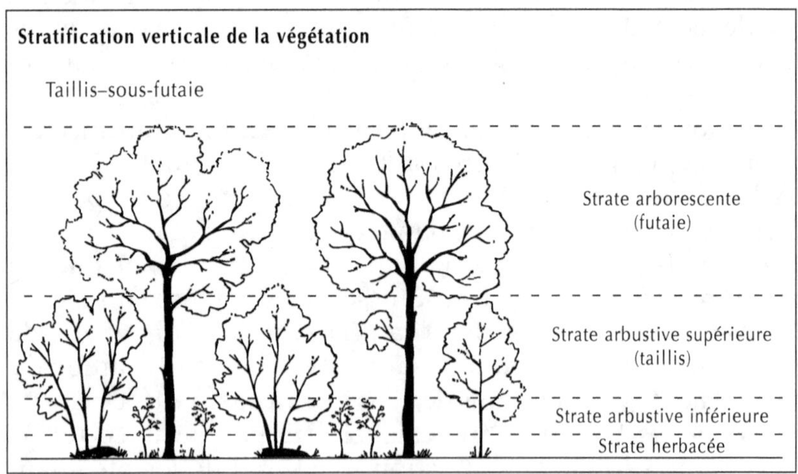

On reconnaît généralement à ce régime les avantages suivants : une gestion facile, une production régulière de bois d'essences différentes et un rendement soutenu. Si le sol n'est jamais complètement découvert, il l'est à intervalles réguliers et suffisamment pour y assurer la régénération naturelle. Le sol est donc utilisé au mieux dans toute son épaisseur. Les arbres de la réserve protègent les rejets du taillis contre les intempéries et, se protégeant mutuellement, résistent bien au vent. Enfin, le taillis-sous-futaie, grâce à la diversité des milieux, des niches écologiques, est de loin le plus favorable à la vie animale du forêt.

On tend maintenant à démontrer que tous ces avantages n'existent pas, qu'ils sont même, tout bien considéré, des inconvénients. L'auteur du chapitre IV « Traitements » du *Précis de sylviculture* de l'ENGREF affirme avec énergie et prétend démontrer que « tout argument en faveur du taillis-sous-futaie peut être réfuté. Ce sera d'autant plus facile qu'aucun pratiquement — sauf peut-être un que nous réfuterons également — ne résiste à l'analyse approfondie ». Toute défense de ce régime est d'avance condamnée, elle est pulvérisée par cet auteur. Ainsi lorsque l'on allègue que le taillis-sous-futaie favoriserait la vie animale, il rétorque qu'il n'en est rien, mais par vie animale il entend exclusivement le gibier : « En réalité, les plus belles chasses au grand gibier de forêt en Europe sont toutes situées dans des futaies [...]. [C'est là] que seront le plus fréquemment levés ou observés, et tirés, les animaux qui doivent être récoltés. Une gestion saine de la chasse, au même titre qu'une gestion saine de la forêt, passera inéluctablement par les conversions en futaie[12]. » Car pour cet auteur, le gibier « doit être récolté » ; et s'il bénéficie en forêt d'un couvert tranquille et suffisamment étendu, il s'y cachera, échappant ainsi aux chasseurs ; mais c'est justement sous ce couvert qu'il se reproduira et élèvera ses petits, ce dont devrait tout de même tenir compte cet auteur, dont le discours véhément et totalitaire s'explique du fait que l'étendue actuelle du taillis et du taillis-sous-futaie « offre encore un tableau préoccupant ».

En effet, si les futaies représentent, d'après l'*Inventaire Forestier National* de 1999, 35 % de la forêt française, dont 32 % pour la futaie régulière et 3 % pour la futaie mixte, le taillis y occupe encore 10,5 % et le taillis-sous-futaie 32 %. Autre-

LES DIFFÉRENTS RÉGIMES
SELON LES TYPES DE PROPRIÉTÉS
(d'après l'*Inventaire Forestier National*. 1999)*

Régimes	Forêts domaniales	Forêts communales	Forêts privées	Totaux	Pourcentages
Futaie de feuillus	454 406	336 085	438 430	1 228 922	8,39 %
Futaie de conifères	414 530	577 288	2 032 409	3 024 227	20,65 %
Futaie mixte	74 392	143 081	222 460	439 934	3 %
Jeune reboisement	61 207	105 512	315 572	482 291	3,29 %
Total Futaie	994 535	1 161 966	3 008 871	5 175 374	35,33 %
Taillis sous futaie					
Taillis sous futaie de feuillus	298 253	824 958	2 731 494	3 854 705	26,32 %
Taillis sous futaie de conifères	39 637	64 110	781 594	885 342	6,04 %
Total taillis sous futaie	337 890	889 068	3 513 088	4 739 747	32,36 %
Taillis	65 274	201 740	1 266 838	1 533 852	10,47 %

* Chiffres en hectares. Ne figurent pas dans ce tableau les différents types de boisement partiel (garrigues, maquis, landes, etc.).

ment dit, 46 % y échappent à la règle : la futaie régulière, ce qui est une honte et un affront pour l'ONF. Car si, dans les forêts domaniales, les taillis simples ou sous-futaie ne couvrent plus que 430 000 ha contre 994 000 à la futaie, cet exemple n'est guère imité dans les forêts communales : 1 090 000 ha de taillis contre 1 162 000 ha de futaie, et les forêts privées où taillis (4 780 000 ha), et futaie (5 175 000 ha) se trouvent presque à égalité, ce qui prouve que ni les communes ni les particuliers n'ont compris les directives répétées de l'ONF et du Fonds forestier, ou bien refusent de s'y plier, bel exemple de cette indiscipline « gauloise » qu'on ne cesse de leur reprocher. Mais n'existe-t-il pas à cette hargne une autre motivation, elle sous-jacente, car d'ordre idéologique et psychologique : le taillis-sous-futaie est le régime qui se rapproche le plus de la forêt naturelle. Or pour le forestier moderne, il ne peut s'agir de prendre la nature pour modèle, mais de la dominer et de l'asservir. L'homme n'a plus à obéir à la nature, mais à la faire obéir.

LE FONDS FORESTIER NATIONAL ET L'ENRÉSINEMENT

L'administration forestière avait pourtant obtenu de bien consolants résultats pour ce qui est de l'enrésinement généralisé dans les forêts privées, par un moyen très simple et qui marche à tout coup : la subvention. L'enrésinement a été le principal objectif du Fonds forestier national depuis qu'il a été institué en 1947 en vue d'accroître les ressources forestières en favorisant les opérations de reboisement, particulièrement dans les forêts privées. Le FFN est un compte spécial du Trésor, géré par le ministère de l'Agriculture, de la Pêche et de l'Alimentation ; il provient du revenu de deux taxes, l'une sur les produits à base de bois, l'autre sur les défrichements. Avec l'aide — subventions ou prêts — du FFN, particuliers et communes ont planté ou replanté 2 200 000 ha de forêt, dont 800 000 ha sur d'anciennes terres agricoles, des prés, des friches et des landes. Jusqu'à la fin des années 60, le rythme des plantations s'est élevé à environ 60 000 ha. Depuis, il a beaucoup baissé et ne dépasse plus 20 000 ha par an. Jusqu'en 1974, c'est-à-dire pendant les vingt-sept premières années d'exercice, le Fonds réservait ses

LES ESSENCES FORESTIERS
1

ÉVOLUTION RELATIVE DES PRINCIPALES ESSENCES DANS LA FORÊT FRANÇAISE AU COURS DES DIX DERNIÈRES ANNÉES

1. Les feuillus

ESSENCES PRINCIPALES	1989		1999		
	SURFACE (en hectares)	% DE LA SURFACE TOTALE	SURFACE (en hectares)	% DE LA SURFACE BOISÉE	VARIATION RELATIVE 1999-1989
Chêne pédonculé	2 381 685	17,90 %	2 332 408	17,20 %	-2,1 %
Chêne rouvre	1 761 885	13,20 %	1 868 150	13,80 %	6,0 %
Hêtre	1 231 279	9,20 %	1 291 620	6,60 %	4,9 %
Chêne pubescent	846 037	6,30 %	894 946	6,60 %	5,8 %
Châtaignier	515 373	3,90 %	484 464	3,60 %	-6,0 %

ESSENCES PRINCIPALES	1989		1999		VARIATION RELATIVE 1999-1989
	SURFACE (en hectares)	% DE LA SURFACE TOTALE	SURFACE (en hectares)	% DE LA SURFACE BOISÉE	
Frêne	270 689	2,00 %	358 554	2,60 %	32,5 %
Chêne vert	367 324	2,80 %	299 431	2,20 %	-18,9 %
Charme	201 506	1,50 %	197 570	1,50 %	-2,0 %
Bouleau	198 615	1,50 %	156 192	1,20 %	-21,4 %
Robinier	135 554	1,00 %	130 726	1,00 %	-3,6 %
Aulne	94 093	0,70 %	82 487	0,60 %	-12,3 %
Chêne liège	72 352	0,51 %	64 789	0,50 %	-10,5 %
Tremble	60 088	0,50 %	61 113	0,50 %	1,7 %
Saule	57 124	0,40 %	60 789	0,40 %	6,4 %
TOTAL DES FEUILLUS	8 484 181	63,70 %	8 588 759	63,30 %	1,2 %

LES ESSENCES FORESTIÈRES
2

2. Les résineux

ESSENCES PRINCIPALES	1989		1999		VARIATION RELATIVE 1999-1989
	SURFACE (en hectares)	% DE LA SURFACE TOTALE	SURFACE (en hectares)	% DE LA SURFACE TOTALE	
Pin maritime	1 398 171	10,50 %	1 373 156	10,10 %	-1,80 %
Pin sylvestre	1 179 468	8,80 %	1 122 252	8,30 %	-4,90 %
Épicéa commun	716 618	5,40 %	739 935	5,40 %	3,30 %
Sapin pectiné	544 214	4,10 %	565 896	4,20 %	4,00 %
Douglas	230 617	1,70 %	331 678	2,40 %	43,80 %
Pin d'Alep	231 992	1,70 %	241 104	1,80 %	3,90 %

ESSENCES PRINCIPALES	1989		1999		VARIATION RELATIVE 1999-1989
	SURFACE (en hectares)	% DE LA SURFACE TOTALE	SURFACE (en hectares)	% DE LA SURFACE TOTALE	
Pin noir d'Autriche	182 863	1,40 %	178 756	1,30 %	-2,20 %
Pin Laricio	92 124	0,70 %	133 366	1,00 %	44,80 %
Mélèze d'Europe	95 442	0,70 %	95 889	0,70 %	0,51 %
Pin à crochets	55 294	0,40 %	55 482	0,40 %	0,30 %
TOTAL DES RÉSINEUX	4 844 936	36,30	4 990 174	36,70 %	3 %

aides financières aux Résineux, à l'exception du Peuplier et du Noyer, ce qui a pour résultat un accroissement tel des forêts de Résineux que le potentiel de production annuelle de ces forêts augmentera jusqu'à la fin de 2010 de 10 millions de m³ par rapport au niveau atteint en 1992. C.q.f.d. Toutefois, ces proportions, dénoncées à maintes reprises par les scientifiques, les naturalistes et même certains forestiers, ayant tout de même paru excessives, le FFN a dû consentir à faire bénéficier également d'une aide financière quelques essences précieuses à croissance rapide : le Merisier, le Frêne, l'Érable sycomore et le Chêne rouge d'Amérique. Néanmoins, entre 1975 et 1984, les forêts plantées avec l'aide du FFN étaient encore constituées pour les trois quarts de Résineux.

De ces chiffres, il ressort clairement que l'augmentation des Résineux, par rapport aux Feuillus, au cours des dix dernières années, a été de 3 contre 1,2. Si les cinq espèces de Chênes représentent encore 40,7 % de la surface forestière totale, certaines sont en progression, ainsi le Chêne rouvre et le Chêne pubescent par rapport au Chêne pédonculé (– 2,1 %), d'autres ont régressé de manière inquiétante : le Chêne-liège : (– 10,5 %) et surtout le Chêne vert (– 18,5 %)

Parmi les autres Feuillus, on ne peut observer de progrès sensibles que pour le Hêtre et les Saules, tandis que le Bouleau diminuait très fortement (21,4 %). La régression du Châtaignier est la conséquence des maladies cryptogamiques qui ont attaqué cette essence, mais aussi de la mévente des châtaignes.

Si parmi les Résineux on constate quelques régressions, celle du Pin maritime (– 1,8 %) ou celle du Pin noir d'Autriche (– 2,2 %), seule la réduction du Pin sylvestre est importante (– 4,9 %) ; en revanche le Pin laricio (+ 44,8 %) et le Douglas (+ 43,8 %) battent tous les records.

Ces différences considérables suivant les essences s'expliquent par la gestion actuelle de la forêt française. Si la progression de certaines espèces pionnières (le Frêne, le Chêne pubscent et le Pin d'Alep) peut s'expliquer par la dynamique des boisements spontanés (1,7 million d'ha), en revanche, la progression des Résineux provient presque toujours des reboisements (4,5 millions d'ha), en particulier ceux, vraiment spectaculaires, du Pin laricio et du Douglas.

LES ESSENCES
FORESTIÈRES
3

SURFACE DES BOISEMENTS ET REBOISEMENTS
ARTIFICIELS EN FRANCE
AU COURS DES ANNÉES 1959-1999

ESSENCES INDIGÈNES	SUPERFICIE DU REBOISEMENT (en hectares)	POURCENTAGE DU REBOISEMENT(%)
FEUILLUS		
Chêne pédonculé	14 844	1,09 %
Chêne rouvre	10 000	0,74 %
Hêtre	20 466	1,51 %
Chêne pubescent	173	0,01 %
Châtaignier	1 750	0,14 %
Frêne	5 931	0,44 %
Chêne vert	32	0,00 %
Charme	46	0,00 %
Bouleaux	492	0,04 %
Aulnes	904	0,07 %
Chêne-liège	11	0,00 %
Tremble	39	0,00 %
Saules	4	0,00 %
RÉSINEUX		
Pin maritime	83 811	6,18 %
Pin sylvestre	70 526	5,20 %
Épicéa commun	399 538	29,45 %
Sapin pectiné	92 000	6,78 %
Pin d'Alep	3 961	0,29 %
Pin noir d'Autriche	67 232	4,96 %
Pin laricio	91 654	6,75 %
Mélèze d'Europe	11 562	0,85 %
Pin à crochets	2 329	0,17 %

LES ESSENCES FORESTIÈRES 3 — SURFACE DES BOISEMENTS ET REBOISEMENTS ARTIFICIELS EN FRANCE AU COURS DES ANNÉES 1959-1999 (suite)		
ESSENCES INDIGÈNES	SUPERFICIE DU REBOISEMENT (en hectares)	POURCENTAGE DU REBOISE-MENT(%)
ESSENCES INTRODUITES		
Feuillus		
Roblnier	889	0,07
Chêne rouge d'Amérique	14 200	1,05
Résineux		
Douglas	314 893	23,21
Epicéa de Sitka	48 258	3,56
Sapin de Vancouver	32 028	2,36
Cèdre de l'Atlas	18 542	1,37
Sapin de Nordmann	12 454	0,92
Mélèze du Japon	11 182	0,82
Pin de Weymouth	5 636	0,42

Ces premières données générales, qui portent sur les dix dernières années, doivent être complétées et nuancées par celles qui concernent les reboisements et les boisements artificiels depuis quarante ans. Celles-ci permettent de parvenir à une meilleure estimation de l'évolution de la forêt et des tendances de la sylviculture : la progression très nette des Résineux par rapport aux Feuillus, ancienne, puisqu'elle remonte aux débuts de la sylviculture française, mais qui n'a fait que s'accroître dans des proportions considérables, l'introduction d'essences étrangères et la prédominance de certaines d'entre elles.

Le cas le plus significatif est celui du Douglas. Si l'Épicéa commun qui est une essence de notre terroir, même si on l'a implanté un peu partout, sans trop de discernement, a été longtemps, après le Pin maritime, la plus importante essence de reboisement et était encore très employé dans la période 1959-1989, il a été de plus en plus supplanté par le Douglas triomphant.

FRAGILE FORÊT

Pourquoi la forêt brûle-t-elle ?

Des fléaux multiples qui menacent la forêt, le plus spectaculaire et apparemment le plus grave est l'incendie. Tous les ans, depuis une vingtaine d'années, près de 30 000 ha de forêt méditerranéenne partent en fumée, entre le Roussillon, la Côte d'Azur et la Corse. Dans les quinze départements concernés, la surface brûlée est trois fois supérieure à celle du reboisement (11 000 ha). Or, à un hectare de forêt détruite correspondent, chaque année, une perte de 15 tonnes d'oxygène et de 2 000 à 3 000 tonnes d'eau dans l'atmosphère, la mort de quelque 300 oiseaux, d'autant de petits mammifères, enfin de près de 5 millions d'insectes, sans compter le bois détruit, dont la valeur représente le revenu d'une quarantaine d'années.

Néanmoins, le ministère de l'Agriculture se montre relativement optimiste. Si les chiffres officiels ne peuvent cacher que la situation n'a pas cessé d'être alarmante de 1956 à 1990 et particulièrement en 1989 (76 000 ha brûlés) et en 1990 (73 000), pour la période 1991-1995, le bilan serait beaucoup plus rassurant ; il ne représenterait plus que 40 % de la moyenne annuelle de la période 1976-1990 :

en 1991 :	10 730 ha
en 1992 :	16 600 ha
en 1993 :	17 000 ha
en 1994 :	25 000 ha
en 1995 :	18 500 ha

Mais la même source, le Service central des enquêtes et des études statistiques du ministère de l'Agriculture[13], précise qu'entre 1992 et 1994 « plus des deux tiers des surfaces brûlées l'ont été en Corse », et que rien qu'en Haute-Corse 18 500 ha auraient brûlé en 1995 ; alors que la même année les incendies se seraient « localisés aussi en Languedoc-Roussillon et dans les Bouches-du-Rhône, on peut se demander s'il n'y aurait pas quelque part une erreur de calcul.

En cette même année 1995, la dernière de cet inventaire, 95 % des incendies auraient été éteints avant d'avoir brûlé 5 ha, soit 13 % de la superficie totale incendiée, alors que *seulement* 25 feux ont brûlé, en 1994, plus de 100 ha (80 %) et, en 1995, 17 (61 %).

Tous ces chiffres visent à souligner les excellents résultats de la prévention des incendies de forêts. Il ne s'agit pas de les mettre en doute, la prévention a été certainement efficace, mais parfois on ne l'a mise en place que bien tard, par exemple dans les Landes. Que penser au demeurant des reboisements effectués dans une région où l'incendie est toujours menaçant, mais où, pendant tant d'années, l'on s'est obstiné à planter les Résineux les plus inflammables, au premier rang desquels le Pin d'Alep, dont la surface a encore augmenté de 3,9 % entre 1989 et 1999, tandis que dans le même temps, le Chêne vert, relativement peu combustible, voyait sa superficie réduite de 18,5 %. Ignore-t-on le mode de propagation habituel des incendies dans ces régions, alors qu'il a été très clairement exposé, il y a près de trente ans, dans *L'Environnement végétal*[14] du botaniste et biologiste P. Lieutaghi. Dans la garrigue, explique-t-il, « le Chêne kermès, buisson touffu, vrai fagot enraciné aux rameaux secs, se laisse dévorer comme à plaisir par les flammes. Quand il est dominé par le Pin d'Alep, il promène entre les fûts résineux, sous les cimes très inflammables, la torche que lui auront léguée, en lisière, un fumeur insouciant ou un berger déraisonnable ».

Lorsque brûle la forêt de Chêne vert et de kermès, c'est le dernier qui survit ; grâce à sa souche très vivace, pratiquement incombustible, il entreprend « la réoccupation des terrains dénudés par le feu ». Quant au Pin d'Alep, il est « nettement favorisé par les incendies qu'il propage avec frénésie ». Ce qui fait que lorsque le couvert arborescent est arrivé quand même à se reconstituer au bout de quelques années, la « forêt substituée » est encore plus exposée au feu. Or, entre 1978 et 1988, les surfaces forestières occupées par les deux essences les plus inflammables n'ont cessé d'augmenter : de 12 355 ha pour le Chêne kermès et de 33 160 ha pour le Pin d'Alep.

Quand on parle de forêt méditerranéenne, il ne faut tout de même pas oublier que, si elle couvre en chiffres absolus 2 200 000 ha, 2 000 000 d'ha sont occupés par des garrigues et des maquis, des landes, des friches et des boisements « lâches ». Depuis 1944, la forêt domaniale de l'Esterel (Var) a brûlé quatre fois. Est-ce une fatalité ? C'était primitivement une forêt de Chêne-liège, mais celui-ci a été remplacé par le Pin maritime méditerranéen *(Pinus maritima mesogeensis)* lequel a succombé, dans l'Esterel, mais aussi dans les Maures, aux assauts d'une cochenille *(Matsucoccus feytaudi)*, ne laissant qu'un maquis parsemé de Chêne-liège. On a ensuite planté sur la zone littorale des Pins d'Alep, très inflammables, comme on vient de le voir, des Eucalyptus et des Acacias (Mimosas). C'est alors que sont survenus les incendies catastrophiques des dernières années. On savait cependant que le Pin maritime flambe très facilement.

Entre 1936 et 1952, 400 000 ha de la forêt des Landes ont été détruits par le feu, mais c'est seulement en 1950 que l'on a commencé à la protéger plus efficacement. De ces incendies, ont profité les agriculteurs de la région qui ont défriché 80 000 ha pour la culture du maïs.

Quant à l'origine de ces incendies, elle n'est connue statistiquement que pour 40 % des cas, dont moins de 4 % sont des causes naturelles : foudre, fortes chaleurs et sécheresse. L'homme en est donc le seul responsable, mais les imprudences dont on parle tant n'y sont que pour peu de chose. « On brûle encore chez nous pour étendre les parcours des troupeaux, par inconscience, par cupidité ou par une habitude qui les associe. On brûle aussi par vengeance contre tel "gros propriétaire" qui, en accaparant un bois, y a interdit le parcours ou supprimé un vieux droit de chasse [...]. En Corse, où le quart de la superficie de l'île, soit 220 000 ha, a flambé au cours des treize dernières années (1958-1971), l'incendie fait partie de l'assolement[15]. » D'autres bénéficiaires de ces incendies « accidentels » sont, en certains pays, les promoteurs immobiliers, puisqu'ainsi se trouvent libérés des terrains qu'ils convoitaient et sur lesquels ils s'empressent de spéculer.

Champignons et Insectes

Les maladies cryptogamiques sont aujourd'hui généralement bien connues. Elles ne sont guère alarmantes dans la mesure où l'on sait les combattre, sinon les prévenir, car les symptômes d'alerte n'apparaissent que lorsque les arbres sont déjà condamnés. En revanche, les forestiers restent le plus souvent démunis devant les maladies cryptogamiques importées, qui, du fait que les échanges internationaux sont de plus en plus nombreux et de plus en plus rapides, s'infiltrent et se répandent insidieusement. Trois cas ont été soigneusement étudiés, mais non résolus. Le plus connu est évidemment la graphiose de l'Orme champêtre, due à un Champignon, *Ceratocystis ulmi*, qui, se développant dans le bois, tue les cellules du parenchyme ligneux, obstrue les vaisseaux et empêche l'ascension de l'eau. La maladie se manifeste par la dessiccation brusque des rameaux et des branches qui, progressant d'année en année, provoque la mort de l'arbre. En Europe occidentale, deux espèces de Scolytes (Coléoptères), *Scolytus scolytus* et *Scolytus multistriatus*, propagent la maladie d'arbre en arbre. On connaît les dégâts impressionnants qu'elle a causés, particulièrement en Grande-Bretagne, où, à partir de 1968, ont été abattus 25 millions d'arbres, puis en France. Or, *Ceratocystis ulmi* est très probablement d'origine asiatique et serait arrivé en Europe au cours de la guerre de 1914-1918, mais on ne sait par quelle voie. Après quoi, cet agent pathogène aurait voyagé d'Europe aux États-Unis, où l'on constate sa présence en 1926 sur la côte Est, puis aurait retraversé l'Atlantique via l'Irlande et la Grand-Bretagne. Un autre Scolyte, *Ceratocystis fimbriata*, qui s'attaque au Platane, a débarqué vers 1944 à Marseille en provenance d'Amérique du Nord.

Depuis plus d'un siècle, le Châtaignier est victime de l'« encre » qui provoque des exsudations noirâtres, couleur d'encre, à la base du tronc. L'agent de la maladie est bien connu, c'est le *Phytophthora cambivora* qui a mis à mal les châtaigneraies dans plusieurs régions. Mais, plus récemment, une autre maladie a accru les dégâts, l'endothiose ou « chancre du Châtaignier », causée par un autre champignon, *Endothia parasitica*. Cette espèce provient de Chine, de Corée et du Japon. On peut suivre son trajet en Europe. Elle apparaît en Italie en 1938, en Espagne en 1942, en Suisse en 1948, en Yougoslavie en 1949, enfin en France en 1956.

Quant au « feu bactérien » des Rosacées, qui ne s'attaque pas seulement aux Fruitiers cultivés, mais également aux essences forestières comme les Sorbiers, les Alisiers, les Aubépines, lesquels, une fois atteints, sèchent sur pied comme sous l'effet d'un incendie, il a été signalé d'abord et de longue date aux États-Unis, puis il a atteint la Grande-Bretagne en 1957, les Pays-Bas et la Pologne en 1964, le Danemark en 1968, l'Allemagne en 1971 et la France à partir de 1972. L'agent de cette maladie est, cette fois, une bactérie, *Erwinia amylovora*, qui résiste à tous les traitements[16].

Voilà, semble-t-il, qui devrait inciter à la prudence les forestiers qui ne voient de salut que dans les essences exotiques, lorsqu'ils introduisent massivement des espèces étrangères, nord-américaines et nord-asiatiques, dans la forêt française.

Ils ont d'ailleurs à combattre un autre fléau encore plus destructeur : les invasions d'Insectes ravageurs. Tous les insectes, quelle que soit leur espèce, jouent un rôle important dans l'écosystème forestier, par exemple, ils en recyclent la biomasse et pollinisent les plantes à fleurs. Mais, même s'il existe un nombre considérable d'espèces qui vivent aux dépens des arbres, on ne les remarque guère, car on ne voit le plus souvent que des individus isolés et les dégâts généralement négligeables qu'ils font passent presque toujours inaperçus. Les Phyllophages (du grec *phullon* : feuille), Coléoptères et chenilles de Lépidoptères, se nourrissent de feuilles, tandis que les Xylophages (du grec *xulon* : bois), Coléoptères, s'attaquent au bois en creusant des galeries, le plus souvent entre bois et écorce au niveau de l'assise cambiale.

Normalement, les populations d'insectes ravageurs sont régulées par une multitude de parasites et de prédateurs. La chenille de la Fidonie du Pin *(Bupalus pinarius)* en broute pendant quatre mois les aiguilles, mais elle est la proie des mésanges, des fauvettes et des grives. La Tordeuse des pousses de Pin (*Rhyacionia buolana*), dont les chenilles dévorent l'extrémité des pousses des jeunes Pins, est attaquée par de nombreux prédateurs, lesquels sont eux-mêmes attaqués par d'autres espèces et elle n'est vraiment nuisible que par suite de la monoculture de Conifères. La Processionnaire du Pin *(Thaumetopoea pityocampa)* est redoutable lorsque ses chenilles, sortant des bourses formées d'un lacis de fils de soie et suspendues aux rameaux des Conifères où elles ont hiverné encore jeunes, se déplacent à la queue leu leu sur le sol, suivant l'individu de tête qui cherche un site de nymphose dans une clairière. Mais c'est le moment qu'attendaient mésanges charbonnières et ichneumons pour fondre sur elles et les dévorer.

Normalement donc, les proliférations sont rapidement stoppées grâce à l'intervention des parasites, des prédateurs, ou des variations climatiques. Un hiver rude décimera les ravageurs même dans leur retraite, un hiver doux et humide favorisera les maladies cryptogamiques qui détruisent également les insectes pendant leur hivernage. La faculté que possède un écosystème pour rétablir lui-même son état d'équilibre est appelé en écologie *homéostasie* (du grec *homéo* : semblable et *stasis* : position, situation). Cette restabilisation naturelle suffirait à maintenir l'ordre dans l'écosystème, mais il arrive que l'intervention humaine la perturbe au point de l'empêcher de fonctionner. C'est ce qui se passe quand les forestiers implantent des essences dans des milieux qui ne sont pas les leurs et surtout quand ils établissent la monoculture des Résineux. En effet, chaque espèce ravageuse est inféodée à une espèce donnée ou à un très petit nombre d'espèces du même genre. L'introduction massive d'une seule essence provoque inévitablement la pullulation des ravageurs concernés.

On connaît depuis plus d'un siècle les désastres qui peuvent en résulter. En 1875, un Coléoptère, le Scolyte typographe *(Ips typographus)*, qui creuse sous l'écorce des Épicéas des galeries dans lesquelles se développent les larves, provoqua la perte de 3 600 000 m³ de bois dans les forêts de Bohême. En 1895, un Bombyx, la Nonne (*Lymantria monacha*), dont les chenilles dévorent les nouvelles pousses des Conifères, a mis à mal 40 000 ha de Pins en Allemagne. Il s'est produit depuis lors bien d'autres calamités écologiques du même genre, elles n'ont cependant pas réussi à décourager les forestiers. Aujourd'hui, ils arrivent tout de même à se demander s'il ne serait pas « préférable de considérer la forêt comme ce qu'elle est précisément, c'est-à-dire un écosystème aux interactions complexes, au sein duquel les soi-disants parasites sont un élément, une partie intégrante de l'écosystème et dont la fourniture de bois ou d'éléments accessoires n'est au départ qu'une fiction considérée et entretenue par l'homme comme l'objectif qui se sont fixé les forêts ». En conséquence, il convient de respecter « surtout les mécanismes écologiques qui permettent, par le jeu des forces naturelles, de récolter autant que le milieu pourra fournir sans se dégrader [...] C'est à ce prix seulement que les dépérissements de forêts, encore considérés à l'heure actuelle comme des exceptions, malgré une tendance de plus en plus nette à s'étendre, ne se généraliseront pas dans le futur[17] ».

En effet, s'il est très difficile de juguler les pullulations de ravageurs, au moins peut-on les prévenir en ne créant pas des conditions favorables à leur développement. Ainsi, il importe de maintenir le sous-bois qui conserve au sol une humidité nuisible aux insectes qui se métamorphosent dans la couverture morte et surtout de pratiquer le mélange des essences qui raréfie la nourriture des ravageurs spécialisés, mais aussi de maintenir en bonne santé les peuplements qui seront alors capables de réagir s'ils sont attaqués. Autrement dit, le forestier doit faciliter l'homéostasie au lieu de la compromettre.

Lorsque l'invasion est déclarée, on ne peut plus que recourir aux moyens destructifs. On a heureusement dû renoncer assez vite aux procédés drastiques, difficiles, dangereux et coûteux, tels que l'aspersion d'insecticide par hélicoptère, quand on s'est aperçu qu'ils n'anéantissaient même pas l'espèce visée, mais détruisaient les espèces utiles, y compris les oiseaux insectivores. On se tourne de plus en plus vers la lutte biologique qui consiste à utiliser les prédateurs spécifiques, en particulier certaines espèces d'Hyménoptères, Braconides, Trichogrammes et Guêpes parasites qui s'attaquent en général aux œufs, aux larves et aux chrysalides des insectes. Ces différentes espèces pondent souvent leurs œufs sur les chenilles et les larves ; leurs propres larves, une fois écloses, dévoreront leurs hôtes de l'intérieur. Depuis peu, on se sert beaucoup des Fourmis rouges *(Myrmica laevinodis)*, très carnassières, qui vivent en très grandes colonies sous terre ou dans des souches pourries. On en élève aujourd'hui en Allemagne dans des « fermes à fourmis » où l'on peut se procurer des fourmilières. Rappelons d'ailleurs que les Fourmis ont elles-mêmes leurs prédateurs, dont le pivert qui en est très friand.

Dépérissement et pollution atmosphérique

Les arbres, comme les hommes, ne peuvent se défendre efficacement que s'ils sont en bon état, ce qui est loin d'être le cas depuis plusieurs décennies. Un nombre toujours croissant de peuplements présente les symptômes inquiétants du dépérissement. On les a observés pour la première fois en 1980 sur des Épicéas en Bavière, on crut alors qu'il s'agissait d'une maladie monospécifique. Mais, en 1984, une enquête révéla que la moitié des forêts allemandes de Résineux était malade ; le dépérissement touchait 60 % de Pins et plus de 50 % d'Épicéas. Puis vint le tour du Hêtre, considéré pourtant comme particulièrement robuste ; le dépérissement avait atteint la moitié des arbres de cette essence, et enfin celui des Chênes dont plus de 40 % étaient eux aussi malades.

En France, dans les Alpes, particulièrement en Maurienne, les arbres sont attaqués par le fluor et ses dérivés, rejetés par diverses industries, principalement celle de l'aluminium, mais aussi par les « pluies acides » (oxydes de soufre). Autour du gisement naturel de gaz de Lacq, au pied des Pyrénées, largement exploité à partir de 1957, les dégagements de méthane et autres hydrocarbures brûlent et nécrosent les arbres. Dans les forêts de Romare et de Rouvray, proches de la zone industrielle de Rouen, les arbres et surtout les Résineux sont atteints de grave dépérissement. Si les pluies acides ne menacent encore que 6 200 km², soit 2 % de son territoire, la France n'en est pas moins responsable de 28 % des pollutions dans l'Union européenne, où actuellement les lacs et les marais se vident de toute vie et les forêts s'étiolent, principalement en Suède, en Allemagne et en Finlande.

Les effets de la pollution atmosphérique, qui touche également les États-Unis et le Canada, le Japon et l'Australie, sont devenus l'un des problèmes mondiaux les plus préoccupants de l'époque. Les polluants industriels sont nombreux : oxydes de soufre et d'azote, monoxyde de carbone, hydrocarbures non saturés, photo-oxydants de l'ozone, enfin polluants radioactifs provenant des réacteurs nucléaires, des traitements chimiques et métallurgiques des produits extraits des réacteurs et de l'utilisation des radioéléments dans l'industrie, l'agriculture, la médecine et la recherche scientifique. Ces différents constituants forment plus de 3 000 combinaisons chimiques extrêmement nocives pour les cultures, les forêts et les lacs, ainsi que pour la santé humaine. En forêt, les matières toxiques de l'air s'attaquent non seulement aux parties aériennes des arbres, mais, pénétrant avec les pluies dans le sol, leurs acides provoquent des transformations chimiques avec libération d'ions très agressifs d'aluminium et de manganèse qui, endommageant les radicelles, rend l'arbre sensible à tout autre facteur de dépérissement.

Ce que l'on ne peut aujourd'hui ignorer, c'est que la pollution atmosphérique par l'anhydride sulfureux n'a cessé d'augmenter depuis 1960. En Allemagne, elle dépasse 3,5 millions de tonnes par an. On en connaît aussi l'origine : 50 % proviennent des centrales thermiques, 28 % de l'industrie et 20 % du charbon domestique et des gaz d'échappement des véhicules à moteur. Les quelques mesures prises jusqu'à présent sont pour le moment dérisoires et l'on peut se demander si l'on réagira à temps.

Tempêtes et chablis

Contre une telle accumulation d'imprudences et d'inepties, une réaction a bien eu lieu, elle ne fut pas humaine, mais naturelle, soudaine, brutale, imprévisible, terrifiante. En quelques heures, les deux tempêtes des 26 et 27 décembre 1999 ont fait tomber à terre 300 millions d'arbres, soit plus de trois fois la récolte annuelle[18]. Sous le choc, est brusquement tombé en panne le système hyper-sophistiqué dont était si fière la société économico-technocratique, démontrant de manière éclatante son extrême fragilité. Chacun, et pas seulement dans les régions les plus sinistrées, de la Lorraine à l'Aquitaine, a été bouleversé par le spectacle d'une telle désolation. Un monde s'écroulait et ce monde était la nature minée par l'homme.

Mais imprévisible, cette catastrophe sans précédent l'était-elle vraiment ? Quelle qu'ait été l'ampleur du cataclysme, il convient de le replacer dans un ensemble de phénomènes récents du même type. Il y a déjà eu des tempêtes de ce genre en Europe et il y en aura encore. Entre 1965 et 1990, il serait tombé deux fois plus de m³ de bois que durant tout le siècle précédent. On peut suivre une évolution progressive des tornades qui ont d'abord, au cours des années 60, frappé l'Europe centrale et septentrionale, principalement l'Allemagne, la Pologne, la Suède et la Finlande, c'est-à-dire les pays les plus atteints par les pollutions industrielles, puis, à partir des années 80, l'Europe de l'Ouest, sans épargner pour autant l'Europe centrale et septentrionale où le volume des chablis n'a cessé d'augmenter passant d'environ 125 millions de m³ en 1960 aux chiffres records de près de 275 millions de m³ en 1980 et de 360 millions de m³ en 1990. En Europe occidentale, après 1980, la courbe du volume des arbres abattus par le vent est nettement ascendante. Les tempêtes de 1982 et de 1984 ont fait certes d'importants dégâts, mais les quatre tempêtes qui se sont abattues sur l'Europe entre le 25 janvier et le 1er mars 1990 ont été, elles, catastrophiques : 115 millions de m³ de bois sont tombés à terre. La différence — et elle est de taille — est qu'en 1999 le cataclysme s'est déroulé en quelques heures et que le volume abattu en un seul pays, la France, a dépassé celui de l'ensemble de l'Europe en 1990.

Or, les causes de ces dégâts ont été étudiées après les événements de 1990[19]. Si l'Europe centrale a été la première touchée, « sans doute faut-il y voir une conséquence de la prédominance... des Conifères dans ces régions, consécutive à l'enrésinement massif allemand effectué dès la fin du XIXᵉ siècle ». « Effectivement, ajoute D. Carbiener, le constat fait en Allemagne du nord-ouest après les chablis des années 60 fut quasi caricatural : l'essentiel des dégâts concernait les futaies régulières de Résineux, plantés massivement quelques décennies plus tôt[20]. » Il en allait de même en Suède et en Finlande. N'est-ce pas ce qui vient de se passer en France à la fin de l'année 1999. Le 28 décembre, les exploitants forestiers d'Aquitaine ont pu constater que, sur les 27,722 millions de m³ de bois abattu dans leur région, près de 25 millions de m³ appartenaient au Pin maritime.

Il s'agit d'une série qui ne fait que commencer. Il est donc urgent d'en comprendre le processus et les causes et d'en tirer les conclusions qui s'imposent d'elles-mêmes.

Mis en accusation et devant l'évidence, l'ONF a dû reconnaître les possibles défaillances d'un système dont la sylviculture était en grande partie responsable. Pour elle, selon les dires de l'un de ses porte-parole, les nouveaux chablis donneront l'opportunité d'étendre les réserves intégrales, ce qui permettra de mieux étudier les écosystèmes forestiers. L'ONF vient d'assurer que d'ici cinq ans seront créées sur 5 000 ha de telles réserves, celle de la Forêt de Fontainebleau, objet de mainte controverse, sera doublée et on en créera deux autres, l'une dans une forêt de Pin laricio de Corse, l'autre dans les Alpes ou les Pyrénées.

C'est là ce que n'avait cessé de demander avec insistance le WWF (Fonds mondial pour la nature), mais aussi le Comité européen pour la sauvegarde de la nature et des ressources naturelles (CESN) du Conseil de l'Europe. En 1994, à la conférence d'Helsinki réunie à l'initiative de la France et de la Finlande, en vue de mettre en application les résolutions de la conférence de Rio de 1992, et à laquelle participaient trente-sept nations européennes, a été adopté le principe de la conservation et de la préservation de la biodiversité biologique des forêts en Europe. La stratégie recommandée par les naturalistes européens et entérinée par la Communauté européenne envisage même d'assurer une protection absolue portant sur 10 à 15 % du territoire, ce qui permettrait de constituer un échantillonnage de zones suffisamment étendues et tenant compte de l'urgence des impératifs biologiques. « Ces zones devraient représenter tous les types d'écosystèmes et abriter l'essentiel de nos ressources génétiques, c'est-à-dire toutes les espèces de faune et de flore, avec une part significative — d'au moins 20 % — de leurs populations[21]. »

Constatant le danger que constituent les plantations trop serrées en futaie, où les arbres deviennent frêles, donc vulnérables et ont de la peine à s'enraciner convenablement, l'ONF a commencé depuis deux ans à éclaircir les nouvelles futaies, afin de permettre aux arbres de croître en volume et plus seulement en taille. Elle assure même aujourd'hui qu'elle en reviendra dans un proche avenir à la forêt mixte, d'arbres d'essences et d'âges différents, ce qui éviterait les coupes rases très étendues qui lui sont reprochées. L'ONF, chargé maintenant d'un reboisement qui, à la demande du ministère de l'Environnement, devra être accru de 30 000 ha par an, va pouvoir faire ses preuves. Si ses promesses sont réellement tenues, il s'agirait de ce que, dans le langage forestier, on appelle une « conversion ». On n'ose à peine y croire. Le temps est venu de faire de la sylviculture ce qu'elle devrait être, mais, ce que de l'aveu des forestiers eux-mêmes elle est loin d'être encore : « La science qui étudie les phénomènes relatifs à la végétation et l'art d'exploiter celle-ci sans entraver son fonctionnement. » Une telle science serait de toute nécessité interdisciplinaire, donc écologique.

Alors, les forestiers, cessant de regarder la forêt comme une « usine photochimique... qui tourne à plein régime dès le printemps pour fabriquer le bois de l'année[22] », consentiront à voir « ce qu'elle est précisément, c'est-à-dire un écosystème aux interactions complexes [...] dont la fourniture de bois [...] n'est au départ qu'une fiction considérée et entretenue par l'homme comme l'objectif que se sont fixé les forêts[23] ».

La forêt est bien, d'abord, une communauté dynamique dont tous les membres, de l'arbre au ver de terre et à la bactérie, concourent au même but, son équilibre biologique, condition de sa santé et de sa prospérité. Autrement dit, elle est un super-organisme autonome et homéostatique. Elle n'est fragile que si l'homme y intervient sans comprendre ni sa nature ni son fonctionnement. La forêt n'a pas besoin de l'homme, mais l'homme a besoin de la forêt. Elle est, à son échelle et à sa portée, l'image et le résumé de l'immense écosystème qu'est le monde vivant auquel nous appartenons.

Peut-être est-ce cela qu'ont ressenti confusément tant de Français devant le spectacle révoltant de la forêt détruite, comme de la mer souillée, pendant les derniers jours sinistres du défunt millénaire. Certains ont alors pensé que le XXIe siècle ne pourrait s'accomplir que s'il prenait conscience des erreurs du XXe, si les hommes admettaient qu'il leur faudrait pour survivre modifier radicalement leurs rapports avec la nature.

Seulement alors, la forêt redeviendra l'enchanteresse qu'elle a toujours été, le lieu des initiations, des maturations, des métamorphoses, la source obscure de toute vie, archétype majeur et axe du monde. La fascination qu'elle exerce encore sur l'homme seul qui vient s'y perdre et s'y retrouver procède de ce qu'elle est le miroir où se reflète et se révèle son inconscient. Le sentiment d'« inquiétante étrangeté » qui s'empare du promeneur ressemble à la panique qui affolait les anciens, celle qu'inspirait Pan, le grand Tout, le dieu de la nature sauvage.

Dans ce « miroir opaque » que nous tend la forêt, « nous voyons l'image troublante d'une culture qui est en train de mourir, de s'aveugler de se demander ce qu'elle peut faire pour se sauver elle-même. Puisque la forêt a été, depuis le début de la civilisation occidentale, ce miroir opaque de la culture, peut-être l'intérêt profond que nous portons à la forêt, à l'époque présente, s'explique-t-il, en partie du moins, par le fait que, si nous réussissons à sauver la forêt, nous aurons peut-être réussi à nous sauver nous-mêmes de nos propres instincts destructeurs[24] ».

VI

LES PLUS BELLES FORÊTS DE FRANCE
ET D'EUROPE

LES FORÊTS FRANÇAISES

Elles sont de type très diversifié selon la nature du sol, les climats : atlantique, méditerranéen et continental, et l'altitude ; en fonction aussi de l'intervention humaine qui, au cours des siècles, n'a cessé de modifier et de remodeler les paysages.

Certaines régions sont depuis fort longtemps déboisées, le sol y est souvent dégradé. Les taux de boisement les plus faibles se situent au nord et à l'ouest, les plus élevées dans les contrées montagneuses de l'est et du sud-est. Et, si le département le plus boisé de France est celui des Landes, c'est en fonction d'un reboisement particulièrement intensif.

Le bref inventaire ici présenté vise à concrétiser cette diversité, il privilégie à la fois les forêts les plus accessibles, mais aussi celles qui ont le mieux conservé leur aspect naturel représentatif.

Nord-Est

Alsace — Taux de boisement : 33 %

La forêt alsacienne est concentrée dans trois régions : le centre du massif vosgien, où domine le Sapin pectiné, les Vosges du nord moins élevées où croissent le Hêtre et le Chêne rouvre, le Jura alsacien calcaire, à la frontière suisse, peuplé principalement de Sapins. En Alsace et en Lorraine, on peut admirer de très vieux et très beaux Tilleuls.

• *Forêt domaniale de Haguenau* (Bas-Rhin). 13 700 ha.

Avec d'autres forêts contiguës, elle forme au nord de la plaine d'Alsace un vaste massif, caractérisé par la présence d'une très belle forme du Pin sylvestre, la race de Haguenau. On y trouve aussi des Chênes rouvre et pédonculé, des Hêtres et des Charmes. En sous-bois, les Myrtilles sont particulièrement abondantes.

La ville de Haguenau doit son ancienne prospérité aux ressources de sa forêt. Ses droits d'usage lui furent accordés en 1164 par l'empereur Frédéric Ier Barberousse et reconnus ensuite par Louis XIV. Depuis ce temps la forêt de Haguenau est indivise entre l'État et la commune.

• *Forêt communale de Sélestat-Illwald* (Bas-Rhin). 1 500 ha.

Cette petite forêt alluviale de l'Ill est représentative par son peuplement de Chêne pédonculé, mêlé d'Aulne glutineux et de Frêne avec, en sous-étage, Cornouiller mâle, Viorne lantane, Camerisier à balai et un enchevêtrement de lianes : Clématite, Houblon, Bryone. Importante population de daims introduite.

Lorraine — Taux de boisement : 34,3 %

Une des plus grandes et des plus denses régions forestières de France, remarquable par le nombre et la beauté de ses forêts très variées. On y distingue trois zones forestières : le plateau calcaire de l'ouest où domine le Hêtre, les plaines et collines argileuses, domaine de la chênaie-charmaie, enfin le massif des Vosges, peuplé de Sapin mélangé de Hêtre.

• *Forêt domaniale de Gérardmer* (Vosges). 4 800 ha.

Avec les forêts domaniales voisines de la Bresse, de la Haute-Meurthe et de la Vologne, elle forme de vastes sapinières caractéristiques des Vosges centrales, qui furent intensément exploitées pendant des siècles.

Outre le Sapin pectiné, on y trouve le Hêtre, disséminé partout, mais dominant en altitude et l'Épicéa, naturel dans ce massif. Le traitement en futaie régulière a permis de constituer de beaux peuplements forestiers mixtes. Cette forêt sombre, au climat froid et humide, renferme lacs et tourbières ; certaines d'entre elles ont été classées en réserve biologiques.

• *Forêt domaniale de Haye* (Meurthe-et-Moselle). 7 000 ha.

Elle fait partie d'un massif boisé de 12 000 ha du plateau calcaire nancéen. La forêt a été partiellement traitée en futaie régulière. Y domine le Hêtre, accompagné dans le taillis sous-futaie des essences typiques de la forêt européenne continentale : Chênes rouvre et pédonculé, Charme, Frêne, Tilleul, Érable, Alisier, Merisier.

Champagne-Ardennes — Taux de boisement : 25,7 %

Cet espace composite inclut plusieurs régions naturelles, aux peuplements forestiers très différents : les Ardennes primaires cristallines, l'Ardenne secondaire argileuse, l'Argonne, les plateaux calcaires du Barrois et de Langres.

• *Forêt domaniale d'Arc-en-Barrois* (Haute-Marne).

La hêtraie-chênaie-charmaie qui occupe plus de 10 000 ha, récemment acquis par l'État, a été surexploitée et le Chêne pédonculé l'emporte désormais sur le Hêtre. Le massif est particulièrement riche en cerfs.

• *Forêt d'Orient* (Haute-Marne).

À 30 km à l'est de Troyes, ce massif d'environ 13 000 ha, comportant des forêts domaniales (2 000 ha), des forêts communales (2 000 ha) et des forêts privées (6 000 ha), est l'antique sylve du Der (Chêne en celte), morcelée par les défrichements et drainée par le creusement d'un chapelet d'étangs. Cette forêt typique de la Champagne humide est peuplée principalement de Chêne pédonculé et de Charme. En 1966, une partie de la forêt a été submergée par le grand lac artificiel d'Orient (2 300 ha), immense réservoir destiné à régulariser le cours de la Seine.

• *Massif de la montagne de Reims* (Marne).

Ce vaste plateau de 50 000 ha, à 300 m d'altitude, situé entre Reims et Épernay est couvert par une hêtraie-chênaie sur sol acide et humide d'environ 19 000 ha, dont 6 250 ha gérés par l'ONF, le reste se trouvant morcelé entre plus de 5 400 propriétaires. Au centre du massif, la petite réserve naturelle de Verzy protège un ensemble unique, les « Faux » de Verzy (Faux vient de Fayard : Hêtre), ou Hêtres tortillards ; leurs troncs et surtout leurs branches présentent des courbures, des renflements et des soudures qui leur donnent des formes étranges et tourmentées. Les Faux de Verzy ont été mentionnés dès le VIe siècle dans les cartulaires de l'abbaye de Saint-Basle.

Nord-Ouest

Bretagne — Taux de boisement : 8,1 %

C'est une des régions les plus déboisées de France où ne subsistent plus parmi les landes que quelques vestiges des grandes forêts légendaires.

• *Forêt domaniale de Fougères* (Ille-et-Vilaine). 1 600 ha.

Bien que peu étendue, cette hêtraie-chênaie est une des plus belles forêts de Bretagne, très intéressante aussi par son histoire mouvementée dont témoignent encore trois monuments mégalithiques : les dolmens de la pierre du Trésor et de la pierre Courcoulée, le Cordon des druides alignement de plusieurs dizaines de menhirs en quartzite, ainsi que les « celliers de Landéan », creusés au XIIe siècle. Aux XVIIe et XVIIIe siècles, la forêt de Fougères était un repaire de faux-sauniers ; à la fin du XVIIIe siècle, elle abrita les Chouans dont le premier soulèvement eut lieu en mars 1793, à la croix de Recouvrance, à l'orée nord de la forêt.

• *Forêt domaniale de Huelgoat* (Finistère). 600 ha.

Cette très ancienne forêt où les Celtes avaient édifié un oppidum devint forêt seigneuriale, puis royale. Elle est remarquable moins par ses Hêtres et ses Chênes que par son chaos de rocs de granit parfois énormes, telle la Pierre tremblante qui pèse 100 tonnes, et que parcourt comme un torrent la rivière d'Argent. On y a exploité le granit, mais surtout le plomb argentifère dont les mines, très anciennement utilisées, furent rouvertes de 1732 à 1867 et n'ont été définitivement fermées qu'en 1934. À leur apogée aux XVIIIe-XIXe siècles, ces mines fournissaient annuellement 650 tonnes de plomb et 1,6 tonne d'argent.

• *Forêt de Paimpont* (Ille-et-Vilaine). 8 000 ha.

C'est la plus morcelée, la plus dévastée et en même temps la plus visitée des forêts bretonnes, puisqu'il s'agit de l'antique et légendaire forêt de Brocéliande des romans médiévaux du cycle d'Arthur. On peut y voir encore la fontaine de Barenton, où l'enchanteur Merlin rencontra la fée Viviane. Le site a été ravagé une fois de plus en 1990 par un incendie.

Basse Normandie — Taux de boisement : 8,1 %

Tandis que la Manche et le Calvados, pays de bocage, ont été mis à mal par le remembrement, l'Orne possède encore sur les collines du Perche de très beaux massifs forestiers.

• *Forêt domaniale des Andennes* (Orne). 5 500 ha.

Cette belle chênaie-hêtraie, divisée en deux massifs, est assez dégradée du fait de l'ancienne exploitation abusive par des forges voisines, mais on y trouve un intéressant arboretum, celui de l'Étoile d'Andaines.

• *Forêt domaniale de Bellême* (Orne). 2 400 ha.

C'est une des plus belles chênaies sessiliflores de France, très bien conservée car elle a été suivie scientifiquement et expérimentalement par des générations de forestiers depuis François Ier. Sur les sols les plus pauvres, ont été pratiqués les reboisements en Résineux.

La petite forêt domaniale (1 600 ha) proche de Réno-Valdieu forme une très belle futaie régulière de Chêne sessile, accompagné de Hêtre et de Pin sylvestre. Les séries artistiques des Gautries conservent de beaux Chênes de deux cent cinquante à trois cents ans, dont certains dépassent 40 m de haut.

• *Forêt domaniale d'Écouves* (Orne). 7 500 ha.

Située au sein d'un massif de 15 000 ha qui inclut également la *Forêt domaniale du Perche* (2 100 ha), c'est une très ancienne chênaie-hêtraie, accompagnée de sapinières, en grande partie naturelle, d'*Abies pectinata* très rare en plaine. Cette forêt où l'on trouve quelques dolmens et menhirs fut aménagée sous Philippe-Auguste, puis délimitée aux XVIIe et XVIIIe siècles par plus de trois cents bornes toujours en place. Très dégradée par les prélèvements des forges voisines, elle a été restaurée à partir de 1863.

Haute-Normandie — Taux de boisement : 17,4 %

Bien que généralement peu arborée, cette région renferme quelques grands massifs forestiers célèbres.

• *Forêt domaniale de Brotonne* (Seine-Maritime). 6 754 ha.

Elle est incluse dans le Parc naturel régional de Brotonne (49 000 ha) qui renferme aussi le marais Vernier et les ruines de l'abbaye de Jumiège. Située sur la rive gauche du dernier méandre de la Seine, cette grande forêt, traitée en partie en futaie régulière, composée principalement de Hêtre et de Chêne sessile et accompagnée de Charme, de Bouleau et de Pin sylvestre (reboisement du XIXe siècle), avait été en partie défrichée dès le VIIe siècle par les moines des abbayes de Saint-Wandrille et de Jumièges, puis sauvagement exploitée jusqu'au début du XIXe siècle. Elle a été restaurée par des plantations de Hêtres à partir de 1830. On peut y admirer quelques arbres remarquables comme le « Chêne à la cuve », dans le val des Louvetiers, cépée tricentenaire de quatre troncs (cinq à l'origine), ou le Hêtre Barbier de la Serre (plus de deux cent trente ans, 40 m de haut). L'amateur d'arbres trouvera en outre dans les environs quelques sujets vénérables : l'énorme Aubépine de l'abbaye de Jumièges qui passe pour avoir dépassé le millénaire et surtout les deux ifs de la Haye de Routot certainement plus que millénaires, et dans lesquels ont été aménagés une chapelle et un oratoire.

• *Forêt domaniale de Lyons* (Eure et Seine-Maritime). 10 600 ha.

Une des plus grandes et des plus belles hêtraies de Normandie, malheureusement fractionnée en petits massifs séparés par des cultures. À partir du XIIIe siècle, plusieurs verreries s'établirent à proximité et la mirent à mal, un seul four consommant 5 000 stères par an. En 1826, fut décrétée la restauration de la hêtraie. Le résultat est aujourd'hui magnifique, beaucoup d'arbres y atteignent 40 m de haut, avec un fût colonaire de 20 m de haut sous branches. Depuis une trentaine d'années, une cochenille *(Cryptococcus fagisuga)*, associée à un champignon parasite *(Nectria ditissima)*, a entraîné le dépérissement d'un grand nombre d'arbres.

Ile-de-France — Taux de boisement : 20,6 %

Si cette région est fatalement très déboisée, elle contient encore de grands massifs forestiers, les anciennes forêts royales de Fontainebleau, de Saint-Germain-en-Laye, de Rambouillet, par exemple.

• *Forêt domaniale de Fontainebleau* (Seine-et-Marne). 16 620 ha.

Avec les forêts voisines, elle forme un massif de 25 000 hectares, reste de l'antique forêt de Bière, forêt de chasse des rois de France depuis le XIe siècle. Au début de ce siècle, Robert II le Pieux, fils et successeur d'Hugues Capet, fit construire un rendez-vous de chasse près de la fontaine Bléaud. François Ier édifia l'actuel château qui fut agrandi par Louis XIV et rénové par Napoléon Ier. Sa proximité de Paris a fait de la forêt un lieu de promenade et de séjour que rendirent célèbres les poètes romantiques, puis les peintres paysagistes de l'École de Barbizon. Ceux-ci obtinrent en 1861 le classement en « série artistique » de 1 097 ha contenant de très vieux et très beaux arbres, superficie portée en 1904 à 1 693 ha. C'était la première mesure volontaire de protection de la nature dans le monde. Mais le succès de la forêt de Fontainebleau attire présentement dix millions de visiteurs par an, une autoroute la traverse, d'autres routes la morcellent ; enfin, en 1970, l'ONF a décidé de la « rénover », ce qui s'est traduit par la conversion en futaie régulière, l'abattage systématique des vieux arbres que l'on venait admirer de loin, la multiplication des coupes rases (209 ha par an), enfin dès 1961, la suppression de la série artistique, un siècle après sa création. La régénération planifiée projetait de réserver 704 ha au public, 416 aux écologistes et le reste, soit 15 000 ha à la production.

Ces dommages sont probablement déjà irréparables. Ils mettent en tout cas en péril un ensemble unique et extrêmement diversifié d'écosystèmes forestiers, véritable conservatoire biologique où l'on a dénombré 6 000 espèces animales, dont 3 000 de Coléoptères, et 5 685 espèces végétales, parmi lesquelles 1 350 plantes à fleurs, ce qui fait de la forêt de Fontainebleau le milieu le plus riche de toutes les plaines d'Europe occidentale et centrale. Cette diversité unique s'explique par la géologie du massif : assise de sables de silice pratiquement pure, pouvant atteindre 60 m d'épaisseur, profondément découpée par des vallées séparant des plateaux recouverts d'une couche calcaire que l'érosion a fait disparaître par endroits, laissant apparaître de vastes tables de grès imperméables, les « platières », dont les rebords écroulés ont formé les actuels chaos rocheux. Sur les plateaux calcaires, se développent de belles futaies de Chêne rouvre et de Hêtre, tandis que sur les platières s'étendent des landes de Bruyère (*Calluna vulgaris*) parsemées de Bouleau et de Pin sylvestre. Enfin les rebords chauds et secs des plateaux calcaires portent des boisements de Chêne pubescent, accompagnés d'une flore de type méditerranéen. Une espèce d'oiseau méditerranéen y a même été découverte, le Guépier d'Europe (*Merops apiaster*) qui atteint ici la limite septentrionale de son aire en Europe. On trouve même dans la forêt une essence d'arbre endémique, l'Alisier de Fontainebleau (*Sorbus latifolia*).

En 1988, s'est créé un comité pour l'avenir de la Forêt de Fontainebleau, composé de nombreux spécialistes, notamment des forestiers. Son action est relayée depuis 1993 par un deuxième comité pour la transformation de la forêt en Parc national, soutenu par les personnalités les plus éminentes. En 1991, une commission de naturalistes a remis son rapport à la direction de l'ONF. Sous la pression de l'opinion publique, le plan d'aménagement de 1970 est en suspens et un nouveau plan est en cours d'élaboration. Mais la seule solution satisfaisante serait la création du Parc national de la forêt de Fontainebleau.

• *Forêt domaniale de Compiègne* (Oise). 14 500 ha.

Bien que rattachée à la Picardie et située dans une cuvette au confluent de l'Oise et de l'Aisne, c'est encore une forêt fréquentée par les Parisiens et le type même de la grande forêt royale aménagée pour la chasse. Avec les forêts de Villers-Cotterêts (ou forêt de Retz) et de Laigue, elle forme un massif forestier de 30 000 ha où le Hêtre domine, vestige de l'immense forêt de Cuise où venaient chasser les rois mérovingiens. En vue de la chasse à courre, les souverains qui se sont succédé au château, de François Ier à Louis XV, y ont fait ouvrir des routes (1 500 km) et des carrefours (près de 500), ce qui met d'ailleurs en valeur la superbe hêtraie-chênaie, où le régime de la futaie régulière a favorisé le Hêtre au détriment du Chêne. On peut y admirer de très beaux Hêtres de trois cents ans, mais aussi quelques Chênes qui ont atteint quatre cents ans.

Centre

Pays de Loire — Taux de boisement : 19,4 %

Cette région est le domaine par excellence de la chênaie atlantique. Elle compte encore de grandes forêts d'origine très ancienne.

• *Forêt domaniale de Bercé* (Sarthe). 5 500 ha.

C'est là tout ce qui reste de la *Carnuta silva*, où venaient se réunir les druides. Forêt royale depuis 1337, c'est une des plus belles futaies régulières de Chêne rouvre de l'Ouest, renommée depuis Colbert pour la beauté et la qualité du bois que produisent les grands fûts des Chênes, aussi rectilignes que ceux des Hêtres qui les accompagnent en faible proportion. Certains Chênes ont plus de trois cents ans et atteignent 40 à 45 m de haut, tels le nouveau Chêne Boppe (44 m de haut, 3 m de circonférence à 1,30 m du sol) qui remplace son homonyme foudroyé en 1934 qui avait, lui, 4,40 m de circonférence, ou le Chêne Emery de 44 m de haut avec un fût dénudé de 32 m. 1 500 ha de sol dégradé ont été plantés de Pins maritime et sylvestre.

• *Forêt domaniale de Boulogne* (Loir-et-Cher). 4 000 ha.

C'est une futaie régulière de Chêne rouvre sur les argiles et les sables de la Sologne, entre le Cosson et le Beuvron, deux affluents de la Loire. Cette forêt naguère beaucoup plus étendue était le terrain de chasse des comtes de Blois, elle fut rattachée à la Couronne par leur héritier, le roi Louis XII. François Ier décida de construire un château au lieu-dit Chambord (mot d'origine celtique : « gué sur la courbe »). Les travaux commencent en 1519, mais le domaine ne fut délimité qu'en 1540 ; à partir de 1542, on commença à l'enclore d'un mur de 31 km, percé de six portes, qui ne fut achevé qu'un siècle plus tard, sous Gaston d'Orléans. Ce dernier avait reçu le comté de Blois de son frère, Louis XIII. La forêt domaniale de Chambord, de 5 440 ha, inclut le parc du château devenu le plus grand parc forestier enclos d'Europe. Classé réserve nationale de chasse en 1947, il est devenu site du Patrimoine mondial de l'UNESCO en 1983. On y dénombre plus de 700 cerfs et biches et environ 800 sangliers. Des prélèvements de 4 000 bêtes ont permis de repeupler de nombreux autres massifs. Seuls, 1 200 ha sont ouverts au public, afin qu'il ne dérange pas les animaux.

• *Forêt domaniale d'Orléans* (Loiret). 34 200 ha.

C'est la plus grande forêt domaniale de France, composée de trois massifs : Orléans, Ingranne et Lorris. Elle conserve environ un quart de la *Sylva leudica* mentionnée dans un Capitulaire de 854. Au XVIe siècle, elle contenait encore 70 000 ha. C'est une forêt de plaine avec Chênes rouvre et pédonculé dominants, accompagnés de Charmes, de Bouleaux, de Trembles et de plusieurs espèces de Fruitiers. Dans d'anciennes landes, ont été plantées des futaies de Pin sylvestre et de Pin laricio.

Auvergne — Taux de boisement : 24,1 %

Région de moyenne montagne où domine le Hêtre, elle s'étend depuis les collines du Bourbonnais, couvertes de belles chênaies au nord jusqu'au sud du Massif central, calcaire, puis cristallin, où est très répandu à basse altitude le Chêne pubescent.

• *Forêt domaniale de Tronçais* (Allier). 10 400 ha.

S'étendant sur les collines du Bourbonnais, c'est une des plus belles futaies régulières de Chêne rouvre de France. On y trouve aussi le Chêne pédonculé, le Hêtre et le Pin sylvestre, ce dernier introduit.

Reste d'une sylve immense où l'on trouve les traces d'un camp romain, d'ermitages et de monastères médiévaux, la forêt de Tronçais appartenait à la famille de Bourbon. Au XVIe siècle, elle était possédée par le connétable de Bourbon qui trahit son roi, François Ier, lequel rattacha la forêt à la Couronne. Elle était en grande partie ruinée quand la visitèrent les envoyés de Colbert, chargés de la « grande réformation ». Sa restauration fut alors décidée et elle fut destinée à fournir du bois de qualité pour la marine, exploitable à deux cents ans. Les grumes étaient envoyées par la voie fluviale et flottaient jusqu'à Nantes où les attendaient les charpentiers de la marine.

Mais, en 1788, un maître de forges obtint l'autorisation d'exploiter la forêt. Seul un tiers en subsista, le reste retourna à l'état de taillis. La forêt ne fut restaurée et traitée en futaie régulière qu'à partir de 1832. La partie la plus célèbre en est la « futaie Colbert » où les Chênes ont généralement trois cents ans, mais dont certains atteignent cinq cents et même sept cent cinquante ans. Le bois de Tronçais au grain très fin et d'un beau jaune est très apprécié en ébénisterie et surtout en tonnellerie. C'est dans des barils de ce bois que vieillissent les grands crus de Bordeaux et de Bourgogne et le cognac à qui il donne sa teinte ambrée.

• *Forêt domaniale de la Grésigne* (Tarn). 3 300 ha.

Située sur les contreforts sud du Massif central à un carrefour climatique où se rencontrent les influences atlantique, continentale et méditerranéenne, cette pittoresque forêt élevée sur grès du Primaire présente une grande variété d'essences. Bien qu'y dominent les Chênes rouvre et pédonculé, on y trouve le Chêne pubescent, le Charme, le Hêtre, le Châtaignier, les Alisiers, le Houx, le Buis et aussi quelques espèces méditerranéennes : Érable de Montpellier et Filarias. La forêt abrite de nombreuses espèces animales dont certaines sont rares ailleurs, la genette et la martre par exemple, ainsi qu'une multitude d'espèces d'oiseaux.

Au XVIIe siècle, des verreries implantées dans les environs avaient mis à mal la forêt. La réformation de Colbert la restaura. Le grand maître des Eaux et Forêts, Louis de Froidour, obligea les riverains à édifier un mur et des fossés afin de mettre la forêt à l'abri des exactions et la fit surveiller par quatre garderies. Les abus du droit d'usage n'en continuèrent pas moins et seule une nouvelle restauration en 1821 permit de passer du taillis informe à la futaie. En 1992, la forêt de la Grésigne a été classée « zone naturelle d'intérêt écologique, faunistique et floristique » ; une réserve biologique permet aux naturalistes d'étudier un milieu particulièrement riche.

Languedoc — Taux de boisement : 25,9 %

Dans cette région préméditerranéenne aux aspects très variés, on ne trouve de forêts que dans les massifs montagnards, les Cévennes, par exemple. Ce que l'on appelle les « bas pays », sous influence méditerranéenne sont cultivés et les seules formations boisées sont des garrigues.

• *Massif des Cévennes* (Lozère et Gard).

Situé au sud du Massif central, à l'extrémité des pénéplaines de la Lozère et des Causses du Gévaudan, cette région de moyenne montagne présente deux aspects très contrastés. Le climat très froid et humide l'hiver, avec des pluies violentes qui ravinent le sol et gonflent les torrents autour du mont Lozère (1 702 m), devient méditerranéen sur les versants méridionaux. La végétation arborescente est formée principalement par le Chêne vert, le Chêne pubescent et le Hêtre. Le Châtaignier a été répandu par une population paysanne naguère nombreuse, pour qui les châtaignes constituaient une ressource alimentaire vitale. Mais les grandes forêts sauvages qui couvraient jadis les Cévennes ont presque partout disparu et le sol a été érodé par le surpâturage.

Avec l'exode des populations rurales et l'abandon des cultures, la région a été soumise depuis 1875 à un reboisement intensif, qui se poursuit de nos jours au rythme de 3 000 ha par an. On y a introduit le Pin maritime, qui a malheureusement supplanté l'essence indigène, le Pin de Salzmann, et plus récemment le Douglas.

La création d'un Parc national très étendu (84 200 hectares) qui englobe les Hautes Cévennes, de l'Aigoual au mont Lozère était destiné à protéger ce milieu et à reconstituer une faune variée, mais peu abondante parce que trop chassée. La chasse n'étant toujours pas interdite paradoxalement dans le parc, les nombreuses tentatives de réintroduction, celles du mouflon et de la marmotte par exemple, sont bien évidemment restées infructueuses. Une seule réintroduction, celle du Vautour fauve *(Gyps fulvus)* a été jusqu'à présent réussie. Le récent classement par l'UNESCO du Parc en Réserve de la biosphère permet d'espérer l'amélioration de la situation malgré de fortes résistances locales.

• *Massif de l'Aigoual* (Lozère et Gard).

L'ensemble de forêts domaniales de 15 300 ha qui s'étagent sur les pentes de l'Aigoual (1 567 m) dont le sommet très éventé est l'un des endroits les plus arrosés de France, où passe la ligne de partage des eaux entre l'Océan et la Méditerranée, est un des plus notables succès des reboisements entrepris dans la seconde moitié du XIXe siècle.

Le site lui-même est remarquable par l'étagement de la végétation forestière : Chêne vert sur le versant méditerranéen chaud, sur calcaire ou sur silice, Chêne pubescent au Sud et à l'Ouest, immense hêtraie sur le versant nord, mais surexploitée et à demi détruite. Vers 1850, de la forêt ravagée, ne subsistaient plus que 2 000 ha de taillis, le septième de la superficie totale. Le forestier Georges Fabre consacra trente-trois années de sa vie (1875-1908) à reboiser l'Aigoual, en Pin sylvestre et Pin laricio en basse altitude, plus haut en Mélèze et Pin à crochets. Il y créa aussi neuf arboretums forestiers, destinés à l'étude des adaptations de nombreuses essences tant étrangères qu'indigènes. (V. p. 404)

Sud-Ouest

Poitou-Charentes — Taux de boisement : 14,3 %

Cette région sur terrain en majorité calcaire est fort peu boisée. Dans quelques grands massifs moins exploités, le Chêne domine, mais le Hêtre a beaucoup régressé du fait du traitement en taillis ou en taillis-sous-futaie.

• *Forêt domaniale de Chizé* (Deux-Sèvres). 4 800 ha

C'est la plus belle forêt de la région, où le Hêtre domine encore, malgré des conditions de sol et de climat défavorables. Il y côtoie, ce qui est rare et remarquable, le Chêne pubescent et même l'Érable de Montpellier. Une réserve naturelle de 2 620 ha de forêt clôturée et interdite au public est un centre d'études biologiques des animaux sauvages nombreux à Chizé : chevreuils, sangliers, blaireaux, renards, genettes, putois, martres, rapaces diurnes et nocturnes, nombreux reptiles, etc.

Aquitaine — Taux de boisement : 38,8 %

Si c'est la seconde région de France pour son boisement, ce taux élevé est dû à l'immense forêt landaise.

• *Massif des Landes* (Gironde et Landes).

C'est le plus grand massif forestier artificiel d'Europe : 1 166 000 ha, dont 453 000 en Gironde et près de 6 000 dans le département des Landes, réparti entre forêts domaniales, communales et privées, avec le taux le plus important de reboisement (63,2 %) de toute la France. Depuis 1950, la forêt landaise a été aménagée contre les incendies.

À lui seul, le Pin maritime planté couvre près de 900 000 ha. Des vestiges de la forêt originelle de Chêne pédonculé, de Chêne tauzin et de Chêne-liège subsistent ici et là. Le Chêne vert, dont certains exemplaires sont très gros et très vieux, occupe encore la zone littorale au nord du massif qui abrite aussi plusieurs espèces de grandes Bruyères.

Pyrénées

• Forêt d'Iraty (Pyrénées-Atlantiques). 2 400 ha.

Située dans un cirque, elle fait partie d'un massif de plus de 10 000 ha de part et d'autre de la frontière franco-espagnole. Forêt caractéristique du haut Pays basque, cette belle hêtraie-sapinière est restée longtemps très sauvage. L'utilisation du Sapin comme bois de chauffage et surtout comme combustible pour les forges et les verreries de la vallée a presque éliminé cette essence et le Hêtre prédomine à 86 %. Par ailleurs, la transhumance des moutons a entraîné la dégradation d'importants espaces en landes à Fougère Aigle et Ajoncs.

L'avifaune d'Iraty est très importante en espèces, particulièrement de Rapaces diurnes : plusieurs espèces d'aigles et de vautours. En sous-bois, on trouve une très rare espèce relique, le pic à dos blanc *(Dendrocopos leucotos)*, ainsi que deux espèces endémiques, l'Euprocte des Pyrénées *(Euproctus asper)*, triton sans crête caudale, présent dans les lacs et les torrents et le Desman des Pyrénées *(Galemys pyrenaicus)*, petit Insectivore à trompe qui vit le long des torrents. Depuis 1965, le percement d'une route conduisant de France en Espagne et les constructions qui ont suivi ont fait perdre à ce site splendide beaucoup de sa sauvagerie et donc de son intérêt.

• *Parc national des Pyrénées.*

Couvrant 45 707 ha, dont 2 300 de réserves naturelles, ce parc, qui s'étend le long de la ligne de crêtes, frontière naturelle entre la France et l'Espagne, de l'ouest de la haute vallée d'Aspe jusqu'au cirque de Gavarnie, forme avec le parc national espagnol d'Ordesa et les réserves de chasse du versant espagnol un ensemble protégé de près de 200 000 ha. Étant donné l'altitude, seule une petite partie du Parc (12 %) est forestière. Y dominent le Hêtre et le Sapin pectiné, mais les paysages sont superbes : glaciers spectaculaires d'où dévalent les gaves par des vallées où la couleur des roches et les teintes variées de la végétation forment de véritables tableaux naturels, plus de cent vingt lacs poissonneux, grandioses éboulis de roches.

La Réserve naturelle de Néouvielle présente un très intéressant échantillonnage des formations végétales du parc : belles forêts subalpines de Pins à crochets parfois centenaires, dont certains auraient dépassé le millénaire, landes à *Rhododendron ferrugineum* et *Juniperus Sabina*. On y trouve aussi des plantes à fleurs endémiques, tels le Lis Martagon *(Lilium pyrenaicum)* et la Ramondie *(Ramonda myconi)*. La faune y est également remarquable : quelques lynx, des chats sauvages, loutres, renards, blaireaux, genettes, chevreuils, sangliers, lièvres, marmottes (introduites des Alpes), et environ 4 000 isards, les chamois des Pyrénées. L'avifaune est aussi très riche, principalement en Rapaces : aigles royaux (rares), aigles bottés, milans royaux, circaètes Jean-le-Blanc, nombreux vautours, Gypaète barbu (disparu, mais que l'on tente de réintroduire), hiboux grands ducs (rares), grands tétras (rares), lagopèdes des Alpes, pics noirs, chocards à bec jaune, craves à bec rouge, tichodromes échelettes, etc.

C'était naguère le domaine de l'ours brun *(Ursus arctos)* qui vit à la périphérie du parc, petite population relictuelle dont la survie est très menacée, car, quels que soient les efforts faits pour les sauver, les chasseurs les éliminent, en dépit des interdits.

• *Massif des Albères* (Pyrénées-Orientales).

Situé au sud du Roussillon, à l'est du col du Perthus, à la frontière espagnole, à une altitude qui ne dépasse pas 1 250 m, il présente un net étagement de la végétation : en bas, s'étend le vignoble qui produit le vin de Banyuls, plus haut croissent le Châtaignier, le Chêne-liège, et le Micocoulier, naguère cultivés ; leur succèdent en altitude hêtraies et pinèdes, puis les pelouses alpines pâturées en été par une race locale de vaches. Sur le versant oriental du massif, la Réserve naturelle de la Massane protège la très intéressante forêt de Coulomates, hêtraie qui s'étend de 600 à 1 150 m, demeurée hors d'atteinte de toute intervention humaine. Les arbres y ont souvent plus de trois cents ans. Dans cette forêt, on rencontre l'aigle de Bonelli, le circaète Jean-le-Blanc et même une dizaine de couples de hiboux grands ducs. Comme les arbres se décomposent sur place, les insectes y prospèrent ; on y a inventorié plus de 1 250 espèces de Coléoptères, dont le splendide Carabe *Chrysotribax rutilans*, de près de 4 cm de long, espèce endémique du nord-est de l'Espagne et des Pyrénées-Orientales.

Sud-Est

Bourgogne — Taux de boisement : 29,6 %

La Bourgogne englobe trois régions bien distinctes du point de vue forestier : les plateaux calcaires du Jurassique que dominent le Chêne rouvre et le Hêtre, le Morvan et l'Autunois sur sol cristallin, aux types forestiers variés, la plaine de la Saône où croît le Chêne pédonculé.

• *Forêt domaniale de Cîteaux* (Côte d'or). 3 557 ha.

Lieu de naissance de l'Ordre cistercien à la fin du XIe siècle, Cîteaux vient de l'ancien français *Cistels* : lieu couvert de joncs. Il s'agissait d'une forêt sur terrain alluvial limoneux, trouée d'étangs bordés d'immenses roselières que les moines reçurent et prirent à charge d'assainir et de remettre en valeur. Précurseurs des forestiers du XIXe siècle, les Cisterciens utilisèrent le taillis comme bois de chauffage et préservèrent les Chênes pédonculés en haute futaie pour les usages nobles ; ce bois, d'excellente qualité, sert aujourd'hui à la confection de tonneaux pour le vignoble bourguignon. Une réserve biologique a été créée le long d'un ruisseau afin d'étudier la flore et la faune, en particulier les très nombreux Amphibiens, grenouilles, tritons et salamandres.

Franche-Comté — Taux de boisement : 41,1 %

C'est la région de France qui a le taux de boisement le plus élevé grâce aux grandes forêts du Jura où l'on distingue trois zones d'altitude : la zone collinéenne au sol limoneux ou argileux, où croît le Chêne pédonculé, le premier plateau du Jura, domaine du Hêtre, du Chêne rouvre et du Charme, enfin le deuxième plateau plus élevé où dominent le Sapin pectiné et l'Épicéa.

• *Forêt domaniale de Chaux* (Jura). 13 000 ha.

Elle est incluse dans un massif de 20 000 ha. L'ensemble, géré par l'ONF, constitue l'une des forêts françaises les plus étendues. Elle a appartenu successivement aux comtes de Bourgogne, aux rois de France, aux ducs de Bourgogne, puis aux Habsbourg, avant de revenir à la France avec l'annexion de la Franche-Comté au royaume en 1672.

Cette chênaie-hêtraie sur sol argilo-limoneux a été long-temps sur-exploitée ; elle fournissait du bois de chauffage à 54 villages, 50 000 têtes de bétail y pâturaient, mais le bois de Chaux servait aussi à alimenter des forges et des verreries, et surtout les salines proches d'Arc-et-Senans. La restauration de la forêt dégradée, entreprise dès 1825 par Lorentz, se heurta à de grandes difficultés ; elle réussit cependant et on peut en voir les résultats : hêtraies reconstituées, plantations de Pin sylvestre, de Pin Weymouth et de Chêne rouge d'Amérique.

À l'aube du XIXᵉ siècle, 600 personnes vivaient encore dans la forêt et tout le pays a vécu du bois pendant huit siècles. L'Association des villages de la forêt de Chaux en commémorent le souvenir, en reconstituant la vie de ces hommes dans la forêt.

• *Forêt domaniale de la Joux* (Jura). 2 700 ha.

Avec les forêts proches de Levier et de la Fresse, elle forme un vaste massif situé sur les contreforts du deuxième plateau du Jura. C'est l'une des plus belles sapinières de France, comprenant de puissants individus qui atteignent ou dépassent 50 m de haut dans le site classé de la Glacière (26 ha). Chacune de ces forêts possède son Sapin Président, choisi pour sa majesté par les forestiers et les élus locaux. Lorsqu'il meurt, est organisée une cérémonie, où est convié tout le canton ; l'arbre est alors abattu et son successeur désigné. Dans la *forêt domaniale de Levier*, se trouvent les « plantations du roi de Rome », ordonnées par Napoléon Iᵉʳ pour célébrer la naissance de son fils.

Rhône-Alpes — Taux de boisement : 29,1 %

Cette très vaste région est extrêmement diverse puisqu'elle englobe à la fois le sud du Jura, les Alpes, l'est du Massif central et la zone subméditerranéenne de l'Ardèche, de la Drôme et de la vallée du Rhône.

• *Forêt d'Arc* (Savoie). 1 200 ha.

Située dans la haute vallée de l'Arc (Haute-Maurienne), dans la zone périphérique du Parc national de la Vanoise, elle regroupe les trois forêts communales de Lanslevillard, Lanslebourg et Termignon. Ce massif constitue un bon exemple de la végétation des Alpes internes : Sapin et Épicéa à l'étage montagnard, Mélèze et Pin cembro disséminés à l'étage subalpin.

• *Forêt domaniale de Saou* (Drôme).

Encadrée par la haute falaise formée par un synclinal creux et inversé, soulevé d'est en ouest sur une dizaine de kilomètres, qui culmine aux Trois-Becs à 1 589 m, cette forêt close, où l'on ne peut pénétrer que par deux voies : le défilé de Pertuis et le pas de Lauzun, présente un contraste frappant entre la hêtraie-sapinière de l'ubac et la végétation subméditerranéenne de l'adret : Chênes vert et pubescent, Érable plane et Pin sylvestre. On peut y observer une centaine d'espèces d'oiseaux, tantôt montagnards : bec-croisé des sapins, tichodrome échelette, martinet alpin, tantôt méridionales : les fauvettes Orphée et passerinette, par exemple. Au-dessus des crêtes, tournoient l'aigle royal, le circaète Jean-le-Blanc et le faucon pèlerin.

Provence — Taux de boisement : 34,5 %

Ce taux de boisement ne doit pas faire illusion, car y sont comprises toutes les formations arbustives, dont les garrigues et les maquis. C'est seulement dans les Alpes du sud que l'on trouve de véritables forêts. Dans la zone méditerranéenne, elles sont rares et toujours menacées par les incendies.

• *Massif du mont Ventoux* (Vaucluse). 80 000 ha environ.

Isolé à la pointe sud-est des Alpes, culminant à 1 903 m et dominant le bassin de Carpentras, son orientation est-ouest crée des contrastes brutaux dans l'étagement de la végétation et la différence marquée des peuplements du versant nord alpin et du versant sud méditerranéen. Depuis le XVIIIe siècle, le Ventoux n'a cessé d'être exploré par les naturalistes, tel l'illustre entomologiste J.-H. Fabre. En 1862, on construisit à son sommet un observatoire météorologique ; dans les années 60 y fut créé par l'INRA un laboratoire d'écologie forestière. Ruiné et érodé par le surpâturage, le Ventoux a été sauvé par un remarquable reboisement entrepris après 1860.

• *Forêt domaniale des Morières* (Var).

Dans un beau paysage accidenté, cette forêt typique de la Provence calcaire présente dans sa partie la plus élevée un plateau où l'on trouve le Pin d'Alep, des taillis de Chêne vert et des garrigues en partie reboisées, tandis que le versant nord, la haute vallée du Capeau, est peuplé d'un harmonieux mélange de Pin d'Alep, de Chêne vert et de Chêne pubescent.

• *Forêt domaniale de la Sainte-Baume* (Var). 138 ha.

Parce que, dans une grotte (en ancien provençal : baume), se serait retirée en ermite sainte Marie-Madeleine et que cette grotte devint un lieu de pèlerinage où se rendirent huit papes et dix-huit rois, cette forêt sacrée a été préservée depuis plus d'un millénaire. Surplombée par une impressionnante falaise calcaire, la forêt de Feuillus bénéficie d'un microclimat frais et humide. Sur le versant nord, une futaie relictuelle de Hêtres formant voûte domine un paysage rocheux assez chaotique. En forêt, on trouve des Érables à feuilles d'Obier, des Fusains à larges feuilles, des Ormes, des Frênes, de très vieux Houx, mais les arbres les plus remarquables sont les Ifs aux spectaculaires troncs creux, probablement millénaires et qui passent pour les plus vieux d'Europe. La Forêt de la Sainte-Baume est aujourd'hui classée comme réserve biologique au centre de forêts de Chêne pubescent et de landes à Genêt cendré.

Corse — Taux de boisement : 28,8 %

Le maquis, mot d'origine corse, fait parfois oublier la forêt qui, sur cette île montagneuse, couvre les pentes, variant de composition suivant l'altitude : Chêne vert, Chêne-liège et Genévrier sur le littoral, Chêne pubescent, Pin maritime et Châtaignier sur les versants, Pin laricio, Hêtre et plus rarement Sapin pectiné sur les hauteurs.

• *Forêt domaniale d'Aïtone*. 1 700 ha.

À 10 km à vol d'oiseau du golfe de Porto, cette forêt située dans un cirque glaciaire d'où dévalent des torrents n'est boisée que sur 1 400 ha, mais forme avec les forêts de Lonca, de Lindinosa et de Valdoniello un grand massif de 8 000 ha contenant un peuplement renommé de Pin laricio, traité en futaie jardinée. À Albertacce, en forêt de Valdoniello, on admire le Roi des Arbres, un Pin laricio de plus de 40 m de haut, avec un fût parfaitement régulier. Mais l'arbre le plus haut de l'Île de Beauté serait un Sapin pectiné de la commune de Palneca, qui aurait atteint 56 m, avant qu'un orage lui ait fait perdre quelques mètres.

• *Forêt domaniale de Vizzavona*. 1 400 ha.

Elle fait partie, avec les forêts de Cervello et de Sorba, d'un grand massif qui s'étend au pied du Monte d'Oro, et que traverse la route de Corte à Ajaccio. Ici aussi, on trouve de magnifiques futaies de Pins laricio, accompagnés de Pins maritimes et de Hêtres.

LES ARBORETUMS FORESTIERS

Afin de reconnaître en forêt la diversité des essences et de les distinguer entre elles, il n'est pas de meilleure initiation que la visite des arboretums, parcs consacrés à la culture, à l'acclimatation et à l'étude des différentes espèces d'arbres, « de manière à apprécier leur mode de croissance en forêt, leur rusticité et leur importance forestière ». Les premiers arboretums, dits de collection, créés à la fin du XVIIIe siècle et au début du XIXe, servaient surtout à expérimenter les espèces introduites depuis peu des pays lointains. On peut y voir des exemplaires déjà âgés, ayant atteint leur plein développement, d'essences rares, disposés par pieds isolés ou en petits bouquets dans un parc.

Plus tard, le développement de la sylviculture entraîna la création des arboretums dits forestiers, qui contiennent un nombre plus limité d'essences, mais représentées par au moins vingt-cinq sujets, en culture expérimentale. Ils sont destinés à tester l'intérêt présenté par chacune de ces essences en vue du reboisement de la région dans laquelle ils sont implantés. Ces précieuses collections dendrologiques plus ou moins fragiles ont été pour la plupart très éprouvées par les tempêtes de 1982, 1984 et plus encore par celle de la fin de l'année 1999.

Aigoual (L'). Gard.

Ensemble de neuf arboretums créés dans la forêt domaniale du massif de l'Aigoual de 1884 à 1914 par le forestier Georges Fabre qui fit revivre ce massif et par Charles Flahaut, professeur de botanique à l'université de Montpellier, en vue du reboisement de l'Aigoual. Partiellement abandonnés ensuite, ils ont été remis en état à deux reprises, en 1938-1941 puis après 1961.

• *Arboretum de l'Hort de Dieu*. 20 ha. Établi dans un cirque exposé au sud, entre 1 250 et 1 350 m d'altitude sous le sommet de l'Aigoual. Son climat rude a permis d'étudier les limites de résistance de près de trois cents espèces, tant indigènes que nord-américaines et nord-asiatiques, en particulier trente-huit espèces résineuses : Sapins, Épicéas, Pins, Mélèzes, et treize espèces de Feuillus : Ormes, Noyers, Érables, Frênes, Tilleuls, etc.

• *Arboretum de La Foux*. 10 ha. Situé à l'ouest de Bramabiau, sur une pente assez accentuée, entre 900 et 1 500 m d'altitude. On peut y admirer de beaux Chênes rouges d'Amérique (certains fort gros : 1,50 m de circonférence) et surtout une magnifique collection de Résineux : *Sequoiadendron giganteum* et *Sequoia sempervirens*, Sapins de Vancouver, de Nordmann et de Céphalonie, Douglas, Pin laricio de Corse, Mélèzes d'Europe et du Japon.

Amance. Meurthe-et-Moselle (Champenoux, 54280 Sei-champs)

Cet arboretum de collection d'une dizaine d'hectares, créé en 1900 dans la forêt domaniale d'Amance pour l'École nationale des Eaux et Forêts, a été agrandi en 1960 et 1967. On y trouve cent cinquante essences résineuses et deux cent soixante et une essences feuillues.

Barres Le. Loiret (45290 Nogent-sur-Vernisson).

Cette collection d'arbres, l'une des plus anciennes et des plus riches du monde, fut commencée en 1821 par Philippe-André de Vilmorin qui consacra une centaine d'hectares à l'expérimentation forestière et planta de très nombreuses espèces exotiques. En 1866, 70 ha furent acquis par les Eaux et Forêts ; depuis 1936, tout l'arboretum est devenu propriété de l'État.

Il s'agit d'un ensemble d'arboretums renfermant mille sept cents espèces : deux cent quarante-quatre de Conifères, dont certaines d'une grande rareté : soixante-dix espèces de Sapins, cinquante d'Épicéas, cent de Pins, de nombreuses Taxodiacées (*Sequoia, Metasequoia, Cryptomeria, Taiwania*) et Cupressacées. Parmi les quelque mille cinq cents espèces de Feuillus, on dénombre soixante-dix espèces de Bétulacées (Aulnes et Bouleaux), trente de Juglandacées (Noyers et Caryas), une cinquantaine d'espèces de Chênes, plusieurs de Nothofagus (Hêtres de l'Amérique du Sud), etc. Le Frutice-tum, créé en 1894 par Maurice de Vilmorin, renferme à lui seul près de mille cinq cents espèces et variétés d'arbustes principalement ornementaux.

Chèvreloup. Yvelines (Rocquencourt, 78150 Le Chesnay).

Dans la plaine de Chèvreloup, terrain de chasse royale, Bernard de Jussieu (1699-1777), chargé par Louis XV de créer le jardin botanique de Trianon, planta beaucoup d'arbres qu'il venait de recevoir des pays lointains. Un seul a survécu jusqu'à aujourd'hui, un très beau *Sophora japonica* de 1747. En 1922, furent établies à Chèvreloup des pépinières rassemblant des arbres du monde entier. Enfin, depuis 1960, l'arboretum fut réorganisé et complété par les botanistes du Muséum d'Histoire naturelle de Paris. On y dénombre environ mille cinq cents espèces asiatiques (Chine : plus de cinq cents, Japon et Corée : quatre cent soixante), sept cent soixante espèces nord-américaines (dont cinq cents en provenance des États-Unis, trente-sept espèce du Caucase et deux cent dix-sept espèces européennes). Parmi les Conifères, vingt et une espèces de Sapins, vingt-quatre d'Épicéas, quatre de Cèdres, de très nombreuses espèces de Pins, des *Chamaecyparis*, Genévriers, Ifs, Mélèzes, Cryptomérias, Tsugas, Pseudo-tsugas, etc.

Chevreuil. Arboretum du Jura. (Supt, 39300 Champagnole)

Situé à 700 m d'altitude dans la forêt domaniale de la Joux, cet arboretum forestier de 3,40 ha présente en quatre-vingt-six placettes numérotées les principales essences forestières des montagnes d'Europe, résineuses et feuillues.

Grands Murcins Les. Loire (Arcon, 42370 Renaison).

Inclus dans un domaine de 150 ha, à 760 m d'altitude, dans le massif de la Madeleine, l'arboretum domine les plaines du Roannais et du Beaujolais. Les plantations (1936 et 1939) comportent 2 200 arbres en cent trente-deux espèces dont 90 % de Résineux avec de nombreuses essences peu fréquentes : *Pinus uncinata, griffithii, banksiana, rigida* et *ponderosa, Abies balsamea, Larix gmelini,* et aussi quelques Feuillus rares : *Betula maximowicziana, Castanea nana, Quercus conferta.*

Harcourt. Eure (27800, Brionne).

L.G. Delamare qui avait acquis en 1802 ce domaine peuplé exclusivement de Feuillus y introduisit de nombreuses essences de Résineux exotiques. À sa mort, en 1827, il légua le domaine à l'Académie d'agriculture. Dès 1833, A.F. Michaux, botaniste et pépiniériste en Amérique du Nord, y planta plusieurs exemplaires d'essences nord-américaines dont quelques-uns existent encore. Puis, les gestionnaires successifs, nommés par l'Académie, tous éminents sylviculteurs, Pépin, Pardé, Guinier et Oudin, enrichirent les collections : plus de 1 000 arbres exotiques représentent deux cent cinquante espèces. La « forêt expérimentale » qui prolonge l'arboretum renferme de très beaux et très vieux exemplaires.

Jonchère La. Haute-Vienne (87340 La Jonchère Saint-Maurice).

Ce fut d'abord une pépinière créée en 1884 par H. Gerardin dans un vallon des premiers contreforts ouest du Massif central. En 1938, acquis par l'École nationale des Eaux et Forêts, La Jonchère est devenue un arboretum écologique et forestier. On y remarque surtout de nombreux Résineux nord-américains, dont *Sequoiadendron giganteum*, *Sequoia sempervirens*, *Abies amabilis*, *Tsuga mertensiana*, et japonais : *Cryptomeria japonica* et *Sciadopitys verticillata*.

Pézanin. Saône-et-Loire (71970 Dompierre-les-Ormes).

Créé en 1903 dans un domaine de 18 ha par Philippe de Vilmorin, cet arboretum fut cédé à l'État en 1936. En 1914, l'arboretum contenait près de mille espèces, mais il s'est partiellement appauvri en raison du climat ; en revanche, y ont prospéré soixante-sept essences de Conifères : principalement nord-américains et nord-asiatiques : seize de Sapins, douze de Pins, dix d'Épicéas, quatre de Mélèzes, quatre de Chamaecyparis, trois de Tsugas, deux de Cèdres, Sequoiadendron, Cyprès chauve, Cryptomerta, Sciadopitys et Thuyopsis du Japon, Cunninghamia de Chine. Soixante-dix essences représentent les Feuillus, dont neuf d'Érables, sept de Chênes et deux de Bambous.

Ripaille. Haute-Savoie (74200 Thonon-les-Bains).

Cette vieille forêt de Chênes fut d'abord territoire de chasse des comtes de Savoie, dont subsiste le « Chêne d'Amédée » qui serait contemporain du célèbre Amédée VIII (1383-1451), qui fut en 1439, sous le nom de Félix V, le dernier antipape de l'Histoire ; il renonça à la tiare en 1449 et mourut à Ripaille. Entre 1930 et 1934, y fut créé l'arboretum qui, bénéficiant d'un climat très doux, permit la plantation de Cyprès, d'Amandiers et de Magnolias. On y trouve vingt-quatre espèces de Résineux et vingt-quatre de Feuillus pour la plupart nord-américains et asiatiques. Parmi les plus remarquables : *Abies grandis* et *lowiana*, *Pinus strobus* et *griffithii*, *Thuja plicata*, *Calocedrus decurrens*, *Carya olivaeformis*, *Juglans nigra* et *cordiformis*.

LES PLUS BELLES FORÊTS D'EUROPE

Il n'existe plus en Europe qu'un très petit nombre de forêts naturelles. Depuis longtemps, presque toutes celles qui étaient accessibles ont été exploitées et souvent surexploitées. Les forêts actuelles proviennent pour la plupart de semis ou de plantations faits de main d'homme, ce qui a profondément modifié la nature des peuplements. Si les forêts primaires sont d'une extrême rareté, les forêts restées à peu près sauvages ne se trouvent qu'à l'étage montagnard (de 600 à 1 600 m environ d'altitude) dans les massifs montagneux étendus, ou bien il s'agit d'anciens territoires de chasse royale, longtemps préservés, mais généralement aménagés pour cet usage. De plus, partout la faune sauvage, exagérément chassée, est en forte régression.

C'est pourquoi, depuis sa fondation, l'Union européenne n'a cessé de recommander aux États membres de prendre les mesures conservatoires urgentes qui s'imposent. Outre les parcs nationaux déjà existants, il a été créé de nombreuses « réserves biologiques » ou « biogénétiques », afin de permettre aux naturalistes d'étudier les écosystèmes locaux, tandis que les Nations unies, par l'intermédiaire de l'UNESCO, désignaient des « réserves de la biosphère » et des « sites naturels du patrimoine mondial » destinés à préserver un échantillonnage des différents biotopes caractéristiques du monde.

La liste présentée ci-dessous ne saurait être exhaustive, elle a pour objectif de permettre aux voyageurs amis de la nature de partir à la découverte des forêts naturelles les plus intéressantes et les mieux préservées en Europe. Si certaines d'entre elles sont difficiles d'accès, d'autres, au contraire, sont menacées du fait que leurs aménagements touristiques attirent fatalement un beaucoup trop grand nombre de visiteurs.

Allemagne

Bien qu'elles occupent un territoire relativement plus étendu qu'en France, 29 %, les forêts allemandes sont principalement montagnardes et peuplées à 70 % de Conifères. L'immense et ancienne Forêt-Noire *(Schwarzwald)* est très morcelée et très habitée jusqu'à 1 200 m ; plus haut, s'étend une dense forêt de Hêtres et de Sapins à laquelle succèdent en altitude des pelouses que viennent paître les troupeaux à la belle saison. Mais c'est au sud de la Bavière que se trouvent des forêts étendues, relativement sauvages. Cette région, depuis longtemps touristique, est aujourd'hui partiellement protégée par le seul parc national allemand, mais aussi par plusieurs réserves naturelles.

• *Parc national du Bayerischer Wald.*

Fondé en 1970 et classé depuis peu Réserve de la biosphère par l'UNESCO, ce parc s'étend sur 12 000 ha, mais fait partie d'un vaste réseau comprenant 200 000 ha de la forêt de Bavière orientale, en partie préservée par un vaste parc naturel *(Naturpark)* et 160 000 ha de la forêt de Bohême en Tchécoslovaquie, dans la « région protégée de la forêt de Sumava ».

Cet immense massif hercynien typique culmine au Grosser Arber (1 457 m) Constitué principalement de granite et de gneiss, il a été très érodé par les glaciations du Quaternaire qui ont laissé leurs marques : moraines, cirques, lacs et tourbières. À basse altitude, domine le Hêtre, puis, plus haut, la hêtraie-sapinière ; entre 1 150 et 1 450 m s'étendent de grandes forêts d'Épicéas.

Si la plupart des Mammifères et beaucoup d'Oiseaux ont été naguère éliminés par les chasseurs, il existe encore dans ce parc des cerfs, des sangliers et des loutres ainsi qu'une avifaune assez riche : cinq espèces de pics, des cigognes noires *(Ciconia nigra)*, des gélinottes des bois *(Tetrastes bonasia)*, un petit nombre de grand tétras *(Tetrao urogallus)* et de hiboux grand duc. On y a réintroduit avec succès le lynx, mais la réintroduction du loup a dû être abandonnée devant l'opposition des populations locales.

• *Réserve naturelle d'Ammergauer Berge.*

Située immédiatement à l'ouest de Garmisch-Partenkirchen et d'Oberammergau, cette réserve de 27 600 ha sur un massif des Préalpes calcaires culminant à 2 500 m, se compose de causses rocailleux, de cimes impressionnantes, de lacs scintillants enchâssés au fond des vallées profondes, de forêts de Conifères pratiquement vierges et de vastes pelouses en altitude. La faune alpine y est relativement abondante : chamois (très nombreux), bouquetins (réintroduits), marmottes, aigles royaux, autours des palombes, bondrées apivores, ruses, hiboux moyen duc, grand tétras, casse-noix, etc.

• *Réserve naturelle de Karwendel.*

Cette réserve de haute altitude (jusqu'à 2 800 m) couvre 19 000 ha en Allemagne, mais 72 000 ha en Autriche, au nord d'Innsbruck. La faune alpine y est abondante, mais en Autriche la chasse est seulement réglementée.

Autriche

Avec un des pourcentages forestiers les plus élevés de toute l'Europe, 38,8 %, l'Autriche, pays de haute montagne, possède plusieurs importantes réserves naturelles dont la plus belle et la plus caractéristique est la *Région préservée (Naturschutzpark) des Hohe Tauern.*

Située en Tyrol oriental, à 50 km au sud de Kitzbühel, entre le Grossglockner qui culmine à 3 797 m et la frontière italienne, cette réserve de 38 000 ha fait partie d'un projet de parc qui devrait couvrir 130 000 ha. Elle est restée très sauvage avec des pics très élevés, des glaciers, des vallées profondes, creusées par les torrents et de belles forêts de Hêtres, mêlés d'Épicéas et de Sapins. À l'étage subalpin (entre 1 600 et 2 000 m) s'étendent des landes à Rhododendron ferrugineux, avec des bois clairs de Mélèze et de Pin cembro. La faune y est typiquement alpine : chamois, marmottes, lièvre variable *(Lepus timidus)* au pelage brun en été et blanc en hiver. Nombreux oiseaux de montagne : lagopède des Alpes *(Lagopus mutus)*, niverolle ou pinson des neiges *(Montifringilla nivalis)*, pipit spioncelle de montagne *(Anthus spinoletta*

spinoletta), martinet alpin *(Apus melba)*, chocard à bec jaune *(Pyrrhocorax graculus)*.

Bulgarie

Ce pays très montagneux, où la forêt occupe 33 % du territoire, a su préserver l'essentiel de ses sites les plus pittoresques grâce à un ensemble d'aires protégées — cinq parcs nationaux et plus de cinquante réserves naturelles — qui ont été classées par l'UNESCO comme Réserves de la biosphère.

Au nord, dans la région du Balkan, ou *Stara Planina* (la « Vieille montagne »), les deux *réserves de Tsarichina* (1 420 ha) et *de Byala Reka* (3 290 ha) protègent une flore alpine peu commune et de nombreuses espèces animales dont quelques-unes rares, comme le spermophile ou souslik d'Europe *(Citellus citellus)*, Rongeur qui ressemble à une petite marmotte, et le putois marbré *(Vormela peregusna)*.

Au Sud, dans le haut massif du Rhodope, s'étend, autour du mont Vihren (2 914 m), le vaste parc national de Pirin (40 000 ha), reconnu par l'UNESCO comme « monument du patrimoine mondial ». C'est en effet un site grandiose, hérissé de quatre-vingts pics dépassant 2 500 m, où abondent cirques glaciaires, chaos rocheux, gouffres et lacs aux eaux claires. L'étage subalpin est couvert de grandes forêts de Pins appartenant à cinq espèces différentes : Pin de Bosnie *(Pinus heldreichi)*, Pin sylvestre *(Pinus sylvestris)*, Pin noir *(Pinus nigra)*, Pin de Macédoine *(Pinus peuce)*, enfin *Pinus leucodermis*, espèce endémique des Balkans, dont un exemplaire, connu sous le nom de *Baikushevata mura*, au tronc gigantesque, aurait atteint mille trois cents ans.

Certaines zones, biologiquement les plus intéressantes, ont été constituées en réserves intégrales, accessibles aux seuls naturalistes telle la *réserve de Bajuvi-Dupki* (848 ha), remarquable par ses forêts primaires et le nombre de plantes vasculaires, cinq cents dont une centaine sont endémiques, ou la *réserve de Parangalitza* (mont Ezernik), qui possède les plus belles forêts d'Épicéa d'Europe. La faune de ce parc est tout aussi remarquable : plus de deux cents espèces d'oiseaux et, parmi les Mammifères, des chamois (environ 300), une vingtaine d'ours bruns, des chats sauvages et des daims.

À l'extrême sud-est du pays, la *réserve d'Ouzounbodjak* (2 386 ha) renferme encore des forêts aux arbres plusieurs fois centenaires et qui contiennent des essences typiquement orientales : Hêtre d'Orient *(Fagus orientalis)* et Chênes *(Quercus frainetto* et *polycarpa)* et, en sous-bois, le *Rhododendron ponticum.* On peut y rencontrer le loup *(Canis lupus)* et le chacal doré *(Canis aureus),* ici à la limite de son aire en Europe.

Espagne

Si, en Espagne, la forêt n'a cessé d'être détériorée tout au long de son histoire — extraction excessive de bois d'œuvre et de bois de feu, nombreux défrichements, surpâturages et incendies, suivis de la formation de *matorrals* à Chêne kermès *(Quercus coccifera)*, *Phillyrea angustifolia*, Cistes, Genêts et Bruyères — ce pays s'est efforcé de préserver les zones les moins dégradées, en créant quatre parcs nationaux et une trentaine de grandes réserves de chasse, couvrant 2 % du territoire national, destinées à protéger, voire à reconstituer la faune locale ; ces réserves établies dans les régions les plus sauvages sont sévèrement réglementées. Les parcs nationaux du Nord protègent les versants sud des Pyrénées, peuplés de Chênes de plusieurs espèces : Chêne vert, Chêne-liège, Chêne tauzin *(Quercus toza* ou *pyrenaica)*, Chêne Zeen *(Quercus fagina)* au feuillage semi-persistant, et plus haut de Hêtre.

• Le *parc national d'Ordesa* (15 000 ha), déclaré par l'UNESCO Réserve de la biosphère, est situé dans le grand massif calcaire du monte Perdido et fait partie d'un vaste ensemble de près de 200 000 ha, avec les réserves de chasse espagnoles environnantes et le parc national français des Pyrénées. Contrairement au versant français orienté au nord, le versant espagnol présente, surtout à sa base, quelques traits caractéristiques des montagnes méditerranéennes. Plus haut, le paysage présente un spectacle impressionnant de cirques glaciaires, de profonds canyons, d'anciennes moraines et de chutes d'eau vertigineuses. C'est l'ultime refuge du bouquetin des Pyrénées *(Capra pyrenaica),* même ici très rare. On y trouve de nombreux izards (Chamois des

Pyrénées), des sangliers, des loutres, des genettes, des marmottes, plusieurs couples du rare gypaète barbu *(Gypaetus barbatus)*, des vautours fauves et percnoptère ainsi que des lagopèdes, des merles à plastron, des tichodromes échelettes.

• *Parc national des Aigües Tortes et lac de San Mauricio.*

Ce parc couvre plus de 20 000 ha en haute montagne (de 1 600 à 2 982 m) granitique, dans les Pyrénées centrales. Il est inclus dans la vaste réserve du Alto Pallars-Aran, accolée elle-même à la réserve française du mont Vallier, l'ensemble formant un territoire protégé de 60 000 ha. Le paysage est formé de cirques de montagne, de falaises, de gorges, de lacs et de torrents, mais aussi de plateaux d'altitude couverts de vastes pâturages que montent brouter des troupeaux venus aussi bien de France que d'Espagne. Les essences arborescentes n'y sont guère représentées que par le Pin à crochets mélangé à de rares Feuillus : Saule marsault *(Salix caprea)*, Sorbier des oiseleurs *(Sorbus aucuparia)*, Alisier blanc *(Sorbus aria)* et Bouleau *(Betula pubescens)* et, en sous-bois, Rhododendron ferrugineux *(Rhododendron ferrugineum)* et Raisin d'ours *(Arctostaphyllos uvaursi)*. Dans ce parc, l'avifaune surtout est très intéressante : gypaète barbu (rare), aigle royal, circaète Jean-le-Blanc et, dans les sous-bois des forêts résineuses subalpines, le grand tétras est relativement fréquent.

Parmi les très nombreuses réserves espagnoles doit être spécialement signalée celle de Ronda, au sud-ouest, dans la province de Malaga, car y pousse, seulement sur quelques milliers d'hectares des Sierras Bermeja et de la Nieve, autour de Ronda, entre 1 000 et 1 800 m, sur les versants humides, le très beau Sapin andalou ou Pinsapo *(Abies pinsapo)*, au port majestueux, qui peut s'élever à 30 m avec une circonférence de 3 m à la base et atteindre cinq cents ans.

Finlande

Ce pays, qui s'appelle en finnois Suomi, le plus septentrional d'Europe, s'étend entre 60° et 70° degrés de latitude, le quart de son territoire se trouvant situé au-delà du cercle polaire arctique. Si la forêt couvre 71 % du territoire national, les lacs, au nombre de 188 000, occupent à eux seuls plus de 31 000 km², soit près de 10 % du territoire. En plaine, les forêts sont formées de 44 % de Pin sylvestre, de 38 % d'Épicéa et de 18 % de Feuillus divers, Tremble, Frêne, plusieurs espèces de Saules et Bouleau pubescent, le plus répandu. Partout la forêt est intensément exploitée et desservie par des voies d'eau sur lesquelles se pratique en grand le flottage des grumes jusqu'aux usines de transformation et aux ports. Le bois de construction, le contreplaqué et surtout la pâte à papier jouent un rôle majeur dans l'économie du pays. Mais, dans les neuf parcs nationaux du Nord et du Centre, le voyageur peut encore découvrir de très anciennes forêts avec leur flore et leur faune caractéristiques.

• *Parc national de Lemmenjoki.* 172 000 ha.

Ce parc, l'un des plus étendus de toute l'Europe, est situé en Laponie finlandaise, dans le district d'Inari, sur un vaste plateau entre 123 et 601 m d'altitude, coupé de lacs, de rivières et de chutes d'eau. On y trouve des landes, de vieilles forêts de Conifères (Sapin et Pin sylvestre) et une brousse parsemée de Bouleaux *(Betula pubescens tortuosa)* ; au nord s'étend la toundra arctique. La faune relativement riche comprend en particulier l'élan, le glouton et deux espèces de lemmings.

L'Élan *(Alces alces)*, dont la population dépasse ici 100 000 individus, est un cerf de très grande taille, à la tête massive, au museau long et recourbé et aux pattes très longues. Il mesure 2 à 2,90 m de long, avec 1,80-2,10 m de hauteur au garrot, chez le mâle, 1,50-1,70, chez la femelle ; un grand mâle, qui peut peser 450 kg et parfois plus, porte d'énormes bois plats. Semi-amphibie, l'élan passe une bonne partie de son temps à demi immergé dans l'eau des lacs et des marécages. Le Glouton *(Gulo gulo)* est un gros Mustélidé, dont la silhouette rappelle celle d'un ours en plus petit (70 à 80 cm de long, avec 40-45 cm de hauteur au garrot et un poids variant de 15 à 35 kg). C'est un animal ramassé et massif, au pelage brun foncé avec une tache claire sur la tête et une bande jaunâtre le long des flancs. Le régime habituel du glouton se compose de Rongeurs et de Lagopèdes des saules *(Lagopus lagopus lagopus)*, mais, dans la neige profonde, il peut s'attaquer aux rennes sauvages et même aux élans. Très pourchassée par l'homme, l'espèce a beaucoup régressé.

Le Lemming des forêts *(Myopus schisticolor)*, au pelage uniformément gris-brun, de 8,5-9,5 cm de long, et le Lemming des toundras *(Lemmus lemmus)*, qui est un peu plus grand, 13-15 cm de long), et se distingue aisément par son pelage bariolé de noir et de jaunâtre, sont des Rongeurs bien connus par le soudain accroissement de leurs populations ; elle a lieu à peu près tous les ans chez le premier, tous les trois ou quatre ans chez le second. Le Lemming des toundras émigre alors en masse vers le sud, à la recherche de nouveaux territoires, il traverse lacs et rivières et, s'il atteint la mer, s'y avance jusqu'à se noyer. On trouve aussi dans ce parc des rennes sauvages, des loups, des ours bruns, des renards polaires et des lièvres variables, ainsi que de nombreuses espèces d'oiseaux de lacs et de marécages : cygne sauvage, pluvier doré, courlis Corlieu, etc ; on y voit également la buse pattue, le hibou des marais et la borge bleue.

• *Parc national de Pallas Ounastunturi.*

Plus pittoresque encore, mais beaucoup moins étendu, ce parc de 50 000 ha se trouve près du centre touristique de Muonio au nord-ouest de la Finlande. D'altitude un peu plus élevée (272-807 m), il renferme de basses montagnes très érodées, des plateaux couverts de landes, des marécages parsemés de Bouleaux et des forêts pratiquement vierges de Conifères (Épicéa et Pin sylvestre), au sous-bois couvert de lichens. La faune est à peu près la même qu'à Lemmenjoki, mais on trouve ici des lynx et le labbe à longue queue *(Stercorarius longicaudus)*, grand oiseau sombre, qui parasite les autres oiseaux et vit en colonies lâches dans la toundra.

• *Parc national de Pyhä Häkki.*

Ce petit parc de 1 000 ha situé au centre de la Finlande méridionale mérite une visite en raison de sa vieille forêt primaire où les Pins sylvestres atteignent cinq cents ans et de ses tourbières tantôt découvertes, tantôt boisées de Bouleaux qui possèdent une avifaune très particulière : bergeronnette printanière, pluvier doré, busard Saint-Martin et, à la période de reproduction, des grues qui y nichent en grand nombre, des canards, des mouettes, des plongeons catmarins, etc. Dans ces tourbières, on récolte une abondance de baies sauvages : mûres du *Rubus chamaemorus* et fruits de la Canneberge *(Oxycoccus quadripetala)*.

Grèce

Déboisée depuis l'Antiquité, la Grèce tente non sans peine de restaurer un patrimoine forestier toujours menacé par les incendies ; en 1994 ils ont encore enflammé 63 000 ha. Au moins, préserve-t-elle grâce à ses cinq parcs nationaux quelques belles forêts de montagne et, dans ses réserves ornithologiques, une importante avifaune.

• *Parcs nationaux des monts Pinde.*

Dans cette région montagneuse et très sauvage de l'extrémité méridionale des Dinarides et qui sépare l'Épire de la Thessalie, ont été créés deux parcs. Au nord, le parc de Vikos-Aoos (12 600 ha) abrite les paysages magnifiques de la montagne de Tyrphi, des gorges de la rivière Vikos et de l'Aoos. On y trouve de denses forêts mixtes de Hêtre *(Fagus moesiaca)*, de Sapin pectiné et de Sapin de Macédoine *(Abies borisii regis)*, hybride naturel de Sapin pectiné et de Sapin de Céphalonie. À partir de 1 600 m, le Pin de Bosnie *(Pinus heldreichi)* forme des peuplements très denses jusqu'à la limite supérieure des arbres. Vivent dans ce parc l'ours brun, le chat sauvage, le lynx pardelle *(Lynx pardina)*, un peu plus petit que le lynx boréal et au pelage beaucoup plus tacheté, quelques gypaètes et trois espèces de vautours, le vautour fauve, le vautour percnoptère et le vautour moine *(Ægypius monachus)*, au plumage très sombre.

Les montagnes sacrées de la Grèce — l'Olympe, classé réserve de la biosphère, et le Parnasse — sont aujourd'hui protégées par deux parcs nationaux. Au Parnasse, le Sapin de Céphalonie *(Abies cephalonica)* forme de belles forêts. Dans ces parcs, on peut observer les mêmes Rapaces qu'au Pinde, mais aussi plusieurs espèces de pics et des oiseaux des montagnes sèches : merle à plastron, merle de roche, merle bleu, traquet motteux, etc.

• *Parc national des monts Lefka Ori.*

Une autre réserve de la biosphère de 4 500 ha protège à l'ouest de la Crète le massif du Lefka Ori (« montagne blanche ») qui atteint 2 453 m, avec un relief très escarpé, entaillé par les gorges de Samarias, qui en 18 km descendent de 1 200 m jusqu'à la mer et sont considérées comme les plus profondes d'Europe. À l'étage montagnard, s'étendent des forêts mixtes d'un type particulier : au Cyprès méditerranéen (*Cupressus sempervirens*) et au *Pinus brutia*, se mêlent un Érable oriental (*Acer heldreichi*) et une espèce endémique en Crète, *Zelkova abelicea* ou *cretica*. En Crète, il existe plus de deux cents plantes endémiques et, sur un total d'environ mille cinq cents espèces végétales, près de sept cents sont des reliques du Tertiaire.

Dans ce parc, vivent quelque cinq cents chèvres sauvages de Crète *(Capra aegagrus)*, restées probablement identiques à l'ancêtre de la chèvre domestique. Y nichent un couple d'aigles royaux, deux de gypaètes et une dizaine de couples de vautours fauves, la fauvette de Rüppel *(Sylvia ruppelli)*, à la tête et à la gorge noire traversée d'une moustache blanche et la perdrix Chukar *(Alectoris chukar)* qui ressemble beaucoup à la perdrix bartavelle.

Italie

Extrêmement déboisée depuis l'Antiquité romaine, l'Italie s'efforce de reconstituer son patrimoine forestier et sa surface boisée ne cesse d'augmenter. En trente ans, elle s'est accrue d'un million d'ha et le pourcentage des forêts est passé de 19 % à 21 %. Les Feuillus y prédominent nettement, 75 % contre 25 % de Conifères. En Italie, le pourcentage de la forêt publique est beaucoup plus important qu'en France : 40 %. Mais les grandes forêts sont rares, sauf en montagne, dans les Alpes et les Apennins et c'est là qu'ont été établis les quatre parcs nationaux.

• *Parc national du Grand Paradis.*

Il couvre 56 000 ha, mais forme avec le parc national français de la Vanoise, qui est mitoyen, un ensemble de 119 000 ha. Réserve de chasse royale depuis 1856, devenu parc national en 1922, ce massif a depuis très longtemps été préservé afin de protéger le bouquetin des Alpes *(Capra hircus ibex)*, magnifique chèvre sauvage de grande taille, le mâle mesure 1,30-1,50 m de long, la femelle 1,05-1,25 m, les deux sexes mesurent 70-90 cm au garrot et pèsent de 40 à 65 kg. Ils portent tous les deux des cornes, très longues (jusqu'à 90 cm), recourbées, et garnies d'anneaux plus ou moins nombreux chez le mâle, plus petites chez la femelle. Le bouquetin a pour habitat les pentes rocheuses de très haute montagne, entre 2 100 et 3 200 m en été, il vit plus bas en hiver.

Le parc se situe entre 1 200 et 4 061 m. Les paysages comprennent de nombreux glaciers, des zones de rochers et d'éboulis, des cascades, des prairies alpines, enfin, sur les pentes de l'étage subalpin, des forêts d'Épicéa et de Mélèze et, plus haut de Mélèze, de Pin à crochets et de Pin cembro ou Arolle, le plus résistant au froid de tous les arbres européens, il peut supporter - 40 °C.

La faune abondante est assez facile à observer : bouquetins (4 000), chamois (7 000), marmottes, lièvres variables, hermines, martres, putois, fouines, etc. Malheureusement, lorsqu'ils descendent des sommets en hiver, chamois et bouquetins sont fréquemment abattus par les chasseurs et les braconniers, même à l'intérieur des limites du parc.

• *Parc national de Stelvio.*

Situé au nord-est de l'Italie, à l'ouest de Bolzano et couvrant 95 631 ha, il forme avec le Parc national suisse une des plus grandes zones protégées d'Europe (112 800 ha). De ce massif du Haut-Adige, dont l'altitude varie de 650 à 3 900 m au mont Cervedale, rayonnent cinq chaînes entaillées de profondes vallées de torrents. On y compte plus de 100 glaciers, mais aussi de très vastes forêts (21 % de la superficie du parc) où domine le Mélèze. La faune est riche, principalement en chamois (3 000), en bouquetins (réintroduits en 1968), en chevreuils (4 000) et en cerfs (800), mais aussi en oiseaux : aigles royaux (80) et, à la limite supérieure des arbres ou dans les clairières de la forêt, tétras-lyres *(Tetrao tetrix)*, lagopèdes des Alpes et perdrix bartavelle *(Alectoris graeca)*. Plus rare, le grand tétras *(Tetrao urogallus)* se trouve surtout dans les bois de Conifères. On ne peut que déplorer qu'un site aussi magnifique soit constamment menacé par des fortes pressions politiques visant à l'implantation de stations touristiques avec un important réseau routier les desservant.

• *Parc national des Abruzzes.*

Situé dans la partie sud du massif des Abruzzes qui fait partie de l'Apennin central et culmine au Gran Sasso d'Italia (2 291 m), ce parc s'étend sur 29 160 ha d'aspect très sauvage, avec un relief mouvementé d'origine glaciaire et, à l'étage montagnard, une très belle forêt de Hêtres centenaires, accompagnés d'Érables, de Charmes et de Frênes. Dans ce milieu qui leur est favorable vivent une centaine d'ours bruns, environ 300 chamois de la race propre aux Abruzzes *(Rupicapra rupicapra ornata)*, ainsi qu'une petite harde de loups, des chevreuils, des cerfs et des sangliers (ces trois espèces réintroduites en 1971), des chats sauvages, des martres, des loutres, des fouines, etc., ainsi que quelques aigles royaux, des autours des palombes, quelques hiboux grands ducs, des grands corbeaux, des craves, des hérons cendrés, des martins-pêcheurs, etc.

Les naturalistes multiplient leurs efforts pour la sauvegarde de ce parc, menacé et par l'afflux des touristes et par les convoitises des promoteurs immobiliers.

Norvège

Presque entièrement montagneuse, la Norvège est beaucoup moins forestière que la Finlande et la Suède — les forêts ne représentent que 24,3 % du territoire national — en raison d'une exploitation excessive du bois que tentent de compenser les actuels reboisements. Afin de préserver les forêts, leur flore et leur faune, y ont été créés, pour la plupart en 1970, jusqu'à onze parcs nationaux.

• *Parc national de Dovre Fjeld.*

Étendu sur 57 500 ha dans la partie sud du massif des Dovre (centre de la Norvège), vaste plateau herbu à la végétation très riche, avec des forêts de Bouleau pubescent dans sa zone inférieure et en altitude, à l'étage subalpin de montagnes qui atteignent 2 000 m, une flore importante d'arbustes et d'arbrisseaux : Myrtilles, Genévriers nains *(Juniperus nana)*, Bouleaux nains *(Betula nana)* et, le long des cours d'eau petits Saules au feuillage vert bleuté *(Salix glauca* et *Salix lanata)*. On trouve dans ce parc des élans, des renards polaires, des lièvres variables, une petite population de rennes de montagne *(Rangifer tarandus)* et surtout l'animal typique de la toundra, le bœuf musqué *(Ovibos moschatus)*, dont la vraie patrie est le Groenland et l'extrême nord de l'Amérique. Réintroduit ici, il est représenté par une petite population de quelques dizaines d'individus. Le bœuf musqué, qui mesure 2 à 2,45 m de long et 1,30-1,65 de hauteur au garrot, et pèse de 225 à 400 kg, est un animal fort impressionnant par l'épaisse houppelande de poils hirsutes, brun foncé, qui descend jusqu'à ses pieds et sa paire de cornes, larges, plates et recourbées vers le bas, dont les bases épaisses se rejoignent sur le front.

• *Parc national de la Hardangervidda.*

Au sud-ouest de la Norvège, il protège près de la moitié de la Hardangervidda (343 000 ha), le plus vaste plateau de montagne d'Europe, couvert de landes aux très nombreuses espèces de plantes et parsemé de petits lacs et de tourbières. Y vivent la plus importante population sauvage de rennes de montagne (plus de 20 000), des renards polaires, des lièvres variables, des hermines, des lemmings ; on peut aussi y rencontrer occasionnellement un lynx ou un glouton. Par suite de l'étendue des marécages, les oiseaux sont bien représentés dans ce parc : phalarope à bec étroit *(Phalaropus, lobatus)*, bécasseau de Temminck *(Callidris temmincki)*, harelde de Miquelon *(Clangula hyemalis)*, grue cendrée. Les années de pullulation des lemmings, plusieurs Rapaces, dont le harfang des neiges *(Nyctea scandica)*, une grande chouette blanche, viennent les chasser et disparaissent ensuite.

Pologne

En Pologne, la forêt qui couvre 25 % du territoire est principalement montagnarde et constituée à 82 % de Conifères. Elle est depuis longtemps protégée par l'établissement de douze parcs nationaux et de près de six cents réserves. Le plus célèbre de ces parcs est celui de Bialowieza, situé à la frontière russe par-delà laquelle il se prolonge (v. p. 55), les quatre autres parcs forestiers se trouvent le long de la frontière tchécoslovaque, dans la chaîne des Sudètes et dans les Carpates du nord : Beksides et Tatras.

• *Parc national des monts Karkonosze ou des monts des Géants.*

Dans la chaîne hercynienne des Sudètes, au sud-ouest de la Pologne, ce parc de 5 562 ha forme avec le parc tchécoslovaque mitoyen un ensemble protégé de 43 600 ha. À l'intérieur de ce parc, se trouve une réserve intégrale de 1 747 ha (v. Tchécoslovaquie, parc national de Krkonose).

• *Parc national des Hautes Tatras.*

Les Hautes Tatras, massif granitique du nord des Carpates, sont les seules montagnes élevées de Pologne et de Tchécoslovaquie et servent de frontière entre ces deux pays. Le parc polonais s'étend sur 22 075 ha, dont 2 323 ha en réserve intégrale, mais le parc tchécoslovaque est beaucoup plus grand : 50 000 ha (v. p. 427).

• *Parc national de Pieniny.*

Situé près de Króciënko, au sud-est de Cracovie, dans le massif calcaire très escarpé, mais peu élevé (altitude maximale : 982 m) des Carpates occidentales, et sillonné de gorges profondes creusées par la rivière Dunajec, le parc polonais compte 2 705 ha, avec une réserve intégrale de 500 ha ; le parc tchécoslovaque adjacent s'étend sur 4 855 ha. On trouve ici des forêts de Hêtre, mêlées de Frêne, d'Érable sycomore et d'Alisier. La flore endémique qui a échappé aux glaciations est riche et compte quelques espèces rares. Mais surtout ce parc abrite une faune très variée : cerf, chevreuil, sanglier, lynx, chat sauvage, martre, blaireau, renard et une avifaune plus riche encore : aigle royal, aigle pomarin, plus petit et plus sombre que l'aigle royal, balbuzard pêcheur, faucon hobereau, hiboux grand duc et petit duc.

• *Parc national de Babia Gora.*

Il couvre 1 709 ha au sud-est de Cracovie, à la frontière tchécoslovaque, dans le massif gréseux des Hautes Beksides occidentales, qui culminent au mont Babia Gora (1 725 m). Classé par l'UNESCO Réserve de la biosphère, ce parc contient une réserve intégrale de 1 049 ha, protégeant de belles forêts primitives mixtes où domine le Hêtre et, en altitude, des pelouses alpines où fleurissent les charmantes Soldanelles des Carpates *(Soldanelle carpatica)*. La faune de ce parc est classique, mais on y trouve encore quelques ours, quelques loups et des lynx.

• *Parc national de Bieszczady.*

Au sud-est de la Pologne, entre les frontières russe et tchécoslovaque, il couvre une région restée très sauvage, au début des Carpates orientales, jusqu'à 1 346 m d'altitude. Y subsistent des forêts primaires très denses où dominent le Hêtre et le Sapin et, en altitude, des steppes avec une forêt immergée de Sapins dans l'étang de Dusztynstie. Vivent dans ce parc des ours, des loups, des lynx, des cerfs, des chevreuils, des sangliers, ainsi que le bison d'Europe qui y a été réintroduit. L'avifaune est très riche, surtout en Rapaces : aigle royal, aigle pomarin *(Aquila pomarina)*, aigle criard *(Aquila clanga)*, aigle botté *(Hieraaetus pennatus)*, circaète Jean-le-Blanc, balbuzard pêcheur, milan royal, grand chouette de l'Oural *(Strix Suralensis)*

Portugal

Riche en forêts (34 % du territoire national) constituées de Conifères (44 %) et de Feuillus (56 %), le Portugal protège la forêt de montagne du

• *Parc national de Peneda Gerês.*

Au nord de Braga, à l'extrémité nord du pays, le long de la frontière espagnole, ce parc couvre un peu plus de 50 000 ha dans la chaîne des Gerês, entre 300 et 1 545 m, et est entouré d'une zone dite d'« environnement rural ». Ce massif montagneux contient encore des forêts naturelles de Chêne pédonculé et de Pin sylvestre, au bord des torrents et

des lacs, croissent le Frêne, l'Orme champêtre, l'Aulne glutineux et plusieurs espèces de Saules.

La faune y était jadis très riche, mais l'ours brun fut
exterminé dès la fin du XVIIe siècle et le bouquetin de Gerês
(Capra pyrenaica lusitanica) à la fin du XIXe. Le parc protège
aujourd'hui quelques espèces menacées, le loup et une race
locale de chevreuil. On y trouve aussi la fouine, le putois, la
martre, la genette, l'aigle royal, l'autour, le faucon crécerelle
et le hibou grand duc.

Roumanie

Les forêts qui couvrent en Roumanie 26 % du territoire
national se trouvent essentiellement dans les chaînes des
Carpates méridionales et orientales, où subsistent de très
belles hêtraies, les plus orientales d'Europe, surtout en Mol-
davie.

• *Parc national de Retezat.*

À l'ouest des Alpes de Transylvanie (Carpates méridionales), cet important massif de montagnes où quarante sommets dépassent 2 200 m, dont le mont Retezat (2 482 m), a
depuis longtemps été exploré par les naturalistes qui y ont
créé dès 1930 une réserve naturelle. Aujourd'hui, le parc
couvre 20 000 ha et est classé Réserve de la biosphère ; une
zone de 3 700 ha constitue une réserve intégrale en vue de la
recherche scientifique.

De vastes forêts aux nombreuses essences couvrent les
flancs des montagnes. Y dominent, à l'étage montagnard, le
Hêtre et le Sapin, auxquels succède plus haut l'Épicéa ;
l'étage subalpin est couvert de brousse à Pin mugo, puis, en
altitude, de landes et de pelouses alpines. Dans ce parc se
trouvent aussi de nombreux lacs glaciaires, des torrents et de
hautes chutes d'eau atteignant parfois 300 m. La faune est
abondante : population relativement nombreuse d'ours brun,
de chat sauvage, de lynx, de chamois, de chevreuils et de
sangliers. Y nichent l'aigle royal et l'aigle pomarin, le vautour
fauve, le gypaète barbu (rare et seulement de passage), le
circaète Jean-le-Blanc, l'autour et le faucon pèlerin.

• *Réserve naturelle des monts Rodna.*

Cette Réserve de la biosphère est située au nord de la Roumanie, dans la chaîne de schiste cristallin des monts Rodna (Carpates orientales) qui culminent au pic Pietrosul (2 305 m). Le paysage est constitué de moraines, de lacs glaciaires et, jusqu'à près de 1 800 m, de grandes forêts de Sapin et d'Épicéa ; plus haut s'étend une brousse subalpine de Pin mugo et du superbe Rhododendron des Carpates *(Rhododendron Kotschyi)* et vers les sommets la toundra alpine. La faune sauvage comprend l'ours, le loup, le renard et la martre, ainsi que trois espèces d'aigles : royal, pomarin et impérial *(Aquila heliaca),* au plumage brun noirâtre, avec la tête, la nuque et les épaules jaune pâle, presque blancs chez les vieux individus.

Suède

C'est, après la Finlande, le pays le plus boisé d'Europe. Les forêts où prédominent à 93 % les Conifères occupent 56 % du territoire national. Au nord, la Laponie subarctique, où ne vivent plus qu'une dizaine de milliers de Lapons, est le domaine de la toundra, mais la plus grande partie du pays est couverte par la forêt boréale de Sapins, d'Épicéas, de Pins et de Bouleaux. C'est seulement au sud que l'on trouve des Ormes, des Tilleuls, des Chênes et des Frênes.

Cette immense forêt de Conifères a depuis toujours été très exploitée. Au XIXe siècle, le bois servait d'abord à traiter le minerai, puis il fit l'objet d'un fructueux commerce d'exportation de bois de construction dans toute l'Europe, enfin, à partir de 1860, l'industrie de la pâte à papier prit une importance qui ne cessa de croître, elle joue aujourd'hui un grand rôle dans l'économie suédoise. Le bois parvient des forêts lointaines par flottage des grumes jusqu'aux scieries établies à l'embouchure des fleuves.

La Suède est le premier pays d'Europe à avoir créé des parcs nationaux, situés pour la plupart dans les vastes régions très peu peuplées de la Laponie. Dès 1909, furent fondés les parcs de Sarek, Stora Sjöfallet, Peljekajse et Abisko, totalisant 300 000 ha. À la même époque, fut créé en Suède centrale le parc de Sänfjället puis, plus récemment, cinq nouvelles réserves, dont la plus importante est celle de

Stora-Mosse-Käusjön de 7 550 ha, dont 850 ha d'étendues d'eau, comprenant la plus vaste tourbière de Suède méridionale.

• *Parcs nationaux du Padjelanta, du Sarek, de Stora Sjöfallet, réserves ornithologique de Sjaunja et forestière de Tjuolta Vuobme.*

Cet immense ensemble de réserves naturelles couvre 840 500 ha : Padjelanta : 204 000 ha — Sarek : 195 000 ha — Stora Sjöfallet 150 000 ha — Sjaunja : 290 000 ha — Tjuolta Vuobme : 1 500 ha.

Y sont inclus les sites les plus sauvages de la Laponie suédoise : grandioses paysages de montagnes, vallées profondes, glaciers, lacs et tourbières ; les très vastes plateaux sont couverts d'immenses forêts de Conifères (Sapins, Épicéas, Pins sylvestres), souvent primaires et de marécages. Chacun de ses parcs présente d'ailleurs son attrait particulier : dans le Padjelanta, le Virijaure, l'un des plus beaux lacs de la Suède, dans le Stora Sjöfallet, les impressionnantes chutes d'Akka, dans la « réserve zoologique et forestière » de Sjaunja, l'une des tourbières les plus étendues d'Europe, enfin la réserve de Tjuolta Vuobme préserve la plus grande forêt primaire de Bouleau pubescent de l'Europe.

Dans ces parcs, on peut observer pratiquement quasi toute la faune du nord de l'Europe, en particulier dans les deux réserves de Sjaunja et Vuobme où elle est la plus abondante ; parmi les Mammifères, l'élan, le renne sauvage, l'ours, le loup, le lynx boréal, le lièvre variable, le glouton, le renard polaire et le chien viverrin (*Nyctereutes procyonides*) qui, originaire d'Asie orientale, fut introduit pour sa fourrure en Russie, d'où il s'est répandu, à travers la Finlande et la Suède, dans toute l'Europe orientale et centrale jusqu'en Allemagne. C'est un Canidé, proche du renard, mais à la fourrure beaucoup plus fournie, d'un brun grisâtre, plus claire et roussâtre sur les flancs et d'un brun noirâtre aux pattes, avec une queue longue (15-22 cm) et très fournie. Il mesure entre 55 et 67 cm de long. Nocturne et crépusculaire, le chien viverrin habite de préférence les forêts feuillues ou mixtes, humides, avec des taillis épais. Il se nourrit de petits Rongeurs, de fruits, de graminées, mais aussi de poissons, d'écrevisses et de coquillages. Par suite de la diversité des biotopes, on peut voir dans ces parcs : des cygnes sauvages, des oies cendrées et des oies des moissons, de nombreux canards et limicoles, le pygargue à queue blanche, le balbuzard pêcheur, le faucon gerfaut, la chouette harfang, la chouette de l'Oural, etc.

• *Parc national de Sänfjället.*

Situé en Suède centrale, dans le Härjedalen, au sud d'Ostersund, à une altitude qui varie de 430 à 1 277 m, ce parc de 2 700 ha est couvert pour les deux tiers de forêts d'Épicéas et de Bouleaux. Facile d'accès, il est renommé pour sa faune, celle de la taïga : population relativement nombreuse d'ours brun, de lynx et même de glouton.

• *Parc national de Töfsingdalen.*

Ce petit parc (1 365 ha), situé au sud-ouest du précédent, est remarquable par sa sauvagerie. C'est une forêt primaire de Conifères aux très gros et très vieux arbres, parsemée des rochers d'anciennes moraines.

Suisse

Ses forêts de montagne sont depuis longtemps bien connues des naturalistes. Le *Parc national suisse de l'Engadine*, un des premiers parcs nationaux d'Europe, fut fondé en 1914 (v. p. 56). Ici, comme en bien d'autres régions, la chasse avait éliminé beaucoup d'espèces. Le cerf avait disparu vers 1850, le lynx en 1872, l'ours en 1904, de même le loup, le bouquetin et le gypaète. Si les cerfs sont réapparus spontanément dans les Grisons, venant du Voralberg autrichien, et l'on en compte au moins 2 000 dans le parc, les naturalistes suisses ont réintroduit le bouquetin (environ 200 têtes) et le lynx, tandis que le chevreuil, naguère absent, s'est implanté de lui-même dans le parc. On y dénombre aujourd'hui plus de 1 300 chamois, 1 500 marmottes, de nombreux renards, des lièvres variables, des martres et des hermines. L'avifaune, elle aussi reconstituée, n'est pas moins riche : quelques couples d'aigles royaux et de hibou grand duc, éperviers, faucons pèlerins, grand tétras, tétras-lyre, lagopède des Alpes, perdrix bartavelle, gélinottes, casse-noix, cincles plongeurs, martinets alpins, etc., ainsi que de nombreux Reptiles et Amphibiens. Le Parc national suisse est un exemple encourageant de retour à l'état sauvage, quand la nature est laissée libre de se renouveler.

Tchécoslovaquie

Formée de la réunion de deux provinces bien distinctes, la Bohême, appelée le « toit de l'Europe », d'où s'écoulent vers le nord l'Elbe et l'Oder (mer du Nord et Baltique) et vers le sud, la Morava (mer Noire), et la Slovaquie, contrée plus rustique et plus montagneuse, parcourue par les Carpates, la Tchécoslovaquie possède trois grands parcs nationaux limitrophes des parcs nationaux polonais et plusieurs réserves naturelles.

• *Parc national des Vysaké Tatry* (Hautes Tatras).

Ce parc de 50 000 ha, situé en Slovaquie orientale, forme un ensemble de 72 000 ha avec le parc polonais *Tatrzanski* (Hautes Tatras). Ce massif granitique de l'extrémité nord des Carpates culmine au pic Gerlachovsky (2 655 m) et renferme aussi deux chaînes calcaires, les Tatras blanches et les monts Cervené qui ne dépassent pas 2 100 m. Les paysages, modelés par les glaciations, offrent une grande variété : cirques et lacs glaciaires, rivières encaissées et vastes forêts dont la végétation change avec l'altitude ; à l'étage montagnard, Hêtre et Sapin pectiné, puis, plus haut, l'Épicéa jusqu'à 1 550 m, enfin la brousse à Pin mugo jusqu'à 1 800 m et des landes où l'on trouve de nombreuses plantes endémiques.

Plusieurs réserves intégrales permettent aux naturalistes d'étudier la flore et la faune, toutes deux très riches : nombreux ours, loups, lynx, chats sauvages, chamois, cerfs, chevreuils, marmottes, loutres, renards, blaireaux, hermines, et un grand nombre d'espèces d'oiseaux : aigle royal, milan royal, faucon pèlerin, hibou grand duc, chouette de l'Oural, grue cendrée, cigogne noire, etc.

• *Parc national Krkonoše ou des monts des Géants.*

Ces anciennes montagnes arrondies qui ne dépassent pas 1 602 m au pic de Snezka et appartiennent aux monts de

Bohême sont très humides, la neige y demeure longtemps sur les versants nord. Le parc tchèque couvre 38 000 ha (43 600 avec le parc polonais de Karkonosze). Le massif est encore très boisé, mais les hêtraies primitives, surexploitées, ont été remplacées par des plantations d'Épicéas, récemment très gravement endommagées par la pollution atmosphérique. Dans quelques vallées strictement protégées, survivent encore quelques forêts primaires de Conifères. Au-dessus de la forêt d'Épicéa, croît le Pin mugo et, sur les pentes des cirques, poussent le Bouleau des Carpates *(Betula carpatica)* et le très rare Alisier endémique des Sudètes *(Sorbus sudetica)*. La faune est identique à celle des Hautes Tatras, mais le mouflon a été introduit dans ce parc. Ce dernier est aujourd'hui très menacé, non seulement par la pollution qui compromet la végétation, mais plus encore par l'afflux des visiteurs (de 8 à 10 millions par an), venus particulièrement de prague.

• *Région préservée de la forêt de Sumava.*

Elle s'étend sur 100 000 ha en Bohême du sud, le long de la frontière allemande et communique avec le Naturpark et le parc national du Bayerischer Wald. Elle abrite des monts cristallins anciens dépassant 1 000 m à l'ouest, avec de nombreux lacs, des tourbières moussues parsemées de Bouleau nain et des forêts où croissent trois espèces de Pins *(Pinus mugo, Pinus sylvestris* et *Pinus rotunda)*. On y trouve aussi, à l'est du massif, une forêt primaire d'Épicéa, la forêt vierge de Boubin. Trop longtemps chassés, Mammifères et Oiseaux étaient presque exterminés avant que cette région soit protégée. La faune, et surtout l'avifaune, s'y est à peu près reconstituée et l'on y trouve de nouveau de nombreux oiseaux forestiers, en particulier, cinq espèces de pics, dont le pic cendré, le pic tridactyle et le pic noir, des gélinottes des bois, des grands tétras, des tétras-lyres, des casse-noix et des merles à plastron.

• *Réserve de la biosphère de Polana.*

Cette réserve récente protège en son centre une cuvette, vestige d'une caldeira née de l'effondrement d'un volcan au Tertiaire dont les restes ont formé les monts Polana qui culminent à 1 458 m. On y trouve à l'étage montagnard de très belles et très vieilles forêts denses de Hêtre, d'Érable sycomore et de Sapins pectinés, dont certains exemplaires ont dépassé quatre cents ans et aussi de vastes forêts primaires d'Épicéas aux arbres plusieurs fois centenaires. Le lynx et l'ours brun sont ici assez abondants et l'aigle criard *(Aquila clanga)* y niche à l'extrême ouest de son aire.

Yougoslavie

En grande partie montagneuse et boisée, la Yougoslavie a établi un remarquable réseau de parcs nationaux (quatorze, et plusieurs autres en projet) et de réserves naturelles, au total vingt-deux territoires protégés : trois en Bosnie, cinq en Croatie, trois en Macédoine, trois en Monténégro, deux en Slovénie et six en Serbie. Les plus intéressants se situent dans la chaîne des Dinarides qui s'étend du nord-ouest de la Yougoslavie à l'Albanie septentrionale et culmine au mont Durmitor (2 522 m).

• *Parc national du Durmitor.*

Classé comme « monument du patrimoine mondial » par l'UNESCO, c'est le plus connu et le plus pittoresque de la Yougoslavie (v. p. 56). L'ours brun y vit en forêt et l'on y trouve des loups et des chamois. L'avifaune comprend l'aigle royal, le grand tétras, la perdrix bartavelle, le faucon lanier *(Falco biarmicus)*. En altitude, vivent le pipit spioncelle *(Anthus spinoletta)*, l'accenteur alpin *(Prunella collaris)*, la niverolle *(Montifringilla nivalis)*, le martinet alpin *(Apus melba)*, le chocard à bec jaune *(Pyrrhocorax graculus)* et l'alouette hausse-col des Balkans *(Eremophila alpestiris penicillata)*, dont une autre sous-espèce niche dans les toundras du nord de l'Europe.

• *Parc national du mont Risnjak.*

Situé en Slovénie, près de la côte adriatique, dans les Dinarides qui culminent ici à 1 528 m au mont Risnjak, ce parc de 3 088 ha contient des falaises karstiques ruiniformes, creusées de grottes et de gouffres et parcourues par des rivières souterraines qui hébergent une faune tout à fait singulière, dont l'étrange protée *(Proteus anguinus)*, sorte de grande salamandre presque incolore, dont l'adulte présente encore certains caractères larvaires. Les pentes du Risnjak sont couvertes de forêts humides, souvent primitives, de Hêtre, d'Épicéa et de Sapin qui ne sont plus exploitées. Y vivent entre autres l'ours brun, le chat sauvage, le chamois et l'avifaune habituelle des forêts de montagne.

• *Parc national des lacs de Plitvice.* 19 172 ha.

Situé en Croatie, près de Slunj, ce parc est un des mieux aménagés et des plus fréquentés d'Europe (plus de 300 000 visiteurs par an) ; il est néanmoins resté sauvage et offre de splendides paysages : nombreux lacs reliés par des cascades où les eaux calcaires ont créé d'impressionnants dépôts de tuf, grottes karstiques aux pittoresques stalagtites et stalagmites, luxuriantes forêts de Hêtre et d'Épicéa auxquels se mêle le Charme Houblon *(Ostrya carpinifolia)* et qui, en bien des endroits, ont conservé leur aspect primitif ; elles abritent une faune encore abondante et riche en espèces : ours brun, loup, lynx, chamois, loutre, blaireau, renard, cerf, chevreuil, sanglier, aigle royal, milan royal, hiboux grand duc, chouette de l'Oural, héron gris, martin-pêcheur, grand tétras, tétras-lyre, gélinotte ; enfin, ce qui est tout à fait exceptionnel, jusqu'à huit espèces de pics, pratiquement la totalité des espèces européennes.

ANNEXES

Annexe 1

GLOSSAIRE DE LA FORÊT
ET VOCABULAIRE FORESTIER

A

ABANDON. — Arbre désigné pour être abattu par une marque au marteau, un coup de griffe ou une trace de peinture.

ACCRUES. — Végétation forestière née spontanément en bordure d'une forêt.

ACIDITÉ DU SOL. — Elle joue un rôle essentiel dans la répartition des végétaux qui sont soit *neutrophiles*, c'est-à-dire indifférents à la composition chimique du terrain, soit plus ou moins *acidiphiles* (ou *calcifuges*), donc recherchant des sols acides, pauvres en calcaire, soit plus ou moins *calcicoles*, recherchant des terrains plus ou moins riches en calcaire.

On mesure l'acidité du sol suivant la proportion des ions d'hydrogène libres dans ce milieu. Elle est indiquée par les lettres *pH* (proportion d'hydrogène), suivies d'un chiffre : 7 indique la neutralité, moins de 7 l'acidité, plus de 7 l'alcalinité. L'humus des sols forestiers varie généralement de pH 3 à pH 6. L'analyse du sol se fait le plus souvent en laboratoire, mais l'observation de la végétation croissant spontanément sur un sol donné peut fournir une indication approximative de sa composition chimique.

ACUMINÉ. — Se dit d'une feuille dont le sommet se rétrécit brusquement en une pointe fine.

ADRET. — En montagne, versant exposé au soleil, orienté au sud ou à l'ouest. Ce mot des parlers du Sud-Est correspond au français *endroit*, désignant le bon côté. Dans les Pyrénées, on l'appelle *soulane*. *Adret* s'oppose à *ubac*, le versant situé à l'ombre, donc le plus froid.

AFFECTATION. — Ensemble des parcelles d'une forêt qui subiront le même sort pendant une période donnée ; attribution d'une zone forestière à un usage déterminé.

AFFOUAGE. — Droit de prélever du bois de chauffage dans une forêt (de l'ancien verbe *affouer* : chauffer).

AIGUILLON. — Appendice vulnérant, né de l'écorce et qui s'en détache facilement en laissant une cicatrice superficielle, alors que l'*épine* proprement dite résulte de la modification d'une feuille et le *piquant* de celle d'un rameau, les deux se rattachent à la partie profonde du bois. Ex. : les « épines » des Rosiers et des Ronces sont en fait des aiguillons.

AIRE. — Région plus ou moins étendue où une espèce végétale prospère à l'état spontané ; l'aire est délimitée par les stations géographiques extrêmes occupées par cette espèce.

ALTERNES. — Se dit des feuilles disposées une à une sur les rameaux à des hauteurs différentes, mais généralement sur le même plan, tandis que les feuilles *opposées*, insérées par paires, se font face.

AMÉNAGEMENT. — Ensemble des dispositions prises en vue de l'exploitation d'une forêt, en particulier, choix du *régime* qui lui sera appliqué.

ANCIEN. — Arbre qui, ayant été réservé comme *baliveau* en vue de la constitution d'une futaie, a au moins l'âge de trois coupes ou révolutions successives dans un taillis-sous-futaie.

ANNELATION CIRCULAIRE. — Enlèvement d'un anneau d'écorce dans le but de faire dépérir un arbre.

ASSIETTE. — Emplacement déterminé à l'avance où doit se faire une coupe.

ASSISES GÉNÉRATRICES. — Ce sont les deux couches circulaires de croissance d'un arbre. L'assise interne, libéro-ligneuse, ou assise cambiale, donne naissance au *cambium* et au *liber*. L'assise externe, dite subéro-phellodermique située entre le *liber* et l'*écorce*, produit vers l'extérieur une couche de *liège* et vers l'intérieur le *phelloderme* qui reste longtemps vivant.

ASSOCIATION VÉGÉTALE. — Groupement habituel d'un certain nombre d'espèces déterminé par la nature du sol et le climat. Ex. : la chênaie de Chêne vert constitue une association végétale méditerranéenne caractéristique, appelée *Quercetum ilicis*.

AUBIER. — Couche périphérique de couleur claire entourant le *bois parfait* ou *duramen* plus coloré. Chez beaucoup d'espèces, la différence est très marquée : les Pins, le Mélèze, les Chênes, le Châtaignier, les Ormes, le Robinier, l'aubier est généralement trop tendre et trop altérable pour pouvoir être utilisé. Mais chez d'autres essences : le Sapin, les Peupliers, les différences se réduisent à de faibles variations de couleur. En pratique, on considère alors que la masse entière a les mêmes propriétés et peut donc être utilisée de la même façon.

B

BALIVAGE. — Opération forestière qui consiste, avant une coupe, à choisir les *baliveaux*, les *anciens* et les *modernes* qui ne seront pas coupés, en vue de la constitution de *réserves*. Le balivage s'accompagne du *martelage*.

BALIVEAU. — Tout arbre réservé lors d'une coupe et destiné à devenir arbre de futaie. Le baliveau a l'âge du taillis coupé ; s'il est réservé une nouvelle fois, lors d'une deuxième coupe, il prend le nom de *moderne*, puis, successivement d'*ancien* et de *vieille écorce*.

BAN. — On dit qu'une forêt est « mise à ban », lorsqu'elle est constituée en *réserve* c'est-à-dire non exploitée.

BARDEAU. — Petite planche mince en forme de tuile servant à revêtir les façades des bâtiments ou leurs toitures.

BILLE OU BILLON. — Bloc de bois non équarri, obtenu par sectionnement d'une *grume*.

BIOCÉNOSE. — Communauté biologique, ensemble des êtres vivant dans le même milieu et en dépendance les uns des autres. (du grec *bios*, vie, et *koinos*, commun).

BIOTOPE. — Milieu physique qui est celui d'êtres vivants. (du grec *topos* : lieu).

BLANC ÉTOC. — Une coupe à blanc étoc est une coupe totale, à ras, sans réserves. D'*étoc* ou *estoc*, souche, la surface ainsi exploitée présente un aspect blanc, celui des souches coupées.

BOCAGE. — Type de paysage caractéristique de l'Ouest de la France, formé de prés délimités par des levées de terre plantées de haies vives et d'arbres. Le Bocage normand, le Bocage breton et le Bocage vendéen sont les plus connus. Les deux premiers ont été partiellement détruits par le remembrement, ce qui a gravement compromis l'équilibre biologique de ces régions.

BOIS BLANC. — Bois très clair, tendre et léger, tel celui des Saules, des Peupliers, du Tremble, des Bouleaux.

BOIS DE CŒUR. — V. Bois parfait.

BOIS DE DÉROULAGE. — Bois de qualité homogène, susceptible d'être déroulé, c'est-à-dire débité en un long feuillet par un couteau qui attaque tangentiellement la *bille*. Les essences les plus couramment employées pour le déroulage sont les Peupliers (fabrication de cageots, de boîtes, d'allumettes), les Peupliers et le Hêtre pour le contreplaqué.

BOIS DE FENTE. — Bois particulièrement apte à être fendu longitudinalement : les plus connus sont les *merrains* de Chêne et de Châtaignier pour la fabrication des douves de tonneaux étanches, les lattes pour clôtures, les paisseaux pour la vigne, les cercles de tonneaux, enfin, localement, les bardeaux de Résineux pour les toitures. Cette utilisation du bois qui se pratiquait surtout dans de petits ateliers villageois est de moins en moins répandue.

BOIS DE TRANCHAGE. — Bois tendre et de haute qualité, apte à être débité en feuillets très minces, employé surtout en ébénisterie pour le placage des meubles.

BOIS D'ŒUVRE. — Nom générique donné aux bois de bonne qualité, réservés aux usages nobles : la charpente, la menuiserie, le tranchage, le tournage, par exemple.

BOIS PARFAIT. — Appelé aussi *bois de cœur* ou *duramen*, région centrale du bois ne comportant que des cellules mortes dans lesquelles se sont accumulés les *tanins*, les *résines* et les substances colorantes, d'où sa teinte souvent vive ou foncée ; le bois parfait se distingue ainsi de l'*aubier*. Généralement, seul le bois parfait qui est dur, résistant et durable est utilisé.

BOQUETEAU. — Petit bois ; s'emploie surtout en parlant d'un petit bois situé dans la campagne, par exemple en bordure de champs cultivés. Dérivé dialectal, normand ou picard, de *bois*.

BOSQUET. — Petit bois, touffe d'arbres, surtout dans un jardin, un parc.

BOUQUET. — Petit groupe d'arbres de même âge et souvent de même essence. C'est seulement à partir du XVe siècle qu'on a dit, par analogie, un bouquet de fleurs.

BOURRÉE. — Fagot fait de menues branches.

BOUTURAGE. — Opération qui consiste à obtenir une plante nouvelle à partir d'une *bouture* plantée en sol humide. Chez certaines espèces, le bouturage qui serait aléatoire est facilité par un traitement aux hormones de croissance. On multiplie par bouturage surtout les essences dont les graines perdent très vite leur pouvoir germinatif ; les Peupliers et les Saules, par exemple. On obtient ainsi des individus très semblables entre eux et qui forment un *clone*.

BOUTURE. — Mode végétatif de reproduction des plantes, fondé sur la faculté qu'ont certaines de leurs parties (des fragments de rameaux feuillés, par exemple), une fois détachées de la plante mère, d'émettre des racines à partir des bourgeons adventifs ; on appelle aussi bouture le fragment du végétal que l'on plante en terre en vue de sa reprise. De *bouter* : germer.

BRACTÉES. — Petites feuilles accompagnant les fleurs et généralement situées à la base de leur pédoncule ; elles diffèrent des autres feuilles par la forme, la couleur, la texture, et ont souvent l'aspect de pétales. Ex. : la grande bractée membraneuse en forme d'aile, soudée au pédoncule de la fleur de Tilleul. Les cônes des Conifères ont aussi des bractées insérées entre les écailles qu'elles dépassent ou non.

BRIN. — En sylviculture, jeune pousse d'arbre provenant soit d'une graine de semis, soit d'une souche coupée. V. *rejet* et *drageon*.

BROUSSIN. — Excroissance qui se forme sur le tronc de certains arbres, lorsque la circulation de la *sève* y rencontre un obstacle. Cette tubérosité durcifiée porte de petites aspérités coniques formées de bois à éléments enchevêtrés, ainsi qu'une multitude de brindilles. Les Frênes, les Ormes, les Érables, le Noyer et le Buis sont les essences où l'on trouve le plus souvent de telles formations. V. Loupe.

BUISSON. — Touffe d'arbrisseaux sauvages, souvent épineux, ou taillis de jeunes arbres.

BUISSONNANT. — Se dit d'un arbrisseau touffu à la base.

C

CADUQUES. — Se dit des feuilles qui se détachent de l'arbre à la fin de la saison de végétation. V. Marcescentes, Persistantes.

CADUCIFOLIÉE. — Se dit d'une forêt constituée d'arbres à feuilles caduques.

CALCICOLE. — Qui préfère les sols calcaires. Le Chêne pubescent, l'Érable champêtre, le Pin d'Alep sont des essences calcicoles.

CALCIFUGE. — Qui redoute les sols calcaires ; on dit aussi silicicole ou acidiphile, car les plantes calcifuges recherchent les sols acides. En fait, toutes les plantes ont besoin de calcaire, mais, pour chacune, il existe un taux au-delà duquel il devient toxique. Le Châtaignier, le Chêne-liège, le Pin maritime, le Robinier sont des essences calcifuges.

CAMBIUM. — Fine couche de cellules neuves, engendrée lors de chaque cycle annuel de végétation par l'assise libéroligneuse de l'arbre, qui, du côté interne, dépose un anneau de cellules de bois sur le bois parfait, épaississant ainsi le tronc.

CÉPÉE. — Touffe de rejets issus de la souche d'un arbre qui a été coupé. Les cépées constituent l'essentiel d'une forêt traitée en taillis.

CHABLIS. — En langage forestier, arbre abattu par le vent, ou brisé sous le poids de la neige ou du givre.

CHANCRE. — Parties mortes de l'écorce et des couches superficielles du bois résultant des attaques de champignons parasites vivant au niveau de l'assise cambiale. Autour de la partie ainsi nécrosée se forme un bourrelet de recouvrement que le champignon envahit par la suite. Ainsi se forme sur la tige ou les rameaux attaqués une excroissance irrégulière dont la partie centrale déprimée est encerclée de bourrelets successifs. Sur le Hêtre et le Charme, les chancres sont produits par le *Nectria ditissima*, sur le Mélèze par le Pézize du Mélèze *(Dasycripha wilkommii)* qui sévit sur les Mélèzes plantés dans des stations à atmosphère humide.

CHANDELIER. — Tronc d'un arbre brisé par la tempête à une certaine hauteur et qui est resté debout.

CHÊNAIE. — Lieu planté de Chênes. Dans le langage botanique international, on emploie maintenant le mot *Quercetum* (de *Quercus*, le nom latin du Chêne) pour désigner les associations végétales, où l'espèce dominante est le Chêne dont on précise l'espèce : *Quercetum sessiliflorae*, chênaie de Rouvre, *Quercetum ilicis*, chênaie de Chêne vert ou Yeuse.

CIME. — Extrémité supérieure d'un arbre ; il en existe plusieurs synonymes : tête, faîte, houppe, houppier.

CLAIRIÈRE. — Surface de terrain forestier de faible étendue, où les arbres sont épars ou absents, et où le sol est plus ou moins envahi de plantes herbacées — souvent des Graminées —, d'arbrisseaux et d'arbustes.

CLIMAX. — État ultime atteint par l'évolution d'une association végétale en rapport avec le climat. Dans nos régions tempérées d'Europe occidentale le climax est généralement représenté par une forêt d'arbres à feuilles caduques ; cette forêt, en climat humide, est la hêtraie. Du grec, *climax*, échelle.

CLONE. — Ensemble de tous les individus végétaux descendant d'un pied unique par multiplication végétative, c'est-à-dire par *bouturage* ou *marcottage*. Cette faculté naturelle est très employée en arboriculture car elle permet la multiplication d'individus rigoureusement semblables. Il en va ainsi, par exemple, pour la plupart des Peupliers cultivés chez qui il existe des clones exclusivement mâles et des clones exclusivement femelles.

COMPLET. — Se dit d'un peuplement ou d'un massif d'arbres dont les branches se touchent.

CÔNE. — Inflorescence des Conifères dans laquelle les étamines ou les éléments ovulaires sont disposés généralement en hélice autour de l'axe porteur : il existe donc des cônes mâles et des cônes femelles. Le plus souvent, on réserve le nom de cônes à ces derniers qui deviennent l'équivalent de fruits, de forme conique ou ovoïde, composés d'écailles plus ou moins nombreuses, plus ou moins lignifiées et de bractées souvent soudées aux écailles. Certains cônes, en raison de leurs particularités, ont reçu des noms spéciaux : strobiles des Cupressacées, galbules des Genévriers.

CÔNELET. — On appelle ainsi, chez les Conifères, le chaton de fleurs femelles après fécondation ; le cônelet donnera naissance au cône proprement dit.

CONVERSION. — En langage forestier, il y a conversion quand on change le régime, par exemple quand on passe d'un taillis-sous-futaie à la futaie.

CORNIERS (pieds). — On désigne sous ce nom les arbres situés à un des angles d'une forêt et servant de limite.

COUPE. — En sylviculture, opération qui consiste à abattre des arbres ou des peuplements et, par extension, surface de terrain délimitée où l'on abat des arbres. Dans le premier sens du mot, on distingue les coupes de régénération, opérées en vue de permettre le renouvellement naturel d'un peuplement par ses graines ; il en existe deux modalités : la coupe rase, à blanc ou à blanc étoc, et la coupe avec réserves de porte-graines dans laquelle on conserve un certain nombre d'individus qui ensemenceront le terrain autour d'eux ; il y a également les coupes d'amélioration (dégagement de semis, nettoiement et éclaircies) qui ont pour but de faciliter le développement des sujets les mieux venus.

Coupe d'abri. — Éclaircie légère dans une futaie ou un vieux taillis, afin d'y introduire une essence d'ombre : on réalise ensuite un découvert progressif par de fortes éclaircies successives.

Coupe d'affouage. — Coupe destinée aux besoins d'une communauté en bois de feu.

Coupe jardinatoire. — Coupe éliminant seulement les arbres disséminés, en mauvais état ou gênants.

Coupe rase. — Coupe totale ne conservant pas de réserves. On dit aussi *coupe à blanc* ou *à blanc étoc*.

Coupe secondaire. — Toute coupe progressive de régénération entre la première coupe et la coupe définitive.

Couronne. — Sur le tronc d'un arbre, zone à peu près circulaire qui marque le point de départ des branches constituant la cime.

Couronné. — On dit d'un arbre qu'il est couronné lorsque sa cime s'est desséchée.

Couvert. — Ombrage que procure le feuillage d'un arbre ; il est plus ou moins épais selon l'épaisseur de celui-ci et la densité de sa ramification. Ex. : le Hêtre forme un couvert très épais.

D

Débardage. — Transport des bois abattus, souvent par traînage, jusqu'au bord de la coupe ou de la forêt.

Déboisement. — Action de dénuder un terrain précédemment boisé. Le déboisement a les effets les plus néfastes sur l'équilibre biologique, en particulier sur le sol et le climat. Dans les régions déboisées, les températures sont plus élevées en été et plus basses en hiver. Le vent ne rencontre plus d'obstacles. La pluviosité y est moindre.

En montagne, le déboisement est particulièrement dangereux, les eaux pluviales n'étant plus retenues entraînent la terre arable, érodent les pentes et se précipitent dans les vallées qu'elles inondent.

DÉBOURRAGE. — Épanouissement des bourgeons lors de la montée de la sève au printemps. On dit aussi *débourrement*.

DÉBÛCHAGE ou DÉBUSQUAGE. — Dans les exploitations forestières, travail qui consiste à rouler, traîner ou culbuter les grumes abattues jusqu'à l'endroit où se trouve le camion qui les transportera.

DÉCOUPE. — Section par laquelle on délimite sur le tronc d'un arbre, généralement à la hauteur de la première couronne de grosses branches chez les Feuillus, deux catégories de bois suivant leur emploi, la partie supérieure ne pouvant être utilisée que comme bois de chauffage.

DÉFENDS ou DÉFENS. — Partie réservée d'un bois où il est interdit de pratiquer des coupes, ou de mener paître les bestiaux.

DÉFORESTATION. — Destruction d'une ou plusieurs forêts. En sylviculture, on emploie aussi les mots contraires : afforestation et reforestation.

DÉFRICHEMENT. — Au sens propre, mise en culture d'un terrain laissé en friche. Le mot ne devrait pas être pris comme synonyme de déboisement et moins encore de déforestation.

DÉGAGEMENT. — En langage forestier, suppression de la végétation qui gênerait la croissance de jeunes arbres, nés de semis ou plantés.

DÉMASCLAGE. — Prélèvement du liège sur le Chêne-liège ou sur le Corcier.

DENDROLOGIE. — Partie de la botanique qui a pour objet l'étude des arbres pour eux-mêmes, indépendamment de leur utilisation. Du grec, *dendron*, arbre.

DENDROMÉTRIE. — Mesure des arbres.

DÉPRESSAGE. — Éclaircie dans les anciens semis ou gaulis trop serrés.

DIOÏQUE. — Se dit d'une espèce chez laquelle les fleurs sont unisexuées et portées sur des individus différents, pieds mâles et pieds femelles. S'oppose à monoïque. Les Saules, les Peupliers, le Houx sont des essences dioïques.

DRAGEON. — Rejet qui se forme à partir d'un bourgeon adventif apparu sur les racines à une certaine distance de la plante chez certaines espèces. Il ne faut pas confondre le drageonnement et le rejet de souche, lequel provient du développement de bourgeons proventifs ou dormants. Les Résineux n'ont pas la faculté de drageonner ; parmi les Feuillus, si le Chêne rouvre et le Charme ne drageonnent pas non plus, le Chêne tauzin, le Chêne vert, le Châtaignier, les Ormes, le Tremble, le Robinier produisent d'abondants drageons.

DROIT D'USAGE. — Droit coutumier d'utiliser les diverses ressources secondaires d'une forêt (pacage, affouage, prélèvement de perches, d'échalas, etc.)

DURAMEN. — V. Bois parfait.

E

ÉCLAIRCIE. — Coupe d'amélioration en vue de la formation d'une futaie, à partir du stade du perchis, et consistant à débarrasser le peuplement des tiges défectueuses ou en surnombre et à dégager les exemplaires de belle venue.

ÉCOBUAGE. — Pratique ancienne qui consistait à arracher les herbes d'un terrain avec la terre superficielle, à brûler le tout en tas, puis à répandre les cendres sur le sol.

ÉCOLOGIE. — Science pluridisciplinaire qui étudie les rapports des êtres vivants entre eux et avec le milieu qu'ils occupent.

ÉCORCE. — L'écorce ou cortex est la partie externe de la tige entourant l'ensemble des vaisseaux conducteurs, ou cylindre central. Son assise circulaire la plus interne est l'endoderme ; son assise externe est l'épiderme protégé par la cuticule. L'écorce peut s'épaissir grâce à la couche mérismatique, dite assise subéro-phellodermique qui engendre vers l'extérieur du liège ou suber et vers l'intérieur du phelloderme. Quand une assise subéro-phellodermique cesse de fonctionner, elle est remplacée par une autre plus interne qui repousse au-dehors la couche de tissus morts laquelle, épaissie, constitue alors le rhytidome.

ÉCOSYSTÈME. — L'ensemble constitué par les différentes espèces vivant en interaction (biocénose) dans le même milieu (biotope).

ÉCUSSON. — Partie supérieure et externe des écailles de cônes de Pins, épaissie en forme de losange et souvent d'une autre teinte, au centre de laquelle se trouve le mucron.

ÉDAPHIQUE. — Qui est relatif au sol. Du grec, *edaphos*, fondement.

ÉLAGAGE. — Par élagage naturel, on désigne le dépérissement, puis la chute des branches inférieures d'un arbre, par suite de la croissance en hauteur de la cime et de la raréfaction subséquente de la lumière qui parvient jusqu'à elles. Sa conséquence est la dénudation du tronc jusqu'à une certaine hauteur ; à cette partie dénudée de la tige, on réserve généralement le nom de *fût*.

Le même mot est utilisé pour l'opération exécutée de main d'homme et qui consiste à supprimer les branches mortes d'un arbre, à en alléger la ramure, enfin à façonner la cime des arbres d'alignement ou de jardins d'agrément, soit à des fins esthétiques, soit pour remédier à la gêne que pourrait causer leur développement excessif.

ÉMONDAGE. — Opération qui consiste à couper au ras du tronc les branches latérales qui feront des fagots, des échalas ou dont les feuilles serviront de fourrage. Les nouveaux rejets qui pousseront par la suite seront coupés périodiquement.

EMPÂTEMENT. — Base élargie du tronc d'un arbre.

ENCROUÉ. — Se dit d'un arbre qui, en tombant, reste accroché en l'air par les branches de ses voisins.

ENDÉMIQUE. — Espèce strictement localisée dans un territoire limité et généralement restreint.

ENRÉSINEMENT. — Plantation d'essences résineuses en terrain inoccupé ou parmi des Feuillus. Par ce mot, on désigne surtout la conversion avec substitution plus ou moins complète de Résineux dans les taillis-sous-futaie pauvres, ainsi que dans les autres taillis. Dans la plupart des forêts de Feuillus, l'enrésinement, aujourd'hui de plus en plus fréquent, vise à améliorer les peuplements sous le seul angle du rendement soit en laissant une certaine place aux Feuillus spontanés, soit en leur substituant trop souvent un peuplement résineux complet. Pour l'enrésinement, les forestiers emploient généralement le Sapin pectiné ou l'Épicéa commun en montagne moyenne, en plaine le Sapin de Nordmann et, en sol riche, le Sapin de Vancouver. Mais les essences de beaucoup les plus utilisées sont le Pin maritime (Pin des Landes) en plaine, dans l'ouest de la France, et le Douglas un peu partout.

ENTRECOUPÉ. — Se dit d'un peuplement où il y a des trouées et des vides.

ÉQUIENNE. — On appelle ainsi un peuplement dans lequel tous les arbres sont du même âge et souvent de la même essence (monoculture) ; à la suite, par exemple, d'une coupe rase. Du latin *aequus* : égal, et *annus* : année.

ESPÈCE. — Unité fondamentale de la systématique. En principe, l'espèce peut se définir comme l'ensemble des individus descendant hypothétiquement de parents communs, ou se ressemblant comme s'ils étaient issus des mêmes géniteurs, et féconds entre eux. C'est la fécondation interspécifique qui est la notion essentielle. Au sein d'une même espèce, on peut en général distinguer, selon les caractères secondaires, des sous-espèces et des races, elles-mêmes subdivisées en variétés.

ESSART. — Terrain qui était en friche et qui a été défriché en vue de la culture, par essartage.

ESSARTAGE. — Forme ancienne d'extension des cultures au détriment des forêts. L'essartage se pratiquait en arrachant toutes les plantes qui couvraient le sol et en écobuant ensuite. (V. Écobuage), les cendres étant répandues avant l'emblavage. On ensemençait alors en avoine ou en seigle.

ESSENCE. — En langage forestier, synonyme d'espèce, appliqué aux arbres ; le terme d'essence est cependant plus restreint, car il peut s'appliquer également à des sous-espèces, dont les exigences et les emplois sont différents. Les forestiers distinguent les essences feuillues, à feuillage caduc et les essences résineuses, à feuillage persistant, en général les Conifères. Il existe des essences de lumière qui ont besoin pour se développer d'une forte luminosité (Chênes, Pins) et des essences d'ombre qui croissent mieux sous le couvert (Hêtre, Sapins).

ÉTAGE. — Dans un peuplement composé, par exemple un taillis-sous-futaie, on distingue un étage dominant, constitué par les arbres dont les cimes s'ouvrent en pleine lumière, et forment la canopée, le sous-étage, ou étage dominé, constitué par les arbres dont les cimes se développent sous l'étage dominant, enfin le sous-bois composé des espèces buissonnantes qui couvrent le sol.

ÉTAGES DE VÉGÉTATION. — En géobotanique, on appelle ainsi les différents ensembles végétaux déterminés par les conditions de vie dépendant de l'altitude. À partir de la plaine, on distingue ainsi cinq étages :

1. des *collines* et des *basses montagnes* (jusqu'à 600 m environ), au climat à peine plus froid et plus humide qu'en plaine.

2. *montagnard* (de 600 à 1 600 m), au climat froid, à pluviosité abondante et régulière, à hygrométrie et nébulosité constamment élevées et enneigement sporadique.

3. *subalpin* (de 1 600 à 2 000-2 400 m), au climat plus froid, mais très lumineux, avec une atmosphère beaucoup plus sèche, sauf pendant la période d'enneigement qui dure plusieurs mois.

4. *alpin* (de 2 000-2 400 à 3 000-3 200 m), les arbres ne peuvent plus y vivre par suite du froid intense et de la réduction de la saison de végétation ; l'enneigement peut y durer de 5 à 6 mois ; c'est la région des pelouses et des landes, les « alpages ».

5. *nival* (au-dessus de 3 000-3 200 m), l'enneigement y dure plus de huit mois et peut-être presque permanent.

Différents facteurs peuvent modifier ces données ; les principaux sont : les vents plus ou moins violents ; l'exposition, le versant exposé au sud ou à l'ouest, l'*adret*, étant beaucoup plus chaud et plus sec que l'*ubac* qui fait face au nord et à l'est ; enfin l'action destructrice de l'homme et de ses troupeaux a très souvent fait reculer la forêt et disparaître certaines espèces, elle a aussi favorisé l'érosion et modifié en conséquence le climat.

Exotique. — Se dit d'une espèce étrangère introduite en culture.

Exploitabilité. — En sylviculture, état de développement atteint par un arbre, tel que l'on a intérêt à l'exploiter plutôt qu'à le laisser vieillir.

F

Fagetum. — V. Hêtraie.

Fagot. — Faisceau de petit bois.

Famille. — Ensemble d'espèces, groupées par genres, réunies en systématique en raison de leurs caractères communs. La famille constitue une division de l'ordre ; elle est parfois subdivisée en sous-familles ou tribus. Son nom est formé de celui du genre principal de la famille, auquel on ajoute le suffixe -acées. Ex. : famille des Pin-acées (de *Pinus*, Pin), des Fag-acées (de *Fagus*, Hêtre).

Faulde ou Faude. — En forêt, aire sur laquelle on fait du charbon de bois.

Feuillaison ou Foliaison. — Moment où les feuilles sortent des bourgeons ; ce moment varie suivant les essences, il est déterminé par la durée de l'ensoleillement, le réchauffement de l'atmosphère et l'humidité ambiante.

Feuillu. — Arbre dont les feuilles, au limbe très développé, sont généralement caduques. En sylviculture, on appelle Feuillus, par opposition aux Résineux, les arbres à feuillage développé, mais non nécessairement caduc : le Chêne vert est un Feuillu.

Flèche. — Partie terminale pointue de la cime d'un arbre. Elle est bien distincte dans les arbres dont la cime est conique et, en particulier, chez les Conifères, surtout à l'état jeune.

Flexueux. — Se dit d'une tige courbée alternativement en divers sens :

Ex. : tronc du Pin d'Alep.

FLORE. — Ensemble des plantes qui croissent dans une région donnée. Par extension, ouvrage consacré à la description de ces plantes.

FLOTTAGE. — Transport du bois par les cours d'eau.

FOLIOLE. — Petite feuille ; l'une des parties individualisées d'une feuille composée. La feuille du Frêne porte de 7 à 15 folioles, celle du Robinier de 7 à 19.

FONDS. — En langage forestier, le sol d'une forêt après coupe rase, la valeur de ce sol.

FORÊT COMMUNALE. — Forêt faisant partie des biens d'une commune. En France, les forêts communales, au nombre de 14 200 environ, couvrant 2 430 000 ha, représentent 18 % de la forêt nationale. Elles sont particulièrement nombreuses et étendues dans l'est de la France.

FORÊT DOMANIALE. — Forêt faisant partie du domaine de l'État. Il s'agit des anciennes forêts royales et des forêts ecclésiastiques, devenues domaniales à la Révolution. Les forêts domaniales au nombre de 3 067 et couvrant 1 680 000 ha, représentent 12 % de la forêt française.

FORÊT OUVERTE. — Se dit d'une forêt où les arbres sont clairsemés.

FORÊT PRIMAIRE. — Forêt à l'état naturel, dans laquelle l'homme n'est pas intervenu. On dit aussi forêt vierge.

FORÊTS PRIVÉES ou FORÊTS PARTICULIÈRES. — Forêts dont les propriétaires sont des personnes privées. Possédées par 3 260 000 propriétaires, elles couvrent plus de 9 600 000 ha, ce qui représente 70 % de la forêt en France.

FORÊT RIPARIALE. — Forêt qui pousse sur les rives des cours d'eau.

FORÊT SECONDAIRE. — Celle qui succède à la destruction par l'homme de la forêt primaire ; elle est toujours d'un type très différent de celle-ci.

FORMATION VÉGÉTALE. — Ensemble des végétaux correspondant aux mêmes conditions et ayant des caractères communs de structure et d'aspect. La formation végétale est définie essentiellement par sa physionomie propre : forêt, maquis, garrigue, lande, steppe, savane.

FORME FORESTIÈRE. — C'est la forme que prend un arbre en forêt, lorsque sa croissance en étendue est limitée par ses voisins et que, par contre, il doit s'élever afin de bénéficier de l'air et de la lumière dont il a besoin. La forme forestière est de ce fait beaucoup plus haute et beaucoup plus mince que la forme spécifique ; de plus, le tronc est souvent dénudé sur une grande hauteur, à cause de l'élagage naturel.

FORME SPÉCIFIQUE. — Forme que prend un arbre quand il est isolé et peut ainsi se développer librement. Elle est dite spécifique car elle est caractéristique de l'espèce.

FOURRÉ. — Partie de bois très fournie d'arbrisseaux et d'arbustes dont les branches se rejoignent et qui forment massif : c'est souvent le refuge des bêtes sauvages. En langage forestier, on désigne ainsi un ensemble de vieux semis, généralement trop serrés.

FRANC. — Se dit d'un arbre né de semis, par opposition à sauvageon, désignant un arbre pris dans les bois. *Franc de pied* : arbre ou arbuste non greffé.

FRICHE. — désigne une terre qui n'est plus cultivée, qu'on a laissée reposer. Mot ancien signifiant : « frais », la friche étant considérée comme rafraîchie.

FRONDAISON. — L'ensemble du feuillage d'un arbre. Du latin *frons-frondis* : feuillage.

FRUITIERS. — En langage forestier, on appelle Fruitiers les essences appartenant toutes à la famille des Rosacées, qui produisent des fruits charnus, le plus souvent comestibles, et dont certains sont à l'origine des arbres fruitiers cultivés. Ex. : le Pommier sauvage, le Merisier, le Cormier.

FURETAGE. — En langage forestier, opération qui consiste à couper seulement une partie des rejets de souche dans un taillis ; le taillis ainsi traité est dit fureté. De *furet*, les allées et venues du forestier évoquant l'allure de cet animal.

FÛT. — Partie du tronc d'un arbre dépourvue de branches ; cette partie s'allonge au fur et à mesure de l'élagage naturel. Du latin, *fustis*, bâton, pieu.

FUTAIE. — Peuplement d'arbres, nés généralement de semis, qu'on laisse parvenir à une longue croissance.

FUTAIE IRRÉGULIÈRE. — Formée d'arbres de tous âges, généralement groupés en bouquets.

FUTAIE JARDINÉE. — Formée d'arbres de tous âges et de toutes tailles confusément mêlés, donc irrégulière et particulièrement pittoresque : le traitement appelé jardinage se borne ici à enlever çà et là des sujets exploitables en vue d'éclaircir le couvert à fin de régénération.

FUTAIE RÉGULIÈRE. — Formée d'arbres de même âge.

FUTAIE SUR SOUCHES. — Résultant non de semis, mais du vieillissement des cépées au-delà de la révolution normale de 25 ou 30 ans.

G

GARENNE. — Territoire mis en interdit de chasse et de pêche par le roi ou des seigneurs qui se les réservaient à ces fins. Longtemps soumise à l'autorisation du souverain, la création de garennes devint libre au XVIᵉ siècle. Les garennes furent abolies par l'Assemblée constituante le 4 août 1789.

GARRIGUE. — Paysage végétal au terme final de sa dégradation du fait de l'action de l'homme. Très fréquente sur sol calcaire dans la région méditerranéenne, la garrigue résulte du défrichement, du pâturage par les moutons et enfin des incendies, ce qui a amené la disparition des arbres, et en particulier du Chêne vert. Elle se présente comme un espace déboisé, où ne subsistent que des buissons épars d'arbustes et d'arbrisseaux à feuilles persistantes (Chêne kermès, Genêts, Cistes, etc.) et des taches herbacées de plantes odorantes, entre lesquelles apparaît à nu le sol rocheux. Du provençal *garriga*, de *garric* qui était le nom du Chêne kermès en ancien provençal.

GAULIS. — Troisième étape du développement d'une forêt traitée en futaie, atteinte lorsque les pousses ont, dans la majorité, la grosseur d'une gaule, soit, à peu près, celle du pouce.

GÉLIF, IVE. — Qui se fend lors des gelées : la sève, par suite de la congélation, ayant augmenté de volume et, de ce fait, rompu les tissus végétaux.

GELIVURE. — Gerçure des arbres causée par une forte gelée. Les gélivures et les cicatrices qui en résultent forment des fentes longitudinales dirigées selon un plan radial.

GEMMAGE. — Opération qui consiste à inciser les troncs des Pins, en vue de récolter la gemme.

GEMME. — Résultat de la transformation que l'on fait subir aux oléorésines exsudées par certains Conifères, en particulier par le Pin maritime. Les oléorésines sont des mélanges naturels de résine et d'essences diverses. La distillation de la gemme fournit l'essence de térébenthine, la colophane et le brai. Du latin *gemma* : bourgeon ; au figuré, pierre précieuse, parce que la résine sort en gouttes brillantes et translucides, comparables à des pierres précieuses.

GENRE. — Réunion d'espèces présentant des caractères communs et des rapports phylogénétiques étroits. Les genres sont les divisions de la famille. Dans la nomenclature, tout individu, végétal ou animal, porte le nom du genre auquel il se rattache (nom générique), suivi d'un adjectif définissant l'espèce particulière à laquelle il appartient. Ex. : *Pinus sylvestris, Acer pseudoplatanus*. Le genre est parfois subdivisé en sous-genres ou sections.

GIBIER. — Nom collectif désignant les animaux que l'on chasse pour les manger.

GLABRE. — Dépourvu de poils, par opposition à velu, pubescent, tomenteux.

GLAUQUE. — De couleur verte tirant sur le bleu ou le gris. Du grec *glaukos* : brillant, étincelant, en parlant de la surface de la mer. Ex. : les feuilles du *Cupressus arizonica* Glauca, du *Cedrus atlantica* Glauca.

GLOBULEUX. — À peu près rond ou sphérique, en parlant par exemple des cônes. Ex. : les cônes des Cyprès.

GRAPPE. — Assemblage de fleurs et de fruits autour d'un axe allongé portant de petites ramifications latérales, sensiblement égales, portant chacune une fleur ou un fruit. Du germanique supposé *krappa* : crochet ; le mot a d'abord désigné la grappe de raisin.

GRUME. — Tronc d'arbre abattu, ébranché, recouvert ou non de son écorce.

H

HALLIER. — Massif formé de buissons épais, touffus et généralement épineux ; c'est souvent là que les sangliers établissent leurs bauges. Du germanique *hasal* : rameau.

HERMAPHRODITE. — Se dit d'une fleur qui porte à la fois étamines et pistil. Ex. : les fleurs des Rosacées.

HÊTRAIE. — Forêt de Hêtres, constituant parfois un peuplement pur. Dans le langage écologique international, on emploie le mot de *Fagetum* (de *Fagus* : Hêtre). Le *Fagetum*, souvent très dense et à couvert épais, engendre généralement un humus acide sur lequel croissent les satellites habituels du Hêtre.

HOUPPIER. — En langage forestier, synonyme de cime.

HUILES ESSENTIELLES. — Substances organiques, solides ou liquides, généralement odoriférantes, sécrétées par les végétaux. Ex. : les baumes, les résines, les gommes.

HUMUS. — Ensemble des substances colloïdales de couleur noirâtre, résultant de la synthèse microbienne des débris végétaux constituant la couverture morte, et qui s'incorpore très lentement à la matière minérale du sol.

I

IMPARIPENNÉ. — Feuille composée, pennée, terminée par une foliole isolée. Ex. : les feuilles du Frêne, du Robinier.

INTRODUIT. — Abréviation de « introduit en culture ». Se dit d'un végétal transporté par l'homme hors de son aire originelle et semé ou planté dans un autre pays, sous un autre climat. La date d'introduction est celle à laquelle ce végétal est parvenu pour la première fois dans un pays donné et y a été élevé. L'introducteur est soit le collecteur qui l'a envoyé du pays où il croît naturellement, soit le botaniste ou l'horticulteur qui, le premier, a réussi à le faire pousser dans le pays où il a été importé.

JARDINAGE. — En sylviculture, opération qui consiste à pratiquer des coupes d'entretien dans une futaie dite *jardinée*. Elle concerne des arbres de tous âges et de tous diamètres et comporte notamment l'enlèvement de fûts ayant atteint leurs dimensions maximales fixées, ce qui n'a lieu en futaie pleine que lors des coupes de régénération.

L

LAIE. — Ce terme, écrit d'abord *laye*, désignait autrefois la marque faite sur un arbre pour délimiter une zone à couper en forêt ; par la suite, il s'est appliqué à cette coupe elle-même ; enfin, il a pris par extension le sens de route destinée à vider la coupe et permettant le passage des charrois utilisés pour le transport du bois abattu. Les laies ordinaires ont généralement 2 m de large ; les laies « sommières » atteignent 4 m.

LAYON. — Petite laie. Chemin percé dans une forêt pour séparer les coupes. Les layons ont généralement 0,80 m de large.

LENTICELLES. — Petites excroissances subéreuses réparties sur l'écorce des tiges et des rameaux, souvent en face d'un stomate ; entre les cellules qui les constituent, s'ouvrent des méats par lesquels s'effectuent les échanges gazeux, rendus difficiles par l'imperméabilité de l'écorce. Les lenticelles, qui se détachent sur l'écorce par leur teinte et leur consistance, varient de forme et de couleur suivant les espèces. Diminutif de *lentille*. Ex. : lenticelles du Tremble, du Merisier, des Bouleaux, des Sureaux.

LANDE. — Association végétale sur sol pauvre, généralement siliceux, où les espèces dominantes sont des arbustes ou arbrisseaux de dimensions réduites et à feuilles persistantes : Bruyères, Ajoncs, Genêts, Genévriers. Les landes se trouvent principalement dans la zone atlantique : Bretagne, landes de Gasogne, et en haute montagne. N'étant guère utilisable pour l'agriculture, elles font souvent l'objet de reboisement en Résineux : Pin sylvestre et Pin maritime. Du gaulois, *landa*, breton *lann* : terre ouverte, terre libre.

LIBER. — La partie vivante, interne de l'écorce, ensemble complexe de cellules situé entre l'écorce morte et le cambium, et contenant les tubes criblés, conducteurs de la sève élaborée qui descend des feuilles aux racines ; ceux-ci sont comparables aux vaisseaux situés à l'intérieur du bois qui convoient la sève brute. Le liber primaire est souvent appelé phloème (du grec *phloios* : écorce d'arbre, le phloème étant un des constituants de l'écorce), tandis que l'on réserve le nom de liber aux formations secondaires qui présentent en coupe un aspect feuilleté, comparable à celui des pages d'un livre. Du latin *liber* : écorce d'arbre, qui a donné livre, parce qu'on a écrit autrefois sur la pellicule située entre l'écorce et le bois.

LIÈGE. — Tissu mort, peu perméable, le liège constitue une couche protectrice pour la partie interne de l'écorce, ou liber. Le liège est formé de cellules allongées tangentiellement par rapport à l'axe, chez lesquelles la membrane s'imprègne de subérine et dont le protoplasme disparaît de bonne heure. Plus spécialement, écorce épaisse et légère du Chêne-liège que l'on exploite.

LIGNEUX. — Qui est de la nature du bois ; plante dont la tige, contenant des faisceaux lignifiés, est résistante. Du latin *lignum* : bois.

LIGNIFIÉ. — Tissu dont les parois sont imprégnées de lignine et qui possède de ce fait les caractéristiques du bois.

LIGNINE. — Substance organique complexe qui imprègne les cellules et les fibres des végétaux, à qui elle donne leur caractère ligneux.

LITIÈRE. — Ensemble de feuilles mortes et autres débris végétaux qui jonchent le sol au pied des arbres. On dit aussi « couverture morte. »

LOBE. — Division profonde et généralement arrondie d'une feuille ou des éléments d'une fleur, comprise entre deux sinus. Du grec *lobos* : même sens. Ex. : les feuilles des Chênes, des Érables sont lobées.

Longévif. — Qui vit longtemps. D'ordinaire, on dit qu'un arbre est longévif, lorsque la durée de son existence dépasse de beaucoup la centaine d'années. Les Chênes, les Mélèzes qui peuvent rester vigoureux donc exploitables jusque vers deux cent cinquante, trois cents ans, sont des essences très longévives ; par contre, les Bouleaux, les Peupliers, le Tremble ne dépassent guère la centaine d'années, ils sont peu longévifs.

Longévité. — Durée de la vie d'un végétal. La longévité indiquée par les forestiers ne correspond pas à l'âge maximum que peut atteindre une espèce donnée, mais à l'âge jusqu'auquel son bois peut être utilement exploité. Ainsi, la longévité utile du Hêtre est de cent cinquante ans, alors que cette essence peut facilement atteindre trois cents ans et parfois même cinq cents ans. Un Chêne peut dépasser mille ans, un Mélèze atteindre le millénaire.

Loupe. — Excroissance ligneuse, de forme plus ou moins globuleuse, à surface lisse — ce qui distingue la loupe du broussin —, produite souvent par des piqûres d'insectes sur le tronc ou les branches de certains arbres : Chênes, Hêtre, Ormes, Frêne, Bouleaux, Tilleuls, Érables. Les fibres enchevêtrées et nouées forment des motifs ; à ce titre, les loupes sont très recherchées pour l'ébénisterie et la marqueterie.

M

Maquis. — Association végétale sur sol siliceux, propre au climat méditerranéen ; il couvre de grandes surfaces en Corse, dans les Maures et l'Esterel. Sa physionomie est très particulière, la végétation y est dense, assez basse, mais difficilement pénétrable, constituée d'arbustes et d'arbrisseaux à feuilles persistantes et coriaces, parfois épineux et souvent odoriférants : Bruyères, Cistes, Romarin, Arbousier, Laurier, Buis, Myrte, Lentisque, etc. Du corse, *macchia* : tache et, par extension : fourré.

Marcescentes. — Feuilles qui se dessèchent à l'automne, mais subsistent sur l'arbre pendant la plus grande partie de l'hiver. Du latin *marcescere* : se flétrir. Ex. : les feuilles du Chêne pubescent.

MARCOTTAGE. — Mode de multiplication des végétaux qui utilisent leur propriété naturelle de former des marcottes. Il diffère du bouturage en ce que la portion enfoncée en terre n'est séparée de la plante mère qu'après l'enracinement. Ex. : on multiplie par marcottage la Vigne, l'Olivier, parfois les Ormes.

MARCOTTE. — Branche basse d'un végétal qui, traînant à terre ou s'y étant enfouie, forme des racines adventives et s'y fixe. Ex. : le Houx, les Cornouillers, les Genévriers, le Mahonia. Du latin *marcus*, nom d'un cep de vigne de la Gaule, ou de *mergus* : provin.

MARTELAGE. — Opération qui consiste à marquer d'une empreinte le pied des arbres. Elle se pratique au moyen du marteau forestier qui sert à la fois de hachette destinée à faire une entaille mettant le bois à nu — cette entaille se nomme blanchis, flache ou miroir — et de poinçon aux initiales de l'administration forestière ou à celles du propriétaire de la forêt.

On distinguait naguère le martelage en délivrance, ou en abandon qui désignait les arbres destinés à être exploités, et le martelage en réserve ou balivage qui indiquait les arbres devant être conservés. Cette dernière pratique étant très dommageable aux qualités sanitaires des réserves est aujourd'hui abandonnée ; on ne pratique plus que le martelage en délivrance, c'est-à-dire que tous les arbres marqués et eux seuls seront exploités.

Les empreintes sont imprimées d'abord au pied, aussi près que possible du sol, puis au tronc sur des blanchis bien apparents et portant une marque bien nette, suivant une orientation constante, de telle sorte que les arbres ainsi marqués puissent être repérés de loin dans leur ensemble. On mesure ensuite leur diamètre, à 1,30 du sol et l'on établit une fiche de martelage qui servira aux calculs d'estimation de la coupe.

MÉAT. — Cavité remplie d'air, de gaz ou même de liquide, par exemple des gommes ou des résines.

MÉDULLAIRE. — Qui appartient à la moelle (latin, *medulla*).

MEMBRANEUX. — Qui a la consistance d'une membrane très mince, translucide et souvent sèche au toucher. Ex. : ailes membraneuses entourant la graine des Ormes, bractée membraneuse qui accompagne la fleur des Tilleuls.

MERRAIN. — Sous ce nom, on désignait autrefois tout bois d'œuvre ; l'usage en est aujourd'hui restreint au bois de fente servant à la fabrication des douves de tonneau étanches ; on utilise pour ce faire des arbres droits, à grain fin et sans défauts, particulièrement des Chênes et des Châtaigniers. Du latin populaire *materiamen*, de *materia* : matière, matériau, bois de construction.

MOELLE. — Masse de tissu cellulaire occupant le centre du cylindre central de la tige et des rameaux ; des expansions de la moelle, les rayons médullaires, rayonnent vers la périphérie, en séparant les faisceaux libéro-ligneux primaires. Du latin, *medulla*.

MONOÏQUE. — Espèce dont les fleurs mâles et les fleurs femelles sont distinctes, mais portées sur le même pied. S'oppose à *dioïque* et à *hermaphrodite*. Du grec *monos* : seul, et *oikia* : maison. Les Chênes, le Hêtre, les Sapins, les Pins sont monoïques.

MORT-BOIS. — Petits arbres et arbrisseaux, inutilisables autrement, qui pouvaient être coupés et prélevés par les riverains de la forêt, ce qui faisait partie des droits d'usage.

MUCRON. — Pointe courte, aiguë, souvent raide, qui termine certains organes végétaux et semble être le prolongement de la nervure médiane ; particulièrement, petite pointe sur les écailles des cônes des Conifères. Du latin *mucro-mucronis* : pointe.

N

NATURALISÉE. — On dit qu'une espèce est naturalisée quand, introduite d'un pays dans un autre, elle trouve dans ce dernier des conditions de milieu favorables et s'y reproduit spontanément. Ex. : le Robinier, le Marronnier.

NERVURES. — Lignes souvent saillantes qui parcourent le limbe des feuilles et y forment un réseau complexe ; on distingue la nervure principale ou médiane, d'où partent comme des branches des nervures secondaires. Les nervures sont constituées par les faisceaux libéro-ligneux qui assurent les allées et venues de la sève et sont entourés de fibres. Du latin *nervus* : nerf.

NŒUD DU BOIS. — Structure particulière et localisée du bois, qui est la trace de l'insertion d'une branche englobée dans le tronc au cours de l'accroissement en diamètre de l'arbre, le nombre des couches de bois qui forment le nœud s'accroissant d'année en année. Un nœud vivant est formé par une branche qui continue de croître en même temps que le bois ; un nœud mort est la trace de l'insertion d'une branche tombée par élagage naturel ; lorsque la cicatrisation s'est mal faite, le bois a pu être altéré par l'envahissement de champignons ; dans ce cas, il y a formation d'un nœud pourri ou mauvais nœud. Enfin, on appelle nœud recouvert un nœud complètement inclus dans la masse du bois, la branche qui lui a donné naissance n'étant pas sortie à l'extérieur du tronc. Les nœuds sont considérés comme des défauts pour l'exploitation du bois.

NOYAU. — Couche interne et lignifiée du péricarpe, contenant une amande, la graine, dans les drupes, alors que le pépin dans la baie est la graine elle-même. Ne vient pas de noix, mais de *nodellus*, diminutif du latin *nodus* : nœud.

O

OMBRÉE. — Dans les Pyrénées, on désigne ainsi le versant des montagnes qui se trouve à l'ombre. C'est l'équivalent de l'*ubac*.

OPPOSÉES. — Se dit des feuilles insérées deux à deux, face à face, sur le même rameau. S'oppose à alternes. Ex. : feuilles du Frêne, des Érables.

ORBICULAIRE. — Organe dont la surface plane est de forme circulaire. Du latin *orbicularis*, de *orbis*, cercle. Ex. : les feuilles du Tremble.

ORDRE. — Division du règne végétal regroupant un certain nombre de familles ayant des caractères généraux communs. L'ordre est marqué en taxonomie par le suffixe

-ales ajouté au nom d'un genre. Ex. : les Fagales, qui comprennent les Fagacées (Hêtre, Châtaignier et Chênes), les Bétulacées (Bouleaux et Aulnes) et les Corylacées (Noisetier, Charme et Charme-Houblon).

P

PANAGE. — Ce mot désigne spécifiquement le pâturage en forêt des porcs qui s'y nourrissent principalement de glands et de faînes. Le panage était sévèrement réglementé.

PARC NATIONAL. — Zone étendue du territoire national où la protection de la nature est intégrale et très rigoureuse. Le premier parc national du monde, Yellowstone National Park, a été créé aux États-Unis en 1872. En France, la création des parcs nationaux ne remonte qu'à 1960, le premier est le parc national de la Vanoise fondé en 1963 dans les Alpes de Haute-Maurienne, entre les vallées de l'Arc et de l'Isère, à l'est de Chambéry. On compte actuellement six parcs nationaux français.

PARC NATUREL RÉGIONAL. — Zone soumise à certaines mesures de protection de la nature, mais aussi de la vie rurale. En France, on en compte présentement une quinzaine, un certain nombres d'autres sont en projet.

PARCELLES. — En forêt, étendues délimitées qui seront exploitées successivement.

PARE-FEU. — Dispositif destiné à empêcher la propagation des incendies ; tranchée ouverte en forêt pour arrêter les incendies ou, tout au moins, faciliter leur extinction. Les pare-feu ou garde-feu divisent la forêt en compartiments ainsi isolés les uns des autres. Les massifs forestiers de Provence et de Gascogne, souvent peuplés de Résineux et de ce fait particulièrement exposés aux incendies, sont souvent pourvus d'un réseau qui comprend un pare-feu périmétral isolant le massif des forêts contiguës, d'un pare-feu diamétral qui le traverse de bout en bout suivant son plus grand axe et de pare-feu secondaires, dont la direction est perpendiculaire aux vents dominants en période de sécheresse. En montagne, les pare-feu sont généralement installés sur les crêtes, le feu se propageant très vite en montant un versant.

PARIPENNÉE. — Feuille composée, pennée, sans foliole terminale impaire. S'oppose à imparipennée. Ex. : feuilles de Cédrèle, de Février.

PECTINÉE. — Feuille à divisions étroites et opposées sur deux rangs comme les dents d'un peigne. Du latin *pecten* : peigne. Ex. : feuilles de Sapin pectiné *(Abies pectinata)*.

PÉDONCULÉ. — Qui possède un pédoncule, petit rameau portant une fleur ou un groupe de fleurs. Du latin *pedunculus*, diminutif de *pes-pedis* : pied. Chêne pédonculé : dont les glands sont portés par un long pédoncule, par opposition au Chêne Rouvre, ou sessile, dont les glands ne possèdent pas de pédoncules.

PARQUET. — Petit parc. En forêt, étendue délimitée une fois pour toutes pour l'assiette des coupes. Le terme fut employé ensuite pour désigner un assemblage de planches ressemblant à l'aspect d'un terrain divisé en parcelles de forme géométrique.

PÉDOLOGIE. — Science des sols. Du grec *pedon* : sol.

PÉPINS. — Graines contenues dans la masse pulpeuse des baies : par exemple, pépins de raisin ; par extension, graines des fruits intermédiaires entre les baies et les drupes : pomme, poire, coing, nèfle. Mot de création romane (XIIe siècle), où le redoublement du p est censé exprimer l'exiguïté de l'objet, formé d'après le latin *pipinna* : verge de petit garçon.

PÉPINIÈRE. — Terrain où l'on fait des semis d'arbres que l'on cultive jusqu'à ce qu'ils puissent être transplantés.

PERCHIS. — Taillis composé de perches, plus grosses que des gaules (les perches ont entre 10 et 20 cm de diamètre à 1,30 du sol), le perchis est donc plus âgé que le gaulis, le stade suivant est celui de la futaie.

PÉRIMÈTRE DE RESTAURATION. — ou périmètre de reboisement. Ensemble des terrains en montagne sur lesquels des travaux de protection du sol et de régularisation du régime des eaux ont été décidés. Se divise en séries de restauration ou de reboisement.

Périoode. — Temps de régénération d'une affectation.

Persistantes. — Feuilles qui ne tombent pas à l'automne, mais restent sur l'arbre durant l'hiver ; s'oppose à feuilles caduques. Chez le Sapin ou chez l'If, elles demeurent sur l'arbre jusqu'à huit ou dix ans ; sur le Chêne-liège, elles ne restent qu'un an ; dans ce cas, elles sont dites subpersistantes. Les feuilles semi-persistantes sont persistantes ou caduques suivant le climat.

Pessière. — Forêt d'Épicéas, appelés Pesse dans le Jura. Dans le langage écologique international, on dit *Picetum* (de *Picea* : Épicéa).

Peuplement. — L'ensemble des arbres qui croissent sur une portion donnée de forêt. Il peut être naturel ou artificiel, si sa création résulte de semis ou de plantations exécutés de main d'homme ; il est dit pur, si les arbres qui le composent appartiennent à une même essence, et mélangé, lorsqu'il compte plusieurs essences. Un peuplement mixte comporte deux traitements différents, taillis feuillu et futaie résineuse en mélange.

Phytophage. — Qui mange les feuilles. Du grec *phuton* : ce qui pousse, végétal (plante, arbre), et *phagein* : manger.

Phytosociologie. — Étude scientifique des associations végétales.

Phytothérapie. — Forme de la médecine qui soigne par les plantes. Du grec *phuton* : végétal, plante, et *therapeuein* : soigner. Ce terme est à préférer à *phytopharmacie*, qui désigne l'étude des produits et des préparations destinés à soigner par les plantes.

Picotage. — Ensemencement dispersé de grosses graines, des glands par exemple.

Pinède. — Dans le Midi, bois de Pins. Du provençal *pinedo*.

Pineraie. — Lieu planté de Pins. Dans le langage écologique international, on dit *Pinetum*, en précisant, suivant l'espèce dominante, *Pinetum sylvestris*, pour le Pin sylvestre, *Pinetum halepensis*, pour le Pin d'Alep, etc.

Piquant. — Rameau secondaire dont l'extrémité dépourvue de bourgeon forme une pointe acérée, alors que l'épine est une feuille transformée ; il arrive que les piquants portent des feuilles. Ex. : piquants des Aubépines, du Prunellier.

PLASTIQUE. — On dit qu'une espèce est plastique quand elle possède la faculté de s'adapter à des conditions variées de milieu, différant plus ou moins de celles dans lesquelles elle se développe à l'état spontané. Ex. : l'Épicéa est une essence très plastique.

POLLEN. — Poussière contenue dans les sacs polliniques des anthères et composée de grains microscopiques contenant les gamètes mâles. Du latin *pollen-pollinis* : farine, poudre très fine.

POLLINISATION. — Transport des grains de pollen de l'anthère sur les stigmates (Angiospermes), ou directement sur les ovules nus (Gymnospermes). La pollinisation est, soit directe chez les fleurs hermaphrodites, le pollen tombant sur le pistil de la même fleur, soit, presque toujours, indirecte, car, même chez les fleurs hermaphrodites, étamines et ovules parviennent rarement à maturité en même temps. En général, la pollinisation demande l'intervention d'un agent extérieur : le vent (plantes anémophiles), les insectes (plantes entomophiles) ; souvent l'homme pratique la pollinisation artificielle, par exemple afin d'obtenir des hybrides.

POLYGAME. — Plante qui porte à la fois des fleurs mâles, des fleurs femelles et des fleurs hermaphrodites. Du grec *polus* : nombreux et *gamos* : mariage. Ex. : fleurs de Frênes.

PORT. — Aspect général, stature d'un arbre, d'un arbuste.

POSSIBILITÉ. — Quantité annuelle exploitée dans une forêt, évaluée en nombre d'arbres, en surface ou en volume.

POUSSE. — Jeune rameau en cours d'évolution. Les pousses ont souvent un aspect différent de celui des rameaux adultes qu'elles deviendront, en particulier une couleur plus vive.

PRÉ-BOIS. — Étendue herbeuse avec des arbres clairsemés ou des bouquets d'arbres.

PRÉ-PARC. — Zone entourant un parc national ou régional, soumise à un régime différent, et où la protection de la nature est moins rigoureuse.

PUBESCENT. — Couvert de poils fins et courts, mous, peu serrés, formant un léger duvet. Du latin *pubescere* : se couvrir de poils follets, devenir pubère.

PYRAMIDAL. — En forme de pyramide, large à la base. Mot utilisé pour définir le port des arbres. On dit dans le même sens, conique.

Q

QUART EN RÉSERVE. — Surface d'une forêt ou d'un bois — souvent le quart de la superficie totale — non soumise à exploitation régulière et conservée pour des besoins exceptionnels.

QUERCETUM. — Ce nom latin désigne la chênaie dans le langage écologique international. Par exemple, le *Quercetum illicis* — la chênaie de Chêne vert *(Quercus Ilex)* constitue une association végétale typique de la zone de végétation méditerranéenne, il peut atteindre de 900 à 1 000 m dans les Pyrénées-Orientales et les Cévennes, mais ne dépasse guère 160 m dans la vallée du Rhône.

R

RABATTRE. — Supprimer les branches ou les rameaux d'un arbre ou d'un arbuste dans le but de provoquer le développement de pousses nouvelles.

RACE. — Variété géographique d'une essence. Plus ou moins éloignées les unes des autres, les races diffèrent entre elles par des particularités morphologiques et de croissance, résultant de leur adaptation au climat et au sol. Ex. : les races d'Hagenau et d'Auvergne du Pin sylvestre ; les races atlantique, méditerranéenne et de Corte du Pin maritime.

RACINE. — Organe souterrain de la plante, dont le rôle est de la fixer au sol et d'absorber l'eau et les sels minéraux qui y sont dilués et formeront la sève brute. Née du développement de la radicule embryonnaire, la racine fait partie de l'axe de la plante qu'elle prolonge sous terre. Elle se termine par la coiffe, sorte d'étui en doigt de gant qui protège le méristème, la zone de croissance ; immédiatement sous la coiffe se trouve l'assise pilifère d'où s'échappent les poils absorbants, lesquels pompent par osmose les liquides du sol. Bientôt, la jeune racine émet des racines secondaires, les radicelles qui elles-mêmes se subdiviseront. L'ensemble constitue le système radiculaire dont la racine est le pivot. On distingue les racines pivotantes, dans lesquelles l'axe central bien défini s'enfonce profondément dans le sol, par exemple chez les Pins jeunes, le Mélèze, le Noyer et la plupart des Chênes, et les racines traçantes, le type le plus fréquent chez les sujets âgés, qui sont peu enfoncées dans le sol mais s'étendent en rayonnant sur une large surface. Ce type de racines est fréquent chez les Saules, les Bouleaux, le Charme et de nombreuses essences de Fruitiers (Rosacées). Les racines fasciculées sont typiques des arbres âgés. Le système radiculaire est devenu très étendu et souvent enchevêtré, mais dérive d'un pivot qui reste bien visible. Ce type est caractéristique de nombreuses espèces, dont les Ormes, les Tilleuls, mais aussi les Sapins âgés. Les racines à nodosités doivent leur nom au fait que le système radiculaire, généralement oblique, porte, au niveau des radicelles, des amas de nodules qui peuvent être assez volumineux. Ces modules sont habités par des Bactéries qui permettent à l'arbre d'utiliser pour se nourrir l'azote gazeux de l'air contenu dans le sol. Elles sont caractéristiques des Aulnes et surtout des différentes Légumineuses.

RAMEAU. — Petite branche, division d'une branche. Chez les arbres, on distingue des rameaux longs aux entre-nœuds développés, où les feuilles sont insérées en disposition espacée, et les rameaux courts dont les entre-nœuds ne se développent pas et où les feuilles sont rassemblées en faisceaux. Ils ont souvent une forme différente de celle des rameaux longs. Chez le Mélèze, par exemple, les rameaux longs, effilés, sont souvent pendants, tandis que les rameaux courts sont tuberculeux et terminés par une rosette de feuilles. Du latin populaire *ramellus*, diminutif de *ramus* : branche, rameau.

RAMÉE. — Branches d'arbres coupées avec leurs feuilles vertes, que l'on donne à manger au bétail ; également, branches entrelacées formant un couvert.

REBOISEMENT. — Semis ou plantation d'arbres sur un terrain nu. On suppose, en effet, qu'en France presque tous les terrains ont été autrefois boisés. Outre les nouvelles possibilités d'exploitation future qu'il fournit, le reboisement constitue un des meilleurs moyens de régulariser le régime des eaux et d'améliorer le climat ; il est particulièrement utile en montagne afin d'aménager le cours des torrents et de retenir les sols.

RECÉPAGE. — En sylviculture, opération qui consiste à couper à ras de terre les jeunes plants issus de semis ou les rejets de souche d'un taillis afin de leur donner une nouvelle vigueur. Le recépage se pratique habituellement avant le débourrage, en février ou mars. De *cep*.

RECRU. — Ensemble des rejets, après une coupe ou des semis dans une futaie. Du verbe recroître.

REGARNI. — Opération qui consiste à remplacer dans une exploitation forestière les plants qui sont morts sans avoir repris.

RÉGÉNÉRATION. — Remplacement d'un peuplement par un autre ; la régénération peut être naturelle, dans ce cas il s'agit de la germination sur place des graines tombées des arbres, ou artificielle par semis ou plantation.

RÉGIME. — En sylviculture, méthode d'exploitation d'une forêt ; il existe trois régimes : celui de la futaie, celui du taillis et celui du taillis sous futaie. À l'intérieur de chacun de ces régimes, on distingue différents modes de traitements. Du latin *regimen* : gouvernement.

REJET, REJETON. — Jeune pousse prenant naissance de bourgeons proventifs ou dormants, sur la souche, le tronc ou les branches d'un végétal ligneux ; c'est ce qui se produit quand on coupe une branche ou le tronc d'un arbre, sauf chez les Conifères. Dans ce dernier cas, on dit qu'il y a *rejet de souche*. Cette faculté naturelle à régénération est d'une grande importance en sylviculture, en particulier dans la formation des taillis.

RELIQUE. — Espèce occupant une aire isolée, d'étendue souvent restreinte, ultime témoin d'une beaucoup plus grande extension antérieure. Le Ginkgo biloba, le Métaséquoia, les Séquoias sont des espèces reliques.

RÉMANENTS. — Brindilles et menus débris qui restent dans les coupes après exploitation. Ils sont en général entassés de façon à ne pas nuire aux semis et aux rejets, et souvent brûlés. Du latin, *remanere* : rester.

RÉNOVATION. — Régénération partielle par semis en bouquet dans le régime de taillis sous futaie.

REPEUPLEMENT. — Reconstitution d'un massif forestier. Semis ou plantation de complément dans un peuplement trop clair ou trop vieux, ou de remplacement dans le cas de substitution d'essences.

REPRISE. — Enracinement d'une bouture ou d'une marcotte ; réenracinement d'un arbre après transplantation.

RÉSERVE. — Arbre conservé lors d'une coupe ; dans un taillis-sous-futaie, ce sont les baliveaux, les modernes et les anciens. Zone d'une forêt non exploitée, soit en permanence, soit seulement de manière différée.

RÉSERVES ARTISTIQUES. — Dans une forêt, zone où l'on conserve de vieux arbres en raison de leur beauté. La première réserve artistique fut créée en 1853 dans la forêt de Fontainebleau à la suite d'une campagne menée par les peintres de l'École de Barbizon ; elle a été détruite par l'ONF en 1961. On dit aussi séries artistiques.

RÉSERVES BIOLOGIQUES. — Zones intégralement protégées en vue de la préservation des espèces animales et végétales qui s'y trouvent et de leur étude scientifique ; leur accès est généralement interdit au public.

RÉSERVES DE CHASSE. — Zones interdites à la chasse en vue de la protection et de la reproduction du gibier.

RÉSINES. — Corps chimiquement très complexes, provenant d'une oxydation profonde des substances terpéniques, renfermées dans les huiles essentielles, qui constituent des inclusions paraplasmiques, sous forme de gouttelettes, dans le cytoplasme de certains végétaux, en particulier des Conifères, d'où le nom de Résineux sous lequel on les désigne généralement. La résine se concentre dans les canaux résinifères disséminés à l'intérieur du bois, au milieu des fibres et dirigés comme elles. Chez certaines espèces de Conifères, la résine peut faire l'objet d'une exploitation industrielle, le gemmage.

RÉSINEUX. — On désigne ainsi les Conifères (Gymnospermes) dont l'une des particularités est de sécréter des résines, par opposition aux Feuillus.

RÉSISTANT. — Un bois est dit résistant lorsqu'il supporte sans se rompre de fortes pressions ; la résistance à la flexion est particulièrement importante pour le bois employé à la construction ; quand la rupture à la flexion survient rapidement sans forte incurvation, le bois est dit cassant ou raide ; quand elle est précédée d'une lente et progressive déformation, il est dit flexible ou tenace. Le bois des Résineux est généralement raide et peu déformable ; celui du Frêne, en revanche, est flexible et peut donc se cintrer.

RÉVOLUTION. — En langage forestier, période qui s'écoule entre deux coupes successives au même point. La révolution varie généralement entre 20 et 40 ans ; elle peut être exceptionnellement beaucoup plus courte, par exemple de 5 à 20 ans dans un taillis de Châtaigniers. Pour les exemplaires conservés d'une futaie, la durée de révolution peut au contraire être très élevée, puisque, dans ce cas, il s'agit du temps compris entre la naissance et l'abattage des arbres en fin d'opération ; elle est alors de 60 à 100 ans pour l'Épicéa, de 150 ans pour le Hêtre, de 180 ans et plus pour les Chênes. Du latin *revolutio* : retour en arrière, rétrogradation.

RONCE. — Bois provenant de la souche des arbres, ou formé à la naissance des branches, et présentant des éléments irrégulièrement enchevêtrés ; les ronces sont très utilisées dans le placage, à cause de leurs colorations diverses et de leurs dessins bizarres et variés.

ROTATION. — Périodicité des coupes sur une même parcelle.

ROULURE. — Décollement partiel ou total des couches concentriques du bois d'un arbre sur pied, provoqué soit par de très fortes gelées ou, plus souvent, par l'action du vent qui, en faisant osciller l'arbre, peut amener le décollement des couches successives si elles sont peu homogènes.

RUSTIQUE. — On dit qu'une essence est rustique quand elle résiste bien aux intempéries, en particulier aux gelées hivernales et aux gelées printanières tardives, ce qui rend sa culture aisée. Du latin *rusticus* : campagnard.

S

SAMARE. — Fruit sec, indéhiscent, contenant une ou deux graines dont le péricarpe est aminci en forme d'aile membraneuse. Ex. : les Érables.

SAPINIÈRE. — Forêt de Sapins, caractéristique surtout de la moyenne montagne. Les chaînes des Vosges et du Jura renferment près des trois cinquièmes des sapinières françaises. Les Sapins prédominants s'y trouvent souvent en mélange avec le Hêtre et l'Épicéa. En langage écologique international, on dit *Abietum* (d'*Abies* : Sapin) et, pour les sapinières mélangées, *Abieto-Picetum* (de *Picea* : Épicéa) et *Abieto-Fagetum* (de *Fagus* : Hêtre).

SCHLITTAGE. — Dans les Vosges et en Forêt Noire, transport du bois par traîneaux descendant les pentes sur des voies de rondins. De l'allemand *Schlitten* : traîneau.

SCION. — Jeune pousse de l'année, rejeton tendre et flexible d'un arbre ; développement d'un bourgeon qui deviendra un rameau.

SCLÉROPHYLLE. — Essence à feuilles coriaces, persistant plusieurs années. Du grec *skléros* : dur, et *phullon* : feuille. Le Houx est une espèce sclérophylle.

SECTION. — Dans une forêt au peuplement varié, ensemble des séries soumises à un même traitement.

SEMIS. — Dans le vocabulaire forestier, premier stade du développement d'une futaie, précédant celui du fourré.

SEMPER VIRENS. — On désigne souvent de ces deux mots latins qui signifient toujours vert, les essences à feuilles vertes et persistantes.

SÉRIE. — Dans une forêt vaste et présentant de grandes différences entre ses parties sous le rapport du sol, du climat et des essences, étendue plus ou moins grande de peuplements soumis au même traitement. La série est l'unité d'aménagement et de gestion.

SERRÉ. — Bordé de dents aiguës, dirigées vers le sommet, comme dans une scie, en parlant de la feuille. Du latin *serra* : scie. Ex. : les feuilles de Châtaignier.

SESSILE. — Se dit de tout organe inséré directement sur l'axe : feuilles dépourvues de pétiole, fleur ou fruit sans pédoncule. Du latin *sessilis*, de *sessus*, participe passé du verbe *sedere* : être assis. Ex. : les feuilles du Chêne pédonculé, les fleurs et les glands du Chêne rouvre sont sessiles.

SÈVE. — Substance liquide complexe qui circule dans les tissus des plantes et en assure la nutrition. Les racines puisent dans le sol par endosmose au moyen de leurs poils absorbants les aliments essentiels ; eau contenant en solution différents sels minéraux qui forment la sève brute ou sève ascendante. Aqueuse, donc très fluide elle monte des racines aux feuilles par les vaisseaux ligneux situés à l'intérieur du bois jeune. En cours de route, elle s'épaissit progressivement, formant la sève élaborée. L'ascension de la sève brute ne s'explique pas seulement par l'absorption endosmotique de l'eau du sol et la capillarité mais surtout par la transpiration émises par les feuilles. Parvenue, grâce aux nervures, dans le limbe de celles-ci, la sève se charge des substances organiques : glucides, protides, acides organiques, résultant de la fonction chlorophyllienne, et, par ailleurs, subit, en parcourant la portion corticale des nervures, une perte d'eau sensible due à la transpiration foliaire. Devenue sève élaborée, ou sève ascendante, beaucoup plus dense et visqueuse, elle redescend par les tubes criblés du liber. Sur son trajet, la sève répand dans tout le végétal les substances qu'elle véhicule et qui servent d'aliment aux cellules. Du latin *sapa* : vin cuit.

SOCIALE. — Une espèce d'arbres est dite sociale quand elle peut former des peuplements denses où elle domine. Essence sociale s'oppose à essence disséminée. Le Chêne rouvre, le Hêtre, le Sapin sont des essences sociales.

SOMMIÈRE. — V. Laie.

Souche. — La partie inférieure du tronc d'un arbre qui reste enracinée dans le sol quand l'arbre a été coupé ; elle peut elle-même être arrachée du sol avec ses racines. Chez la plupart des Feuillus, mais non chez les Conifères, la souche se régénère d'elle-même en produisant des rejets.

Soulane. — Dans les Pyrénées, on désigne ainsi le versant ensoleillé des montagnes, nommé *adret* dans les Alpes.

Sous-bois. — Végétation ligneuse buissonnante qui couvre le sol et ne fait pas partie du peuplement principal. Le sous-bois se situe sous le sous-étage (V. Étage).

Sous-espèce. — Subdivision de l'espèce, fondée sur des caractères secondaires ; une même sous-espèce peut comprendre plusieurs races, plusieurs variétés.

Sous-plantation. — Plantation en sous-étage (V. Sous-bois).

Soutrage. — Opération qui consiste à enlever en forêt les rémanents, les feuilles et les herbes, mais parfois aussi le sous-bois, lorsqu'il gênerait l'exploitation.

Station. — En botanique, type de milieu écologique où vit une espèce donnée ; synonyme d'habitat. On dit maintenant plutôt biotope. La station est définie par ses conditions propres de climat et de sol. Le territoire compris entre les stations géographiquement extrêmes d'un végétal constitue son aire.

Stomates. — Orifices microscopiques très nombreux, situés dans l'épiderme de la face inférieure des feuilles, par où s'effectue le rejet dans l'atmosphère, sous forme de vapeur, de l'eau en excès provenant de la sève brute. Leur nombre et leur activité sont considérables et essentiels à la vie de l'arbre ; au moyen de ses stomates, un Chêne, par exemple, diffuse, au cours de sa période végétative, plus de deux cents fois son propre poids en vapeur d'eau.

Chaque stomate est constitué de deux cellules contiguës, différentes de celles qui les entourent, et entre lesquelles se forme une fente en boutonnière, l'ostiole, qui permet les échanges gazeux entre les tissus internes de la plante et l'air ambiant, et qui peut s'ouvrir ou se fermer suivant l'humidité ou la sécheresse de l'atmosphère. Du grec *stoma-stomatos* : bouche.

Subéreux. — Qui est de la nature du liège. Du latin *suber* : liège. Ex. : les crêtes subéreuses des rameaux de l'Orme champêtre.

Subériculture. — Culture des Chênes-lièges *(Quercus suber)*.

Subspontané. — Presque spontané ; se dit d'une espèce végétale introduite — elle n'est donc pas spontanée —, mais le plus souvent depuis fort longtemps, de telle sorte qu'elle s'est adaptée à ses nouvelles conditions de vie, se régénérant comme un végétal spontané. Le mot est à peu près synonyme de naturalisé.

Superficie. — En langage forestier, ensemble des arbres sur pied ; la valeur vénale de cet ensemble. S'oppose à fonds.

Sylviculture. — Science qui a pour objet la culture et l'entretien des bois. Du latin *sylva* : forêt, et *cultura* : culture.

T

Taillis. — Peuplement forestier né de rejets de souche ou de drageons. Ce traitement suppose donc au départ une coupe à blanc et est fondé sur la faculté qu'ont la plupart des Feuillus de nos climats de rejeter de souche, ce qui est le cas des Chênes, du Châtaignier, du Charme, des Frênes, des Ormes, des Érables, des Tilleuls, des Aulnes et des Bouleaux, et d'émettre des drageons, cas, en particulier, du Tremble. Par contre, les Résineux, ne possédant pas une telle faculté, ne peuvent être traités en taillis. Le taillis diffère de la futaie en ce que, lors des coupes, on n'y réserve pas d'arbres destinés à acquérir toute leur taille.

L'âge adopté pour l'exploitation d'un taillis détermine ce que l'on appelle sa révolution. Celle-ci varie beaucoup en fonction des essences dominantes et des conditions de milieu, ainsi que des produits que l'on veut en obtenir. Généralement, on exploitera, par exemple, un taillis de Saules destinés à fournir des osiers tous les deux ou trois ans, un taillis de Châtaigniers dont on veut tirer des échalas entre douze et quinze ans, un taillis de Chênes purs tous les vingt-cinq ou trente ans seulement. Suivant son développement, on dit que le taillis est à l'état de jeune recrû quand, dans les premières années qui suivent la coupe, les cépées sont encore très espacées, ce qui correspond à l'état de semis dans une futaie ; l'état suivant, correspondant à celui du fourré, est appelé jeune taillis ; à partir de l'âge de vingt ans, le peuplement passe à l'état de vieux taillis, équivalent au perchis dans la futaie ; enfin, au stade suivant, qui est exceptionnel, on l'appelle taillis vieilli, ou futaie sur souches. Le taillis répond donc aux besoins immédiats, mais, à l'heure actuelle, les forestiers ont abandonné progressivement le régime du taillis comme ne correspondant plus aux besoins de l'économie contemporaine. De *tailler*.

TAILLIS-SOUS-FUTAIE. — Régime d'exploitation forestière qui consiste à couper périodiquement (de 20 à 35 ans) à ras tout le peuplement d'une forêt, à l'exception d'un certain nombre d'arbres réservés, les baliveaux. La forêt ainsi traitée contient donc les jeunes tiges, issues de souches anciennes, constituant le taillis et des arbres de réserve qui peuvent être d'âges variés, suivant qu'ils ont été épargnés lors des coupes successives, formant la futaie. Ce traitement a le double avantage de réunir celui que présente le taillis de se régénérer rapidement et sans frais et celui de la futaie qui permet d'obtenir des bois de fortes dimensions.

TANIN OU TANNIN. — Substance élaborée par les cellules secrétrices du bois, particulièrement abondante dans le parenchyme des écorces des Chênes et du Châtaignier, constituant le principe actif du tan, écorce moulue de ces essences, utilisée autrefois pour la préparation des peaux. Le tan végétal a été remplacé de nos jours par des tannants chimiques. Du gaulois *tann* : Chêne, attesté par le breton *tann*, de même sens.

TOMENTEUX. — Couvert d'un revêtement de poils cotonneux, serrés et entremêlés, formant comme un feutrage, en parlant des feuilles, des bourgeons et des rameaux. Du latin *tomentum* : bourre. Ex. : les feuilles et les rameaux du Peuplier blanc *(Populus nivea)*.

TRAÇANTES. — Se dit des racines qui s'étendent horizontalement sous terre. Ex. : le Hêtre a des racines traçantes.

TRAITEMENT. — Mode d'exploitation d'une forêt dépendant du régime que l'on a imposé à celle-ci, il s'agit donc des coupes qu'on lui fera subir. Dans le régime de la futaie, coupes de régénération, uniques ou progressives et coupes d'amélioration ; dans le régime du taillis, coupes d'exploitation. Sous le nom de traitements temporaires, on désigne ceux qui ont pour objet, soit de modifier le traitement, sans pour autant changer de régime ; c'est alors une transformation, par exemple le passage de la futaie jardinée à la futaie pleine, ou inversement, soit de changer le régime lui-même, et dans ce cas, on parle de conversion, par exemple conversion d'un taillis sous futaie en futaie.

TRANCHAGE. — Opération qui consiste à scier le bois en panneaux très minces — bois de placage d'ébénisterie — ce qui nécessite des bois de qualité et très sains.

TRANSPIRATION. — Chez les végétaux, élimination d'eau à l'état de vapeur par les stomates.

U

UBAC. — En montagne, le versant le plus froid, placé à l'ombre, exposé au nord ou à l'est. S'oppose à *adret*. Ce mot, emprunté aux parlers du Sud-Est (Dauphiné, Provence), a été adopté par les géographes. En Savoie, on dit *envers*, dans les Pyrénées, *ombrée ou bac*. Du bas latin *ubacum*, en latin classique, *opacus* : sombre.

USAGE. — V. Droit d'usage.

V

VARIÉTÉ. — À l'intérieur d'une espèce, groupe de végétaux semblables entre eux, mais qui se distinguent du type de l'espèce par certains caractères botaniques secondaires. Il existe deux sortes de variétés, celles qui sont spontanées dans la nature et celles apparues en culture, que l'on appelle cultivars. La variété se désigne par l'abréviation var., suivie du nom latin de celle-ci. Ex. : *Pinus Laricio* var. *austriaca*, Pin noir d'Autriche ; *Pinus Laricio* var. *cebennensis*, Pin de Salzmann ; *Quercus pedunculata* var. *tardissima*, le Chêne de juin, variété du Chêne pédonculé.

Verticille. — Ensemble d'organes de même nature (rameaux, feuilles, sépales, pétales, étamines), disposés par plus de deux circulairement autour d'un axe. Du latin *verticillus* : peson de fuseau, diminutif de *vertex* : sommet. Ex. : les branches de l'*Araucaria imbricata*, les feuilles des Genévriers.

Vidange. — Évacuation des bois abattus dans une forêt.

Vieux bois. — Arbre dont le diamètre atteint plus des deux tiers du diamètre d'exploitabilité. On dit aussi gros bois.

Volière. — Cépée d'un taillis réservé lors d'une coupe et qui se développera au cours de la révolution suivante.

Volis. — Partie d'un arbre brisé par le vent et qui est tombée à terre ; la partie qui reste debout, fixée au sol, est le chandelier.

X

Xérophile. — Qui se développe bien sous des climats et dans des sols secs et arides. Souvent, dans les espèces xérophiles, les feuilles sont protégées par une cuticule épaisse qui ralentit considérablement la transpiration, tel est le cas de beaucoup d'arbres et d'arbustes méditerranéens : le Chêne vert, le Chêne-liège, le Myrte, le Laurier. Chez d'autres, l'Olivier, les Cistes, le Romarin, des poils superficiels abondants, qui donnent aux feuilles une couleur grisâtre, limitent la circulation de l'air à la surface et par suite la transpiration. Chez les Pins, les stomates sont placés dans des puits profonds, ce qui ralentit aussi la transpiration. Du grec *xeros* : sec.

Xylophage. — Se dit des insectes qui se nourrissent de bois. Du grec *xylon* : bois.

Annexe 2

NOTES

Avant-propos

1. L. Lanier, dir., *Précis de sylviculture*, École nationale du Génie rural, des Eaux et des Forêts, Nancy, 1994, p. 10.

Chapitre I

1. R. Harrison, *Forêts. Essais sur l'imaginaire occidental*, trad. franç., Paris, 1992, p. 285.

Chapitre II

1. A. Galoux, article « Forêts », *Encyclopaedia universalis*.
2· A. Noirfalise, *Conséquences écologiques de la culture intensive des résineux dans la zone de feuillus de l'Europe tempérée*, Conseil de l'Europe, 1968.
3. V. p. 67.
4. Ministère de l'Agriculture, *Les indicateurs de gestion durable des forêts françaises*, Paris, 1995.

Chapitre IV

1. R. Leakey, *L'Origine de l'humanité*, trad. franç., Paris, 1997, pp. 101-103.
2. *De la fortune des Romains*, 9.
3. Tite Live, *Ab urbe condita libri*, livre I.
4. Lucain, *La Pharsale*, III, 399-428.
5. *Geographica*, XII, 5, 1.
6. Selon la *Chorographie* de Pomponius Mela (Ier siècle ap. J.-C.).
7. *Guerre des Gaules*, VI, 14.
8. Quatrième livre de son *Histoire de l'archevêché de Hambourg et de Brême*, trad. anglaise, F. J. Tchan, Records of Civilisation, Sources et Studies 53, 1959.

9. *Histoire du Danemark*, trad. anglaise, W.F. Hansen, 1983.

10. *La Germanie*, IX et XXIX.

11. Le domaine des Semnones s'étendait en Brandebourg, en Silésie, en Saxe et en Misnie.

12. Le mot évoque un terrain dénudé et pierreux.

13. Les pluies d'orage.

14. *Critias*, 111.

15. David Attenborough, *The first Eden : The Mediterranean World and Man*, Boston, 1987.

16. *IIe Philippique.*

17. *Histoire naturelle*, XXI, 30.

18. *Guerre des Gaules*, VI, 13.

19. P.-M. Duval, *La Vie quotidienne en Gaule pendant la paix romaine*, Paris, 1952, p. 134-136.

20. Une longue description de l'une de ces chasses impériales figure dans le poème Charlemagne et le pape Léon, v. *Sources d'histoire médiévale, IXe-milieu du XIVe siècle*, Paris, 1992.

21. Georges Bertrand, dans *Histoire de la France rurale*, t. I, 1975.

22. C'est nous qui soulignons ce mot. Il faudrait plutôt écrire psychique.

23. Georges Bertrand, *op. cit.*

24. P. Lieutaghi, *L'Environnement végétal*, 1972, p. 17.

25. *Genèse* 9, 1-7.

26. Émile Mâle, *La Fin du paganisme en Gaule*, Paris, 1950, pp. 54-60.

27. César, *Guerre des Gaules*, III, XXIII.

28. Tacite, *De la Germanie*, V.

29. Écobuer, écrit d'abord *égobuer*, dérive de l'ancien *gobuis*, « terre pelée où l'on met le feu », lui-même d'origine obscure.

30. Maurice Crampon, « Le culte de l'Arbre et de la Forêt en Picardie », t. XLVI des Mém. Soc. Antiquaires de Picardie, 1936.

31. Marcel Pacaut, *Les Moines blancs. Histoire de l'ordre de Cîteaux*, Paris, 1993, chap. VII « L'économie cistercienne »., pp. 251-278.

32. Pierre Deffontaines, *L'Homme et la Forêt*, Paris, 1932.

33. Kümmerly, dir., *Le Grand Livre de la Forêt*, Paris-Bruxelles, 1973, p. 115.

34. *Id., ibid.*

35. Roland Bechmann, *Des arbres et des hommes. La forêt au moyen-âge*, Paris, 1984, pp. 27-28.

36. Michel Devèze, *Histoire des forêts*, 2ᵉ édition, Paris, 1973, p. 42.

37. G. Duby et A. Wallon, dir., *Histoire de la France rurale*, 4. vol., Paris 1975-1976, t. I, 130.

38. P. M. Duval, *op. cit.*, p. 115.

39. Rabelais, *Gargantua*, chap. XXI.

40. R. Bechmann, *op. cit.*, pp. 56-57.

41. Francis Conte, *Les Slaves*, Paris, 1986, p. 174.

42. R. Bechmann, *op. cit.*, p. 173.

43. F. Conte, *op. cit.*, p. 146.

44. Bertrand Hell, *Le Sang Noir, chasse et mythe du Sauvage en Europe*, Paris, 1994, p. 217.

45. B. Hell, *op. cit.*, p. 232.

46. Jacques de Voragine, *La Légende dorée*, trad. et commentée par Teodor de Wyzewa, Paris, 1913, pp. 116-118.

47. B. Hell, *op. cit.*, pp. 122-126.

48. *Légende dorée*, op. cit., pp. 116-118.

49. B. Hell, *op. cit.*, p. 211.

50. Robert Ambelain, *L'ombre des cathédrales*, cité dans *Dictionnaire des* symboles, Paris, 1969, art. *alchimie*, p. 19. Les mots soulignés l'ont été par l'auteur de ce texte.

51. P. Grimal, *Dictionnaire de la mythologie grecque et romaine*, Paris, 1951.

52. Paul Yves Sébillot, *Le Folklore de Bretagne*, Paris, 1950.

53. Alfred Maury, *Les Fées au Moyen Âge*, Paris, 1843.

54. *Vie de M. le Nobletz, missionnaire en Bretagne*, 1637, cité par P. Y. Sébillot.

55. *Contes de Grimm*, choix, traduction et préface de Marthe Robert, Paris, 1964.

56. Jack Zipes, *The Brother Grimm : From Enchanted Forests to the Modern World*, New York, 1988.

57. Saint Augustin déjà les connaissait. Dans *La Cité de Dieu* (LXV, 23) il écrit : « *Daemonios quos duscios Galli nuncepant* », démons que les Gaulois dénomment *duscii*.

58. P. Saint-Yves, « Les contes de Perrault et les récits parallèles », dans ses *Œuvres*, Paris, 1987.

59. *Vita Eligii*, in *Mon. Germ. Script. rer. Merov.*, IV.

60. B. Hell, *op. cit.*, p. 128.

61. Saint-Yves, *op. cit.*, p. 265.

62. Dans sa *Mythologie française*, Paris, 1948, pp. 138-139, Dontenville a dressé une liste des saints destructeurs de dragons, il en a trouvé vingt-six, presque tous évêques.

63. *Légende dorée, op. cit.*, p. 376.

64. V. p. 260.

65. V. H. Debidour, *Le bestiaire soulpté en France*, Paris, 1961, pp. 314-317.

66. H. Dontenville, *op. cit.*, p. 147.

67. G. Alexinsky, « Mythologie slave », in *Mythologie générale*, Larousse, 1935.

68. M. Devèze, *Histoire des forêts, op. cit.*, p. 33.

69. M. Devèze, *op. cit.*, p. 367.

70. Guy de Chauliac, *Grande Chirurgie* (1363), cité dans *Sources d'histoire médiévale, op. cit.*

71. *Chronique latine* de Jean de Venette.

72. Enguerran de Monstrelet, *Chronique*, édit. Drouet d'Arcq., III, p. 142.

73. M. Devèze, *op. cit.*, p. 47.

74. R. Bechmann, *op. cit.*, p. 181.

75. M. Devèze, *La vie de la forêt française au XVIe siècle*, 1961.

76. J. Brosse, *Les Fruits*, 1995, p. 15.

77. Cité par François Bluche, *Louis XIV*, Paris, 1986, p. 150.

78. *Mémoires de Louis XIV*, Paris, 1927, pp. 132-133.

79. J.C. Cox, *The Royal Forests of England*, Londres, 1905.

80. Robert Specklin, dans *Histoire de la France rurale, op. cit.*, t. 3, pp. 194-195.

Chapitre V

1. Cité par D. Carbiener, dans *Les Arbres qui cachent la forêt*, 1995, p. 16.

2. L. Lanier, dir., *Précis de sylviculture*, ENGREF, 1994, p. 286, note 53.

3. *Id.*, p. 144.

4. P. Bazire et J. Gadant, *La forêt en France*, La documentation française, 1991.

5. F. Lachaussée, cité par D. Carbiener, *op. cit.*, p. 21.

6. Dans *Revue forestière française*, XXI, 3, 1969.

7. Ph. Duchaufour, « De l'influence de la chaleur et des radiations sur l'activation de l'humus forestier », *Revue forestière française*, XLIII-I, 1991.

8. *Précis de sylviculture*, *op. cit.*, p. 452.

9. Forestières La Rochette, *La Mécanisation, un avenir prometteur*, mars 1991.

10. *La forêt et les industries du bois 1996*, Ministère de l'Agriculture, pp. 126-129.

11. Centre régional de la Propriété Foncière de Normandie, *Recyclage du papier journal dans l'industrie papetière, halte à l'escalade*.

12. *Précis de sylviculture*, *op. cit.*, p. 123.

13. *La forêt et les industries du bois*, *op. cit.*, pp. 48-49.

14. P. Lieutaghi, *L'environnement végétal*, *op. cit.*, pp. 91-92.

15. P. Lieutaghi, *op. cit.*, pp. 82-83.

16. Jean Semal, *Pathologie des végétaux et géopolitique*, Paris, 1982.

17. *Précis de sylviculture*, *op. cit.*, p. 452.

18. *Tableau global des volumes de chablis suite aux tempêtes de décembre 1999*, Ministère de l'Agriculture.

19. Daniel Doll, *Les cataclysmes météorologiques en forêt*, thèse, Lyon II, 1988, citée par D. Carbiener, *op. cit.*

20. D. Carbiener, *op. cit.*, p. 33.

21. *La Nature en Europe*, *op. cit.*, p. 304.

22. *Le Point*, numéro spécial « L'arbre et la forêt », 16 juin 2000, p. 164.

23. *Précis de sylviculture*, *op. cit.*, p. 452.

24. R. Harrison, « Les yeux de la forêt », dans *La Forêt. Les savoirs et le citoyen*, Paris, 1995.

Annexe 3

BIBLIOGRAPHIE

Allaux, J.P., *Bois et forêts de France et des régions limitrophes*, Paris, 1984.

Attenborough, D., *The First Eden : The Mediterranean World and Man*, Boston, 1987.

Aubriéville, A., *Climats, forêts et désertification*, Paris, 1946.

Aymonin, G.G., et collab., *Guide des arbres et arbustes*, Sélection du Reader's Digest, 1986.

Badre, L., *Histoire de la forêt française*, Paris, 1983.

Bang, P. et Dahlström, P., *Guide des traces d'animaux*, trad. franç., Neuchâtel, 1974.

Barbault, R., *Des baleines, des bactéries et des hommes*, Paris, 1994.

Bechmann, R., *Des arbres et des hommes. La forêt au moyen-âge*, Paris, 1984.

Blais, R., *La Forêt*, Paris, 1938.

Blandin, P. et collab., *La Nature en Europe. Paysages, Faune et Flore*, Paris, 1992.

Bourdu, R., *Le Hêtre*, Paris, 1996.

Bourdu, R., *Histoires de France racontée par les Arbres*, Paris, 1999.

Bourdu R. et Feterman G., *Arbres de mémoire*, Paris, 1998.

Boureau, E., dir., *Traité de paléobotanique*, 4 vol., Paris, 1966-1970.

Boyer, M.F., *Tree talks, memory, myths and timeless customs*, Londres, 1996.

Boyer, P., *The Naturalness of Religious Ideas. A cognitive theory of religion*, Cambridge, 1994.

Brink, F.H. van den et Barruel, P., *Guide des mammifères sauvages de l'Europe occidentale*, Neuchâtel, 1967.

Brosse J., *La Magie des Plantes*, 2e édit., Paris, 1990.

Brosse J., *Les Arbres de France. Histoire et légendes*, 2e édit., Paris, 1991.

Brosse J., *Mythologie des arbres*, 2e édit., Paris, 1993.

Brosse J., *Les Fruits*, Paris, 1995.

Brosse J., *Larousse des Arbres et des Arbustes*, Paris, 2000.

Campredon, J., *Le Bois*, Paris, 1968.

Carbiener, D., *Les Arbres qui cachent la Forêt*, Aix-en-Provence, 1995.

Chatenet, G. du, *Coléoptères phytophages d'Europe*, Paris, 1999.

Cochet, P., *La Forêt*, Paris, 1963.

Corvol, A., *L'Homme aux bois. Histoire des relations de l'homme et de la forêt du XVIIe au XXe siècle*, Paris, 1961.

Cox, J.C., *The Royal Forests of England*, Londres, 1905.

Dallimore, W., et Jackson, A.B., *A Handbook of Coniferae and Ginkgoaceae*, 4e édit., Londres, 1966.

Dansereau, P., *Biogeography. An Ecological Perspective*, New York, 1957.

Dansereau, P., *Vegetation of the World*, New York, 1969.

Deffontaines, P., *L'homme et la forêt*, Paris, 1932.

Dejonghe, J.F., *Les Oiseaux dans leur milieu*, Paris, 1990.

Deleage, J.P., *Histoire de l'Écologie, une science de l'homme et de la nature*, Paris, 1991.

Dendaletche, C., *Guide du naturaliste dans les Pyrénées occidentales*, 2 vol., Neuchâtel, 1973-1974.

Devèze, M., *Histoire des forêts*, 2e édit., Paris, 1973.

Devèze, M., *La vie de la forêt française au XVIe siècle*, Paris, 1961.

Devèze, M., *La grande réformation des forêts sous Colbert*, Nancy, 1962.

Devèze, M., *Les forêts de l'Allemagne au XVIe siècle*, Nancy, 1962.

Dreyer, E. et W., *Guide de la forêt*, trad. franç., Lausanne, 1998.

Duby, G. et Wallon, A., *Histoire de la France rurale*, 4 vol., Paris, 1975-1976.

Dupont, Ph., *373 Parcs nationaux et Réserves d'Europe*, Paris, 1976.

Eggmann, V. et Steiner, B., *Baumzeit, Magier, Mysteren und Mirakel*, Zurich, 1995.

Ellen, R.F., Fukui K. et collab., *Redifining nature : ecology, culture and domestication*, Oxford, 1996.

Ellis, J., *One Fairy Story Too Many : The Brothers Grimm and Their Tales*, Chicago, 1983.

Farb, B., *L'Écologie*, Paris, 1965.

Ferry, L., *Le Nouvel Ordre écologique*, Paris, 1992.

Forêt (La). Les savoirs et le citoyen. Regards croisés sur les acteurs, les pratiques et les représentations, Paris, 1995.

Forêt (La), Paris, 1990.

Forêt (La) et les industries du bois, Ministère de l'Agriculture, 1996.

Forêts en Île-de-France, collect., O.N.F., 1984.

Friedrich, P., *Proto-European Trees*, Chicago, 1970.

Gadant J., dir., *Atlas des Forêts de France*, Paris, 1991.

Gaspéri, I., *Les plus belles Forêts de France*, Sélection du Reader's Digest, 1996.

Gaussen, H., *Géographie des plantes*, 2ᵉ édit., Paris, 1954.

Géroudet, P., *La vie des oiseaux*, 6 vol., Neuchâtel, 1947-1957.

Goblet d'Alviella, *Histoire des forêts de Belgique*, Bruxelles, 1926.

Grimm, J. et W., *Les Contes*, trad. de Armel Guerne, Paris, 1986.

Guide du naturaliste dans les Alpes, collect., Neuchâtel, 1972.

Guide des oiseaux, collect., Sélection du Reader's Digest, 1971.

Guide des parcs et jardins de France, Paris, 1979.

Guillemonat, A., *Le Bois, matière première de la chimie moderne*, 2ᵉ édit., Paris, 1951.

Guinier, Ph., et collab., *Technique forestière*, 3ᵉ édit., Paris, 1947.

Hainard, R., *Mammifères sauvages d'Europe*, 2 vol., Neuchâtel, 1948-1949.

Harrant, H., et Jarry, D., *Guide du naturaliste dans le Midi de la France*, 2 vol., Neuchâtel, 1963.

Harrison R., *Forêts. Essai sur l'imaginaire occidental*, trad. franç. Paris, 1992.

Hart, C., *Royal Forest*, Oxford, 1966.

Heinzel, H., Fitter, R., et Passlow, J., *Oiseaux d'Europe, d'Afrique du Nord et du Moyen-Orient*, adaptation franç. M. Cuisin, Neuchâtel 1972.

Hickel, R., *Dendrologie forestière*, Paris, 1932.

Higounet, Ch., « Les Forêts de l'Europe occidentale du Vᵉ au XIᵉ siècle », in *Agricoltura e mondo rurale in Occidento nell'alto medioevo*, Spoleto, 1966.

Indicateur de gestion durable, Ministère de l'Agriculture, Paris, 1999.

Inventaire forestier national, Ministère de l'Agriculture, Paris, 1999.

Jacquiot, Cl., *Écologie appliquée à la sylviculture*, Paris, 1983.

Johnson, H., *Le grand livre international des Arbres*, trad. franç., Paris, 1974.

Keen, M., *Outlaws of Medieval Legend*, Londres, 1977.

Knight, C. B., *Basic Concepts of Ecology*, New York, 1965.

Kremer, B. P., *Guide Vigot des Arbres des régions tempérées d'Europe*, trad. franç., Paris, 1998.

Kümmerly, W., dir., *Le Grand Livre de la Forêt*, Paris-Bruxelles, 1973.

Lanier, L., dir., *Précis de sylviculture*, 2ᵉ édit., ENGREF, Nancy, 1994.

Lanzara, P., et Pizzetti, M., *Les arbres*, adapt., franç., 1978.

Lemée, G., *Précis de biogéographie*, Paris, 1967.

Leraut, P., *Les insectes dans leur milieu*, Paris, 1990.

Lévi-Strauss, Cl., *La Pensée sauvage*, Paris, 1962.

Lieutaghi, P., *Le Livre des arbres, des arbustes et des arbrisseaux*, R. Morel, 1969.

Lieutaghi, P., *L'Environnement végétal*, Neuchâtel, 1972.

Linton, R., *The Tree of Culture*, New York, 1959.

Maturana, H. et Varela, F., *The Tree of Knowledge : The Biological Roots of Human Understanding*, Boston, 1988.

Maury, A., *Les forêts de la Gaule et de l'ancienne France*, Paris, 1867.

Moreau, F., *Botanique*, Encyclopédie de la Pléiade, 1960.

Moret, L., *Paléontologie végétale*, Paris, 1943.

Ozenda, P., *Biogéographie végétale*, Paris, 1964.

Pardé, L., *Introduction des Essences exotiques dans les Forêts de l'Europe occidentale*, Paris, 1929.

Pardé, L., *Les Conifères*, Paris, 1937.

Pardé, L., *Les Feuillus*, Paris, 1943.

Perrin, H., *Sylviculture*, 3 vol., Nancy, 1958-1964.

Peterson, R., Mountfort, G., Hollom, P.A.D., *Guide des oiseaux d'Europe*, Neuchâtel, s. d.

Plaisance, G., *Guide des forêts de France*, Paris, 1961.

Plaisance, G., *La Forêt française*, Paris, 1979.

Rameau, J.-C., Mansion, D., et Dume, G., *Flore forestière française*, IDF, 1989.

Rehder, A., *Manual of cultivated trees and shrubs*, 2ᵉ édit., New York, 1967.

Rival, L., « The growth of family trees : understanding Huaorani perception of the forest », *Man*, 28(4), 1993.

Rival, L., dir., *The Social Life of Trees. Anthropological Perspective of Tree symbolism*, Oxford-New York, 1998.

Rol., R., *Flore des arbres, arbustes et arbrisseaux*, 4 vol., Paris, 1962-1965.

Seigue, A., *La Forêt méditerranéenne française*, Aix-en-Provence, 1987.

Semal, J., *Pathologie des végétaux et géopolitique*, Paris, 1982.

Serres, M., *Le contrat naturel*, Paris, 1990.

Stassen, B., *Géants au Pied d'Argile*, Namur, 1994.

Statistiques forestières 1997, Ministère de l'Agriculture, Paris.

Thirgood, J.V., *Man and the Mediterranean Forest : A History of Resource Depletion*, Londres, 1981.

Zipes, J., *The Brothers Grimm : From Enchanted Forests to the Modern World*, New York, 1988.

SOURCES DES ILLUSTRATIONS ET SCHÉMAS SUIVANTS :

« Ecosystème de la forêt » et « Le cycle de la futaie régulière » : *Forêts en île de France*, ONF, 1984
« Anatomie d'un tronc d'arbre » : *Guide des arbres et arbustes*, Sélection du Reader's Digest.
« Les organes de la feuille » : J. Brosse, *Larousse des arbres et des arbustes*, 2000.
« Stratification verticale de la végétation », « Etagement de la végétation dans le massif du Canigou, dans les Vosges, dans les Alpes », « Différents types de traitements forestiers » : *La Forêt*, M. Becker, J.F. Picard, J. Timbal, Masson, 1981.

TABLE DES MATIÈRES

*Photocomposition Nord Compo
Vileneuve d'Ascq*

Impression réalisée sur Cameron par

*La Flèche
en septembre 2000*